天下文化
BELIEVE IN READING

馬斯克引發的太空經濟革命

太空商業時代

WHEN THE HEAVENS
WENT ON SALE

The Misfits and Geniuses
Racing to Put Space Within Reach

Ashlee Vance
艾胥黎・范思——著

林錦慧————————譯

獻給梅琳達

不好意思，妳得讀這個。

目次

太空上的大電腦

彼得貝克計畫

艾斯特拉

最瘋狂的麥斯

各界盛讚

作者生動記述了翻轉太空時代的民間力量，這些聰明又大膽的開路先鋒奮力拓寬太空的窄門，人類的科技競技場、經濟規模隨之擴展到地球之外。我們正身處其中，一起跟隨這些非凡的冒險故事，搭上這股強勁的新太空經濟浪潮前進！
——吳宗信，國家太空中心主任

伊隆‧馬斯克、傑夫‧貝佐斯和其他科技富豪將自己射入太空，這樣的奇特景象可能會讓你覺得整趟經歷是在追尋自我，但范斯（馬斯克暢銷傳記的作者）鼓勵讀者大膽想像。在這場爭奪星際領土的比賽中，他追蹤艾斯特拉、螢火蟲航太、行星實驗室、火箭實驗室這四間公司，每一間都希望將地球的低軌道打造成下一個技術創新之地。
——《紐約時報》

本書描繪矽谷在二十世紀下半孕育出的產業，瘋狂、喧鬧，還混合了閃亮的理想主義與殘酷的資本主義。
——《經濟學人》

范思寫下一種新型的太空競賽，特色是民營公司發射火箭並在軌道中放入大量衛星。這場天空主導權之爭背後的人物跟湯姆·沃爾夫（Tom Wolfe）幾十年前筆下的人物一樣有趣……范斯幕後採訪這些公司，細數失敗的火箭發射和全球到處奔波的投資者，不僅能幫助我們理解民營航太產業所面臨的挑戰，也讓本書更為生動有趣。

——美聯社

仰望星空的企業家為了建立太空新經濟而展開的瘋狂競賽，是我們這個時代最能激勵人心的故事之一。范斯以栩栩如生、妙筆生花的文字刻畫各式各樣的人物，描繪他們的野心和理想，他們不僅改變我們的世界，也改變我們的天空。這是下一個尖端科技，而范斯把它化成了探險故事。

——華特·艾薩克森（Walter Isaacson），《賈伯斯傳》、《馬斯克傳》作者

「新太空」的新證明，讚揚傲世天才開拓終極邊疆的頌歌，既流利又專業。

——布萊德·史東（Brad Stone），《貝佐斯傳》、《貝佐斯新傳》作者

范斯這本書並不常見，寓教於樂，為讀者開啟一個充滿精采人物和想法的全新世界。它是一本讀起來像小說的非文學作品。

——安迪·威爾（Andy Weir），《火星任務》、《極限返航》作者

報導精闢、文采斐然，范斯帶我們踏上一段激勵人心的旅程，走向人類成就的極限。

——席拉‧寇哈特卡（Sheelah Kolhatkar），《紐約客》專題記者，《黑色優勢》作者

很棒的新書……我強力推薦給對太空感興趣的人，尤其是想了解太空新創公司怎麼處理公開承諾和行銷的讀者……本書提供一種真切的觀點，帶我們認識這些公司以及在裡頭勞心勞力的員工。

——科技藝術（Ars Technica）

敘述充滿活力……范斯巧妙描寫了「這全部的驚人瘋狂」。本書研究扎實、資訊豐富，兼具熱情和趣味，讓人一窺最尖端的科技。

——《柯克斯書評》

內容激勵人心……范斯進行了細膩的觀察，描繪出航太公司背後的人物……焦點則放在那些公眾未能關注到的角色，為這場新太空競賽提供全新的視角，而范斯說故事的方法讓你身歷其境，看到有如登月計畫般的「驚人瘋狂」。本書正是矽晶時代所需的作品。

——《出版者周刊》（星級書評）

研究透澈，富有洞察力。……能為科學和傳記藏書添上絕妙一筆。

——《圖書館雜誌》

新太空相關書籍的最佳選擇之一。……對現今太空產業的描述非常有趣。……文筆優美又觸動人心。……本書恰逢其時，向讀者介紹了令人興奮的生意──發射小型衛星。太空經濟正在起步。
──**美國國家太空協會**

本書講的是一個新興、快速變化的產業，引人入勝。……如果你不管怎樣都覺得太空產業的人很無趣，那麼本書將明白告訴你，事實並非如此。
──**《太空評論》**

范斯的書是一趟活力四射的旅程，從瓜加林環礁到加州、從紐西蘭到科迪亞克島，愉快的徜徉太平洋地區，陶醉在新太空商業的DIY 精神裡。……范斯證明新一代太空企業家已經建立了發射臺。儘管眼前還有一大堆挑戰，但如果你仔細聽，倒數計時開始了。
──**《紐約時報》書評**

熱情洋溢。
──**《華盛頓郵報》**

充滿各式人物和風險投資，還能從火箭爆炸中學習，范斯的書令人著迷……
──**《費城問詢報》**

本書講述的迷人太空猶如大西部，充滿自我意識和理想主義，人們希望遠大的夢想不被監管限制，卻無法擺脫經濟壓力和物理定律。執行長、投資者、工程師和焊工投注滿滿的熱情，但他們努力生產的工具卻很親民，用來追蹤貨船、測量農作物生長或打電話。儘管如此，計畫仍不斷增加。范斯寫道：「太空讓人類感覺自己是一則永恆故事的一部分，讓人類想將自己的命運繫於無垠宇宙。」

——《哈佛商業評論》

致讀者

　　這本書的採訪歷時五年，橫跨四大洲，訪談數百個小時。感謝書中主要人物的慷慨無私，讓我得以不論時機恰當與否都能近身觀察他們的世界，而且他們對我的報導也毫無設限。有好多次，這些受訪者是在甘冒風險的情況下讓我一窺他們的私生活，對此我深深感謝，也因此，我有機會用報導者難以企及的方式深入他們的個性、動機、視角。

　　除非另有注明，書中每一句引述都是我第一手採訪所得。你會在書中看到，我讓每個人自己說、盡情說，讓他們親口說自己的故事，也讓你從他們的話去聽、去思考，我認為這很重要。其中有些引述為了簡潔清楚而稍做了編輯，但絕不會為了可讀性而犧牲準確性。這趟旅程中，我同時也替《彭博商業周刊》(*Bloomberg Businessweek*) 撰文報導書中幾位人物，本書少數幾處借用那幾篇文章，原因無他，文章還是自己的好。

　　我已經盡一切努力查證所見所聞，一再確認過書中所有事實，如有更新會收錄於日後新版並注明在我的網站(ashleevance.com)，你也能透過這個網站聯繫我、表達意見。

　　希望你閱讀愉快，就如同我寫這本書的時候一樣。

用圖表看太空商業

現有的發射載具示意圖

新一代的火箭（其中有些可重複使用），能用比以前還要低的成本將物品送上太空（圖中所標注的是能送上低軌道的酬載重量）。

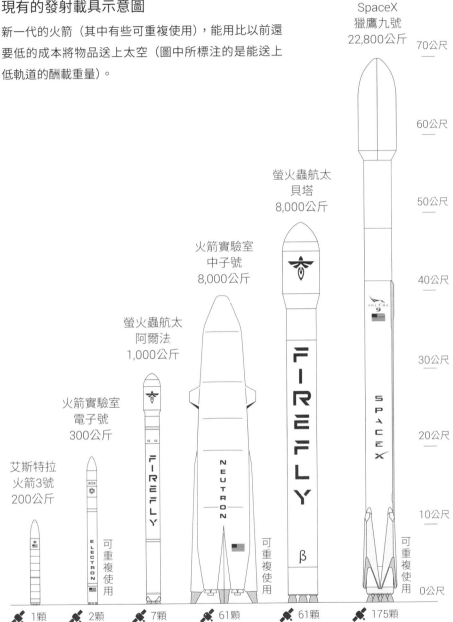

能運送幾顆130公斤的衛星進入低軌道？

圖片繪製：EVAN APPLEGATE　　資料來源：COMPANY REPORTS

現有商業衛星功能與數量示意圖

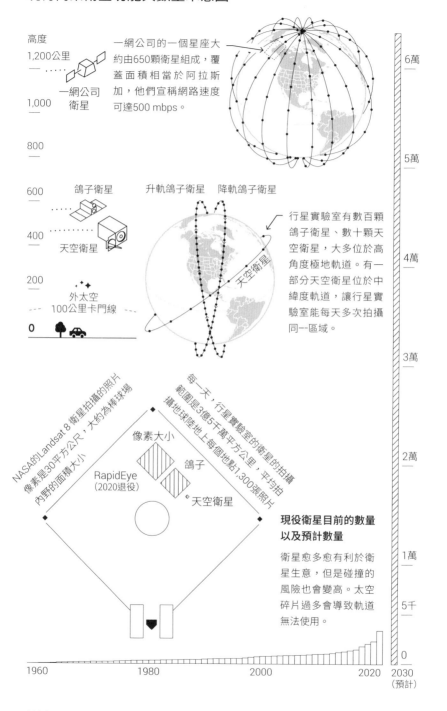

高度

1,200公里

一網公司衛星

1,000

一網公司的一個星座大約由650顆衛星組成，覆蓋面積相當於阿拉斯加，他們宣稱網路速度可達500 mbps。

800

600

鴿子衛星　升軌鴿子衛星　降軌鴿子衛星

天空衛星

400

200

外太空
100公里卡門線

0

天空衛星

行星實驗室有數百顆鴿子衛星、數十顆天空衛星，大多位於高角度極地軌道。有一部分天空衛星位於中緯度軌道，讓行星實驗室能每天多次拍攝同一區域。

每一天，行星實驗室的衛星的拍攝範圍是3億5千萬平方公里，平均拍攝地球陸地上每個地點1,300張照片

NASA的Landsat 8衛星拍攝的照片像素是30平方公尺，大約為棒球場內野的面積大小

像素大小

鴿子

RapidEye
（2020退役）

天空衛星

現役衛星目前的數量以及預計數量

衛星愈多愈有利於衛星生意，但是碰撞的風險也會變高。太空碎片過多會導致軌道無法使用。

6萬

5萬

4萬

3萬

2萬

1萬

5千

0

1960　　1980　　2000　　2020　2030（預計）

資料來源：UNION OF CONCERNED SCIENTISTS, NASA, JONATHAN MCDOWELL

各公司與發射場的位置示意圖

HQ 公司總部

衛星地面接收站

發射場

製造工廠

火箭實驗室的發射地點是紐西蘭瑪希亞半島、維吉尼亞州瓦勒普斯島。

火箭實驗室

SpaceX遠赴瓜加林環礁（美國彈道飛彈試射基地）試射獵鷹一號。

挪威的斯瓦爾巴群島是跟極地軌道上的衛星進行通訊的理想地點，所以有很多衛星地面接收站。

艾斯特拉在阿拉斯加州科迪亞克島的太平洋太空港發射場試射。

一網公司在法國和佛羅里達州組裝衛星，然後再從圭亞那太空中心發射。

艾斯特拉和行星實驗室都設於加州灣區。

螢火蟲航太

資料來源：COMPANY REPORTS

前言
集體幻覺

噢，地球，抬頭看吧！

抬頭看向這一百年的地平線之外，千年之光早已在那裡把天空染成新奇色彩。

抬頭看吧：我們已經推翻萬有引力定律，已經扯掉這個世界原本很低的天花板。

天空是你的，卷雲造出了新海灘，層積雲造出了新山谷。

抬起你的頭！你不是一輩子只能低頭盯著排水溝、泥巴和水坑，只因為生怕渴望的事物不在那裡而不敢抬起頭。

現在就抬頭看吧，看看那個在人類夢想與傳說裡縈繞不去的東西，那個打從我們很久以前第一次從叢林窺看就想知道的東西，是什麼玩意住在遠方蔚藍丘陵、高山上……

噢，地球，抬頭看吧！

——艾倫·摩爾（Alan Moore），《驚奇俠》（*Miracleman*）

從經濟學的角度來看，星際航行必須成真，才能確保人類的延續。如果我們認為人類漫長的演化已經走到頂點，那麼，把生命和進步延續下去就必須是人類最高的終極目標，一旦終止將是最大災難。

——羅伯特・高達德（Robert Goddard），

液體燃料火箭發明人，1913 年

滿腹興奮被焦慮和絕望澆熄。

時間是 2008 年 9 月 28 日，SpaceX 由十五個人組成的團隊，回過神來已經落腳在一座小小的熱帶島嶼，準備將白色的獵鷹一號（Falcon 1）火箭送上太空軌道，六年來的辛苦在此刻到達最高點，距離狂喜只差一射沖天。問題是，這種時刻他們先前也曾有過，只是都以失敗收場。這片人煙荒蕪、叢林茂密的小小土地，曾經發射過三枚火箭，但不是以爆炸收場，就是在飛行中解體。工程師和技術人員經過這幾次慘痛的失敗，陷入嚴重的自我懷疑：也許他們並不像自己認為的那麼聰明、有創造力；也許伊隆・馬斯克（Elon Musk，SpaceX 創辦人兼執行長）對他們的信任是大錯特錯，代價高昂；也許再過幾分鐘他們就得去找工作。

說起進行火箭發射作業的地理條件，不只不理想，根本就是好笑。SpaceX 的火箭發射基地蓋在瓜加林環礁（Kwajalein Atoll），這個環礁由一百個島嶼組成，孤懸於太平洋中央，理論上的鄰居只有夏威夷和澳洲。這些島嶼沒有太多土地露出水面，

伴隨著厚重的濕氣、逃不掉的陽光、鹹鹹的浪花水霧——若是在這樣的熱帶地區度假，很讓人心情愉快沒錯，但若是做體力勞動和機械苦力活，可就令人深惡痛絕了。

瓜加林與獵鷹一號

　　SpaceX 團隊在 2003 年首次踏上瓜加林，希望找到一個地方能進行他們的瘋狂火箭實驗，而且不會受到太多干擾。選這個地點有其道理。長達幾十年間，美軍一直以瓜加林做為軍事行動基地，尤其著重在雷達和導彈防禦系統。為了方便任務進行，軍方興建足以維持一千人日常生活的基礎設施，讓這個地方能進行複雜的武器系統測試。最重要的是，當地居民對於物件被炸毀已經習以為常，看到一群二十幾歲的小伙子和一位網路富豪，帶著裝滿液態炸藥的巨大金屬管子來這裡祈求好運，大概比較能接受。

　　誰知道，SpaceX 團隊的日常活動根本不像是運作順利的軍事前哨生活，反而比較像美劇《吉利根島》(*Gilligan's Island*) 那樣受困在無人島上。主要原因是所有好東西（設備、住房、商店、小吃店、酒吧）都在最大的瓜加林本島，而 SpaceX 團隊卻被放逐到歐姆雷克島 (Omelek Island)，在這塊三萬平方公尺的陸地上，基礎設施只有幾個船塢、一個直升機降落坪、四個儲藏棚、一百棵左右的棕櫚樹。SpaceX 就在這裡接收公司從加州和德州運來的火箭零件，再組裝成完整的火箭、進行測試，最後發射升空。

　　到了 2005 年，歐姆雷克島的改造工作開始真正啟動，島上

的基礎設施變得更加多樣。SpaceX 人員灌出一大塊混凝土板做為火箭發射臺，搭起帳棚遮蔭，用來製造火箭和存放工具，還重新整治了幾輛 1960 年代的移動式拖車，並且隔出生活區和辦公空間。水電管線是團隊自己 DIY，食物是便利商店那種包裝好的三明治，或是海裡撈到什麼就吃什麼。

　　環境雖然克難，但是 SpaceX 團隊速度驚人，尤其以航太業的標準來看更是如此——這個行業的延宕時間可不是以「週」、「月」等單位來計算，而是以「年」起跳。原本光禿禿的歐姆雷克島開始處處可見巨大的圓柱形儲槽，用來存放火箭燃料所需的液態氧和煤油，還有加壓各種機械系統所需的氦氣。瓦斯發電機的出現幾乎就像天使降臨，因為這代表拖車裡面有冷氣了，也就是說，不會過個幾分鐘就汗流浹背，出了錯也不至於血脈賁張，幾個勤勞的員工還加裝了真正的馬桶和淋浴設備。到了 2005 年 9 月初，SpaceX 已經架好金屬塔架，這是發射準備時將火箭豎起的結構。

　　大約每個月都會有一艘貨船載著裝滿設備的大貨櫃到來。獵鷹一號第一節，也就是箭身，在 9 月底抵達；10 月底，火箭已經組裝完成、移到發射臺、垂直豎起。這批工程師大多是……呃……工程師，並沒有太在意這一刻的象徵意義。但很顯然地，獵鷹一號看起來像個宗教圖騰：一個奇異的鋁質方尖碑，聳然矗立在叢林裡的一塊空地上，意圖很清楚，就是要往上、往上、往上，飛得愈高愈遠愈好。

　　接下來是每個新的火箭計畫都會有的出錯時期，而且這個

時期通常會持續好長一段時間。飛行器本身已經設計好、製造完成；引擎（通常是最棘手的部分）在別的地方測試過，也一次又一次點燃，看來應該在重要時刻可以順利正常運作；一行行程式碼已經寫好，抓好「蟲」、也做過微調；火箭內部那一大堆電線也仔細調整過。樂觀理性的希望是，這所有東西合起來能和諧運作，但火箭之神從來就不是這麼好講話。

　　一枚火箭從組裝完成到衝破大氣層，必須先在地面通過幾百項測試，常常一個微不足道的小零件，就足以毀掉所有的努力。比方說有個價值五十美元的閥門故障需要換掉，這代表你得打開火箭艙門，汗流浹背把那塊有問題的金屬找出來，又或者，濕氣一路滲進電池組，這下子連電池組也需要更換。

　　有時候出錯或乾脆取消發射是因為後勤問題。比方說，準備發射時，必須一次又一次把大量的液態氧打進火箭燃料室，麻煩在於，液態氧（航太人稱為 LOX）必須保持極低溫才能維持液態，一旦從特製的冷凍槽移入火箭燃料室，溫度會隨著周遭的空氣升高，使得液態氧開始蒸發。所以常常出現的情況是：火箭灌滿液態氧了，然後大夥兒為了修理一個又一個冒出來的怪問題而這裡弄弄、那裡摸摸，等到終於就緒，卻發現液態氧已經蒸發太多，沒辦法發射了。這時你才意識到，一天下來，這種鳥事已經發生五遍，液態氧儲存槽已經空了，而你遠在太平洋的一個小小島上，方圓三千公里不會有人在乎你在太陽下山前能不能拿到更多液態氧，誰也沒辦法快遞一些過來。

　　在外人看來，火箭建造過程會有這種冗長辛苦的環節很荒

謬：東西都已經完成、準備起飛了，不可能一連幾個月還大小問題不斷。但就是會這樣。有個大笑話是這麼說的：在「火箭科學」中，真正困難的部分就是物理學，而物理學早已不是問題，現在阻礙火箭發展的，其實是剛剛提及的苦差事。這時你需要的是鍥而不捨解決問題的機械技師，不是博士。

　　從 2005 年 10 月持續到 2006 年 3 月，SpaceX 團隊一直在處理這種情況，每天天一亮就走到火箭旁，一路跟火箭搏鬥到夕陽西下。這種日子既疲憊又教人洩氣，但是對火箭發射的期待，讓每個人撐著繼續走下去。SpaceX 在 2002 年成立，當時馬斯克立刻設定一個完全不切實際的期限，要求一年內要發射第一枚火箭——馬斯克就是馬斯克。雖然四年過去還不見動靜，但是以火箭計畫來說，SpaceX 團隊的速度已是歷史僅見。他們靠的是幹勁、馬斯克誇張的要求和無上限的支持，以及一個念頭：他們會證明舊航太工業的官僚體制已經過時，他們在為這個產業開闢一條新道路。

　　獵鷹一號絕對不是史上最厲害的火箭，離最厲害還差得很遠，但是這臺機器有它的吸引力。它高 20.7 公尺、直徑 1.7 公尺，擁有的動力足以將六百多公斤貨物送上軌道，每次的發射成本大約是七百萬美元——就是這個金額最令人眼睛一亮。通常，把衛星送上軌道的火箭每發射一次要花八千萬到三億美元，這裡面包含數百家承包商供應的零組件費用，而每家承包商都想從他們那些專業硬體上大撈一票。SpaceX 打破了這種情況，用可取得最便宜的零件做出可用的東西，盡可能把火箭的每個部分都拿

回來自己做。

　　3 月 24 日，驗證這套理論的時刻終於來到。一部分人跟馬斯克一起在瓜加林島上的任務控制中心，其他人則留在歐姆雷克島待命，因應任何可能的機械問題。發射作業從一大早就開始，大家拿著清單一一檢查，把火箭就緒，準備迎接重要時刻。上午十點三十分，獵鷹一號發射，烈焰熊熊轟隆隆，連島上的臨時建築物都震動了幾秒，接著火箭開始對抗重力，直奔天際。對於在獵鷹一號上投注情感的 SpaceX 員工來說，時間顯得很漫長，短短幾秒卻彷彿好幾分鐘，他們的目光上上下下不斷游移在火箭身上，想用目測確認它完好無虞。

　　不過，隨便一個路人旁觀者[1]也能很快看出不對勁。起飛後，箭身就開始旋轉搖晃，在這個一翻兩瞪眼的產業是不妙的徵兆。接著，飛行三十秒後，引擎停止運作，火箭不再繼續往上，而是短暫停了一會兒，然後開始朝地面落下，這時候它基本上已經變成一枚朝歐姆雷克島飛來的炸彈。砰的一聲，這個由金屬和燃料組成的龐然大物，猛烈撞上距離發射臺一百八十公尺的礁石，墜毀爆炸，火箭搭載的一顆美國空軍製小衛星拋到空中，劃破一個工具小屋屋頂，幾千塊火箭碎片四散飛落歐姆雷克島上，還有一些掉進周圍海域。

　　SpaceX 的員工大失所望，但也不意外，第一次發射就成功的新開發火箭少之又少，這次經驗最令人羞愧的部分是火箭崩解

---

[1]　大約有五千人在網路上觀看這次發射。

在歐姆雷克島。火箭要爆炸的話，最好是在高空，而且要在海上的高空，SpaceX 這群工程師沒有人想回到島上，用手撿拾一個個會令人想起自己缺失的殘骸。[2]

接下來幾天，他們分析這次短暫飛行取得的數據、鑑識火箭殘骸，很快就發現，因為連續幾個月暴露於瓜加林炎熱含鹽分的空氣中，固定燃油管的鋁製螺帽鏽蝕了，這個區區五美元的螺帽裂開，導致煤油外漏，引擎起火。諷刺的是，SpaceX 的解決方法是：以後要用更便宜的不鏽鋼螺帽。

SpaceX 又花費一年造出一枚新火箭，一一做完每項測試，2007 年 3 月再次發射。這枚火箭的表現好很多，飛了七分多鐘後，燃料開始在內部以意想不到的方式翻攪，沒給予引擎足夠的推進燃料，火箭再次朝地球墜落，只是這回有乖乖在大氣層燒毀。將近一年半後，2008 年 8 月，SpaceX 做了第三次嘗試。這枚火箭一路表現優異，直到火箭上半節要脫離較大的下半節時卡住故障，進不了軌道。「獵鷹一號又爆炸了，」報導這次發射的記者寫道。

到了這個時候，SpaceX 團隊不只疲憊，瓜加林的生活早就

2　這起爆炸勾起瓜加林美軍指揮官的好奇，找 SpaceX 發射測試副總提姆‧布札(Tim Buzza) 過去。「我接到島上高層的電話，要我馬上到他的住處，」布札說，「我當時心裡想『完蛋，麻煩大了』，這個人可是剛從伊拉克回來的陸軍上校。我騎上腳踏車到他的住處，看到他坐在門廊拿著兩罐啤酒，我一坐下他就開口說：『今天出師不利啊，不過你們會振作起來的。我想談一下我在直播上看到的狀況。』」結果指揮官不僅沒有責備，反而想討論「這枚火箭的爆炸情形」，他問布札：「有我們軍方幫得上忙的地方嗎？」

從有趣的異國風情變成痛苦的折磨,「蛇穴」酒吧的深夜聚會不再檢討一天下來的工作,航空迷也不再鑽研深究,而是圖謀叛逃。幾杯紅牛和伏特加下肚,有個工程師得出結論說,他如果脫光光跑過機場跑道也許會被驅逐出島,同桌的人個個點頭同意,這位工程師就這樣取得該有的動機,馬上衝出去執行計畫,結果不走運,軍方人員遇過更難堪的行動,第二天他又乖乖回到歐姆雷克島。

在公開場合,馬斯克、NASA 官員、美國政府提到的都是好的部分:新火箭本來就會爆炸、SpaceX 有辦法一一找出問題並修正、現在遇到的各種情況都是必經的過程;可私底下卻是憂心忡忡。馬斯克就是其中一個,他的財富正以驚人的速度縮水,而且他不喜歡每年都要向媒體解釋為什麼 SpaceX 到不了軌道。政府官員也開始懷疑,SpaceX 任務控制中心那個頂著橘色龐克頭並用蛋白固定的傢伙,是不是代表一種與其說是有趣古怪、不如說是嚴重失能的企業文化。歐姆雷克島滿地的啤酒和烈酒似乎也給這種想法增添可信度。

「第三次嘗試是最後一次,」提姆・布札說(他是獵鷹一號和歐姆雷克島上重要的 SpaceX 人物),「馬斯克的金錢和時間都快沒了。我們做了很多反省檢討,感覺狀況很慘,那是我們第一次覺得可能就這樣結束了。然後馬斯克跟全公司開了一場視訊會議,他說:『我會去借點錢,我們還有一枚火箭,兩個月內就必須發射。』」

聽見原本要花一年的工作被壓縮到兩個月,而且整家公

司、每個人的工作、民營太空飛行的概念全賭在是否能零失誤執行這次倉促的任務，大家感受到的只有恐懼。但是 SpaceX 團隊馬上挽起袖子，決定最後一搏。

荒謬的期限馬上衍生一個問題：如何把第四枚獵鷹一號從加州總部快速運到歐姆雷克島。以往都是透過一個月一班的貨船，但是這次必須透過空運，意味需要一架超大飛機，也就是 C-17 軍用運輸機。布札和團隊其他成員不知道怎麼辦到的，還真的弄來一架 C-17 和幾個飛行員，沒多久火箭就上了飛機，這是好消息的部分。

壞消息是，那幾個飛行員以前開戰鬥機，喜歡極限操作飛機取樂。他們不是將飛機緩緩降落到跑道上，而是把 C-17 當成戰鬥機開，急速拉高的空氣壓力導致火箭薄薄的金屬外殼開始凹陷。幾個 SpaceX 工程師嚇壞了，晃得東倒西歪的他們，連忙抓起身邊的工具在火箭上開幾個口，試圖平衡火箭內部和機艙的壓力。他們的快速反應避免損害繼續擴大，但是火箭送到的時候已經不是理想狀態。

這起事件讓 SpaceX 團隊的情緒更加低落，島上的部分成員認為，要趕在發射前把受損火箭回復到可用狀態幾乎是不可能的任務，而且還得有個可憐鬼打電話向馬斯克報告這件事。不意外，馬斯克的回應是：找出解決方法，繼續前進、前進、前進。

2008 年 8 月初到 9 月 28 日，SpaceX 工程師和技術人員全副心力都放在這臺受到詛咒的飛行器。一天又一天，獵鷹一號的機身獲得悉心照料與修復，一系列單調的發射前測試也得以展開，

偶爾會有一隻身長九十公分的特大號椰子蟹現身，到工作區看他們作業（SpaceX 的人給牠取名為「伊隆」），看來是個好兆頭。

就這樣到了 28 日，每個人再次各就各位，這時的 SpaceX 團隊已經有經驗優勢，只不過這次發射是所有嘗試中成功機率最低的，因為是以百米衝刺的速度把火箭送上發射臺。雖然如此，上午十一點十五分，獵鷹一號的引擎點燃，衝上青天，接著又繼續升上太空，在任務控制中心裡面，幾乎全程一片死寂，無人出聲，除了火箭在緊要關頭做到該做的事才偶有「哇塞！耶！」的讚嘆，然後終於──等了好久的終於，確定火箭完美進入軌道。一進入太空，火箭尖端就像蚌殼一樣打開，只不過放出來的不是衛星，而是一大塊蠢金屬，因為已經沒有客戶願意冒險把真正的設備搭上 SpaceX 火箭。

一確定發射成功，歐姆雷克島上的 SpaceX 團隊就互相擊掌，但沒有高聲慶祝，因為他們得回發射臺，關掉輸送系統和其他機器，而瓜加林島上的同事則立刻跳上船往歐姆雷克島飛奔。等到安全作業結束，團隊也全員到齊，開始有人高喊「軌道！軌道！軌道！」接著其他人也跟著大喊，一群人齊聲高喊「軌道！軌道！軌道！」，彷彿原始人的戰吼。到了晚上，歐姆雷克島午後的慶祝移師到瓜加林島，持續到深夜，「軌道！」的呼聲不時響起，醉茫茫的工程師把六年的掙扎化為強大的情緒，集體釋放出來，進行一場火箭狂歡。

天空的大門已經開啟

這本書並不是講 SpaceX 的故事，你可能會納悶我為什麼要花這麼多篇幅講 SpaceX 和他們的火箭，我的理由是：你有必要了解獵鷹一號以及背後的投入，因為那枚火箭開啟這本書所描述的種種情節，很可能也改變人類的歷史軌跡。

從最實際的角度來看，獵鷹一號讓 SpaceX 成為第一家做出低成本火箭並成功進入軌道的民營企業。這是工程上的里程碑，也是航太人夢想幾十年的成就。

從象徵意義的角度來看，SpaceX 打破自然法則。2008 年當時雖然還看不出來，但首次進入軌道的那回發射具有激勵作用，就像羅傑‧班尼斯特（Roger Bannister）首開先河，只用不到四分鐘跑完一英里，SpaceX 讓人重新看待人類上太空這件事的局限，全世界工程師和夢想家的想像和熱情頓時放大。轉捩點已經出現，太空狂熱已經點燃。

自從美蘇開始登月競賽，太空故事大多圍繞著少數幾個政府的行動，要有美國、中國、歐盟這等國力才養得起火箭計畫，太空被他們玩成一種稀有商品。這幾年雖然有幾個富人嘗試自製火箭改變這種均勢，卻都以失敗收場。沒錯，SpaceX 有 NASA 和美國軍方的鼓勵和金援，然而，是馬斯克這個不知道從哪裡冒出來的人掏出一億美元，憑著一己意志把 SpaceX 帶到世上。他證明了，一個鍥而不捨的人加上一家充滿勤奮聰明人的公司，是可以與整個國家匹敵的，有朝一日甚至可能超越國家的影響力。

　　把範圍拉大一點來說，有許多「真理」被老舊、有政府支持的航太業奉為圭臬，但 SpaceX 拒絕接受。SpaceX 證明有一種新穎的火箭技術行得通。造火箭不一定要用由「合格認證」專業包商生產的「太空等級」高價設備，畢竟消費型電子產品現在已經進步到，開架商品就足以禁受太空旅行的嚴苛，軟體和電腦運算的大躍進也意味著，工程師現在能做到過去遠遠做不到的事。剝掉 1960 年代沿襲下來的層層官僚和停滯思維，你會發現，火箭的建造也能現代化、更有效率；求新求變是有可能的。

　　但是航太圈拒絕接受這些發現，他們依舊認為 SpaceX 只是個異數，是小聯盟選手。獵鷹一號能攜帶四百公斤的貨物進入軌道，但是老牌的超大火箭可攜帶以噸計算的貨物。SpaceX 如果想玩真的、想玩大的，那會很痛苦，研發成本會吸乾馬斯克的銀行戶頭。而想把自己的能力和現代方法轉化為先進火箭的工程師會踢到鐵板，SpaceX 最後頂多就像老牌公司一樣變大又變貴，最慘的情況則是在嘗試過程中摔個狗吃屎，而他們認為後者最有可能發生。

　　從事後諸葛的角度看，傳統航太業低估馬斯克和他的工程師，打臉別人不成，反倒打臉自己。獵鷹一號發射至今十幾年過去，SpaceX 接連又造了三個火箭家族，一個比一個大，其中的主力火箭「獵鷹九號」現在已經是商用發射的霸主，週週送衛星上軌道。這家公司已經把可重複使用火箭的技術做到完美，能把火箭箭身帶回地球再次飛行，反觀對手還在把只用一次的火箭扔進海裡。此外，SpaceX 也開始跨入衛星生意，製造與發射的衛星

數量都是史上最多，勝過任何公司。2020 年全世界因為新冠肺炎疫情而停止活動的時候，SpaceX 送了六位太空人到國際太空站，是美國自 2011 年太空梭退役以來，首次把人類送上太空。同一時間在德州南部，SpaceX 還忙著打造星艦（Starship），這個載具是要用來實現馬斯克的終極野心——在火星建立人類殖民地。

看到 SpaceX 橫空出世，傳統航太業者選擇不隨之起舞，不打算大幅更改自己做生意的方式，但他們的不作為並沒有阻止獵鷹一號的影響，衝擊從馬斯克帝國牆內擴張到牆外，改變人類與太空的關係。工程師、創業者、投資人看到 SpaceX 的成就，也開始有自己的瘋狂願景，他們也搭上電子、電腦、軟體不斷進步的浪潮，開創自己的太空公司。全世界到處都有人開始自比為下一個馬斯克——不管這是不是個好現象。

「大公司掌控了一切，」弗瑞德‧甘乃迪（Fred Kennedy）說，他是美國空軍前上校，曾經擔任國防部太空開發局局長，「我以前很絕望，你不跟大包商合作就沒戲唱。然後馬斯克證明你可以突破，他證明你能做點不同的事，我想大家的想像力就是這樣激發出來的。」

大眾媒體對民間太空活動的報導也多了起來，大多圍繞於馬斯克這些富豪，譬如傑夫‧貝佐斯（Jeff Bezos）、理查‧布蘭森（Richard Branson）、已故的微軟創辦人保羅‧艾倫（Paul Allen），這些人投資的新事業從火箭到太空飛機都有。大家的關注點大多圍繞著想開啟太空旅遊生意的富豪，或是像馬斯克這種想啟程去月球或火星殖民的夢想家。

　　大眾沒注意到的是，世界各地有幾百家公司都在做瘋狂的事，他們也在建造新型態的火箭和衛星。這些公司正在比一場更即時、更實際的競賽，不是人類環繞月球或上火星洗衣服等等的競賽，而是試圖在距離地表兩百公里到兩千公里的太空帶，建立低地球軌道（low Earth orbit，簡稱低軌道）經濟；低軌道其實就是人類下一個科技競技場。

　　從 1960 年代到 2020 年，太空中的衛星數量一直是以緩慢穩定的速度增加，總共放了大約兩千五百顆繞著地球轉的衛星，其中大多是替軍事單位、通訊公司、科學家執行任務。每一顆衛星在發射前都被當成精緻的科技奇蹟，耗費多年設計打造，最後通常做得跟廂型車或小型校車一樣大。這些衛星在主流傳統影響下所費不貲，因為使用時間長達十年到二十年，而且要能承受在太空飛馳過程中的惡劣條件，結果就是，單單一顆衛星就要花十億美元以上。

　　不過，這個情況在 2020 到 2022 年出現驚人變化，衛星數量一下子翻倍到五千顆，下個十年預計還會增加到五萬到十萬顆，至於會有多少顆，就看你要相信哪一家的營運計畫（你最好先暫停一下，讓這些數字好好在腦中沉澱一下）。包括 SpaceX 和亞馬遜（Amazon）在內，有幾家公司和國家打算發射數以萬計的衛星，在太空建構網際網路系統。這些衛星會將高速網路服務傳送給目前光纖網路送不到的三十五億人，甚至覆蓋整個地球，形成一個永不停歇的網際網路脈搏，讓無人機、汽車、飛機、各種運算裝置和感測器不管在哪裡都能收發數據。

不只是太空網際網路，現在已經有成百上千顆衛星繞著地球在拍照錄影，以將近一小時一次的頻率記錄地球上發生的種種事情。不同於舊有間諜衛星把影像提供給政府，這些新的影像衛星是年輕新創公司的產品，幾乎人人都能購買他們拍攝的照片。已經有組織在蒐集分析這些數以萬計的照片，窺探政治、商業的內幕真相，包括北韓的軍事活動、中國的石油產量、開學季到沃爾瑪超市（Walmart）採買的人數、亞馬遜雨林遭到砍伐的速度等。這些新衛星在人工智慧軟體的輔助下，可以窺探監測人類活動的整體狀況，等於是地球的即時記錄系統。

之所以有這些進展，主要是因為衛星從來沒有這麼小、這麼便宜過（也是受惠於電子和運算能力的進步，這些進步在日常生活和商業活動都看得到）。這些新衛星並不是動輒一顆十億美元，而是只要十萬到幾百萬美元，尺寸從一副撲克牌、一個鞋盒到一臺冰箱都有，通常是設計成一組一組，形成業界所謂的「星座」（constellation）並共同運作。它們在太空的壽命不長，三、四年就會脫離軌道，在重返地球大氣層時燒毀。成本低，意味著衛星公司可以三不五時發射新衛星上去，用最先進的技術替換掉老舊的設備，而不是想方設法從十年、二十年的老設備榨出更好的性能；成本低，也意味著有更多公司可以在太空多做些事情，諸如通訊、影像、科學或其他任何形式的應用。結果就是，現在有幾百家衛星新創企業已經就定位，希望用自己的瘋狂點子攻占低軌道。

一般來說，每年大約會有一百枚火箭成功進入軌道並卸下

酬載（payload，火箭攜帶的物體），中國、俄羅斯、美國就占了四分之三，剩下四分之一是歐洲、印度、日本，但是現在的太空已經和以前不同，現在那些公司和政府想發射到軌道的衛星有幾萬顆，火箭的數量根本不敷所需。

所以這幾年才會有上百家火箭新創公司冒出來，想做太空界的聯邦快遞（FedEx）。這些年輕的火箭公司往往抱持很激進的想法，既不想製造那種發射一次就要花六千萬到三億美元的火箭，也不想按照傳統火箭商的速度一個月發射一次。他們想製造的是小火箭，發射一次只要一百萬到一千五百萬美元，如果做不到天天發射，一週一次也行。（最激進的想法是製造太空彈射器把火箭彈射到軌道，一天彈射八次，每次只要二十五萬美元，連有些聰明絕頂的人都認為這個想法很合理。）

獵鷹一號原本就是要扮演聯邦快遞的角色，但是 2008 年發射成功後沒多久，馬斯克就決定不再製造小火箭，改把資源和精力全部集中於大火箭。這樣的策略在 2008 年很有道理，當時的小衛星並不多，SpaceX 得替政府和通訊公司發射大衛星才賺得到真金白銀活下去。再者，馬斯克長遠的計畫是先把人送到太空，再把人和幾千噸物資送上火星，這兩個任務用小火箭都做不到。

獵鷹一號夭折後，許多火箭新創公司紛紛搶占它留下的空缺，他們的理論是想發射就能發射的廉價火箭時代已經來臨，最能證明這套理論無誤的新創公司是火箭實驗室（Rocket Lab），由紐西蘭人彼得・貝克（Peter Beck）在奧克蘭成立。貝克沒有跟知名演員交往，沒有電動車公司，也沒有在推特（Twitter）發表狂言，

但他的故事並不輸馬斯克，同樣相當不凡與不可思議。貝克是自學有成的火箭科學家，沒上過大學，卻在沒有航太產業可憑恃的紐西蘭開了火箭公司。2017 年，火箭實驗室第一次發射全黑、十七公尺高的電子號（Electron）火箭，到了 2020 年已具備常態發射火箭的能力，是繼 SpaceX 之後第二家固定替付費客戶發送衛星上軌道的民營公司。

　　想搭上這股熱潮的小火箭公司數不勝數，其中大多缺人缺錢，全靠滿懷壯志的火箭愛好者經營苦撐，不過也有大約十家公司獲得認可，有實際上場發射火箭的機會，其中幾家位於美國，其餘則在澳洲、歐洲、亞洲。馬斯克和貝克開啟了一個想法：只要夠聰明、夠堅持，任何人在任何地方都能製造出火箭。

　　毫無疑問，小型火箭公司一定會面臨一個大問題，那就是載運量不大。如果用造價六千萬美元的 SpaceX 火箭裝載幾百或幾千顆小衛星，一趟就載得完，而且每一公斤的運價一定低於廉價小火箭（這就好像一輛十八輪大卡車和幾十輛小廂型車的差別）。小型火箭商指望的是，一旦知道隨時有便宜的火箭可搭，勢必會有許許多多的公司和政府送更多更多東西上太空，畢竟他們不必提前一年半預約申請登上 SpaceX 的貨運清單，只要登上火箭實驗室網站預訂兩個禮拜後的航班即可。一旦大家都知道有這樣一套系統可以使用，低軌道經濟就會開始大幅改變；基礎設施會產生質變，不再是少數幾條人人爭搶的鐵路系統，而是更接近捷運的大眾運輸。

　　回到 2008 年那個時候，幾乎沒有什麼投資流入民營太空事

業，主要投入火箭生意的人就是馬斯克和創辦「藍色起源」(Blue Origin)的貝佐斯，衛星新創公司也屈指可數。不過，過去這十年已經有幾百億美元湧入民營太空產業，資金來源明顯從政府變成億萬富豪，再變成創投。在太空實驗某個點子，不再需要獲得國會同意，或是等某個瘋狂的夢想家拿個人財富出來冒險，只需幾個人在一個房間裡說好，就能拿別人的錢去大冒險。

這些太空迷在建構的是一個天天有許多火箭升空的未來。火箭會把幾千顆衛星投放在我們頭頂不遠的地方，而衛星會改變地球的通訊方式，譬如把網際網路變成不管是好是壞都躲不了的服務。衛星還會以過去想像不到的方式觀察、分析地球，早已重塑地球生活的數據中心也將移師軌道。我們等於是在給地球打造一個電腦外殼。

這個過程雖然已經開始幾十年了，但是近幾年的發展步調驚人，令人振奮，也讓人不安。而且這波太空行動背後的主角往往不同於官僚、謹小慎微的前輩們，舉個例子，你在火箭新創公司看到的員工，可能是以前在鑽井油臺工作的焊工或 F1 賽車引擎技師，而不是麻省理工學院(MIT)畢業的天體物理學博士。沒錯，他們這些人建造把貨物送上軌道的火箭，但是從另一個角度看，他們也建造民間的洲際彈道飛彈，而且他們的才能現在開放競標，價高者得──這是航太工程世界的西部蠻荒。而在衛星領域，至少已有一家公司不照慣例先取得許可，就急忙把裝置放上火箭送上軌道；如果想在低軌道卡個位子，最好是先斬後奏。

太空論述的變化也很快速。過去國家砸下幾十億美元炫耀

自家科學家的能力，也確保自家公民的安全，那時的太空活動是跟國族、愛國掛勾在一起。接著馬斯克和貝佐斯這些億萬富豪出現，他們把上太空說成是崇高、必要的追尋，是為了實現人類的命運。他們相信我們天生是探險家，全人類都樂見我們的才智技術推到極致並航向未知，就算只是為了確保我們物種的存續繁榮，也已經是足夠充分的理由。當然，這些信念依然是貫穿現在太空新工作的動機，但也有些動機沒那麼高尚：矽谷對財富、掌控、權力的無止盡追求已經打直豎起，準備升空。講白了，太空現在已經開張營業，跟其他所有東西一樣，任君選購。

表演必須繼續

過去幾年，我有幸坐在第一排目睹這段歷史的特殊時刻。這趟旅程從追蹤馬斯克和 SpaceX 開始，一路把我帶到加州、德州、阿拉斯加、紐西蘭、烏克蘭、印度、英國、斯瓦爾巴（Svalbard）、法屬圭亞那（French Guiana），也把我帶進記者通常不得其門而入的房間。我曾有好幾個深夜在骯髒倉庫看著工程師第一次嘗試點燃火箭引擎，並一路看到他們在南美叢林的壯觀發射；也曾經體驗私人飛機、群居生活、持槍保鑣、迷幻藥、一群脫衣舞男、浴缸裡腐爛的鯨魚屍體、間諜調查和聯邦突擊搜查、太空嬉皮、百萬富翁豪飲買醉麻痺財富消失的痛苦。

在這本書中，我想讓你身臨其境感受這場全世界都著迷的宏大新追尋。本書追蹤行星實驗室、火箭實驗室、艾斯特拉

（Astra）、螢火蟲航太（Firefly Aerospace）這四家公司，報導他們打造新型態衛星和火箭的任務。不知不覺間，這幾家公司、領導人、工程師已經踏入一個跟個人電腦或網際網路早期沒有兩樣的未知世界，他們能感覺到某個不得了的東西就在伸手可及之處，而他們有機會在歷史上留名。

當中的故事大多數能鼓舞人心。以行星實驗室來說，他們以不輸 SpaceX 的戲劇化方式改變太空科技和低軌道經濟。也有像彼特・沃登准將（Simon P. Worden）這樣的人，他早在馬斯克之前就登場，在幕後默默推動這場革命。這裡面有理想主義者、心存善念的人、聰明絕頂的人，做著不同凡響的事，其中幾個主角踏上的是英雄之旅，克服的逆境超級巨大。不過我得先提醒你，並不是每個主角都有好結局；這一路上有一些故事是悲劇，也有一些是喜劇。接下來的故事則是試圖捕捉這所有讓人驚呼連連的瘋狂歷程。

是的，就是瘋狂。不管我再怎麼認為太空愈來愈像一門生意，選擇用太空來賺錢仍然有其獨特之處。太空本身帶著好幾百年的神話和幻想，瓜加林島上的獵鷹一號彷彿一個圖騰——它確實是圖騰，一個充滿火焰的普羅米修斯之管，訴說人類奮鬥的核心動力。就連最唱衰、宣稱是為了五斗米才工作到凌晨兩點的焊工，也陶醉於有朝一日告訴朋友：高懸於頭上那片廣袤太空的東西，他也參了一腳。首席工程師、執行長、富裕金主把自己看成冒險家，冒著荒唐的險，試圖克服眼前每一個障礙，克服物理學的限制，證明即使是地球也關不住他們的意志。在直覺層面上，

他們只是想征服點什麼，而在比較抽象的層面上，太空讓人類感覺自己是一則永恆故事的一部分，讓人類想將自己的命運繫於無垠宇宙。

　　於是，我開始認為當前這個太空產業是被一種集體幻覺所驅動。夜深人靜的時候你如果問問他們：那些火箭和衛星是不是都有意義？他們的生意是不是有一天真的會賺錢？他們有時會坦言，沒有人知道那些鬼東西會不會成功。說是這麼說，幾十億又幾十億的資金繼續湧入，各種新冒險也愈來愈古怪。理想主義、熱情、創新、自我、貪婪這些常見的要素都有了，鼓動著人們起身行動；但也有個紐帶在背後推動這個超大幻覺前進：你不要問太多問題、不要想後果想太久、不要讓現實干擾你的希望和夢想。畢竟這是太空，你只需要說：「管他的！就做吧，反正不做也不行。」

太空上的大電腦

1

當鴿子飛向天

羅比・辛格勒（Robbie Schingler）要去印度創造歷史。

那是 2017 年 2 月，他飛到清奈（Chennai），那裡是印度東岸一個人口七百萬的混亂城市。辛格勒年近四十，像是走在路上會擦肩而過的典型觀光客，中等身材，牛仔褲配短袖有領衫，墨鏡架在棕色頭髮上。他一抵達就入住一家不錯的飯店，為了調時差，也為了適應當地環境，他馬上到處走走看看。無奈清奈的炎熱潮濕和感官負荷實在太猛烈，才踏出飯店大門幾步就遇到忙著生活的洶湧人潮，嘟嘟車[1]疾馳而過，顏色、氣味、聲音一波又一波襲來，沒打算停歇，辛格勒走了一小段就向時差投降，回去午睡。

2 月 13 日那天還有閒情逸致午睡，我實在服了他。辛格勒與人共同創立一家製造衛星的公司，名叫行星實驗室，過兩天會有八十八顆鞋盒大小的衛星要搭上印度火箭極軌衛星運載火箭

---

1 譯注：tuk-tuk，速克達摩托車改裝成的載客工具，盛行於印度。

（Polar Satellite Launch Vehicle, PSLV）飛上軌道。除了行星實驗室的衛星之外，同行的衛星還有十六顆，分屬大學、新創公司、研究團體。過去從來沒有火箭一趟就送這麼多衛星上太空，足足有一百零四顆之多，印度媒體把這次創紀錄的火箭發射視為國家一大驕傲。

　　創紀錄雖然很好，行星實驗室卻處在岌岌可危的狀態。這家成立於 2010 年的公司，一直努力顛覆衛星產業以及我們對地球的認知。用最簡單的話說，他們製造的衛星是繞著地球軌道的照相機，不斷拍攝下方的地球動態。這種拍照衛星更大、更貴的版本早幾十年前就存在，只是數量不多，能拍到的地方也有限，而且拍到的照片通常優先給政府或軍方，再來是給少數買得起的企業。

　　行星實驗室的大方向是製造很多比較小、比較便宜的衛星，排列成他們所謂的「星座」。有了成百上千顆衛星，並以特定模式繞著地球，他們就能捕捉地球每一個地點每一天的樣貌。這般技術成就具有重大的意義，從此地表活動的照片將不再稀有，也不再僅流通於少數人之間。行星實驗室會持續不斷記錄地表的一舉一動，再透過人人都可利用的線上服務提供照片，不管是克里米亞的軍隊集結、航行穿越海洋的貨船、深圳的高樓建設、北韓的飛彈試射，所有圖謀的每日變化都逃不過行星實驗室的照相機，只要少少的費用，馬上就可以下載。

　　這聽起來好像間諜情蒐之類的事，當然啦，這種衛星星座一定會助長間諜活動。但是辛格勒和創業夥伴威爾・馬修（Will

Marshall）、克里斯・博曉森（Chris Boshuizen）是太空宅男和太空嬉皮的組合。在他們的想像中，他們的衛星是善的力量，可以用來監看雨林、測量大氣中的甲烷和二氧化碳濃度、追蹤戰亂地區難民的動向。即使被有心人士利用，這些衛星也能提供客觀事實，譬如武器測試或環境災難這類資訊，以防政府試圖掩蓋事故或以不老實的說法編造故事。就是考慮到這些，行星實驗室才決定把衛星取名為「鴿子」（Dove），取其和平的意涵。

　　2017 年這次火箭發射前，行星實驗室已經放了幾十顆衛星上軌道，除了測試理論背後的基本概念，也改進技術，只是 2017 年這次發射會完成衛星星座的配置，真正做到隨時觀測。如果行星實驗室的衛星如願達成目標，將會創造好幾個重大里程碑：將會有一家新創公司成為擁有最多衛星環繞地球的業者，行星實驗室會繼 SpaceX 之後成為下一個重要的新太空獨行俠；行星實驗室將會證明，把便宜的小衛星合起來，可以等於或勝過長期主宰產業的昂貴大衛星；太空將會以過去想像不到的方式民主化，只要有一臺電腦，任何人都能細細查看地球、分析所有的人類活動。

　　到了第二天，想午睡也沒辦法。早上，一輛由政府提供的休旅車到辛格勒下榻的飯店接他，開了將近三小時的車程，往北前往達萬太空中心（Satish Dhawan Space Centre）。

　　印度在發展航太的國家當中是前段班，這個國家有龐大的工程人才庫，再加上勞動成本低廉，對於國產衛星和眾多盟友（包括美國）製造的衛星來說，他們的主力——極軌衛星運載

火箭就成為一個既可靠又平價的選擇。每年有三到五枚極軌衛星運載火箭運送貨物到軌道，執行政府資助的印度太空研究組織（Indian Space Research Organisation, ISRO）所主導的任務，印度太空研究組織的成就在印度國內受到非常高的推崇，甚至讓曼加里安號（Mangalyaan，亞洲第一架環繞火星的太空船）印在兩千盧比的紙鈔上。

印度有幾個火箭發射地點可以挑選，達萬太空中心大概是其中最奇特的地方。達萬太空中心成立於 1971 年，位於孟加拉灣的綏哈里柯塔島（Sriharikota）。從高空俯瞰，綏哈里柯塔島像是一條正在消化一頭山羊的蛇，海岸線長二十七公里，頭尾兩端細細長長，中間鼓起，有八公里寬。從清奈到發射場，你必須開上一條以「誰理你」為原則的快速道路，豬、牛、半掛式卡車、摩托車、巴士、頭上頂著塑膠水桶的婦女，個個都在爭搶路權。最後，你離開快速道路，轉上出口支線，開往一條堤道，四周都是沼澤、鹽塘、被趁虛而入的植物搞得坑坑洞洞的淤泥。

我去過的每一個火箭發射場都會觸發同樣的困惑。大腦一開始會自動切換到火箭模式，期待看到光亮、有未來感的物體，畢竟眼前是人類科學和工程成就巔峰的大本營，結果不然，這些發射場往往粗糙簡略，跟精緻完美完全沾不上邊。主要原因是太空機構大多把發射臺設在靠近海岸線的偏遠地方，火箭如果偏離航道才不至於造成人命傷亡或重大損失；另一個原因是，這些發射場有很多是興建於早先太空競賽如火如荼的年代，這幾十年來沒有經過多少現代化。

　　不意外，迎接辛格勒的達萬太空中心與科幻的想像不同，比較像已經歇業的迪斯可舞廳。辛格勒在一道警衛大門前停下車，兩個警察要求出示身分證件，接著警衛要求車上每個人下車交出筆電、手機等電子產品，並將產品序號一一寫進一本帳簿。在這冗長的過程中，幸好有棵芒果樹遮蔭，幾頭白色牛隻隨興緩緩在四周走動。檢查結束後，辛格勒被帶到附近第二間辦公室領證件，辦公室裡的燈泡以幾束裸露電線懸掛在天花板下方，牆上隨便貼著幾張泛黃的火箭和科學家海報，兩個打赤腳的辦事員從桌子後頭站起，收走辛格勒的文件，過了一會兒連同出入許可證一同交還。

　　辛格勒把行李放進宿舍房間，兩個印度太空研究組織高官過來接他，由他們接手他後續的冒險。由於他是支付好幾百萬美元的客戶，所以獲得豪華型導覽，包括可以直接登上火箭、進入任務控制中心參觀。每一站都是印度太空研究組織從熱帶茂密森林清出一塊地蓋成的建築，所以沿途都聽得到猴子在樹間爬上爬下的聲音，政府專車還得不時停下來等候一、兩頭牛走過去。

求神拜佛

　　發射前一天晚上沒有什麼事可做，只能等待。行星實驗室已經有幾個員工飛到印度，因為他們不能進入太空中心園區，只好在場外觀看。他們費了一番功夫買到八十八個象神雕像，象徵那八十八顆衛星，還打電話把這件事告訴辛格勒，辛格勒很篤定

這些神像會帶來好運。

　　發射當天早上，辛格勒加碼祈求好運。天還沒亮他就醒來，在食堂吃了早餐，然後到宿舍附近一座寺廟打坐拜拜。行星實驗室前面幾次發射的運氣特別不好，衛星屢屢遭到摧毀，先是安塔瑞斯（Antares）火箭爆炸，接著是 SpaceX 火箭爆炸。弔詭的是，那幾次爆炸剛好驗證行星實驗室的做法是對的。由於他們製造出大量的便宜小衛星，所以禁得起偶爾的損失，換作以前動輒花十年才製造一顆五億美元衛星的前輩，那可就禁不起了。說是這麼說，一次就損失八十八顆衛星也是很可怕的事，會大大阻礙行星實驗室加速前進的渴望。

　　向太空之神拜託完畢，辛格勒接下來就只能相信印度和他們一流的工程師了。他和印度太空研究組織的官員一起來到任務控制中心，那裡就像你在電視上看到的 NASA，幾排桌子上面擺滿電腦和螢幕，人員穿著實驗室白袍，不是坐著思考，就是走來走去處理各項作業。辛格勒坐進後方觀眾區，跟前面的控制中心隔了一道玻璃，許多印度要人也坐在這一區，我則入座辛格勒旁邊，是第一個獲准進入達萬太空中心的外國記者。[2]

　　火箭發射的節奏是這樣的：持續好久的緊繃突然迸出一陣興奮。辛格勒既緊張又焦慮，他看著工程師做最後九十分鐘的檢查，價值幾千萬美元的衛星已經高高掛在極軌衛星運載火箭頂端，離地四十二公尺，他什麼事也做不了，只能坐立難安、閒聊

2　他們是這麼告訴我的。

幾句。不過，距離發射只剩三十分鐘的時候，時間開始模糊起來。你還是看得到身邊的人在打發時間，只是時間好像成塊成塊消失，五分鐘一下子就過去，接著七分鐘過去了，然後，天啊，真的要開始了？

正當這個念頭閃過辛格勒腦海的時候，有人把觀眾區一側的兩扇大門打開，開始引導大家走到外面。幾十個人聚集在一個半圓形露臺，眼前是綿延數公里的森林，身後的音響系統傳出控制中心的播音，三十秒，十五秒，然後進入最後倒數十秒，接下來幾秒鐘非常難熬，什麼都看不到，然後極軌衛星運載火箭出現在眼前，它從樹上升起，往雲端飛去，時間是早上九點二十八分，大家鼓掌歡呼。看慣火箭發射的人很快就轉身進屋，辛格勒則多逗留了一會兒，抱了抱一位同事，臉上止不住笑容說：「我很開心，我們去看看。」

「我們去看看」的意思是：我們得回去控制中心看看火箭有沒有完成該做的事。火箭已經成功克服地心引力，但是前方還有不少任務在等著，它得飛到正確的軌道，安全地把所有衛星投放到正確位置，也就是說，還得在高度緊張、生死未卜的狀態多等一些時候，同時還要抱持樂觀。

過了大約半小時，消息傳來，衛星已經被安全設置在地球上空四百八十公里的軌道，漆成白色的「鴿子」，一個接一個從火箭貨艙滾出來，彷彿一串珍珠在黑色背景上滾動。行星實驗室舊金山總部的同仁開始作業，透過他們在世界各處地面接收站所設置的天線網路跟這些衛星通訊。第一步是檢查鴿子，確定它們

都還在，而且運作正常。

　　從來沒有任何組織一次就設置八十八顆衛星，一般都只有一、兩顆，偶爾有四、五顆的情形。因此，行星實驗室必須自創方法來定位、控制、指揮這些以驚人速度繞著地球旋轉的鴿群。

　　為了這次任務，他們挑出三顆「金絲雀」衛星做為接收第一輪指令的對象。一收到健康檢查指令，那三顆衛星就要開啟磁力矩器（magnetorquer），這是一種可以在衛星周圍造出磁場的小裝置，利用人造磁場與地球磁場相互作用產生的扭矩，把衛星轉正成一個穩定姿態，衛星就不至於翻滾個不停。接著，磁力矩器和反作用輪（reaction wheel）在衛星展開兩側太陽能板的時候，合力把衛星朝向太陽，這下鴿子就有翅膀了。接下來，衛星上面許多感測器會協力尋找星座和月球之類的標的物，以此調校衛星的定位系統和相機。

　　過程中發現了幾個錯誤，行星實驗室的工程師就會寫新軟體，再上傳給衛星修復。這些指令接著傳給下一批更多的衛星，然後再傳給下一批，直到所有衛星都配置完成。

　　等到這次任務完成的時候，辛格勒已經不在印度。這群鴿子要花兩個月才會慢慢散開，最後以等距繞著地球圍成一個拍攝圈。很神奇的是，鴿子在太空中的移動並不是靠推進器，而是靠一種稱為「差動阻力」（differential drag）的技術，太陽能板有點像船帆，抵著太空中微弱的氣流反向移動，太陽能板垂直豎起所產生的阻力是水平放置的五倍。利用差動阻力控制這樣一群在軌道上的衛星一直是僅止於理論的概念，直到行星實驗室的聰明腦袋證

明差動阻力行得通。

不過，後續的事都還沒成真，辛格勒就已經在印度找時間慶祝眼前的成績。印度太空研究組織官員開記者會的時候，辛格勒接受當地電視臺和記者的探訪，然後與所有貴賓共進午餐。結束後，他收拾好行李，再次跳上那輛休旅車，返回清奈。

回程的路上，辛格勒要司機在路邊的商店停下來，好讓我們買幾瓶翠鳥（Kingfisher）啤酒慶祝。不一會兒，就在辛格勒舉酒慶賀完，我們開進一個十字路口時，有六、七輛車子一起擠進來，眼看我們快要撞上其中一輛車，雙方司機卻互不相讓，就這樣緩緩開成一場慢動作車禍，兩個司機馬上跳下車，看看雙方的車子，決定繼續過日子去。從頭到尾辛格勒都掛著笑容，不讓地球上的無常俗事打擾他才剛目睹的數學物理奇蹟。

接下來兩天，辛格勒這位太空嬉皮的嬉皮部分火力全開。他忘了預訂發射後那晚的飯店，而且一直喝酒喝到深夜才發現，即使他因為這次發射成功而成為貨真價實的千萬富翁，也只能闖進一個同事的房間擠一晚。隔天他去海邊玩水，還去拜了幾間老廟。在那之後我就回家了，他則是繼續待在印度，去了烏托邦村「曙光之城」（Auroville），他在那裡也沒有床可睡，最後在一處小屋的水泥地打地鋪，蜷縮在一臺老舊冰淇淋機器旁。

印度媒體對這次的火箭發射大書特書，也有幾個國家的記者注意到這次上軌道的衛星數量打破紀錄，還提到行星實驗室的野心。可是，除了最關注太空動態的死忠派，很少人真正了解剛剛發生的這一切所代表的意義：這是繼 SpaceX 的獵鷹一號火箭

之後，再次有民營太空公司嚐到如此光榮的滋味。

　　從 2010 年創立到 2017 年這次發射，行星實驗室成功把幾百顆衛星放上太空，其中有些衛星壽終正寢，回落地球，在大氣層燒毀，但是有一百五十顆左右的衛星現在正做著該做的工作，不斷拍攝下方藍色的旋轉地球，彷彿在一場永不落幕的電影首映會中，拍攝閃耀的大明星。這家由兩百個年輕員工組成的新創公司已經衝上太空，搜刮一大片最有價值的領土，經過印度這一役，他們的機器在所有環繞地球的衛星中，已經占了一成之多。之所以能做到這些，要歸功於創辦人的理想與蠻勇，也要感謝他們全面重新思考衛星的設計與建造。

　　每當講到天空有新發展、太空經濟可能正在改變，眾人的目光幾乎都投向 SpaceX，因為那裡有馬斯克，因為火箭很酷，但是，太空界對行星實驗室的成就也同樣津津樂道。遊戲規則顯然正在（快速）改變，不管是上太空的方式，還是上了軌道能做什麼事。SpaceX 和行星實驗室兩者加起來，更加確認部分人士一直懷抱的信念：民間產業可以把政府推開，自己站出來主導太空活動。一種新經濟正在低軌道形成，這個概念從來沒有這麼真實過。從 2017 年開始，幾十億又幾十億美元流入太空新創公司，每一家新公司都把自己想像成下一個 SpaceX，或是下一個行星實驗室。

　　可能有好奇的旁觀者會問：行星實驗室是怎麼冒出來的？一個到處打地鋪的人跟兩個同樣怪怪的朋友，是怎麼建立起一套能記錄地表一舉一動的系統？

　　我後來慢慢發現，事情並不是從辛格勒或他那幾個合夥人開始的。這場看似橫空出世的太空革命其實早就醞釀幾十年，是一位有惹人抓狂天分的天才將領一路從旁帶領，這號人物沒什麼人聽過，卻是那雙在背後操縱木偶的手，讓太空上的壯觀景象真實上演。

2
太空部隊

　　2002 年 2 月 19 日，《紐約時報》頭版有一則報導，標題是〈面對挑戰的國家：攻心也攻腦，五角大廈準備用力在海外帶風向〉，文中披露美國國防部設立一個叫做「戰略影響辦公室」（Office of Strategic Influence, OSI）的組織，目的是努力塑造全球輿論，左右外界對美國後九一一軍事行動的觀感。換句話說，美國希望透過大外宣讓反恐戰爭取得正當性，尤其是在伊斯蘭國家，具體做法是發布親美論點的媒體報導，而且不讓人聯想到跟五角大廈有關。

　　雖然細節部分很模糊，但那篇報導還暗示：戰略影響辦公室會投入數百萬美元進行更邪惡的計畫，利用網際網路、廣告、祕密行動散播錯誤消息。新聞一出，民眾立刻質疑這樣的組織有何合法性，外國記者得知自己可能在不知情的情況下捲入一場高預算的心理戰，也不是很高興。國防部長唐納德‧倫斯斐（Donald Rumsfeld）等人否認這個新單位有什麼狡詐不軌，試圖把這項計畫形塑成贏取人心的分析方法：這不只是宣傳，而是高科

技、有分寸的宣傳，會把納稅人每一分錢的效益發揮到最大。

話雖如此，這項計畫一被公諸於世，其神祕本質馬上就瓦解，還捲起太多政治上的紛擾。《紐約時報》的報導刊出一個禮拜後，戰略影響辦公室就宣告關閉，倫斯斐當時是這麼說的：「這個辦公室顯然受到重創……在我看來明顯無法有效運作，所以就關閉了。」

對負責戰略影響辦公室的空軍准將彼特‧沃登來說，這樣的轉折並不理想，不過沃登（朋友都叫他「老彼」）有三十年軍旅生涯的經驗，早已習慣這種不舒服。他是天體物理學家，工作職掌老是換來換去，一下做武器研究、執行祕密行動任務，一下又去做比較接近老本行的單純工作，像是研究宇宙的本質。每到一站，沃登都建立起非常聰明、非常不傳統的智者形象，膽大無懼，試圖把官僚機構改得不那麼官僚，他的個性導致職業生涯總是陷入一種模式：一開始備受讚賞，直到他惹毛某個高官，然後被發配邊疆。

這次，政府決定他的下一站是位於洛杉磯的太空與飛彈系統中心（Space and Missile Systems Center），這是研究軍事科技如何應用於太空的單位。沃登接下五十人團隊，任務是想出一些瘋狂點子，以意想不到的方式推展太空武器，主要目標是寫一些有趣的論文，希望這些論文有朝一日會引起軍方某個要人的注意。「你做了一項研究，跟一群高官做了簡報，然後他們說：『非常好，』」沃登說，「通常他們說完就會把這份研究放進櫃子之類的地方，等到也許半年或五年後有個新挑戰冒出來，有人想起櫃子

裡有一份研究可能有幫助，再把它拿出來。」

　　沃登並不介意埋首做研究，也很清楚研究有其價值，但是他更愛行動。他很早就在思考電子和電腦運算大幅進步會開啟的新可能，不只在衛星方面，也在火箭方面。他的論點是：如果有人能做出小小、可運作的衛星，然後放進小小、可運作的火箭裡，軍方所謂的「快速反應太空」(responsive space)[1] 就有可能取得重大的突破。為了日後勢必會成形的太空部隊，他希望擁有快速精準部署太空資產的能力，就如同美國部署其他軍火一樣。「如果某個地方突然發生危機，隨便舉個例子，譬如波札那(Botswana)，」沃登說，「你馬上面臨的問題是，你沒有專門看波札那的衛星。要是你知道幾天後就會有陸軍和空軍部署到那裡，那麼你同時發射一顆衛星上去支援，就會改變整個結果。」

　　可是，講到快速又便宜地在太空移動，軍方卻內建一個自毀長城的機制。這個故事要從 1960 年代開始講起，當時 NASA和軍方的觀念一樣，認為每一枚火箭、每一顆衛星都一定非得成功不可，為此他們不惜任何成本。一旦有地方出錯，就會有人被指責、制定新的準則規矩、加進更多流程，確保不會再犯同樣的錯誤。就像前空軍太空專家傅瑞德・甘迺迪(Fred Kennedy)說的：「零缺失文化累積了四十年，只有全部砍掉重練才可能改變。」

　　DARPA(The Defense Advanced Research Projects Agency，國防高等研究計畫署)是國防部的研發單位，他們對保守派的運作方式愈

1　編注：用靈活的方式快速發射衛星，擴大偵察範圍或更換受損的衛星，以取得作戰優勢。

來愈氣餒。DARPA 的工作是預想十年、二十年、三十年後的未來，以及開發科幻等級的軍事科技，領導階層想在太空中實驗瘋狂科學家的想法，卻苦無火箭可搭，因為波音（Boeing）、洛克希德馬丁（Lockheed Martin）這些跟軍方合作的包商動作遲緩、發射頻率很低。「DARPA 就有人說：『我們自己去買五十枚小型火箭推進器，一天發射一枚，來奚落這個成不了事的白痴圈子，』」甘迺迪說。

沃登在新崗位到處聊了一輪，很快就在 DARPA 碰到所見略同的人，開始一起腦力激盪。有個有意思的發展吸引他們的目光：一個名叫馬斯克的有錢人開了一家叫做 SpaceX 的公司，打算盡可能發射很多便宜的小火箭。

沒多久，馬斯克本人就突然出現在沃登的辦公室，兩個人一拍即合。「馬斯克說兩年內會弄好他那個叫做獵鷹一號的火箭，」沃登回憶，「他其實只是想知道我們有沒有興趣使用。」沃登大概是軍階最高的太空科技迷，你想得到的「奇葩」建議和怪咖發明家他都碰過，有在自己車庫製造雷射槍的，也有深信自己做的飛碟會成為下一代厲害軍用載具的，他一看就知道馬斯克是玩真的、是同道中人。兩人都希望人類有一天能殖民火星，甚至到宇宙更深處，也都喜歡來來回回討論如何達成。「馬斯克是有遠見的人，當時有遠見的人很多，」沃登說，「但是馬斯克讓我覺得『他不是說大話的騙子，是真材實料的人』。馬斯克另一個與眾不同的地方是，他真的懂火箭，懂背後的原理。」

在沃登力勸之下，DARPA 決定跟 SpaceX 簽約，替他們發

射一顆小型衛星[2]，這項決定讓 SpaceX 這家新創公司獲得些許聲望，也讓 DARPA 可以持續關注 SpaceX 的作品。

接下來兩年，國防部給沃登的任務是監督 SpaceX 在瓜加林的運作。偶爾，沃登會大老遠從加州到夏威夷再到瓜加林島和歐姆雷克島，回報觀察所得。沃登挺滿意 SpaceX 建造火箭的許多方法，欣賞他們一直維持團隊的精簡，喜歡他們員工的活力以及面對困難時的創造力。不過，沃登也對他們欠缺嚴謹的作業習慣不是那麼滿意。SpaceX 團隊似乎不做任何流程紀錄，也沒有建立穩定的供應鏈，只仰賴不定期的貨船，至於緊急需要的關鍵零件則靠馬斯克的私人飛機運送。沃登自己是個聊天無酒不歡的非典型軍人，連他都對發射臺周遭的喝酒景象感到擔憂。

「我看著這些年輕人腳踩網球鞋弄弄火箭這裡那裡，爬上爬下，」沃登說，「我走到睡覺的小拖車那裡，打開一個櫃子門，裡面有好幾箱啤酒。啤酒我也很愛，但在準備發射火箭時就是另一碼事。看到大家在任務控制通訊頻道開玩笑，我想起矽谷那些搞軟體的年輕人，他們開玩笑沒問題，因為軟體弄不好的話重來就是了，也花不了多少錢，但是火箭是價值幾百萬美元，而且要花上半年才能製造出來的東西。魔鬼藏在細節裡，救贖也是。」

沃登的擔憂傳到國防部和馬斯克那裡，後者對這些批評毫不在意。「馬斯克跟我說：『你是天文學家，不是造火箭的人，』」沃登回憶，「我回他：『我不是批評你們的推進技術或設計，但

2　結果這顆衛星穿破棚屋屋頂墜毀。

是我身為花了幾十億美元的空軍軍官代表，從旁觀察你們一些運作方式，我可以預言你們會失敗。』」

　　毀了一枚又一枚又一枚火箭之後，SpaceX 開始落實沃登等人的部分建議。當時還年輕的 SpaceX 並不打算擁抱老太空的所有方式和包袱，那會有違初衷，但是工程師和任務控制團隊知道確實有改進空間。加入了少許專業意見之後沒多久，獵鷹一號就成功飛進軌道。

　　早在獵鷹一號飛上太空之前，沃登就看出一場革命已經開始。他多年來一直在衝撞軍方體系，要他們改變思維，要他們搭上消費型科技輝煌又持續的進步。現在已經看得很清楚，從前那批設計現代電腦和軟體的人，現在要跨入航太領域給官僚體系難看。沒錯，矽谷那批人有時候或許過度自信、輕率，但是他們有雄心壯志、有原創想法，還有大把大把的鈔票。當時快要六十歲的沃登認為，他可以像馬斯克一樣成為改變的因子，在這場運動中扮演兩個世界的重要樞紐，連結老太空和新太空。而他需要做的是，找到一個能發揮他強項的地方，把他對太空和政府運作的了解跟矽谷的速度幹勁結合起來。很幸運，有個風光明媚的地點出現一個工作機會。

3

歡迎，黑武士

初到矽谷的人通常會失望。你從舊金山南下，滿心期待探索一個科技幻境，有著燈紅酒綠的大城市，時速一千五百公里的反重力火車，亮晶晶、未來感十足的摩天大樓，以及會讓你肅然起敬的紀念碑，一同稱頌這個地區過去六十年創造的龐大財富。結果統統沒有，迎接你的是再普通不過的帶狀商場、低矮建築、散落於老舊道路兩旁的老舊房屋社區，最具科幻風的，大概是大量自駕特斯拉在高速公路一寸寸牛步前進。

矽谷不只不稱頌現在，也不稱頌過去，它沒有時間理會歷史。每當有科技巨人從霸主寶座跌落，就會有新公司接下大樓，開啟新的循環，沒有空向前任霸主致敬。第一座電晶體工廠[1]（這一整個科技革命的誕生地）多年前轉為蔬果店，後來又被夷為平地，騰出空間蓋另一座辦公大樓。

1　蕭克利半導體實驗室（Shockley Semiconductor Laboratory），位於山景城（Mountain View）聖安東尼奧大街391號。如果你到那附近，可以去吃喜福居（Chef Chu's）。

　　如果說矽谷其實也有一座象徵過去與現在的代表性殿堂，一定就是位於山景城的 NASA 艾姆斯研究中心（NASA Ames Research Center）。只要開上 101 號高速公路（矽谷主動脈）經過那裡，一定會注意到那個不尋常、占地八平方公里的建築群。從水邊開始，一連串巨大機棚和一條長長跑道，在平坦的舊金山灣沼澤和鹽塘上面展開，偌大土地散布著幾十座辦公大樓，但那些大樓並不是主要看點，史上最大風洞（430 公尺長，55 公尺高）才是吸睛焦點，巨大的梯形看起來就像埃及金字塔的宅男版，另外還有好幾層樓高的飛行模擬器、量子電腦中心、各種儲存實驗用液體與氣體的巨大金屬球體。從高空俯瞰整體，艾姆斯研究中心似乎人格分裂，既是古板的政府大院，也是龐德電影裡大壞蛋的邪惡巢穴。

　　艾姆斯研究中心的歷史可回溯到 1930 年代晚期，當時查爾斯‧林白（Charles Lindbergh）[2] 建議美國政府在西岸設立一座新的國家航太研究中心。當時南灣區的發展重心並不是科技，而是農業，有「歡心之谷」（Valley of Heart's Delight）之稱，處處是水果園和堅果園。「草莓園綿延好幾公里又好幾公里，」傑克‧博伊德（Jack Boyd）說，他是 1947 年來到艾姆斯研究中心的航太工程師，起薪是一年 2,644 美元。

　　隨著美國結束二戰走上跟蘇聯的太空競賽，艾姆斯研究中心開始蓬勃發展。它把重點放在風洞的興建，風洞也成為次音速

2　譯注：首位單人駕駛飛機橫越大西洋的飛行員。

和超音速飛機研究的關鍵，接著，艾姆斯研究中心的工程師想出一系列技術上的進步，促成阿波羅（Apollo）、水星（Mercury）、雙子星（Gemini）任務。在半導體還處於起步階段的當時，艾姆斯研究中心就已經是灣區高科技的巔峰，吸引人才不成問題。「當時員工平均年齡大約二十九歲，」博伊德說，「而且這裡的人是全世界最聰明的。我很興奮，感覺自己好像什麼事都辦得到。」艾姆斯研究中心輝煌的日子一直持續到 1980 年代。

諷刺的是，艾姆斯研究中心幫忙孕育的南灣區科技產業，最後卻開始從它那邊吸走人才。史丹佛大學和柏克萊大學的畢業生覺得進入半導體、個人電腦、軟體新創公司比去 NASA 更刺激好玩，當然也更好賺。這種轉變又因為冷戰末期太空競賽放緩而加劇，再加上艾姆斯研究中心在政治上不敵 NASA 其他機構，也就是南加州的噴射推進實驗室（Jet Propulsion Laboratory, JPL）；噴射推進實驗室不斷有新鮮有趣的工作，預算也一直增加，艾姆斯研究中心則相反。到了 2006 年 SpaceX 準備發射第一枚獵鷹一號的時候，情況已經惡化到 NASA 開始考慮，該不該關閉曾經輝煌一時的艾姆斯研究中心。

當時的 NASA 署長是麥克‧葛里芬（Michael Griffin），他認識沃登幾十年了，兩人都曾在雷根年代參與戰略防禦計畫（Strategic Defense Initiative, SDI），又稱「星戰」（Star Wars），目標是在太空部署各種未來武器，在敵人的飛彈飛到美國之前就擊落。葛里芬跟沃登一樣，喜歡在太空做奇奇怪怪的事，也欣賞矽谷新創公司的精神，他開始思考沃登也許能撼動艾姆斯研究中心，帶進些許新

太空、親科技的氛圍，於是 2006 年 5 月指派沃登擔任艾姆斯研究中心的總監。「葛里芬說：『我希望你過來替我工作，但是你不要老是對外說那些有的沒有的，』」沃登說。

「那些有的沒有的」指的是沃登長久以來對 NASA 的公開抨擊，別的不提，就拿他有一次演講談 NASA 為例，那次的講題是〈關於自舔的甜筒冰淇淋〉（On Self-Licking Ice Cream Cones），主要論點是 NASA 不知道從什麼時候開始失焦，不再以提升美國的太空能力為念，反而淪為一個充滿官僚主義的組織。沃登說：NASA 已經被有影響力的政客接管，那些政客遊說爭取昂貴計畫到他們的州進行，譬如太空梭和哈伯太空望遠鏡的開發，把其他想採用更便宜、更快速方法的對手排除在外。

所謂「自舔的甜筒冰淇淋」[3] 只有一個存在目的，也就是讓自己存續，而沃登發現 NASA 大概是這種自我延續最嚴重的例子。不過，跟「自舔冰淇淋」的說法一樣讓人長見識的是：沃登早在 1992 年就對太空科技該何去何從有清晰的想像。他早就在呼籲政府投資便宜火箭、便宜小衛星，早就在力勸 NASA 不要只發展花大錢的長期科學任務，應該考慮在太空進行一系列速成實驗，例如測量氣候變遷之類的任務。不用說，NASA 當然沒把他的建議當一回事。

接手艾姆斯研究中心的時候，沃登答應收斂對 NASA 的公開批評，不過，他並不打算用同儕的方法運作這個中心，他要發洩

3　網路把創造這個說法的功勞歸給沃登，但是沃登說他是從父親那邊聽來的，而他父親說陸軍航空隊在二戰就有使用。

累積了二十五年的挫折，現在他不但有機會告訴他們該怎麼做，
還能做給他們看。他的表現最後會成為傳奇。

星戰計畫

　　照理說，接下來應該要講艾姆斯研究中心被搞得天翻地覆
的故事，這個部分我保證很快就會說到。但是，在了解沃登做了
什麼、為什麼這麼做之前，有必要先了解沃登這個人，以及這樣
的人是如何養成。因為，雖然觸發太空商業興起的是獵鷹一號，
但是幕後主要的鼓動者是沃登，是他一再慫恿要改變現狀，為那
些有不同思維的人開啟了新的機會。

　　沃登 1949 年出生於密西根州（Michigan），在底特律（Detroit）
郊區長大，母親在學校教書，父親是商業客機飛行員。母親在他
十四歲逝於癌症。由於父親常常長時間不在家，再加上是獨生
子，沃登常覺得自己孤零零一個人。「我沒有任何朋友，」他說，
「我大概是極度需要關注的人，獨生子大概是原因之一，另外就
是我的個性使然。」

　　沃登一接觸天文就迷上。母親第一次買給他的兩本書是《星
球》(Stars) 和《行星》(Planets)，他一口氣讀完，繼續又把能找到的
相關主題都讀完，還看了一堆科幻小說。阿波羅計畫快達到高
峰的時候，他進入密西根大學就讀，取得物理和天文雙學位，
也加入空軍預備軍官訓練團（Air Force Reserve Officer Training Corps,
AFROTC），因為可以規避學校的體育必修。「我討厭體育課，」

他說，「而且預備軍官訓練團大樓有一本介紹空軍航太研究處（Air Force Office of Aerospace Research）的小冊子，封面用的是銀河照片，我就這樣被說服，從軍當科學軍官。」

密西根大學畢業後，沃登進入空軍，繼續到亞利桑那大學（University of Arizona）攻讀天文博士。他在那裡成為各空軍單位爭相網羅的人才，其中，國家偵查局（National Reconnaissance Office, NRO）提出的條件好到不容錯過。「很令人興奮，因為我跑到洛杉磯面試，就像電影《特務行不行》（Get Smart）的場景，」他說，「一走進去就看到好多道密碼防盜門，接著他們把閃光警示燈打開，警報響起，宣告有不明人士闖入，而那位上校也不講他們在幹嘛，只說：『相信我，很酷的。』」

國家偵查局負責的是情報間諜工作，於是沃登開始做他到現在還是不能透露的祕密工作，但是可以透露的是，他做得很好，參與數百萬美元預算的督導過程，還跟軍方上上下下以及華府關鍵人物建立起寶貴關係。

沃登的快速竄起在 1983 年變得很明顯，當時雷根總統透過橢圓形辦公室演說公布星戰計畫，也就是戰略防禦計畫，被指派領導星戰計畫的是負責太空梭計畫的空軍將領詹姆斯・亞伯漢森（James Abrahamson），沃登擔任他的特助。

很多很多人認為星戰是個瘋狂的想法，因為成敗繫於一堆當時還不存在的技術。地球上的精密雷達系統要能跟衛星網路通訊，才能在蘇聯飛彈一發射時就發現、分析，然後追蹤其飛行路徑；地面上的雷射要能射到太空中的鏡子上，才能再從這些鏡子

把雷射反射到其他鏡子上，接著摧毀蘇聯飛彈；要是雷射還不夠看，在太空環繞的飛彈也要能啟動過來幫忙；還要有中性粒子束（neutral particle beams），畢竟這個東西光聽就很嚇人，又很酷（大概只有蘇聯人或不愛核戰的人不這麼想）。如此一來，戰略防禦計畫和它可能造成的一連串太空災難才會讓人膽寒。

沃登跟那些怕這怕那的人不一樣，他是星戰粉。美蘇這場武器競賽，就像他比喻的，已經變成一場有利於蘇聯戰略本質的棋局。蘇聯透過武器軍備協議「凍結了規則」，並對這樣的狀態感到滿意；美國則是屬於「遊戲規則改變就會表現很好」的那種撲克玩家。而星戰會改變交戰規則，因為星戰會用新武器開闢出一個新戰場，那就是太空。「這對我們這種玩撲克的人有利，」沃登說，「你知道的，現在的雷射很猛。」

特助的其中一項工作是替星戰辯護，與形形色色的批評者舌戰。沃登在公開與私人論壇力戰政治人物、科學家、蘇聯人，表現出色，再次獲得拔擢。「我很愛辯論，」沃登說。而且他百分之百相信星戰的理念，只不過他是基於太空迷的立場。「我把星戰視為軍事走向太空的重要倡議，」他說，「我當時覺得，現在也還是這麼覺得，把軍事力量集中於太空，才能真正促進太空發展。這才是我最大的興趣，遠比飛彈防禦讓我更感興趣。」

到了 1991 年，沃登已經晉身上校，接下星戰計畫的一個新角色，這回是擔任技術方面的負責人，每年手上有二十億美元的預算可以動用，他選擇把大部分的錢拿去推動星戰，也拿一部分的錢去追求自己對太空的熱愛。他策劃了克萊門汀號任務

（Clementine mission），把一艘太空船送到月球軌道繞行兩個月，測試一套戰略防禦計畫感測器，並將整個月球表面繪製成地圖。當時美國已經有二十年沒有資助月球任務，克萊門汀號大獲成功，這艘由 NASA 和戰略防禦計畫團隊共同開發的太空船，造價只有同類探測船的五分之一，因為沃登強力要求使用商用的軟體和硬體來建造。克萊門汀號不只繪製了月球表面從南極到北極的詳細地圖，還提供月球隕石坑有水的第一手證據。

　　進行克萊門汀號任務的同時，沃登還資助三角快艇火箭（Delta Clipper），這是一款可垂直起降、可回收的發射載具。「每次聽到馬斯克和貝佐斯說他們是第一個做可回收火箭的人，我就覺得好笑，」沃登說，「胡說八道，我們二十五年前就做了。」

　　戰略防禦計畫後來在 1993 年喊停。批評者依舊認為這麼複雜的系統所需要的技術根本做不出來，可是沃登和熟知這個計畫的人完全相信做得到。沃登說，他們做的可回收發射系統實驗以及其他成功的飛彈攔截測試，都可以當作佐證。但不管做不做得到，光是戰略防禦計畫的存在就已經幫忙拖垮蘇聯，因為俄羅斯當局為了對抗這套搞不清楚是什麼的未來式防禦系統，以無法負擔的花費跟進。「結果，我們有遠比蘇聯更多的經費可用，這點我們當時並不知道，」沃登說，「我們做的實驗已經夠多，多到足以證明星戰真的有所進展。」[4]

4　一直有將領試圖說服雷根喊停星戰，展現出願意跟蘇聯談和的立場，他們認為取消星戰有助於軍備談判，可禁止核武進一步開發。但是沃登這些支持星戰的人則認為星戰提供了極度需要的談判籌碼，為此沃登還寫

　　沃登認為，蘇聯一旦意識到阻止不了星戰，就得另闢蹊徑。「這使得蘇聯的權力結構出現很多裂縫，最後走向瓦解，」他說，「我知道討厭星戰的人並不認為星戰有這麼大的影響，但我認為星戰是關鍵，它從戰略層面徹底改變這場賽局，把一場核彈競賽變成一場非核的太空競賽。」

　　根據沃登的說法，戰略防禦計畫促使美國超越太空探索的層次，走向在太空裡應用科技。在這個過程中，大量的太空科技研究從 NASA 轉移到一群正在嘗試新想法的人和公司手上。「戰略防禦計畫是一股巨大推力，有資金，也有焦點，讓我們得以開始用新的技術和不同的方法，來做我們今天在做的事，」他說，「算是在傳統航太公司之外開啟一場新的太空運動，從這層意義來看，這大概是有史以來成效最驚人的一筆國防支出，我們從頭到尾沒有建造什麼東西，就改變整個賽局。」

　　戰略防禦計畫終止之後那幾年，沃登做過的工作多到眼花撩亂，每個頭銜都很威風，戰場優勢副指揮官、太空作戰中心（Space Warfare Center）的分析與工程主任、第五十太空聯隊（50th Space Wing）指揮官。他掌控過衛星艦隊，也管理過數千人，很多空軍人和政府高層都欽佩他，但也有很多人被他激怒，NASA 就曾經解任他，至少三次。

了一篇文章概述星戰的技術可行性，投稿到雷根每期必定從第一頁讀到最後一頁的《國家評論》(National Review)。沃登相信，因為有那篇文章，雷根才會在 1986 年與（蘇聯前總理）戈巴契夫的冰島高峰會上支持戰略防禦計畫，「這是我對終結冷戰的重大貢獻，」他說。

2001 年九一一恐怖攻擊發生後，政府希望借助沃登的特殊才能，派他接掌那個早夭的戰略影響辦公室。就像他自己說的：「五角大廈有兩種將領，絕大多數是官僚，這些人在大多數時候是有用的，因為大多數時候是承平時期。但是一旦開戰，你就需要能扭轉賽局、做點激進或不同的事的人。軍方很清楚這點，所以他們留下一些這樣的人，我顯然就是其中一個，『萬一開戰就擊破玻璃，取用這個瘋狂的人』。」

沃登到現在仍然認為，訊息認知作戰很可能是美國防止恐攻威脅的最佳解方，「你必須說服恐怖份子，讓他們覺得自己不該從事恐怖活動，」他說，「用殺是殺不完的。」

可是他又接著說：「外界指控我們散播假消息，那是一派胡言，但掀起的爭議夠大，所以我很榮幸被總統開除了。以准將的身分離開空軍，還不賴。」

改造艾姆斯

2002 年 10 月，一年一度的國際太空大會（International Astronautical Congress）在德州休士頓舉行，這項活動從 1950 年代開始，太空界領袖人物齊聚一堂，進行典型的演講和研討會。

剛被小布希總統開除的沃登也決定參加，更新一下自己的太空界人脈。他坐在幾場研討會臺下聆聽，也上臺做短講，夜幕降臨就跟朋友上酒吧。小口啜飲著蘇格蘭威士忌的沃登，聽到隔壁桌嘈雜的交談聲，那一整桌都是太空世代諮詢委員會（Space

Generation Advisory Council, SGAC）的成員。太空世代諮詢委員會由服務於航太業的學生和年輕人組成，希望「透過和平利用太空的方式發揮年輕人的創造力和活力，推動人類的進步」；換句話說，就是一群太空嬉皮。

那群坐在德州中央一間酒吧的年輕太空迷，果然是在批評太空作戰的概念，「我聽到他們講了很多太空武器多麼邪惡之類的話，」沃登說。問題是，沃登好辯，所以他的朋友走到那一桌，問他們想不想會一會彼特・沃登准將／前戰略防禦計畫執行官／前戰場優勢副指揮官／軌道末日使者，「我朋友跟他們說：『黑武士達斯維達（Darth Vader）本人就坐在那裡，如果你們想好好聊聊的話，』」沃登說。

那群年輕人裡面有日後創辦行星實驗室的馬修、博曉森、辛格勒，還有後來掌管太空旅遊公司「維珍銀河」（Virgin Galactic）的喬治・懷賽德（George Whitesides）。其中幾個人開始圍著沃登聽他講話，然後沃登和馬修就真的辯論起來。他們兩個都是太空專家，也都希望移居月球、把人類推到太陽系更深處，但是太空武器是他們強烈分歧的地方。馬修提出他那套全宇宙和平的年輕人論點，沃登認為他太天真。「我們都採取標準論述，我很快就看出來，馬修認為保持太空純淨不受太空武器汙染可以造就一個新的烏托邦，」沃登說，「而我這個暴躁老軍官則是認為，烏托邦裡面的邪惡通常一點也不少。」他試著說服馬修相信，軍事系統並不只是武器而已，也是產生影響力和掌控力的手段，不該一概論之。

　　這場對話既熱烈又尖銳，但並沒有不快，相反地，沃登開始喜歡這幾個充滿理想的年輕人，而這幾個年輕人也喜歡他的聰明才智與精采故事。馬修和幾個人接下來幾年持續跟沃登有聯絡，會在華府、加州或任何舉辦太空活動的地方碰面，一見面就開始他們的太空對話，從對話中又長了幾分見識。「不管是商業、政治、科學，還是什麼，最好是找個聰明又跟你看法不同的人，」沃登說。

　　後來證明，酒吧的初遇和後續的聚會對他們每個人來說都是好機運。沃登 2006 年接下艾姆斯研究中心的時候，這群太空嬉皮也大多從大學畢業，正在尋求有趣的太空工作開展職業生涯，而沃登則是在為改造艾姆斯研究中心構思宏大願景。他認為新血可以為艾姆斯研究中心注入全新的生命、撼動舊有的運作，於是他開始去找馬修、博曉森、辛格勒這幾個有理想的年輕人，一個一個連哄帶勸要他們來西岸。

　　他們不是那麼好說服。NASA 對廣大群眾確實還有吸引力，也能喚起正面觀感，但是對年輕工程師的號召力就沒那麼大了。如同全世界大多數政府資助的太空機構，NASA 有一種時空膠囊的特質，裡面的人以萬年不變的方法做事，現狀最大，不容改變。照理說 NASA 應該是先端科技、激進想法的大本營才對，但卻不然，它既遲緩又官僚，行事更像軍事承包商，不像勇敢支持科學家衝向終極邊疆的後盾。

　　不過沃登有魅力，又有說服力，他說服這些年輕人，去科技新創公司也不過是又一家科技新創公司罷了，到艾姆斯研究中

心可以做了不得的東西。時間會證明，沃登的人馬確實在艾姆斯研究中心形成一股不馴與創新的新核心。這群人接下來幾年會深化友誼，做出超過沃登預期的成績，還會超越艾姆斯研究中心的地域疆界，造就出一批有開拓精神的衛星公司、火箭公司。

新工作漸漸適應後，沃登也開始從舊日同袍當中網羅幾位思考自由奔放的人。曾在空軍研究實驗室（Air Force Research Laboratory）做直升機、飛機、衛星的比特．庫魯帕（Pete Klupar）擔任工程主任；曾替戰略防禦計畫設計武器的艾倫．威斯頓（Alan Weston）擔任計畫主任。沃登還費心挖出少數在艾姆斯研究中心多年，但仍一心想成就大事的奇人，這些人並沒有被組織的官僚和失能擊垮，頂著一頭亂蓬蓬捲髮的克里昂．萊維特（Creon Levit）就是其中一個，在艾姆斯研究中心當研究員窩了二十五年之後，他現在是沃登的特助。「沃登集結這些年輕人、老人，說服他們相信，自己可以改變這個地方，」萊維特說。

沃登承接的是陷入麻煩的計畫與幾千個公務員，其中很多人的自滿狀態已經讓沃登無法忍受。不只如此，他還承接艾姆斯研究中心高層的惡意，因為這些高層對自己沒有坐上總監的位子感到震驚不解。沃登一上任就下馬威，萊維特回憶說沃登很要求效率：「如果某個合約的某個深層問題沒有解方提出來，他會要求下個禮拜就要看到完整的檢討報告。他在組織管理方面很有經驗，這點我從旁看得很清楚，他一開始會心平氣和好好講，講不通才會發怒。他會說天殺的，我是這個中心的總監，不要跟我說：『不行』，要說：『可以，如果怎樣怎樣的話。』」

　　沃登過去是習慣發號施令的武官，但現在這份工作是文官，「他的獨斷以及他對難以根治的遲緩與無謂拖延的不滿，引來諸多怨恨和不確定，」萊維特說，「再加上他帶進來這些新的人，把他們放在其他人上面，搞到最後有點分裂。他老是說：『艾姆斯研究中心要成為太空飛行中心，我們要做小衛星，我們要徹底改變 NASA 的做事方法，我們要補救這些搞砸的計畫、精簡工作、讓人能夠完成新任務。』所以就有點分成兩派，一派喜歡沃登，一派討厭沃登。」

　　沃登到艾姆斯研究中心的時候已經五十七歲，多年的軍旅歷練深深刻印在容貌舉止上。灰白色的頭髮兩側剪短，頂上留長，右旁分，從不喜歡運動的他，中等身材已養出大肚腩。他辨識度最高的特徵是嗓音和容貌，說話的時候，字字句句似乎都發自喉嚨深處，費好大勁才吐出來，帶有粗啞穩健的語氣。至於面容，呃……永遠是一臉微微驚愕，整體給人老古板的感覺，不過如果讓他談到喜歡的人事物，就會湧出大量的溫暖和熱情。

　　艾姆斯研究中心有一大票人馬上對沃登很反感，這是事實，但在兩千五百個員工裡面，還是有很多人喜歡他的到來；艾姆斯研究中心雖然有段時間遭遇困難，但還是有很多頂尖研究人才跟沃登一樣，想在逆勢中有所作為。「外界對艾姆斯研究中心的批評是，裡面的人都是沒有團隊精神，」沃登說，「呃……我認為團隊精神的概念才是最噁心的咧，因為那根本就是在說：『什麼都別做，要有團隊精神。』艾姆斯研究中心到處都是想做事的人，也可說是麻煩製造者吧。NASA 需要有個以『只要沒被

逮到就繼續做下去』為行事準則的地方，我們就是這樣。」

沃登想處理的第一批計畫包括送個機器人上月球。小布希總統要求 NASA 在 2010 年之前讓太空梭退役，2020 年之前做出能進行載人任務上月球的替代品。在人類踏上月球表面之前，要先派機器人探測器執行偵察任務，而沃登希望艾姆斯研究中心就算做不了全部的探測器，也要自製一部分，他提議採用 SpaceX 等公司率先採用的低成本開發技術，打造 NASA 有史以來最便宜的機器人。

可是，老太空官僚主義和任人唯親的政府馬上來扯後腿。例如阿拉巴馬州最有影響力的參議員理查・謝爾比（Richard Shelby）就聽到了風聲。謝爾比除了把 NASA 的馬歇爾太空飛行中心（Marshall Space Flight Center）弄到他的州，長久以來對洛克希德馬丁和波音等公司也是唯命是從。那些公司在阿拉巴馬有設廠，所以謝爾比對新太空之類的計畫無不全力阻撓，深怕親信們丟了寶貴合約，無視那些人一直以來的懶散、貪婪、無能。[5] 在機器人登月任務這件事情上，謝爾比直接一通電話就打到 NASA 署長葛里芬那邊，要求從名單撤下艾姆斯研究中心，直接交給其他老面孔做。「謝爾比是國會裡面最糟糕的豬肉桶分贓政客，」沃登說，「他不管三七二十一就把這個計畫從我這裡搶走，在我看來，這是爛政府最令人失望、最噁心的例子。」

才上任幾個月，沃登就差點被炒魷魚（這是第一次），因為

5　舉個例子，謝爾比就是 SpaceX 在國會的主要反對者之一。

他公開發怒，抱怨謝爾比和屈服的 NASA。不過，沃登就是沃登，他沒有接受 NASA 的決定，甚至開始在艾姆斯研究中心進行一項祕密計畫，要證明那群官僚錯得多離譜。

沃登要做的並不是只在月球表面小小探測一會兒的小機器人，而是一整臺月球登陸器。從過去的歷史來看，這樣的機器如果按照 NASA 的標準，要花幾億或幾十億美元，可是沃登卻想證明，一個月球登陸器只要花兩千萬美元就做得出來，而且還能漂亮地完成任務。

至於計畫領導人，他挑上赫赫有名的艾倫・威斯頓。

威斯頓是澳洲人，跟著父母遊歷世界，最後落腳英國牛津大學念工程。1970 年代在牛津念書的時候，他是危險運動社團（Dangerous Sports Club）主要成員之一。這群酗酒嗑藥樣樣來的冒險家做過各種特技，像是用拋石機把自己拋到空中、騎著粉紅充氣袋鼠用超大氣球橫渡英吉利海峽等等。

危險運動社團在 1979 年發明現代形式的高空彈跳，當時威斯頓跑了幾個電腦模擬，認為人繫上彈力繩從橋上跳下來可能不會死。他先跳下英國一座橋，證明這個理論無誤，接著轉戰舊金山，從金門大橋跳下去。[6] 為了避免被逮，他順著一條額外綁在胸部的繩索滑下，跳進一艘等待的船上，迅速把他載到岸邊一輛接應的車子。

不知何故，這樣的威斯頓最後加入美國空軍去設計武器，

6　他的姊姊們試圖阻止他，打電話報警說威斯頓要自殺。

還加入星戰計畫去製造太空上的拋射系統，可以同時從多個方向
發射，一次就殲滅多顆蘇聯導彈和誘餌彈頭。

沒想到那次的研究竟然成為低成本登月器的基礎。威斯頓
在空軍時曾做過一臺垃圾桶大小的武器系統，有自己的推進器，
可以在太空操控。把上面所有破壞性元件拿掉的話，剩下的骨架
就足以應付登月所需，裡面還可以放置一臺在月球表面跑透透的
小型漫遊車。

威斯頓把馬修等人找進來做這項最高機密計畫，他們在艾
姆斯研究中心找到一個舊油漆間，把那裡改造成自己的狗窩。[7]
他們打造的機器大約一百二十公分寬、九十公分高，外觀是梯
形。根據計畫，底部會裝一個推進器用於登陸，兩側也會各裝一
個推進器，用於飛行路徑的微調。這些工程師用網狀材料搭建一
個大圍網，圍住整個工作間，測試的時候裝置就不會失控撞到牆
壁或無辜的旁觀者。到了 2008 年，這臺取名為「小登月者」(Micro
Lunar Lander) 的機器已經大有進展，能起飛、以劇烈的盤旋動作
停留在空中，然後安全平穩地降落地面。

小登月者成為艾姆斯的知名機器。所有人都很驚訝，這麼
小的團隊居然能在這麼短的時間達成這樣的成就，Google 的兩
位創辦人賴瑞・佩吉 (Larry Page) 和謝爾蓋・布林 (Sergey Brin) 應馬
修之邀跑來看小登月者，幾位太空人、官員、沃登的老朋友也來
了。威斯頓、馬修和幾個帶頭的工程師針對這臺機器寫了一份報

7　他們甚至把那裡取名為「51 區」。

告，裡面提到，NASA 在 2020 年太空人踏上月球前必須完成的所有研究工作，這臺便宜的小小登月器幾乎都做得到。

　　艾姆斯研究中心的這支團隊花不到三百萬美元就造出這臺登月原型機，況且這已經算進所有材料和人員的薪水，只要再多花一點錢就能讓這臺機器更完美，加上火箭發射費用（他們希望搭 SpaceX 的獵鷹一號[8]），要飛上月球的話總共也只需要四千萬美元。「用這麼低的成本執行這樣的任務突然一下子變得行得通，」馬修說，「真的很酷。」

　　原型機成功可行，沃登和威斯頓於是決定向 NASA 揭露這項祕密計畫，以為 NASA 一定會很興奮得知這個低成本登月器有可能翻轉美國的月球研究，為日後載人任務的成功奠定基礎。

　　結果，NASA 和親愛的老參議員謝爾比一點也不興奮。NASA 科學團隊把這臺機器打了回票，說做不了真正的實驗；探測團隊說這項工作應該由他們來負責才對；謝爾比則是暴怒，因為他發現竟然是艾姆斯研究中心在做登月器的開發，而不是由在阿拉巴馬州杭茨維爾（Huntsville）的馬歇爾太空飛行中心進行開發。「謝爾比一發現就把這個計畫喊停，這是第二次，」沃登說，「我氣炸了。」

　　幸好，威斯頓有把這臺登月器展示給一個人看，那就是艾倫·史登（Alan Stern）。史登是 NASA 負責科學研究的高層，手上掌控四十四億美元的預算，他提議艾姆斯團隊把這臺登月器改成

8　儘管那時是在獵鷹一號 2008 年升空繞行軌道前幾個月，但艾姆斯團隊希望 SpaceX 會成功。

可繞行月球軌道做實驗的機器。這麼一來只會繞行月球，不會實際接觸月球表面。所以謝爾比心想，馬歇爾太空飛行中心的登月器計畫不會受到影響，對艾姆斯研究中心的火氣也降了下來。就這樣，艾姆斯研究中心這臺機器有了新任務和新名字：月球大氣與粉塵環境探測器（Lunar Atmosphere and Dust Environment Explorer, LADEE）。史登不覺得艾姆斯研究中心有辦法用四千萬美元製造出這樣的東西，主動把預算加倍。

　　好消息是，工作可以繼續進行；壞消息是，NASA 的種種官僚也隨著史登那張八千萬美元支票到來。「我永遠忘不了，」馬修說，「我一夕之間就多了十二個管理階層。」十二人的團隊突然膨脹，因為來了安全與管理類型的人員，說是要支援這個已經變成 NASA 官方任務的工作。接著，技術要求也開始膨脹。一開始 NASA 想要一臺能繞行月球、也能攜帶紫外線光譜儀的機器，然後又希望能攜帶塵埃探測器，然後又說要帶一臺十公斤的質譜儀。這樣一來艾姆斯團隊就必須把機器做得更大，所有計算和測試都得重來，還要訂購大火箭的席位。「我們說：『不行，真的不能帶那個，』」馬修說，「他們回說：『呃……如果不行，任務就要取消，』我們就說：『媽的，你們這群混蛋。』」

　　這樣的過程以各種形式持續了幾年，一直到 2013 年 LADEE 終於成功飛到月球，花費兩億八千萬美元。這個價錢對 NASA 來說還是很便宜，但是距離沃登和團隊想要做到的最便宜還差很多。「並不是我們不在乎那些科學研究，我們其實很在乎，」馬修說，「不過，我們還是想證明你可以用每次四千萬美元的成本

完成一連串任務，不需要每次都花十億美元。這整個過程有違我們想用技術示範『低成本開發其實行得通』的初衷。」

　　即使有謝爾比參議員當靠山，馬歇爾太空飛行中心接下來幾年還是只能眼睜睜看著它的月球任務一一取消，同時看著艾姆斯研究中心進行第二趟任務，名稱是「月球隕石坑觀察感測衛星」（Lunar Crater Observation and Sensing Satellite, LCROSS），先有一個老舊火箭去撞擊月球表面，後面再跟著一架小型太空船去分析撞擊出來的碎片。那趟任務(馬修也有參與)不只證實月球有水，而且遠比科學家原本預估的還要多。從許多方面來看，LCROSS 重新喚起人們對月球的興趣，也燃起建立月球殖民地的希望。

老彼之子

　　時間滴答滴答過去，在沃登的改造之下，艾姆斯研究中心已經蛻變成為矽谷的科學熱點之一。很明顯，它把重心放在近期的太空任務，以及過往設計測試飛行器的傳統。不過，它也開始把更具未來感的工作朝向探索太空深處，也就是沃登長久以來的迷戀。

　　沃登在艾姆斯研究中心設立了一連串新的研究實驗室。他創立一個合成生物學中心，讓 NASA 科學家得以把玩 DNA，看看如何才能把訂做的微生物和細菌送上太空；另外，艾姆斯研究中心也跟 Google 聯手建立一個量子電腦運算中心，希望在人工智慧這類領域有所突破。沃登認為，艾姆斯研究中心或許有一天

能將有智慧、可自我複製的生物機器送到其他星球，讓這些有機生物在那裡形成聚落。

在沃登的艾姆斯振興計畫中，跟 Google 合作成立電腦中心是另外一條戰線，主要是加強跟矽谷的關係。Google 的山景城總部就緊挨著艾姆斯研究中心，沃登談成一項協議，Google 的高階主管只要付錢，就能在艾姆斯研究中心的跑道降落停放他們的私人飛機，Google 還能把公司園區擴張到艾姆斯研究中心的土地上，以四十年一億四千六百萬的租金租用十六萬平方公尺的土地。艾姆斯研究中心還把一些閒置大樓開放給新創公司，只要相當低廉的費用，年輕公司就能取得辦公空間，有需要的話還能跟 NASA 合作一些案子。同樣的脈絡之下，沃登也抓住機會跟 SpaceX 這些新崛起的太空商業業者合作，以 NASA 的發明為基礎，共同開發技術。沃登甚至一度想把特斯拉(Tesla)的產線帶進艾姆斯研究中心，只是 NASA 律師想不出如何在不觸犯聯邦法律下，給出像其他地方一樣優惠的設廠條件。

克里斯・坎普(Chris Kemp)是沃登找來跟矽谷菁英交好的關鍵人物之一，他 2006 年開始進入艾姆斯研究中心工作，後來跟人創立一家叫做艾斯特拉的火箭公司。坎普出身阿拉巴馬州，十幾歲就開始經營電腦網路生意，加入艾姆斯研究中心之前是一個旅遊網站的創辦人兼執行長，做了六年，那個網站叫做 Escapia，專門幫人出租自己的度假住處。骨子裡是創業家的坎普也是個太空迷，經過一番意外轉折，幾年前遇到馬修，成為那幫太空嬉皮的一員。

　　當時二十出頭的坎普在洛杉磯一場太空會議跟馬修、辛格勒一起閒晃，碰到沃登。當時剛被指派為艾姆斯研究中心總監的沃登，板著將軍臉孔，抱怨還要辛苦到洛杉磯機場搭機北上。「他就跟我們坐在這張桌子說：『唉，我真的不想坐見鬼的飛機，你們誰有車？』」坎普說。

　　坎普自願載沃登一程到灣區，帶上馬修和辛格勒，一行人開上一號公路沿著加州海岸一路向北。大部分時間都是沃登在講他想移居太陽系的願望，「他一直講一直講，講我們有道德義務必須去做這件事，講他要怎麼利用艾姆斯研究中心來追求這個目標，」坎普說，「我聽得很入迷，能跟這個人一對一談幾個小時就像夢想成真。車程快結束的時候，他問我在做什麼，我說在西雅圖經營旅遊公司，他說：『那些是胡搞。要不要南下到 NASA 跟我一起做事，負責資訊科技部門？』」

　　雖然坎普沒被說動，不過他答應取消回西雅圖的班機，在艾姆斯研究中心逗留幾天。他還記得那天晚上第一次開車把沃登送回艾姆斯研究中心的情景，入口有武裝警衛跟他們打招呼，燈光一閃一閃照耀整個園區，掃描是否有入侵者。接下來幾天，沃登帶著坎普參觀一個熱防護罩設備（電漿加熱到幾千度，然後噴射到各種材料上）、西岸最大的超級電腦、幾層樓高的飛行模擬器。馬修和辛格勒也加入其中幾個行程，他們三個都很納悶沃登為什麼要這麼費心帶他們到處參觀。

　　「我們都在想：『這裡面有什麼蹊蹺？』」坎普回憶，「結果蹊蹺是他想帶原本不可能有機會進去工作的人進去，而且我們這些

人在他接手這個中心的過程中一定會對他忠心耿耿，我們不管政治，也不指望 GS-13 到 GS-15 的升遷 [9]，甚至不知道那是什麼。沃登實在太會鼓動人，他要我們進來做我們想做的事。」

坎普答應接下科技部門的工作，也帶進沃登希望的混亂。

坎普走馬上任的第一個大動作是召開整個部門的全員大會，告訴這幾百個科技人員他們表現不佳，他甚至覺得整個資訊科技部門人員減半、工作加倍會更好。同仁聽完開始咆哮反駁他，這時他開始播放一段影片，內容是他從各方蒐集來的意見，都是艾姆斯研究中心的員工對資訊科技部門的看法，他們抱怨要等半年才能拿到電腦，然後又要等半年才能拿到螢幕，還有網路老舊、軟體很爛，族繁不及備載。

「大家開始起身走出會議室，」坎普說，「他們說：『你算老幾，憑什麼去問他們對我們的看法？』還說：『這不是我們的錯，』我說：『就是你們的錯。』我的年紀大概是現場那些人的三分之一，他們把我看成傲慢囂張、乳臭未乾的領導人，莫名其妙竟然派我來負責這些工作，我沒有交到什麼朋友。」

坎普開始解雇人、刪減成本，也開始在艾姆斯研究中心外部樹敵。羅斯‧佩羅（Ross Perot）是個商人，也曾經是總統候選人，他經營的科技服務公司跟 NASA 有大筆合約往來，某天下午這位億萬富豪把坎普叫到他在德州普萊諾（Plano）的辦公室，當面吼他。「他說：『你們那邊在幹嘛？你們的支出少了一半。

9　　這些是公務員的敘薪級別。

我們每年應該可以從你們那邊賺到一億八千萬美元，』」坎普說，「我回他：『是啊，以後沒有了，先生。』」

　　坎普的工作也有比較光鮮的一面，他會跟矽谷有影響力的高層見面，給他們機會一睹 NASA 比較亮眼的部分，比方說，他會帶 Google 執行長艾立克・施密特（Eric Schmidt）這類的高層去佛羅里達，坐在卡納維爾角（Cape Canaveral）的貴賓室觀看太空梭發射。由於發射有可能耗時很久，所以坎普會有幾個小時的空檔跟對方閒聊，他會找出 NASA 跟那些科技公司可以合作的共同點，常常就在這個過程中敲定交易，讓那些公司付錢取用 NASA 的影像、研究、技術等服務。他就是在這種等待太空梭的閒聊中，談成跟 Google 的幾個合作案。

　　太空梭之旅也讓沃登有機會傳授寶貴經驗給當時還很嫩的坎普，教他政府的運作。沃登每次都堅持和坎普租車前往發射基地，不願跳上有司機的豪華休旅車跟科技高層並肩坐在一起。跟富豪或高階主管一起吃晚餐的時候，對方如果點一瓶五百美元的葡萄酒，坎普一定會把帳單搶來付掉，而且每次都是自掏腰包。沃登被國會調查太多次，不想讓自己或員工籠罩在收賄指控的陰影，甚至連微不足道的人情往來都不可以，「沃登還警告我們，那些小事或許看起來沒什麼，但是絕對不要讓敵人有機會在細節上做文章，」坎普說。後來證明沃登那些教戰守則是關鍵，在 NASA 派系和政府追殺沃登、馬修、坎普的時候救了他們。

　　除了聘用古怪年輕工程師，沃登還把另一種在 NASA 看到會感到不解的繁榮熱鬧帶進艾姆斯研究中心，開始每年邀請民眾

到 NASA 參加太空狂歡，有科學展覽、藝術裝置、電子音樂、舞蹈，還有酒，成千上萬人湧來觀賞凡夫俗子（Common）和黑鍵樂團（Black Keys）等藝人的表演。「NASA 一位主任說：『我們拚了，我們要打造一個類似胡士托音樂節（Woodstock）的活動，只不過是太空版的，』」亞歷山大・麥當勞（Alexander MacDonald）這樣說，他是 NASA 首席經濟學家，當時在艾姆斯研究中心工作。艾姆斯研究中心在 2008 年還成為奇點大學（Singularity University）的總部，那是一所非傳統、邊緣小眾的學校，致力於頌揚、探索科技的快速進步。

　　奇點大學的成立帶來一個意外轉折，那就是讓博曉森來到艾姆斯研究中心；他後來會去共同創辦行星實驗室。博曉森跟沃登那些二十幾歲新人一樣，加入年輕太空理想主義者組成的太空世代諮詢委員會，他當時也在休士頓，聽過沃登和馬修在酒吧的爭論，後來蛻變成這群人裡面的大哥和組織者。沃登想在艾姆斯設立奇點大學的時候，馬修想起博曉森強大的組織能力，建議沃登網羅他。

　　當時才設計出一個太空望遠鏡，取得雪梨大學物理博士的博曉森，從來沒有想過要去 NASA 這麼官僚的地方工作，一直到在太空世代諮詢委員會聽到馬修等人討論他們在艾姆斯研究中心的工作，才改變主意。「我內心深處真的不想去 NASA，」他說，「大概聽馬修講了一年，我才真正明白那裡不是一般的 NASA，也不用一般的方法做事。」奇點大學的工作，確實跟一般的 NASA 價值觀不同。

　　博曉森一到艾姆斯研究中心，馬上就感覺到生活有了巨大的轉變。前幾年他還在過著辛苦乞求研究資金的學術生活，轉眼間，他已經在跟賴瑞・佩吉、沃登將軍這些人稱兄道弟，還負責從無到有地建立一整間大學（也算是大學）。他一頭就栽進這個計畫，短短幾個禮拜就幫忙招募到工作人員、擬定課程大綱、解決艾姆斯校區上課地點的後勤問題。比較可怕的任務是要募到夠多的資金才能讓奇點大學誕生，沃登建議募到兩百五十萬美元應該夠，博曉森大吃一驚的是，第一次募款晚餐就湧入兩百五十萬美元，第一筆是佩吉捐的五十萬美元。

　　博曉森到矽谷來，是希望找一個活力稍多一點的 NASA，結果，一個月一個月過去，他開始意識到有更戲劇化的事情正在發生，沃登（黑武士本人）吸引到灣區來的這些人，不僅都熱愛太空，對地球上的生活也都懷抱浪漫幻想。

　　科技產業經過迷戀股價與捕獲用戶的網際網路年代，已經喪失 1960 年代那種驅動科技產業向前的反主流文化榮光。當時史蒂夫・賈伯斯（Steve Jobs）和史蒂夫・沃茲尼克（Steve Wozniak）破解電話系統，挑戰 AT&T（他們後來創辦蘋果公司）；其他人則是把電腦當作一種工具，讓「人民」從政府和企業手中奪回權力。這群初到艾姆斯研究中心的人跟大家一樣，出身一個更加商業化的科技時代，但是在他們身上，還看得到常年讓灣區成為社會革命震央的那些信念。比方說，威斯頓想讓世界跟上他的自由靈魂、馬修是不上不下的共產主義者、坎普偶爾兼差做做無政府主義者、他們的朋友萊維特不管怎樣都要追求心智的成長。

「沃登把我們大家兜到這裡來，創造出某種聖戰的感覺，」博曉森說，「裡面有 1960 年代的氛圍，大家從四面八方來到這裡幹大事；裡面也有怪怪的社會運動，真的很好玩吶。」

這場運動有一部分是為了給人更多自由去表現創造力、去實驗，但是也有深刻的部分。沃登的追隨者把太空看成一張畫布，在上面表達社會該如何運作、人類該如何演化的看法。馬修不久會成為一股狂熱、充滿魅力的力量，把沃登在艾姆斯研究中心發起的運動帶到現實世界，然後再帶到天際。

改革的抗體

雖然沃登對狂歡、奇點大學這些作為都是立意良善，但是他也很清楚一定有人不樂見這種情況。NASA 守舊派有不少人認為在艾姆斯研究中心舉辦狂歡活動是離經叛道的行為，還有一些人厭惡這個不是人人都能加入的「老彼教派」。有人抱怨沃登給他那些年輕追隨者太多權力，比較愛國的員工甚至開始擔憂，馬修和博曉森這些外國人竟然在神聖的 NASA 裡工作，偏偏沃登又有提油救火的天分，從不遮掩他對某些人的偏愛。

跟 Google 的交易也給艾姆斯研究中心招來不想要的放大鏡檢視。坎普是協助沃登把 Google 機隊吸引到艾姆斯研究中心的關鍵角色之一，也是他敲定 Google Moon 和 Google Mars 的合作案，他和沃登很得意自己替 NASA 找到新的營收管道，也認為這樣的安排再合理不過。NASA 擁有大量的數據，但不是每次都有

方法或意願好好整理利用，而 Google 剛好是這方面的專家，那麼為什麼不讓大眾體驗一下，用 3D 探索月球或穿越火星峽谷的感覺呢？

但是 NASA 的人批評坎普徇私，只跟 Google 交易，無視其他科技公司的存在。最後 NASA 終於准許這個案子繼續的時候，連 Google 付的錢要怎麼報帳都不知道。「我記得清清楚楚，我去了 Google，見了施密特，到了他們的會計部門，把一張幾百萬美元的支票拿回 NASA，」坎普說，「結果 NASA 說：『等等，這筆錢得另外處理，要給財政部嗎？這錢該怎麼處理啊？』」媒體朋友也不明所以。一定是又大又老又顢頇的 NASA 被 Google 占便宜了，更何況，那些照片是用納稅人的錢，購置探測器和望遠鏡拍攝出來的，公家單位怎麼能把那些資產拿去服務客戶，就算使用者不必付錢？

艾姆斯研究中心與 Google 合作的報導不只見於地方版和科技版，深夜脫口秀主持人傑・雷諾(Jay Leno)也在他的深夜獨白大開玩笑，說要用 Google Moon 查找月球表面一家星巴克的路線。對於這類報導以及艾姆斯研究中心突如其來的巨星地位，NASA 高層有時喜歡，有時不喜歡。舉個例子，坎普敲定要把艾姆斯研究中心變成佩吉和布林的私人飛機場時，坎普還沒知會 NASA 高層，消息就走漏給了媒體，「登上《紐約時報》頭版，」坎普說，「登了一張大大的波音 757 照片。沃登湊近我的臉，近到我都能吃到他的口水，對我大吼：『你到底幹了什麼好事？』我說我們替納稅人談了一筆好交易。我沒有被炒魷魚，他也沒有

被炒魷魚，大家都相安無事。」

　　對沃登的批評以及艾姆斯研究中心內部的分裂，在 2009 年達到警報等級。馬修搭機去維也納參加太空會議，回到舊金山機場的時候被海關扣留。一開始馬修以為只是隨機的安檢抽查，海關人員霹哩啪拉問了一堆，還要求檢查行李，搞了半小時後，馬修才開始意識到事情大條，因為他被帶到後面一個房間做全套盤問，「他們開始問我們關於月球任務的一些技術問題，」他說。

　　海關要求馬修交出筆電和密碼，「一邊是 NASA 要我絕對不能把密碼給任何人，」他說，「一邊又有個政府官員要我把密碼交出來，搞得我好亂。」

　　威斯頓（也就是專門替沃登幹一些瘋狂事的得力助手）來機場接馬修，心裡正納悶那個話很多的英國人怎麼這麼久還沒走出航站大廈。他不斷打馬修的手機，一直打一直打，終於，海關讓馬修接了一通，當時是馬修老闆的威斯頓馬上指示他交出密碼，「我們再也沒看過那臺筆電，」馬修說。訊問又持續了六個小時，最後海關終於放馬修走。

　　原來是艾姆斯研究中心有個派系舉報了二十幾個人，指控他們是中國間諜，名單上有沃登和威斯登，也有馬修。

　　由於那臺登月器是用星戰武器的推進系統為基礎，所以受到國際武器貿易條例（International Traffic in Arms Regulation, ITAR）的出口管制政策約束。國際武器貿易條例的內容很模糊，可以有不同程度的解讀，但主要是為了防止美國公民以外的人查看武器系統，連查看武器相關的文件或照片都不行，因為擔心馬修這類外

國人會把武器防禦系統資料外流給中國之類的國家，就算他們沒有外洩，也可能沒有妥善地保護相關資料。

　　舉報人是登月器團隊裡幾個比較愛國的成員，他們認為馬修做事的方法爛透了，動不動就大吼、自以為是，還抱著理想主義，譬如馬修會在工作間掛上聯合國旗幟，明明他們是為了NASA和美國的榮譽打造登月器，不是為了所有國家。從超級愛國者的濾鏡看出去，馬修要麼是一個不小心把國家機密置於風險的怪咖，要麼更糟糕，是沃登費盡心思帶進艾姆斯研究中心的可疑陰險份子之一。

　　那些對馬修不利的證據似乎殺傷力不大。他以前就去過中國，到北京教授國際太空大學（International Space University）的暑期課程。上一次去維也納他也帶了NASA的筆電，裡面也有機密資料；他並不了解NASA人員必須取得許可才能帶筆電旅行。

　　不過，情勢突然在這時急轉直下。艾姆斯研究中心有一群員工交給國會一份五十五頁的報告，根據沃登的說法，上面說有個摧毀美國太空計畫的龐大陰謀存在，不只沃登和他的夥伴牽涉其中，連歐巴馬總統、馬斯克、NASA副署長羅芮‧加佛（Lori Garver，她一直大力支持SpaceX和民間探索太空）也在裡面。在這份報告添加柴火之下，FBI啟動一場調查，前後長達四年，也害得艾姆斯研究中心在媒體上被打成間諜大本營。

　　接下來三個月，當局禁止馬修踏入艾姆斯研究中心裡任何有保全措施的區域，一步都不行，也禁止他使用公司的電子信箱。馬修說：「我永遠忘不了我問律師，不是說沒證明有罪之前

都是清白的嗎？他說：『是啊，那是普遍的誤解，』我說：『什麼？這套是我從小信到大的耶，如果你的說法是事實，那事情就他媽的大條了，我們應該他媽的昭告天下，』他說：『是啊，那是普遍的誤解，』我心想：『你他媽的別再跟我說這句話！』」

「沒錯，我是沒取得攜帶筆電的許可，違反了規定，但是這些什麼鬼許可單根本就沒人聽過。不管怎麼樣，我違反了內規，但沒有違反任何法律。我沒有要替中國做間諜，沒有要替任何人做間諜，謝謝。」

不管是 FBI，還是美國檢察官辦公室，顯然都查無不法。雖然說天底下沒有不可能的事，但是，要說沃登這個大半輩子都在保護美國的准將會密謀把星戰武器計畫發給其他國家，任誰也不相信。「幸好終於有大人介入審查，舊金山一位檢察官駁回了這整件事，」他說，「我後來發現他們早就確認我是清白的，只是他們還有一幫人要追查，那位檢察官最後說：『看吧，什麼都沒有。』」

沃登很氣馬修把 NASA 筆電帶出國，馬修也不是沒收到沃登給坎普的那些警告，只要好好照著那些教戰守則，找碴的人就沒辦法把小違規搞成大爭議，無奈馬修從來就不太管官僚作業或瑣碎細節。不過沃登團隊幾乎每個人都認為，沃登在艾姆斯研究中心的種種叛逆行為才是招來調查的真正原因，馬修只是那些人宣洩不滿的出口。

「你只要想發動變革，馬上就會誘發抗體，」沃登說，「艾姆斯研究中心大概有幾十個人認定我是全世界最邪惡的人，非阻止

不可。他們很多人鎖定這群老彼之子，馬修大概是其中最顯眼、又對規定不那麼敏感的人。」

　　還有一件事可以證明 NASA 和美國政府對沃登的厭惡已經到了愚蠢的程度。艾姆斯研究中心有一位員工兼差攝影工作，沃登和十幾個人為了幫他，扮成維京人在研究中心周圍的沼澤地上演陸地攻擊。當沃登持劍穿過薄霧、刺死假扮海盜的照片一出現在網路上，愛荷華參議員恰克・葛雷斯利（Chuck Grassley）馬上要求聯邦政府對這張照片展開調查，他想知道這個無聊活動浪費聯邦政府多少時間和金錢。結果每個參與者都是自願花自己的時間，而且是在週末拍攝，反倒是這次的調查花了四萬多美元。

　　最終，沃登在艾姆斯研究中心從 2006 年做到 2015 年，在這段期間，他把 NASA 旗下一個已經走到鬼門關的中心變成最知名（有時也是最惡名昭彰）的研究機構。他的作為讓艾姆斯研究中心得以充分利用矽谷最有價值的資產：人才、科技、財富，也讓艾姆斯研究中心得以跨入全新、成果豐碩的科技領域，確立了艾姆斯研究中心在未來幾十年太空任務的重要角色。在這過程中，他還不遺餘力鼓吹降低太空任務的成本，支持民間探索太空。

　　沃登種種爭議作為最終導致他下臺，NASA 接到太多投訴說他對表現不佳的員工大吼大叫，工會也不喜歡他老想開除不願把工作做好的人。有些人覺得他還是那套「仇 NASA」老招，把消息走漏給媒體，給 NASA 難堪，也有人不滿他一面吹捧 SpaceX，一面批評 NASA 花大錢製造火箭。不過說到底，最後一根稻草是當初保他的 NASA 高層走得差不多了，剩他一個，政治上勢單力

薄，只能選擇退休去過簡單一點的生活。

「我最喜歡的一句名言出自馬基維利（Machiavelli），可惜沒有人喜歡馬基維利，」沃登說，「我已經不記得原來的話，不過大概的意思是『改變原有秩序是最難的，因為受惠的人只會默默支持，而受害的人會惡狠狠反對』，最後你只落得一個人去面對非常艱巨的挑戰。這就是為什麼我覺得我和馬斯克是同類人，馬斯克為了改變，大概做得比我還要更多，不過我們都知道當箭靶是什麼感覺。」

儘管如此，沃登在 NASA 的官僚體制還是活得夠久，久到足以改造一個內建抗拒改造機制的組織，產生的影響也遠遠超出艾姆斯研究中心。他從四面八方挑來聰明熱情的年輕人，把他們兜起來，給他們目標，教他們克服阻礙。他打造了一代僅此一次的舞臺，讓最好的點子得以開花結果，讓最堅實的友誼得以建立。我們日後會看到，他集合到艾姆斯研究中心的這群年輕人注定要在一起、注定要接續馬斯克在獵鷹一號的努力，這群老彼之子接下來會扣下扳機，開啟下一場民間探索太空的重大革命。

4

彩虹大院

　　老彼之子 2006 年來到矽谷的時候，需要有個地方住，其中幾個人早就彼此認識，所以開始萌生住在一起的想法。馬修、辛格勒、潔希凱特‧柯文夏普（Jessy Kate Cowan-Sharp）在華府工作時就和其他幾個朋友住在一起，所以他們心想：為什麼不繼續把這種集體生活型態帶到加州？

　　馬修是帶頭的人，他一一過濾 Craigslist 網站的招租廣告，想找艾姆斯研究中心附近能容納異常多室友的地方，結果很快就看到一個超大房子的招租訊息。那其實是一棟豪宅，位於蘋果大本營庫比蒂諾（Cupertino）郊區的彩虹大道 21677 號。房子主人從事科技業，但已經搬到別處，房子在網際網路泡沫後就開始閒置，已經好多年沒有住人，如果有一大群二十多歲的年輕人想租，那就租吧，只要他們願意先付第一個月和最後一個月的房租再加押金，總共兩萬美元。

　　這麼大的金額乍看有點離譜，不過找個十多人來分攤就會跟灣區的租金行情相差不多，更何況他們還有柯文夏普，她已經

把集體生活變成一門科學，找室友、分攤房租、拆算其他支出的方法都不斷精益求精。最棒的是，坎普也想住進來，而且他已經把兩家新創的股票出脫換成現金，有錢支付第一筆款項，事情就這樣有了著落。

這棟房子坐落在一座可俯瞰矽谷的山丘上，外觀像地中海別墅，紅瓦屋頂配乳白色外牆，走到門口第一個映入眼簾的是一條流過前院的小小護城河，河上有座小橋，橋下有錦鯉游來游去。走到屋內，有個超大主臥室占據房子一整個側翼，還有幾個小一點的臥室和起居空間。屋主看來除了餐具以外，什麼都沒搬走，有一臺鋼琴，有個壓克力檯面的吧臺，有一些家具，還有一套附投影機的家庭劇院。整棟房子走的風格是淡色系，處處是淡粉、淡藍。種種加起來，這是一棟占地 140 坪的豪宅，位於綠樹蓊鬱的矽谷郊區，很快就會有一群不尋常的人輪番入住。

馬修是這群人的核心，他認識辛格勒和柯文夏普的時候，他們都還是參加青年太空會議的大學生，很快就變成朋友（柯文夏普後來在 2010 年嫁給辛格勒並且冠夫姓；為了區別，後面會用原姓氏稱呼兩人）。馬修雖然在英國長大念書，但早在 1998 年到阿拉巴馬馬歇爾太空飛行中心實習時就認識坎普，當時坎普住在那裡，兩個人一拍即合，常常結伴在阿拉巴馬四處健行考察，接下來幾年馬修也把坎普拉進他的太空極客（geek）社團。第一批室友當中還有凱文・帕金（Kevin Parkin），他也是英國人，1996 年跟馬修一起在萊斯特大學（University of Leicester）念書，十年後被沃登網羅到艾姆斯研究中心。

辛格勒和柯文夏普搬進主臥房。馬修住進地板和牆壁可調整的日式榻榻米房。坎普和帕金搬到樓上入住原本的小孩房，共用一間衛浴，「裡面還有個按摩浴缸，」坎普說，「而且有個窗戶望下去就是房子後面的日式庭園。」坎普不確定艾姆斯研究中心的這份工作會做多久，大部分東西都留在西雅圖的公寓，所以很高興這個房間已經有床、有收納衣櫃之類的，「這個房間什麼都有，」坎普說，「我只要把我的宅男衣服收好就行了，很讚！」[1]

老彼之子把這個新家取名為「彩虹大院」，因為地點在彩虹大道，並且開始找更多人來分攤帳單。他們決定好好利用其中一個房間的上下床鋪，改成青年旅館，開放給到矽谷旅行或想找短期住處的人。其他幾個起居區域則是改成臥房，目標是這棟房子隨時都可以讓十個以上的人入住。

共居房在灣區當然不是新鮮事，集體生活也不是什麼新奇想法，不過，是彩虹大院復興了這個概念，讓湧入矽谷的工程師和軟體開發師重新認識這種群居型態。這都要感謝柯文夏普，所謂的「黑客屋」(hacker house)即將成為一種潮流。有些人單純是想應付灣區不斷上漲的租金，有些人是想要有多一點社區感，還有

1　有個朋友把彩虹大院時期的坎普形容為「公務員宅男」。坎普出身資訊科技界，外表打扮都像資訊科技人，金屬框眼鏡，矮矮胖胖，理平頭，非常有微軟員工的調調，不過，據說他隨時都在盤算計畫接管世界。他在彩虹大院那群人眼中也是「解決問題達人」，是那種不管在什麼情況都找到解答的人。比方說有一次被困在電梯裡，他把天花板一塊板子打掉，爬上電梯井，撬開二樓的門，然後把其他困在電梯的人平安無恙地拉出來。

人是把這種房子當成自己創業結交人脈的工具。到了 2013 年，這種房子已經多到成為《紐約時報》一篇趨勢報導：〈灣區千禧世代湧向群居——毋需紮染[2]的群居〉，彩虹大院和柯文夏普占據顯著篇幅。

不過，2006 年的彩虹大院跟後來的跟風者不一樣，它有一絲絲魔力。這棟房子的核心是一群想跟家人一樣緊密的朋友，他們都熱愛太空，還有更深刻的東西：他們是因為理想主義而來。在馬修和辛格勒夫婦的帶領下，他們真心相信自己能讓世界變得更好，也想把這份精神感染給所有來來去去彩虹大院的人。

除了幾個核心人物，其他住民來來去去，隨時都有幾個 NASA 的人、蘋果或 Google 的人、幾個在搞創業的人出沒，他們有的自己住一間，有的住在上下鋪湊成的旅館。

許多新住民是被馬修貼在 Craigslist 的不尋常廣告吸引來的，像是「尋找奮起、熱情、想改變世界的年輕女性」或「知識份子社區徵求室友」。他不是先描述房子和格局，而是直接描述住在裡面的人，還會問一些問題，像是「想像一下，星期三晚上回家看到十五個人在圖書室共享臨時發起的晚餐，你會有什麼感覺？你這輩子想留下什麼影響或貢獻？請舉出兩個」。

有新人入住的時候，馬修有時會盤問他們在工作與生活上的選擇：你做什麼工作？為什麼做那個工作？為什麼用那種方式

2　　譯注：紮染 (tie-dye) 是一種染布工藝，將衣物先綁起來再染色，創造不規則的迷幻視覺感，1960 年代和 1970 年代流行於美國，是嬉皮文化的象徵之一。

做工作？最終目標是什麼？這麼做是出於馬修永不滿足的好奇心，他只是想從別人身上學習，了解別人的思考方式。不過這種問法也有蘇格拉底的味道，馬修是在刺激別人好好思考自己是怎麼花費時間的，他無意造成痛苦，不過至少有一個人被問到崩潰，蜷縮在房間牆角。

彩虹大院的精神跟老彼之子在 NASA 做的事並無二致。在工作上，他們想撼動太空產業，讓個人握有更多權力，而不是讓權力全盤掌握在政府和軍隊手裡。在家裡，柯文夏普、辛格勒、馬修提倡新的社會結構，他們把彩虹大院看成一個「理想社區」（intentional community），這種群居設計是為了激發遠大想法的討論，進而改變現狀、重整社會。1960 年代的反主流文化氛圍當然已經被大舉湧入灣區的工程師和投資人給沖淡了，但是那個年代的遺風某種程度還活在彩虹大院。

馬修把群居視為一種更貼近人類部落本性的生活。「我喜歡社區生活，」他說，「這是一種充滿愛的環境，而且有很多想法來來回回交流，我每個禮拜都學到很多。我真的很想問，為什麼人們會想局限於核心家庭這種小單位，在我看來這是人類很晚近才出現的奇怪發明，而且不是特別聰明的發明。」

無論彩虹大院的住民或只是來訪的人，都陶醉於這種群居活力，感覺就像永遠不會結束的暑假。幾乎每天晚上，室友們都會和客人一起享用家常菜，看當晚誰跳出來說要煮就誰煮。馬修有個特殊天分，能用剩菜變出新菜，隨隨便便就能端出一桌菜餵飽三十個人。訪客則從州長、太空人、科學家、億萬富豪、發明

家等，都出現過。

　　飯後，大家通常會在彩虹大院的大圖書室集合，裡面有滿滿的書，從哲學、化學到家居建築都有，牆上還掛著各種不拘一格的彩色畫作。茶泡好，蘇格蘭威士忌開好，討論說開始就開始，主題五花八門，從 AI 的威脅到太空垃圾的危險都有。

　　有時候更正式一點，彩虹大院會變身為藝術和科技企劃案的研發實驗室，一走進來看到牆上掛著新的藝術裝置是稀鬆平常的事，比方說，入口處天花板就曾經懸掛一個四面體，是用衛生紙和廚房紙巾捲做成的。室友當中有不少人加入開放原始碼運動，把基礎程式碼分享出來給大家隨意使用、修改，他們舉辦過無數次黑客松（hackathon）[3]，會有大批程式設計師突然湧入彩虹大院，占據一整晚或一整個週末。

　　曾經是彩虹大院住民、現在是創投家的希萊絲汀・施娜格（Celestine Schnugg），常在錦鯉池邊做日光浴，卻被成群湧進來的工程師打斷。「他們會用推車把一箱箱電子設備搬進來，整棟房子燈火通明，」她說，「幾百個人占滿滿，整整二十四小時，你要不加入，要不就自己找地方去。這一切都不是虛假的，大家跟著自己的熱情走，想做點有用的東西，不一定是做軟體，做自己的案子也可以。這屋子裡的人都很慷慨無私，會互相教來教去、學來學去，我都叫這屋子是『阿宅大院』。」

3　譯注：黑客松是黑客（hack）加上馬拉松（marathon），就是一群人組隊連續數日發揮創意用電腦解決問題。

古怪的非常規生活

　　每到週末，馬修一定會想些冒險活動，邀請任何想參加的人一起去。「馬修每次都是說走就走，不等人，但是歡迎任何人參加，」施娜格說，「他會說：『我們要去這裡！你要一起來嗎？』然後大家就跳進某輛破車，開到 NASA、追山羊、去看馬修那個狂到不行的登月器在蹦床上彈跳，然後再搭另一輛破車去舊金山跳騷莎舞。」

　　跟馬修一起冒險常常很幸運，因為他有朋友所謂的「非現實場」（unreality field），似乎總能化險為夷，不管走到哪，幸運巧合就跟到哪。

　　舉個例子，剛搬進彩虹大院不久，馬修決定跟當時的女朋友去健行。這趟兩天的徒步旅程從庫比蒂諾出發走八十公里，越過聖塔克魯茲山脈（Santa Cruz Mountains），然後下山走到瓦德爾海灘（Waddell Beach）。他打包了幾瓶水、一個睡袋、一袋堅果，至於要怎麼從海灘回家、要是出了小差錯要怎麼存活，完全沒有想法，都不重要。他們走了一天，晚上睡同一個睡袋，又走了一天，兩人好不容易走到目的地。「我和女友要走下最後一個山頭的時候，我才開始意識到我們沒有手機訊號，沒有回家的辦法，也沒有計畫，」馬修說，「我們一路上差點分手，因為她很氣我沒帶食物，不過接著我就看到下面海灘有人在玩風箏衝浪，我說：『希望有我認識的人。』」

　　「非現實場」在這時全面爆發，因為，沒錯，玩風箏衝浪那

群人裡有馬修認識的人：唐・蒙塔格（Don Montague），他是風箏衝浪的先驅。不只是這樣，蒙塔格正在給 Google 創辦人佩吉和布林上課，而他們就住在彩虹大院附近，可以載馬修和女友一程。馬修描述當時的情景：「我永遠忘不了回去的路上，布林問：『所以你們原本的計畫是什麼？』我回他：『呃……其實沒什麼計畫。』最後就變成我們兩個、佩吉、布林和一隻狗擠在他們的豐田普力斯（Prius），我女朋友問他們是做什麼的，他們說在 Google 工作，就這樣，其他什麼都沒說。」

「事後布林發了一個訊息給我，他在 Google Maps 上分析我們的路徑，很納悶我們為什麼挑選某幾條路線，他覺得我們走了一條很瞎的路線。那次之後我們還一起去了火人祭（Burning Man），到現在還是朋友。」

集體生活難免有緊張和人際爭論，彩虹大院也不例外。碗盤常常就堆在水槽邊等待有人自願清洗，比較有潔癖的人很受不了。屋子裡的食物大家可以隨意吃，如果是你自己要吃的寶貝美食就得貼上名字，不過還是會有人無視這樣的主權宣告。大門要不要上鎖這類問題會拿到全員會議上討論，有人主張上鎖以策安全，但是馬修每次都站在「鎖的象徵意義」這邊，不上鎖代表這棟房子是開放給任何人的。[4]

集體生活並不是人人都適合，尤其是帕金（馬修大學同學）這種內向的人。「氣死了，就像參加沒有攝影機的電視實境秀。

4　很多年後，最初那批艾姆斯研究中心的住民都走光了，大門還是沒上鎖，老住民會大剌剌直接走進去認識新住民。

有一次發生外交危機，導火線是我和坎普都買了門鎖，他們覺得這樣做很不合群，說我造成了『原力擾動』[5]。他們各有不同的期待、組織方式、界線，我其實不知道我到底踏入了什麼地方，我認識馬修很多年沒錯，但是除非一起生活過，不然你其實是不了解對方的。」[6]

帕金也很不爽馬修吃了他的麥片卻不買盒新的放回去，「馬修認為規則不是用來規定他的，」帕金說，「是啊，很討厭，大多數時候確實是如此。」

如果彩虹大院有死敵的話，那一定就是住最近的鄰居莉塔（Rita），她住在山頂上一棟更大的大宅院，沒有人跟她熟，但是她很明顯不滿隔壁這群怪胎。每次大院要舉辦派對前，大家就要投票決定誰去莉塔家知會即將出現的吵鬧，就像其中一個人說的：「得要有人去莉塔那邊照顧她的情緒。」

通常怎麼哄莉塔都沒用，大家都知道，只要情況失控她就會報警。有一次 9 月「國際海盜模仿日」，室友們在前院竿子掛上一面海盜骷髏旗，莉塔馬上報警說旗子威脅到她。她也不喜歡聯合國旗幟升起，彩虹大院成員會列隊行進到旗竿，吹海螺殼，

5　譯注：引用自電影《星際大戰》，通常代表平衡被破壞、有大事發生。

6　跟彩虹大院其他核心成員一樣，帕金也是由沃登網羅進艾姆斯研究中心。萊斯特大學物理系畢業後，他繼續拿到加州理工學院航太博士學位，專攻火箭的異型推進系統。進入艾姆斯研究中心後，他著手創設一個比較現代化的任務設計中心，也就是建立電腦運算和軟體系統，讓工程師可以用來設計新的太空船、模擬太空船的運作方式和造價成本。這個中心是他利用艾姆斯研究中心一個圖書館改造而成，之後，他根據自己在大學的研究，設計出一種新型火箭。

然後舉行小小遊行，讚頌地球公民。

　　聽在某些人耳裡或許很荒謬，但是彩虹大院住民很認真地看待他們企圖改變世界的野心。他們會編輯整理他們拯救世界的待辦事項，定期開會列出能正面影響地球和地球人的方法，明確訂出目標完成日，確定責任歸屬，好讓每個人負起責任，而其中最認真的人莫過於馬修。

　　為了達到自己嚴格的標準，馬修開發一套電子表格，量化生活各個層面，朋友都說那是「馬修矩陣」。做表格是為了分析他做哪些事最能影響世界和人類福祉，為了實現有意義的人生，馬修甚至寫出一套演算法，他說：「基本上就是，列出目標，列出計畫，接著問：『這個計畫對一號目標有多少幫助？對二號目標有多少幫助？』然後問：『成功機率有多少？要花多少金錢和時間？』你除以這些因素，再乘上其他一連串因素。」

　　「我把通常會忽略的因素納進來考慮，像是你做這件事的能力跟其他人相比如何，或是參與程度的差異，譬如就算你不做，別人也會做嗎？如果答案是『是』，那你就應該降低這個計畫的權重。還有其他因素，像是你對這個計畫感興趣的程度或工作量多大等等。」

　　「我通常發現，如果願意用這套方法的話，計畫取得成功或產生效果的機率是原來的兩倍，甚至會有三倍、四倍、五倍或高達六倍這種等級的增加。」

　　「我們──我和我的社群──為了幫助世界而訂下的目標都很遠大，用這種分析系統可以幫你務實一點，把重點拉回一個個

計畫上。」

　　馬修幾乎每個生活層面都採用這類分析，連約會都做了一個馬修矩陣。他還試圖找出從彩虹大院到艾姆斯的最佳開車路線，一一記錄每一條路線和行車時間。

　　更有爭議的是，馬修有五年的時間幾乎錄下自己講的每一句話。他在襯衫口袋放了一個已經啟動的錄音機，在襯衫外面貼了一張大貼紙，告訴別人有錄音機在錄。原因是這樣，他發現跟朋友談太空或哲學談得很感動的對話都會消失於無形，什麼都不留，所以他想用錄音紀錄解決這個問題。他大部分朋友只把這個實驗當成他做出的另一件怪事，毫不在意；但是艾姆斯那邊討厭他的人可不是這樣想，他們把錄音機當成他可能是間諜的另一個證據；也有朋友對這種以錄音記錄生活的方式一點也不感動，「我不同意，」帕金說，「我叫他不要錄。」

　　馬修的古怪和彩虹大院的非常規生活可能讓人覺得淺薄愚蠢，卻也點出創造發明背後的神祕根基。大概只有這群滿腦子想改造社會的人，才能激盪出行星實驗室的點子，大概只有馬修這樣的人，才能掌管這家公司。

5

打電話回家[1]

　　馬修出生於 1978 年，全名是威廉‧史賓賽‧馬修（William Spencer Marshall），成長於英格蘭東南部鄉下，有個姊姊與妹妹。一家人過著馬修姊妹口中「上進的中產階級」生活，房子不大，後面有個菜園，還有一塊地方可以養一小群動物，有綿羊、山羊、天竺鼠。平靜的家庭在馬修十幾歲的時候掀起波瀾，因為父母陷入痛苦漫長的離婚。

　　年少時期的馬修是班上那個皮包骨、宅宅的、薑黃色頭髮的孩子，數理成績很好，文科方面沒那麼有天分。不擅長文科的原因之一是他的字寫得很差，差到有個老師懷疑他有讀寫障礙，再加上他對虛構小說和社會學科的複雜性不感興趣，常常認為讀那些作品和科目是在浪費時間。他很早就對生活中孰輕孰重有自己的定見，碰到他認為沒有道理的人和想法就會開啟戰鬥模式。姊妹們的推測是，他無法辨識社交往來之間的信號暗示，必須花

1　譯注：借自電影《E.T. 外星人》的著名臺詞「E.T. 打電話回家」。

時間學習駕馭那些暗示來跟別人應對。

　　出了學校的馬修是個過動兒，喜歡在鄉間跑來跑去，只要是能爬的樹總能看到他爬得老高的身影。他無憂無慮到嚇人的程度，似乎什麼都不怕。「他是冒險家，會做出站在懸崖邊這種事，卻毫無懼色，」他一個姊妹說，「他真的體現出自己那套哲學：人生唯一的風險就是不冒險。」

　　馬修的父母從小培養孩子對大自然的熱愛，馬修也全心擁抱，他會幫忙照顧家裡的動物、騎馬、參加許多露營度假活動。從小看著父親督導盧安達大猩猩保育計畫的馬修，也對那份工作萌生興趣，他說：「我長期關注大自然保護，對無法發聲的人和生物已經產生根深柢固的正義感。」

　　馬修有他的早慧，特別是數學物理，考試拿高分，作業獲好評。曾經有兩個老師把他媽媽拉到一旁說，馬修的想法和行為似乎跟其他孩子不同、不傳統，但是根據家人和舊友的說法，他在同儕間並沒有特別突出，「我們的朋友圈不會有人說：『噢，這個人以後會成為矽谷要角，』」一個老朋友說。

　　馬修後來的走向可以從他小時候對太空的興趣看出來。小馬修會用太空海報裝飾房間，地上散落著各種太空科學雜誌，偶爾會把床墊拖到家裡那輛老舊 Land Rover 車頂，一個人躺在上面好幾個小時，拿著雙筒望遠鏡仰望星空。十六歲那一年，他花了幾個月到酒吧和五金行打工，想存錢買單筒望遠鏡，後來發現要存好久才存得到，於是決定自己造一個。他動手組裝出整個裝

置，但拿不出一千六百美元購買最後欠缺的鏡頭。[2]

　　然後「非現實場」首次發威，學校寫信給英國知名天文學家派崔克・穆爾（Patrick Moore）求助，幫忙取得鏡頭。穆爾是個怪咖，主持受歡迎的電視天文節目《夜空》（The Sky at Night），他不只給馬修鏡頭，還親自出席學校的贈與儀式，馬修也在儀式上展示他的望遠鏡成品。[3] 那次之後，馬修就一直跟穆爾有聯繫，透過信件往返，穆爾會建議馬修如何精進研究。

　　1996 年，馬修離家去念萊斯特大學物理系，選擇這所學校是因為萊斯特有速成課程，四年後就能拿到碩士學位。此外，萊斯特大學部的太空課程也是全歐洲最好的，而且物理系學生有機會替歐洲太空總署（European Space Agency）打造真的衛星和儀器。

　　萊斯特學生住的建築是以前紡織富裕人家的大宅邸，他們已經搬走，把房產交給學校。馬修住進一間八角形大房間，把那裡當成工程實驗場。「他在房間裝設機關，把生活上需要的每樣東西一個個都繫在拉繩一端，」帕金說，「房間到處都是繩子，如果需要襯衫就拉一條繩子，熨得亂七八糟的襯衫就會滑下來，如果要開門或關燈也是一樣。」馬修也把這招用在帕金的宿舍房間，每次帕金打開抽屜或拉上窗簾就會響起鞭炮聲，「他很用心，」帕金說，「他花很多心思把我的房間弄成會爆炸的樣子，你怎麼能不覺得這很可愛呢？」

2　在那段時期，馬修告訴家人朋友說他非正式改名了，從威廉・史賓賽・馬修改成威廉・史貝斯（太空）・馬修（William Space Marshall）。

3　那個望遠鏡現在還陳列在馬修的學校。

　　馬修一上大學就是同儕中的領袖，並且開始把科學和政治結合起來。「馬修本身就是一個完全不一樣的存在，」帕金說，「他有政治的一面，想在政策上發聲。」

　　馬修曾經寫信給首相，力勸英國參與更多國際太空站事務。他還寫信到聯合國外太空事務廳（United Nations Office for Outer Space Affairs），也因此收到一場會議的邀請，協助組織一群年輕人表達對太空未來發展的想法。[4]另外，他還幫忙安排聯合國、俄羅斯、歐洲各地的考察旅行，帶領學生拜訪各個太空機構。「我們有時候負擔不起住宿費，所以有個強制性的『拉式策略（pulling policy）[5]，』」他說，「你得自己去找人幫忙。只是我們都是念物理的，在這方面完全不行。那是一段很酷的時光，醉倒在火車上、隨便睡在地上、參觀太空的東西。」

　　馬修的組織能力被一個專門追蹤英國有為青年的委員會注意到，有一天他收到邀請函，請他跟兩百位有為青年一起跟伊莉莎白女王喝茶。馬修就是馬修，他準備了一封信帶去茶會，洋洋灑灑寫了四頁有關聯合國該如何改進的建議，從強化印度在安全理事會的地位，到如何讓這個組織更能代表全世界人民等等。他並不打算把信當面交給女王，他只是認為茶會上可能會有重要人士賞識他的智慧。果不其然，首相東尼‧布萊爾（Tony Blair）也在場，馬修直接走到他面前，從外套口袋掏出那封信。「我跟他有

4　這項工作後來催生出太空世代諮詢委員會，也讓馬修認識後來彩虹大院的幾位成員。

5　編注：拉式策略是指「利用行銷手法讓顧客主動上門」的方式。

交談，他收下信說他會看，」馬修說，「我不覺得他有看。」

　　那次事件反映出馬修逐漸成形的個性，名人和財富不會讓他卻步。有別於英國的刻板印象，他走向女王或首相就像走向任何人一樣，把他們當成普通人，不是特殊對象。還有，他絕對不會錯過任何機會，他會走進去，直接走向全場最重要的那位人士，推動這個或那個主張，而他一副聰明熱情的模樣往往會讓大家仔細聆聽，不管這個年輕人講什麼都買單。

　　到了 1999 年，馬修已是年輕太空迷和科學家當中的一股重要力量。除了太空巡迴之旅，他有兩個暑假去實習，分別在加州火箭推進實驗室和馬修飛行中心（在這裡認識坎普），也在維也納一場聯合國會議結交幾十位日後在太空方面的創業家、研究人員、學者，包括後來彩虹大院的室友。為期兩週的維也納會議聚集全球各地的學生，主題是外太空的探索與和平用途，活動的最後，這群學生制定「太空與人類開發的維也納宣言」（Vienna Declaration on Space and Human Development），強調太空資源是由全人類共享，敦促人類以負責任的方式善用太空。

　　馬修認為維也納會議是他人生的重要時刻，他找到一群志同道合的人，他們都關心太空，也都想運用自己的熱情和知識讓地球生活更美好。這群年輕人打開啤酒，徹夜不眠，一來一往談論他們充滿理想的看法。「整個太美好，」馬修說，「有那種我們正在做大事而且什麼都阻擋不了我們的感覺。我們決定找個可以一直這樣生活的方法，所以就決定組成一個太空吉布茲

(kibbutz)[6]，住在同一個地方，集結所有力量，最後就成為彩虹大院。」

2000 年，馬修開始在牛津攻讀物理博士，師從羅傑·潘洛斯（Roger Penrose）；潘洛斯曾跟史蒂芬·霍金（Stephen Hawking）一起研究物理，並取得創新的成果，是諾貝爾獎得主。在那四年，馬修給潘洛斯提供一些探索宇宙本質的實驗概念，另一方面也與那群年輕太空幫保持聯繫，還從牛津的政治社會討論中吸收養分。學業到了尾聲，馬修的結論是他跟不上世界頂尖理論物理學家，還是把天分拿去做點太空上看得到、摸得著的東西比較好。

拿到博士後，馬修有兩年的時間在研究太空政策，然後沃登就找上門。自從 2002 年 10 月在休士頓國際太空大會初次見面一拍即合，沃登和馬修就一直有聯繫，電子郵件往返、電話聊天、參與集居生活的聚會等等。馬修是沃登求才名單上的第一個名字，是這批老彼之子當中最有可能做大事的一個。

瘦巴巴、戴眼鏡、外表邋遢的馬修，看起來並不起眼，但是他對科學、太空、打破常規的熱情深具感染力，大家喜歡圍繞在他身邊，因為他和他周圍的人總會有有趣的事發生。他幽默風趣，又有宅男難得的魅力，再適合矽谷不過，能跟工程師混在一起，也能跟億萬富豪混在一起；注定是站在核心位置的那個人。

在艾姆斯研究中心裡，馬修穿梭於不同的計畫之間。他花很多時間和威斯頓等人一起打造登月器，也幫忙建造繞行月球的

6　譯注：以色列一種集體社區，有如烏托邦式的集體生活聚落。

太空船，接著是做那艘撞擊月球並發現水的太空船。在這一路
上，他每踏出一步都更感受到沃登的號召：將太空船現代化、將
太空旅行成本大幅降低。

2009 年，馬修意外碰到一個推動廉價太空構想的機會。艾
姆斯研究中心來了一群國際太空大學（那是一所提供太空教育課
程的非營利大學）學生訪客，馬修和博曉森是領頭的人，負責導
覽艾姆斯研究中心，還要找事情給學生做。一開始他們兩個想讓
學生看看登月器，也許也動手做做看，但是很快就被艾姆斯研究
中心的官員打槍，因為這群學生有很多是外國人，而且會接觸到
登月器核心所使用的老軍事科技。就在這時，有人建議給一箱
零件，要學生組裝出一枚衛星，「我心想這是我聽到最笨的建議
了，」博曉森說，「這已經跟侮辱沒什麼兩樣，言下之意是『做假
的衛星，不做真的』，但是當時好像也只能這樣。」

馬修、博曉森和學生最後用樂高積木做衛星。他們用的
是 Mindstorms NXT 這組樂高（裡面有附多種感測器和機器人系
統），把一個個小零件跟陀螺儀、磁力計、相機組合起來，博曉
森還把一些 LADEE 軟體工具稍做調整，拿來跑樂高主要的運算
處理器。總共只花了九百美元，這群人就做出一個原型衛星，便
當盒大小，前面是樂高電腦，四周用金屬架支撐其他配件。為了
展示這臺機器的效能，學生把它掛在一條懸吊於天花板的繩子
上，發送任務給它，然後看著陀螺儀轉動，調整衛星的位置讓相
機對準假想的地球目標。「我們叫它動，馬達就會呼呼轉起來，
超大聲，」博曉森說，「它會旋轉，調整過頭就左右擺來擺去，

然後會傳照片給我們。」

　　這個作品登上《Make》雜誌「太空DIY」特輯的封面，照片裡的馬修和博曉森掛著大大的笑容，一隻手拿著這個造型奇特的作品，老彼之子再次以不一樣、全新的探索太空方法擄獲大眾目光。不過，比媒體報導更重要的是，這個作品在馬修和博曉森腦中激發出一波新想法，原本只是給學生隨便做做的無聊玩意，竟然讓這兩位艾姆斯研究中心的員工意外發現日常消費電子產品的厲害。「做出那個樂高玩意之後的週末，我和馬修開車到長灘參加一場會議，我們把這個東西拿給一些人看，說這是太空的未來，」博曉森說，「所有人都覺得我們在鬼扯，認為這個東西什麼事也做不了，但是那個時候我已經百分之百相信沒問題。」

用手機做衛星

　　航太老兵庫魯帕（沃登2006年聘請在艾姆斯研究中心擔任工程主任）跟馬修、博曉森、彩虹大院那幫人往來密切，幾年來他常在艾姆斯研究中心開會尾聲，舉起手中全新的智慧型手機揮舞，鼓勵在座科學家和工程師想想這個手機背後的意義。蘋果和安卓手機廠商已經帶來一場巨變，這個小小的電腦運算裝置已經不可同日而語，有強大的運算能力、有大量的數據儲存空間、有測量速度的加速度計、有偵測動作的陀螺儀、有用於定位的GPS、有強大的相機、有用於通訊的無線電，從很多方面來看，這些手機的功能已經勝過NASA和航太業者製造的昂貴電腦運算

感測裝置。

　　航太界傳統派一直以來都堅信，為了能在太空極端環境下存活，送上軌道的硬體必須堅固耐用才行。所以他們只買經過極端環境測試、專用的電腦運算系統和通訊系統等等，參與過太空任務就更好了，而這種設備並沒有任何公司在大量生產，所以每每昂貴又笨重。

　　庫魯帕的論點是：航太業對消費電子產業的進步視而不見。蘋果、三星等企業在研發與廠房的投入遠遠超過政府和航太公司，他們已經完美地把強大的運算能力塞進小小的機殼裡，而且讓這些裝置能承受日常生活的嚴苛使用。在庫魯帕看來，有理由相信日常電子產品可以在太空活得好好的，如果真是如此，NASA 就能打造出比想像中更便宜、更強大的系統。他說：「你如果去 NASA 跟他們說這些，他們只會告訴你：『Xbox 和手機做不到我們做的事，我們還是需要這些精密儀器。』他們並不了解手機那些東西已經走多遠了，我到處敲門跟 NASA、空軍、太空司令部裡的每個人講這件事，但是沒有人聽得進去。」

　　不過，這個學生作品倒是讓馬修和博曉森把庫魯帕的話聽進去了。樂高衛星一開始只是個噱頭，卻很實用。下一步似乎應該好好解讀庫魯帕每句話的含義，那何不乾脆把手機送到太空看看會怎麼樣？就這樣，2009 年，馬修和博曉森開始 NASA 的手機衛星（PhoneSat）計畫。

　　手機衛星計畫的主要目標很簡單，馬修和博曉森打算買一支市面上的智慧型手機，發射到太空，看看它能不能在太空待得

夠久，拍些照片傳回地球。另外他們也想蒐集手機內建感測器的數據，大致判定一下這個東西能在太空做多少有用的事。

在沃登的敦促下，手機衛星團隊保持低調，盡可能遠離NASA 的監督。參與計畫的人沒有一個知道這只是好玩的實驗，還是有什麼重要意義，只知道 NASA 一旦給手機衛星貼上「任務」的標籤，各種委員會、審查等等包袱就會跟著來，到時免不了會拖慢進度、增加成本。最好偷偷躲在艾姆斯某個角落，不要讓人發現這裡正在嘗試做點不一樣的事。

馬修和博曉森在艾姆斯找到一間偏僻的小小辦公室，搬進三大張紅木辦公桌、一張咖啡桌、一張沙發、一塊地毯，其中兩張辦公桌用於日常電腦作業，第三張則是製作第一個手機衛星的地方。第一個手機衛星的預算是三千美元，這個數字小到馬修和博曉森可以自掏腰包，不必經過正式的經費核准。為了使團隊更完整，這兩人引進一群願意用廉價勞力換取參與太空計畫機會的實習生。

2010 年 7 月，手機衛星團隊證明他們跟 NASA 的一般運作有多麼不同。計畫剛起步，他們想先評估自己的想法到底多瘋狂、可不可行，第一步顯然就是把智慧型手機放進一枚火箭，看看它在火箭發射和上升到太空的過程中，禁不禁得起遇到的各種振動和力量。但是搭一趟真的火箭需要花費好幾百萬美元，還要好幾個月的事先規劃，而他們的時間很趕，又沒錢，所以只能退而求其次。

這個小團隊拿了兩支智慧型手機就開車直奔內華達西北邊

的黑岩沙漠（Black Rock Desert）。這片沙漠最有名的是一年一度的火人祭，不過對火箭迷來說，這裡是測試他們認真自製火箭的地方，每年都會有幾十個人到這裡參加名為 Balls 的活動，最厲害的業餘火箭玩家會帶來自己做的推進器和 6 公尺高的飛行器，最高可射到 90 公里的高空。

　　馬修和博曉森想找一枚自製火箭搭便車，於是闖進這個業餘玩家的活動，很快就討到湯姆‧阿奇森（Tom Atchison）的歡心，他是一位健談、常在這片沙漠幫助學生團體的火箭製造者。「我聽到他們想把手機放進火箭送上軌道，」阿奇森說，「但是他們抱怨要花一年半才搭得上，我說：『去他的，我們現在就升空！這趟會很簡陋，但是測試你們的東西不成問題。』」

　　第一場實驗，手機衛星團隊拆下一枚業餘火箭的一塊板子，嵌入一支智慧型手機，然後在板子上鑽個洞讓相機可以看到外面。這枚叫做「威嚇者五號」（Intimidator 5）的火箭順利發射升空，表現很好，以不到五百公斤的推力飛到 8.5 公里的高空。這個高度已經足以檢查加速感測器之類的零件在強大地心引力之下有沒有發揮功能，也可以蒐集到火箭爬升以及用降落傘返回地球所拍到的照片。第二場載著第二支手機的發射就沒那麼順利，火箭是順利升空飛行了，但是發生故障導致降落傘打不開，火箭重重撞向地面，裡面的東西全被壓扁。

　　怎麼看都是災難的墜毀，沒想到竟是好事。手機衛星團隊從火箭殘骸把能找到的東西挖出來，手機雖然被壓得支離破碎，但是裝滿寶貴數據的儲存硬碟還是好好的。這兩次發射讓工程師

信心大振，他們真的挖到大祕寶了。「他們想證明的事情已經得到證實，」阿奇森說，「那就是消費型電子零組件可以應付真實世界的火箭飛行。」

馬修的非現實場也在這趟沙漠之旅發威。創投業者史蒂夫・裴文森（Steve Jurvetson）是矽谷最知名的業餘火箭迷，是阿奇森的老朋友，他聽到 NASA 艾姆斯研究中心的工程師在做什麼的時候，剛好也在測試他自己的火箭，身為 SpaceX 最早投資人的他，很快就看出手機衛星可能是太空商業下一個重大轉變的開端。他當場就跟馬修、博曉森交上朋友，開始關注他們的工作，一邊把支票簿準備好。

馬修從一開始就是手機衛星計畫的領導人，負責整個計畫的管理，設定完成期限，利用他的急性子努力推動事情前進。博曉森跟一批輪班實習生則負擔較多的技術工作，實習生通常被分派去寫手機衛星的程式碼，博曉森會做檢查，並做必要的修改。

那兩次發射完成後，手機衛星團隊就把重心從測試手機轉移到製作真正的衛星。他們決定仿照立方衛星（CubeSat），那是一種邊長 10 公分的金屬支架方塊，裡面可以塞滿電子零件。立方衛星是幾所大學率先提出的概念，[7] 他們希望將小衛星的製作簡化、標準化，好讓更多學生有機會參與真正的太空船製作、發射。有了共通的衛星設計，學生就可以把心思放在選擇哪一種太陽能板、電子零件、感測器比較好用等等，也可以交換資訊，不

7　由加州州立理工大學、史丹佛大學於 1999 年發起。

必各自悶著頭在學校從零開始，重複一樣的工作。

　　手機衛星的設計是以宏達電生產的三百美元手機 Nexus One 為主體，這支手機會放進立方衛星的支架裡面，感測器和電子零件放在手機四周，用於測量以及維持手機大概十天左右的壽命。裡面的關鍵技術包括十二顆鋰離子電池、市面上買得到的無線電發射器，還有一個監控手機狀態、必要時會發送重開機訊號的電腦晶片。手機內建的加速感測器和磁力計會提供大量的移動數據，另外為了取得更準確的讀數，多加了溫度感測器。手機衛星團隊還寫了一些軟體來安排手機的拍照作業，並且讓手機只選取最好的照片透過無線電回傳。

　　從紙上草圖到做出可用的裝置，總共花了大約一年半。原型機初步階段，工程師得測試手機衛星的零組件，看看能不能應付極大壓力以及溫度升降，也瞧瞧無線電在長距離傳輸的表現。大部分測試是在 NASA 的實驗室進行，但是有一些實驗得大老遠跑到野外做，有時他們會分成兩組，分別爬到當地兩座山的山頂，一邊是手機衛星裝置、一邊是接收器，看看兩邊能不能成功通訊。

　　「我們把這支手機放進真空做了一些測試，」博曉森說，「結果手機繼續運作，這件事現在不用說也知道，但是在當時，我們沒有理由認為這支手機在真空中會繼續運作，當時的假設是手機會掛掉。」

　　到了 2011 年中，手機衛星團隊設計另一個實驗，他們把這臺裝置掛在一顆氣球上，讓氣球帶到三十公里高空。測試過程

中，他們第一次碰到大問題：寒冷的氣溫導致手機自己關機。低軌道的溫度其實比多風的對流層上方大氣層還高，但是他們為了保險起見，還是做了預防措施，決定給手機做一個隔熱（隔冷）外殼。[8]

　　手機衛星工程師改進衛星的那幾個月，消費型電子產品仍然繼續往前進，一代又一代新手機以更快的晶片、更好的感測器面世。博曉森有幾個朋友在 Google 安卓手機部門上班，他們有時會帶著一袋袋最新手機現身艾姆斯研究中心，給手機衛星團隊試用。[9] 與此同時，鋰離子電池在進步，太陽能電池也在進步，手機衛星工程師意識到，他們的小裝置說不定可以執行比當初所期待更久的任務，智慧型手機本身也愈來愈能夠執行複雜的飛行軟體。

　　當時做小衛星的人並不多，有做的話，通常也是把三個立方衛星焊接在一起，一個放電池、一個放電子元件、另一個則看這個衛星要完成的科學任務是什麼來決定。這些小衛星雖然多半是想拉低成本的大學團隊做的，但是最後的成本還是會快速拉高，因為他們還是認為必須用「太空等級」的電路板、上過軌道的電子零件，而所謂「太空等級」的硬體往往在效能和價格都落

8　據馬修說，有一次一個測試氣球落到中央谷地（Central Valley）一處田野，被警察撿到，然後這位警察被幾頭公牛追趕出田野。整個過程都被拍了下來，非常搞笑，警察一直在說這個裝置是不是幽浮，後來才得出結論說『大概是那些科學家的東西』。

9　這幾個 Google 工程師很快就被吸引投入這個計畫，開始幫忙做氣球測試，還提供管道讓手機衛星團隊取得特殊的軟體工具。

後至少十年。

　　而手機衛星團隊仍然堅守他們的理論，不斷追求極致。做第二個版本的原型機時，他們把手機的外殼拆掉，取出裡面的主機板。這樣一來，就不必用一整個方塊的空間放置運算系統，只要薄薄一塊板子就有同樣強大的運算能力，而方塊裡騰出的空間就能放其他必要的輔助零件。史上最強大的小衛星就這樣製造出來了。

　　第一版手機衛星的目標是做出可以在太空存活幾天、回傳運作狀態、拍幾張照片的裝置，但是隨著第二版的進步，開啟新的可能：這個方塊有空間可以放進太陽能板、一個更強大的無線電、能讓衛星在軌道上把位置調校得更好的零組件。第一版手機衛星主要是驗證概念的可行性，第二版則是要做些真正的工作，用它的能耐讓眾人刮目相看。

　　做完新設計通常需要做的電池測試之後，馬修和博曉森意識到時機已經成熟，該從隱蔽的小辦公室走出來，將手機衛星計畫公諸於世了。如果要用真正的火箭把手機衛星送上低軌道，就需要有一筆錢，而拿到那筆錢的唯一方法是把他們的工作升級，從偷偷進行的祕密計畫升級為 NASA 堂堂表定的正式任務。

　　當然，沃登一直在幕後支持手機衛星，他沒多問就批准計畫，還協助團隊躲在自己的實驗室免於被人窺探，他並不知道手機衛星會不會變成不得了的東西，但是看起來很像是他幾十年來力勸政府打造的低成本衛星。沒有任何 NASA 老兵會為這樣一個乍看微不足道、預算又小得可憐的計畫費心，不過老彼之子是用

全新視角在看這項技術，而這正是沃登把這群年輕人帶進艾姆斯研究中心的目的。

沃登一聽到馬修和博曉森說衛星已經準備好，馬上就開始打電話找即將發射、可為這三顆一公斤重的手機衛星挪出空間的火箭，同時也想辦法為這次發射挪出經費。透過他的人脈，他得知 2012 年底要發射的一枚安塔瑞斯火箭裝得下這三顆衛星，發射到軌道的費用是二十一萬美元。NASA 核准了這筆經費，這三顆衛星也有了正式的名字：亞歷山大、葛拉漢、貝爾（Alexander, Graham, and Bell）[10]。

馬修和博曉森對即將來臨的發射興奮不已，開始到 NASA 各個中心奔相走告，想把廉價太空的好消息傳遍整個 NASA，只是這場公關宣傳並不如預期。

走訪 NASA 總部的時候，馬修和博曉森在會客室等著跟一位高官會面，牆上有告示詳述未來 NASA 想執行的科學任務。其中一個說 NASA 想建立一個氣象衛星星座，監控太陽閃焰（solar flare）活動以及對地球大氣層的影響，上面還說這個任務大概要花費三億五千萬美元。馬修和博曉森快速計算了一下，估計用他們的新技術可以把花費減少到三千五百萬美元。

會面開始後，馬修和博曉森先向那位高官介紹手機衛星計畫，然後帶給她更多好消息：他們很樂意接下那個太陽閃焰計畫，而且花費絕對低於 NASA 的想像。「我們興沖沖，」博曉森

10　譯注：Alexander Graham Bell 是鼎鼎大名的電話發明人貝爾。

說，「我們跟她說，她那些太貴而拿不到經費的事情我們都可以幫忙做。」可惜那位高官的回應很冷淡。「她笑著送我們出去，說我們的想法不可靠，」博曉森說，「大概就是這個時候我們開始思考，或許我們應該自己來做。」

那三顆手機衛星是發射了，但不是原先計畫的 2012 年底，而是 2013 年 4 月。NASA 盛讚這次發射是一大成功，逢人便說這是他們的新能力，能以便宜的方法進行太空任務。有趣的是，有另一顆小衛星也搭上那枚火箭，名字叫做鴿子，建造者是加州一家新創公司，名叫 Cosmogia。

6

一顆行星的誕生

從手機衛星計畫一開始,馬修和博曉森就覺得他們好像中了大獎。衛星產業已經被幾十年的傳統和停滯思維卡住,幾乎完全無視消費型電腦運算技術的突飛猛進。但是對這兩位科學家來說,最大的問題是:新型態衛星到底能做什麼事?有什麼工作是小衛星做得比大衛星好的?而如果從他們的意識型態傾向去考慮,新型衛星要做什麼事,才能給人類帶來最大的利益?

白天,馬修和博曉森在艾姆斯研究中心為手機衛星努力,晚上,他們在彩虹大院跟朋友一起思考那些問題。馬修就是馬修,為了給這個想法增添些許嚴謹度,他做了電子表格蒐集大家的想法,並且打上分數。這份表格總結出大約二十件小衛星能做的事,都是有助於社會、能賺點錢、從技術的角度來看有新意的事,包括蒐集影像、創造一套新的 GPS 定位系統、做科學實驗、在太空建立新的通訊系統。隨著討論繼續發展,蒐集影像的想法在種種原因之下得到最多支持。

太空裡的影像衛星幾乎都掌控在政府、研究機構或少數企

業手裡，那是個思維毫不前瞻的小圈子。那些衛星的造價從每顆兩億五千萬到十億美元不等，尺寸往往很大，大約是廂型車或小校車的大小，從設計到發射通常要花好多年，而且是以在太空運作二十年為思考出發點。也因為造價高昂，所以是相對稀有的產物，少到連美國政府的間諜衛星都還達不到希望的數量。至於影像的部分，多半也只能偶爾拍拍照，而且只能拍幾個大家感興趣的地點。

　　手機衛星的實驗迫使馬修和博曉森重新思考拍攝地球這件事可以怎麼做：與其建造少少幾顆超級強大、昂貴的衛星，不如改用大量便宜的衛星把地球整個包圍起來。馬修計算了一下，大約需要一百顆這樣的衛星，就能每天給地球每個地點拍一張照片，關鍵是要能以夠合理的成本大量生產這種衛星，投資人才會覺得這個方法行得通。「過去單單一顆影像衛星就要花大約十億美元，」馬修說，「我們做幾百顆小衛星的成本還遠低於他們做一顆大衛星的成本，雖然這還是一大筆錢，但不是誇張的數字，是創投拿得出來的資金。」

　　馬修和博曉森夢想的衛星基本上是拋棄式的，不追求二十年的壽命，只會繞行地球三到五年，然後就回落大氣層，在重返過程中燒光。要能不斷把新衛星放上太空，就得要有大量的火箭發射才行，但這也是一個優點，每次新到太空的衛星一定會有最新的運算能力和電子零件，所以整個衛星星座會持續不斷進步。

　　就像 SpaceX 改變火箭發射經濟，馬修和博曉森也希望改變衛星經濟，發射衛星不再是一件「不是全有，就是全無」的事，

不再需要投資十億美元做一個必須用幾十年且絕對不能壞掉的東西，而是把一個只要能把眼前任務做好就可以的東西扔進軌道，以後再不斷改進。要是其中幾個衛星的零組件壞了，那就壞吧，反正更新的替換品很快就會送到。火箭發射過程也是如此，如果一顆十億美元的衛星在火箭發射臺爆掉，會有人失業，會有公司陣亡，但是如果幾顆便宜的衛星爆掉，去造更多衛星就是了。

　　不只以上這些考量，馬修和博曉森的衛星星座還會改變人們對地球的認識。時間不固定的罕見照片會被持續更新的紀錄給取代，而且無所不記錄。可以更密切追蹤海洋、森林、農場的健康；可以監看人類種種經濟活動，包括貨車的移動、道路和建築的興建、各地區人們的活動。變化更大的是，這可以成為一項政府管控不到的服務，這些照片會放進任何人都能搜尋的資料庫。馬修和博曉森意識到，他們能替整個地球建立一套類似 Google 的分析系統。

　　艾姆斯研究中心的工作把馬修和博曉森放到一個獨一無二的位置。他們製造過登月器和太空船，也參與過複雜的任務以及後續的數據分析，這些工作給了他們第一手的經驗，親身體驗到太空的複雜性。另一方面，沃登全力督促要用不同的方法思考、嘗試比較便宜的方法，也讓他們有正確心態，可以看到別人錯失的機會。「我們意識到，我們有辦法把放到太空的每公斤效能放大到別人的百倍、萬倍，」馬修說，「這個產業委靡不振、停滯不前，如今可以有這麼大的進步，實在太不尋常，一定是從根本就有問題了。」

告別艾姆斯研究中心

　　到了 2010 年底，馬修和博曉森決定成立新公司。他們原本想在艾姆斯研究中心待久一點，幫忙手機衛星計畫，但又要忙著為新事業做準備，分身乏術之下，只好把離開艾姆斯研究中心的打算告訴沃登。一開始沃登很生氣，但後來還是接受。沃登要他們把花在艾姆斯研究中心表定計畫上的工作時間一一記錄下來，證明他們只在晚上和週末做自己的新事業，以免他們的新創事業公開的時候惹來 NASA 高層的不滿，或導致更糟的結果。

　　「我們一直拖一直拖，拖到不能再拖才告訴沃登，」博曉森說，「他已經是我們親愛、親密的朋友，更何況我們大概為他在艾姆斯研究中心想達成的目標做出最佳示範。我們知道他會不高興，他也確實不高興了兩天，不喜歡我們離開，但他隨後想通了，我們的公司就是他的成就，我們的離開象徵他的成功。」

　　馬修和博曉森在彩虹大院腦力激盪了兩個小時，為新公司想名字。馬修希望名字裡有 Gaia 這個字，以示對地球母親的讚頌，而且兩個人都想加點太空調調，他們把這兩個主題的各種變體字輸入網路，看看有哪些名字已經有人用，最後決定用 Cosmogia 這個讓人摸不著頭緒的名字，結合 cosmos（宇宙）和 Gaia（地球之神）。「我記得我們還擊掌慶祝，覺得終於找到完美的名字，」博曉森說，「結果大家都看不懂。這是個爛名字，但是我們好像發燒做夢一樣，覺得棒透了。」

　　Cosmogia 沒多久就改成 Planet Labs（行星實驗室），到了

2011 年年中左右，開始組建團隊。辛格勒加入馬修和博曉森的行列，一起擔任創辦人。辛格勒做過沃登四年的特助，帶頭開發過好幾項計畫，把更多 NASA 的數據和技術開放給大眾，另外他也幫忙帶領過幾項衛星與小太空船的任務，進入行星實驗室之前是在 NASA 總部工作，是技術長的左右手。這三個人有無數個夜晚在彩虹大院討論新事業的技術和計畫，對於馬修和辛格勒這兩個當了很久室友的人來說，這是跟最好的朋友一起創業的機會。

　　三人各自把專長帶進這份創業。博曉森負責技術層面；馬修擔任執行長，為行星實驗室的願景奮戰，推動事務快速前進；辛格勒的天分是處理比較實際的商業事務，例如策略的擬定、執行，以及徵才，培養客戶關係也是重點。有幾位艾姆斯研究中心的同事也答應放棄在 NASA 的安穩工作，一起冒險加入新創事業，包括文森・布凱拉斯（Vincent Beukelaers）、馬休・費拉洛（Matthew Ferraro）、班・郝爾德（Ben Howard）、詹姆斯・梅森（James Mason）、麥克・薩菲揚（Mike Safyan）。

　　跟矽谷所有新創公司一樣，行星實驗室也是在車庫誕生。他們會在彩虹大院舒服的環境討論概念，然後走到車庫試著把想法轉化成可運作的硬體。

　　他們的基本概念是打造最小、最便宜、能拍到還不錯的地球照片的衛星。它的基礎就是一個裝有望遠鏡的盒子，再加上用來儲存、傳輸照片的運算系統和通訊系統，另外還需要一些系統，好控制它在太空的方位，並持續運作好幾年。在車庫內，這一小群工程師開始把這些零組件統統擺在桌上，看看需要多大的

空間才放得下。幾個月下來，他們漸漸減少零組件的數量，同時想出配對各個零件的巧妙方法；到了需要開始做原型機的階段，他們知道該搬出車庫去找真正的辦公室了。

手機衛星計畫在沃登監督之下繼續在艾姆斯研究中心進行，另一方面，行星實驗室在舊金山市中心開業。三位創辦人在彩虹大院的實驗一直都是自掏腰包，但是隨著開銷愈來愈大，現在需要募資了。馬修和博曉森想起黑岩沙漠那段經歷，決定打電話給創投業者史蒂夫·裴文森，令他們又驚又喜的是，裴文森同意開出行星實驗室拿到的第一張支票。「我們一開始募到三百萬美元，裴文森就給了兩百萬美元，」馬修說，「他功不可沒。他看到商機，並且下了注。」[1]

馬修和辛格勒夫妻換了新工作，也跟著換了生活環境，他們想離辦公室近一點，於是住到舊金山。他們從一棟豪宅換到另一棟豪宅，找到一棟占地 210 坪、有八個房間的維多利亞大宅，靠近阿拉莫廣場（Alamo Square）。[2] 這棟房子原本是一位鞋業大亨所有，地下室有保齡球道，還有圖書室以及不少起居空間，跟舊居一樣能啟發靈感。柯文夏普也同樣把這個住所變成人丁興旺的集居地，有十幾位住民，常常有科技業的人出沒，參加沙龍或是

---

1   詹姆斯·梅森（行星實驗室第一批員工之一）把公司的技術和商業營運整理成詳細的計畫書，拿給潛在投資人看，「結果完全沒用，」他說，「最後是馬修在火人祭跟裴文森見了一面就搞定。」其他投資人還包括摩羯座投資集團（Capricorn Investment Group）和 OATV 創投（O'Reilly AlphaTech Ventures）。

2   坎普選擇自己住，沒有搬到這處新居。

商討下一個創業計畫。

　　衛星一般是在無塵室環境製造，以免微粒和其他汙染物進入電子機械零件。凡是有鏡頭的裝置也都需要特別乾淨的作業環境，才能確保拍出來的影像嶄新無瑕；都大老遠把影像衛星送到太空了，要是拍出來的照片沾上某人的衣服絨毛或灰塵，那豈止是難看而已。不過，這時候的行星實驗室沒有錢打造先進設備，只能省錢辦事。

　　他們為了打造一個臨時的衛星實驗室，首先從亞馬遜買了幾個溫室和空氣清淨機，這幾個溫室大到讓人可以在裡面工作。這時的行星實驗室已經有三十個員工左右，一大部分人會穿上實驗室白袍，走進溫室開始從零製造衛星。「那些明明應該放在後院的溫室，卻有非常好的效果，」郝爾德說。

　　行星實驗室花了大約一年半做出第一隻鴿子。那是個 10 公分 × 10 公分 × 30 公分的長方體，大約是初版手機衛星的三倍，裡面有個圓筒狀望遠鏡，用鍍金膠帶包覆以便隔熱（冷），望遠鏡周圍有幾顆鋰離子電池，每顆電池都有自己的加熱器，另外還有幾塊電路板。機器兩側裝了太陽能板，還有一根天線。這隻鴿子不需要十億美元，不到一百萬美元就做出來了。

　　我第一次見到行星實驗室幾位創辦人是在 2012 年年中，當時第一批鴿子還在孕育中，那幾個溫室已經換成稍微正式一點的環境，改成在辦公室用塑膠板隔出的幾個迷你生產中心。雖然辦公室裡面也有很厲害的測試設備和各種器具，但是感覺比較像航太地下工廠，不像專業的衛星製造工廠。

　　馬修和辛格勒帶我到處參觀，告訴我行星實驗室脫胎自 NASA 實驗的幕後故事，兩人熱情滿滿。他們放到太空的衛星數量會超過史上任何組織，用於「監看非洲的森林濫伐、追蹤非法捕魚、監測冰帽融化情形」。我看不出這些用途要怎麼讓這家公司賺大錢，但是馬修和辛格勒看起來確實是非常有理想的好人，「我們想給人類意識以及對地球的理解帶來新的相變（phase change）[3]，」馬修這麼說；「我們很在乎怎麼讓最需要的人取得這些資料，」辛格勒這麼說。[4]

鴿子起飛

　　2013 年 4 月，行星實驗室發射首批兩隻鴿子，巧合的是，其中一隻跟第一顆手機衛星同樣都搭安塔瑞斯火箭，另一隻則是飛到俄羅斯搭聯合號（Soyuz）火箭。幾個月後，行星實驗室又發射兩顆衛星，首次開始接收大量數據。

　　這幾次成功發射都附帶新創公司初嘗成功滋味的場景。跟第一隻鴿子連絡上的工程師衝出他工作的衛星追蹤站，一邊大叫

3　譯注：物理學概念，指物質從某一相態（phase）轉變成另一相態的過程，譬如冰變成水、水變成蒸氣。

4　馬修告訴我：「裘文森說他喜歡資助那些不以賺大錢為目的人。如果是以賺錢為目的，往往會比較短視，如果有長期的目標，譬如像馬斯克一樣移居火星，或是像我們一樣拯救地球，採取的動作就會更大，大幅改變現狀。佩吉和布林當初做 Google 也沒有商業計畫，他們只想把網際網路變得有用。你要先創造出具有龐大價值的東西，然後再給它套上商業模式。」

一邊繞著天線跑，追蹤站其他工程師則是一面打開幾瓶酒一面跟衛星做通訊測試。後來有一顆衛星墜落地球在大氣層解體，行星實驗室團隊還為這隻逝去的鴿子辦了一場守靈派對。

其中一顆衛星傳回的第一張照片看得出是森林區域，但是團隊裡沒有人知道確切位置，當時他們用來定位照片的工具還很簡陋，過了幾個小時才有人確定是美國奧勒岡州。「辛格勒拿著他手機上那張照片走進來，」馬修說，「棒呆了。效果很好。竟然看得到一棵棵樹木，太驚訝了。我嚇到了，真的就像我們預期一樣，那張照片現在還在辛格勒的手機裡。」

蒐集幾個月的照片之後，行星實驗室員工開始感受到太空人所說的「全景效果」（overview effect），就是從高空俯瞰地球的體驗，對於這個懸浮於太空、僅憑薄薄大氣層維繫人類存續的小小物體有多麼脆弱，他們產生全新的深刻見解。行星實驗室工程師看到森林隨四季變換顏色，「你可以看到非洲這樣的地方基本上是在呼吸，」梅森說（他因為在艾姆斯研究中心參與手機衛星任務而加入行星實驗室），「我們是即時同步在看地球演變。」

在早期那段日子，行星實驗室的工程師展現衛星產業罕見的快速思考與應變能力。舉個例子，有一隻鴿子的無線電出現軟體錯誤，會刪掉裝置的記憶體資料，為了讓無線電起死回生，兩個工程師重寫核心程式碼，再把程式碼傳送給衛星。他們只有在衛星繞到地面站上空才能跟衛星「講話」，所以分了好幾段才把所有新程式碼安裝到無線電上，最後無線電又開始動起來。

這段早期的試煉更強化行星實驗室的想法：衛星不是固定

不變的裝置，而是有彈性的。衛星不一定得經年累月一成不變的待在太空，而是可以持續進步，就像消費型電腦和手機一樣可以一再更新。再一次，行星實驗室又打破多年來的傳統想法：衛星是脆弱的物體，送上太空之後就應該丟在那裡不管。

最初幾次發射提振投資人對這家年輕公司的信心，2013 年年中，行星實驗室又募到一千三百萬美元，這輪投資一樣由裘文森領頭，創投彼得·提爾（Peter Thiel）、Google 前執行長施密特等人也參與。行星實驗室用這筆錢打造一支二十八隻鴿子的衛星艦隊，2014 年搭上一枚前往國際太空站（ISS）的貨運火箭，到了國際太空站再由太空人將鴿子彈射到軌道上。2015 年，投資人更加認同行星實驗室的願景，又給這家公司注入一億七千萬美元，沒多久，行星實驗室就往超過百枚衛星的路上前進，到處打探哪裡有火箭可搭。

開始大量生產衛星、進行更多發射之後，行星實驗室漸漸發現他們對早期衛星的效能判斷有誤。第一批鴿子只在太空停留很短時間就脫離軌道；新一批鴿子一展開數月的低軌道航行就機器過熱，電池陣亡；還有，用幾個衛星地面站管理幾十顆快速移動的衛星也非常困難。「基本上我們到最後不得不設計一套系統，像保母一樣無微不至照顧這些表現很糟的衛星，」郝爾德說，「我們是一個很小又沒有經驗的團隊，所以非常辛苦。我們原本以為只要按下『列印』，做個一百顆衛星再送上太空，印出數據就行了，結果不是這麼一回事。」

有時候鴿子受到過多日照，溫度飆升，這時執行電池充電

之類的作業就變得太危險，事實上幾乎什麼都做不了，所以行星
實驗室工程師會乾脆把衛星關掉幾天，讓它冷卻。

　　鏡頭也有問題。一般影像衛星會費心確保鏡頭不受溫差影
響，可是鴿子的鏡頭卻任由溫度忽高忽低，劇烈溫差導致鏡頭失
焦。「基本上發生這種事我們也束手無策，」郝爾德說，「我們也
許需要找個光學工程師進來。」不只是這樣，無線電也不夠強，
沒辦法把所有蒐集到的照片都傳送出去。「我們已經發射這麼多
次了，卻沒有辦法形成一個衛星星座，能夠產生品質足以符合我
們的要求、速度足以讓我們獲利的數據，」郝爾德說，「當時真
的很擔心我們沒辦法實現目標。」

　　那段時期對行星實驗室是一記震耳欲聾的警鐘。航太業對
這家新創公司以及他們新手上路的態度一直嗤之以鼻。行星實驗
室試圖把矽谷那套「裝著裝著就成真」（fake-it-till-you-make-it）的精
神帶進衛星產業，以科技業的速度，倉促把頭一百臺機器送上軌
道。在許多航太老兵看來，行星實驗室是自作自受，衛星是很難
打造的東西，這批 NASA 叛徒高估自己的能力，把願景置於工程
之上。

　　行星實驗室不願把碰到的問題揭露於世人面前，科技會議
上的馬修還是在大談行星實驗室用來拯救地球的工具，彷彿他們
已經完成大半目標。可是私底下的行星實驗室團隊忙成一團，忙
著應付一個又一個問題，忙著學習如何把幾百顆衛星送上軌道、
如何協調衛星與地球之間的訊息往返。

　　第一步是搞懂如何在火箭發射世界前進。行星實驗室想送

大量衛星上去，而且愈便宜愈好，但是當時火箭發射席位很難弄到。那次跟國際太空站合作的實驗很不錯，因為用這種方式上到太空的花費比一般便宜，問題是國際太空站的軌道對行星實驗室來說並不理想，衛星還得花幾個月才能到達最佳的拍照位置。

接下來幾年，行星實驗室讓薩菲揚（公司最早的員工之一）負責跟全世界各地的火箭公司打好關係、洽談合約，於是行星實驗室成為不折不扣的火箭浪人，到處把衛星送到俄羅斯、印度以及美國的 SpaceX。另一方面，行星實驗室也開始向一些新登場的火箭新創公司示好，這些新創公司還沒證明他們的火箭有用，但是承諾會提供便宜、頻繁的太空飛行，會把小衛星當成主要貨物，而不是次要酬載，還會特別注重把衛星送到理想軌道。為了拉抬火箭產業一把，行星實驗室訂了火箭實驗室的第一趟發射，這家紐西蘭公司有一枚神祕的火箭，叫做電子號（Electron）。

過去從來沒有哪家公司需要洽談這麼多的火箭發射機會，所以薩菲揚成了發射產業人脈最廣的人之一。他學會討價還價，學會從沒完沒了的發射延宕找出最有效率的門路，趕在最後一刻把衛星送上太空。

為了跟衛星通訊，行星實驗室還得建立一個龐大的地面接收站網路。地面接收站是小小的建築物，是地球和高速掠過頭頂的衛星來回傳送數據的無線電設備，具備強力天線，只需兩個人就能應付。地面接收站通常位於兩極和赤道的偏遠地區，工程師要學會協調幾十個地面站和幾百顆衛星之間的數據傳輸，每天在這個網路上流動的加密訊息高達數個 PB（petabyte，千兆位元組）。

　　另外，行星實驗室也必須精通衛星量產技術。隨著公司募到更多資金，技術也變得更成熟完善，溫室和塑膠隔片已經換成一間占走公司大部分面積的廠房。衛星公司通常一次製造一、兩顆衛星，但是行星實驗室只要一有機會搭上即將發射的火箭，廠房就得在短時間內造出幾十顆衛星。

　　負責行星實驗室廠房的人是熱愛工作的切斯特・吉爾摩（Chester Gillmore），他愛打領結、精力瘋狂飽滿、樂在工作的程度無人能及。他運作廠房的關鍵是保持製程的靈活彈性，讓行星實驗室隨時都能把原有零組件換成最新的運算系統或感測器，同時又能維持每顆衛星的高品質。相較於第一顆手機衛星只有少少幾個零組件，行星實驗室的衛星到後來已經有兩千個零組件，幾乎每個零件都有自己的條碼，可以追蹤到廠時間、安裝在衛星哪個位置，以及在外太空的效能。

　　過去從來沒有任何公司製造這麼多衛星，而且行星實驗室的做法也跟現行方法大不相同。「如果中央情報局要造一顆大型間諜衛星，可能的情況是這樣，」吉爾摩說，「他們會發一份文件詳細說明他們需要的技術規格，接著會有好幾家公司花六個月提出報價，中央情報局會從中挑一家喜歡的公司，然後就開始設計衛星，這部分要花四個月。大概一年後，原型機做出來，必須經過一系列審核。十八個月後，最終的衛星可能製造完成，接著再等六到九個月才會發射。等到全部完成，你當初所採用的技術已經是五年前的東西了。」

　　在行星實驗室，每週三十顆衛星的產量大概要花十二個人

力。這些人通常不是航太業出身，而是來到工作現場才接受訓練，其中有一個以前是法務專員，還有一個是腳踏車修理工。他們穿梭於四十二個工作站之間，處理製造和測試的工作。整個團隊的理念是保持彈性，配合工程師不斷更換零組件的需求。一代又一代，他們不斷在各方面做出改進，諸如視野、解析度、照片品質、電池壽命、儲存空間、運算能力、方位追蹤、太陽能板等等。[5]

　　一般來說，現在的行星實驗室一趟可以發射二十到九十隻鴿子。火箭要把鴿子放進太空的時候，火箭上節會向前傾斜，然後慢慢旋轉，每旋轉幾度就釋放一、兩顆衛星，大約五分鐘投放完畢。衛星一進入太空飄浮，兩側的太陽能板會展開，衛星一端的蓋子會彈開，延伸出一根天線。

　　新鴿子會加入原有衛星的行列，進入環繞地球兩極的軌道，它們會分散開來，各自負責拍攝自己下方那塊陸地，不會打架。這些衛星的作用其實就像線性掃描機，地球在下方旋轉，它們則是幾乎不間斷地連續拍照。為了讓衛星進入最佳位置，行星實驗室採用「差動阻力」技術，讓某隻鴿子的速度變得比其他鴿子慢。

　　一到達正確位置，衛星的姿態、測定和控制系統會設定機器的方向。陀螺儀和感測器會尋找磁場，找出地球的地平線、太陽和其他恆星，磁力矩器和反應輪接著會調整衛星的動作，直到

5　從 2013 到 2021 年，鴿子的效能（也就是每顆衛星蒐集的數據量）提高一萬倍。

對齊為止。

　　鴿子走的是所謂的太陽同步軌道，每顆衛星每天在同一個時間通過同一個地點，拍出的照片就會有一致的光影。一隻鴿子繞軌道一圈要大概九十分鐘，等於一天繞十六圈，由於地球在下方旋轉，所以可能到紐約上方的時候是紐約早上九點，然後到聖路易斯（St. Louis）上方的時候是聖路易斯早上九點，通過舊金山的時候同樣是舊金山早上九點，依此類推。

　　每隻鴿子一天可蒐集幾千張照片，涵蓋範圍有兩百萬平方公里，相當於墨西哥的面積。照片會透過衛星和地面接收站之間特製的無線電傳輸，每天傳十次，一次八分鐘，一傳到地球，行星實驗室的軟體就會開始彙整、清理、刪掉被雲層和陰影破壞的照片，然後客戶就能隨意登入應用程式瀏覽。行星實驗室向企業和政府收取一定的費用，對記者、非營利組織、研究人員、環保團體則是有優惠價。

　　自成立以來，行星實驗室就飽受照片品質不夠好的批評。鴿子拍出的照片解析度是三公尺，意思是你在電腦螢幕上看到的每一小格畫素相當於三平方公尺陸地，你看得到建築物、車輛、地標，但是很難從照片捕捉到細節。雖然行星實驗室這些年在衛星的製造上面已經進步很多，但是提高解析度是很困難的事，因為衛星有其物理極限，你把某個大小的望遠鏡放到地球上方某個高度，只能拍出某種品質的照片。

　　行星實驗室對這些批評的反駁是：用這種全面性、無時無刻的拍攝，而不是只拍攝有興趣的地點，具有龐大的價值。透過

長時間、大範圍記錄地球，行星實驗室的衛星可以看出其他衛星可能忽略的趨勢和變化，而且正因為把衛星做得更小也更便宜，才得以組成這麼龐大的網路，建立起其他公司或政府都沒有的資料庫。

行星實驗室在 2017 年開始著手提高照片品質，收購 Terra Bella[6]，這家公司生產的影像衛星叫做天空衛星（SkySat）。Terra Bella 跟行星實驗室一樣，也是把現代技術應用於衛星製造的新創公司，只是他們製造的天空衛星大多了，不像行星實驗室的衛星只有鞋盒大小，天空衛星足足有冰箱那麼大，這麼壯碩當然就能放進比較大的鏡頭，解析度可以小到五十公分。而且天空衛星走的軌道也不一樣，所以行星實驗室能夠在每天其他時間蒐集到更多不同地點的照片。

這兩套衛星系統攜手合作，給行星實驗室帶來過去沒有的技術優勢。鴿子永遠在那裡、永遠在看著，強大到足以看出地球的變化，不管是森林被砍伐、新建築拔地而起，還是飛彈發射等等；而 Terra Bella 的衛星雖然數量不夠多，沒辦法每個地方都看到，但是可以在鴿子偵測到某處發生有趣事情時調整瞄準。收購了 Terra Bella 之後，行星實驗室運用自己在製造和發射的專業，建造更多大型衛星，並且送上軌道。

你讀到這裡的時候，頭頂上方有幾百顆行星實驗室的衛星

6　Terra Bella 原本叫做 Skybox Imaging，2014 年被 Google 以五億美元買下，在 Google 內部是個獨立運作的部門，後來馬修成功說服好朋友布林把這家公司賣給行星實驗室。

在繞行，其中大多數是鴿子，大約二十幾顆是「大個子」，他們的技術已經進步到單一地點一天至少能拍到十二張照片，整個衛星網路一天可以拍攝四百多萬張照片，而在行星實驗室的圖庫裡面，地球每一處陸地的照片平均有兩千張。

7

天上的大電腦

　　整個 2021 年上半，美國華府軍事圈都在流傳一則傳言：中國正在擴充核武，在中國偏遠地區興建飛彈發射井。雖然沒有公開資料可證明，但是私下竊竊私語的人都相信，中國正在進行大規模的武器整備。如果有人能證明飛彈發射井的存在，一個愈來愈具侵略性的中華人民共和國就愈見清晰，緊張的中美關係也會更加惡化。

　　德克爾‧艾佛樂斯(Decker Eveleth)是從公開情報圈兩個前輩那裡聽到這則武器傳聞。公開情報分析員是專門搜尋公開資料、試圖看穿某些軍事經濟活動的人。爬梳稅收紀錄或軍事合約、分析衛星圖像都是他們洞悉真相的管道，在這些工具的幫助下，他們能揭露北韓飛彈試射或非法運油給被制裁國家的細節。一般來說，他們的目的是把政府和危險份子想掩蓋的資訊攤在陽光下，讓民眾知道自己的世界發生什麼事，然後在公開論壇討論。

　　艾佛樂斯是里德學院(Reed College)的大學生，因為有搜尋資料的嗜好，而跟公開情報圈愈走愈近，其他學生在猛灌啤酒、改

裝重力水菸壺的時候，他一個人坐在電腦前挖掘資料庫、分析衛星圖像。結果證明他在這方面真的做得不錯，他能看出比他資深很多的分析員沒看到的模式。他常常把自己的發現發到推特，也因為他的發現夠多、夠可信，公開情報圈的老手開始找他聊聊。

2021 年 5 月中旬，艾佛樂斯決定拿中國飛彈發射井的傳聞來試試。他先假設那裡的外觀會類似先前發現的一組發射井，當時中國軍方為了掩人耳目，建造充氣圓頂把發射井覆蓋起來，情報分析員把那些白色圓頂稱為「死亡充氣屋」，因為很像在運動場會看到的半永久式結構物或兒童派對上的充氣城堡。另外，艾佛樂斯還假設那些圓頂會出現在中國北部沙漠，因為中國軍方在那個區域特別活躍，而且那裡有廣大的平坦土地可以使用。

因為嗜好所需，艾佛樂斯早就申請一個行星實驗室帳號，所以馬上就開始抓照片，把幾千公里的沙漠切成一格一格逐一搜尋，整整花了他一個多月的時間，並在 6 月底有了重大發現：他找到大約一百二十個白色死亡充氣屋。先前發現的充氣屋最多只有二十幾個，要是艾佛樂斯真的發現一百二十個新的發射井，可能會震驚全世界，也意味新的武器競賽可能已經是進行式。

6 月 27 日早上八點，艾佛樂斯聯絡行星實驗室，告知他的發現。鴿子衛星幾個月下來已經拍攝那個區域大量的照片，艾佛樂斯可以利用這些照片的時間順序，還原發射井的興建過程。而為了取得更好、更新的照片，艾佛樂斯詢問行星實驗室，能否調用解析度比較高的天空衛星對準那個區域拍攝，行星實驗室答應幫忙。

　　接下來二十四小時，行星實驗室的工程師從地面接收站發射無線電訊號給衛星星座。衛星上的電腦接收到訊號，衛星就啟動反應輪改變位置，朝向目標，以每秒 7.5 公里的移動速度連珠砲拍攝那片沙漠。拍到的照片透過無線電傳回地球，解碼後，再用行星實驗室的軟體進行處理。到了 28 日早上八點四十六分，艾佛樂斯登入行星實驗室的服務項目，不只看到圓頂，還看到為鋪設通訊電纜而挖的溝渠，溝渠一路通到幾個地下設施，很可能就是發射作業中心。他把這堆照片拿給公開情報圈的老手看，一致同意他確實找到大家謠傳的飛彈發射井。「我們知道這是不得了的事，」他說，「而我是第一個找到的人，特別興奮。」

　　艾佛樂斯把照片給記者看，中國核武軍備的報導就登上了多份報紙頭版。美國國務院說這項發現「令人擔憂」，中國報刊則是試圖淡化照片的重要性，說艾佛樂斯只是碰巧發現風場建設的業餘偵探。中國會這樣誤導並不意外，但很可笑，因為照片上明明有那麼多跡象顯示那是核武基地。

　　報導這件事的記者當然只看到政治效應，沒有人退一步看看這個故事另一個重要的部分：一個大學生敲敲鍵盤就挖出中國一項重大軍事行動，而且他使用的數百顆衛星艦隊並不是軍隊或政府的所有物，而是民營公司的資產，也就是說任何人都做得到他做的事。「過去是政府有衛星，我們沒有，」傑佛瑞‧路易斯（Jeffrey Lewis）說，他是核武控制專家，也是艾佛樂斯的前輩，「現在政府的衛星是有稍微長進一點啦。好啦，給政府拍拍手，但其實無所謂了啦。」

美國的間諜衛星計畫

　　時間拉回 1940 年代，美國軍方有人提出要環繞地球一圈放置拍照衛星。珍珠港突襲凸顯美國情報搜集的大破口，華府情報人員認為要是天上隨時有幾雙什麼都看得到的眼睛就好了。當時唯一阻止軍方研發間諜衛星的是技術局限：要如何把相機放到太空，然後再把拍到的照片拿回來？

　　到了 1950 年代，對間諜衛星的渴望變得更加迫切。1957年，蘇聯發射史普尼克一號衛星（Sputnik 1），引發美國開始擔心太空科技落後死對頭，不只如此，美國軍方還擔憂對蘇聯飛彈庫的全貌所知不多。間諜飛機是可以捕捉到有用照片沒錯，但是大多只能飛到已知的地點，因為飛越蘇聯領空有危險，而且所能飛行的時間也比較短。美國苦無方法搜索大片陸地，找出以前未發現的發射井和軍事設施。無法正確評估蘇聯在建造什麼設施，美國真的不知道自己要對抗什麼武器，也不知道自己在軍備競賽是領先還是嚴重落後。

　　1958 年，美國政府提出一個名為「日冕」（CORONA）的祕密計畫，要求開發許多新技術來實現間諜衛星計畫。火箭要能把衛星載到軌道，衛星要有能應付大氣畸變（atmospheric distortion）[1] 和太空船振動的特別相機，才能拍到清楚的地球照片，這些還不夠，還得想辦法把拍到的照片傳回地球。當時數據傳輸系統的速

---

[1]　編注：光線通過大氣層時被扭曲的現象。仰望夜空覺得星星閃爍，正是大氣畸變的影響。

度根本不可能將龐大的照片檔案從軌道傳回地面站，一群工程師異想天開，決定讓衛星將實體底片膠卷彈射出來，再靠降落傘落到地面。放底片的膠囊會有一層隔熱防護，以免重返大氣層時被燒光，而且在半空中會用一架飛機接應，飛機腹部有個掛鉤會去鉤住降落傘。小菜一碟，沒什麼。

為了掩人耳目，美國政府編造出「發現者」(DISCOVERER)計畫，公開說這是一系列科學方面的太空任務，如果有人剛好察覺有一堆火箭在發射，就會說這是為了增進人類對地球的了解，絕對不會承認是超級精密的間諜行動。日冕相關技術的開發工作由中央情報局和空軍負責，還成立一個新辦公室來支援這項行動以及種種瘋狂舉動，辦公室名稱是「先進研究計畫署」(Advanced Research Projects Agency, ARPA)，後來又改為「國防先進研究計畫署」(Defense Advanced Research Projects Agency, DARPA)。

日冕是個艱巨任務。美國政府找來公部門最優秀的工程師，也從各行各業網羅人才協助打造拍攝元件。所有人都必須發誓保密，還被催著盡快動工，但一開始並不順利。日冕計畫剛開始一年半就發射十二枚火箭，每次都失敗，不是火箭爆炸或膠囊回收失敗，就是相機沒正常運作。不過隨著一次又一次發射，任務開始步上軌道，1960 年開始收到第一批來自太空的照片。

成果很豐碩，第一批照片就捕捉到蘇聯大片陸地，回收一顆膠囊所拿到的照片比間諜飛機飛四年拍到的還多。美國雇了幾百人在一個新成立的最高機密辦公室工作，叫做「國家照片解讀中心」(National Photographic Interpretation Center)，把一百八十公尺

長的底片膠卷攤開，放在顯微鏡下面一格一格分析。

日冕第一個揭開的重大真相是：蘇聯的核武庫看來比美國擔心的小很多，這點讓人大大鬆了口氣（雖然只是暫時），也證明日冕計畫有其價值。這些照片提供一定程度的真相，有助於美國研擬對抗蘇聯的軍事規劃和政治行動，此外，照片分析人員還發現蘇聯有無數個看似正在進行軍事活動、卻不為人知的地點。

接下來幾年，火箭常常爆炸、相機常常失靈，但是美國對日冕計畫仍然堅持不懈。日冕任務在 1961 年發射將近二十次，這樣的發射步調在整個 1960 年代一直持續進行，照片分析人員每年要處理的底片有三百二十公里長。由於沒有強大的運算系統可以記錄他們從照片一點一滴蒐集到的資料，所以他們常常用編故事的方式記憶重要照片，還添加很多細節，再把故事轉述給新的分析人員，形成一種機構記憶（institutional memory），給這些照片留下紀錄。[2]

當然，科技的進步為衛星圖像的蒐集帶來重大改變。很快的，其他國家也加入美國的行列，在軌道放上自己製造的強大衛星，這些機器更厲害，能經由遠端遙控瞄準某個目標，照片解析度也一再提升。這些計畫雖然仍帶有幾分機密，但普遍已經認為，幾十枚環繞地球的衛星有辦法從太空看到地球上幾公分大小

2　感謝有 Jack O'Connor 那本超讚的書記錄這段歷史：《NPIC：洞悉機密，培養領袖：國家照片解讀中心文化史》（*NPIC: Seeing the Secrets and Growing the Leaders: A Cultural History of the National Photographic Interpretation Center*）。

的物體，衛星拍到的照片也不再需要指望一連串工程奇蹟掉回地球，而是直接傳輸到電腦資料庫。

到了 1970 年代，衛星圖像不再只用於諜報工作。NASA 等機構開始發射衛星勘測地球、監看地質變化，拜幾十億美元稅收的挹注，現在我們有幾百萬張涵蓋五十年的照片，民眾也可以自由瀏覽。進入 1990 年代，美國政府開始准許民營公司發射自己的影像衛星，並販賣照片，但政府卻管束這些商用衛星的照片品質，限制其解析度。即使如此，這些照片對軍方、企業、研究人員還是很有用，所以有幾家公司帶著自己的影像衛星艦隊，跨入這個市場。

過去六十年都是靠人工解讀衛星照片，比方說，美軍有個傳統，他們會找聰明的年輕人來，給他們一連串嚴格訓練，教他們如何從照片中看出值得關注的東西。這些分析員必須記住各國軍隊每一種坦克、卡車、飛機、航空母艦、飛彈發射井、核反應爐的尺寸和形狀。如果記不住俄羅斯的 T-64 坦克車身有兩個裝備箱、T-64B 有三個裝備箱，就會被淘汰去做別的工作，一般來說合格率只有 10%。

死記硬背的部分過關後，照片分析員還得磨練技術，可能得連續六個禮拜盯著一塊一百三十平方公里的區域，找出地貌的細微變化，或某個機構新增什麼設施。這份工作既單調又乏味，只有在找出細微線索的時候才有突破，也許是某個監視中的建築物開始有不同顏色的車輛駛入，或是舉個最殘忍的例子，某塊地的土壤紋理可能跟上一張照片不一樣，因為有一群好戰份子挖了

個亂葬坑。[3]

　　至於誰先拿到照片，軍方永遠排在第一位，最好的衛星和最高解析度的照片都會優先給軍方。通常情況下，軍方的衛星會對準幾個他們感興趣的區域，比方說，你可以確定太空中一定有一枚衛星鎖定北韓，每天會有幾千張照片傳回分析員手中。北韓也很清楚這點，有時會費盡心思隱藏軍事陰謀不被衛星拍到，有時也會利用這點反向操作，刻意把飛彈試射時間定在美國衛星走到頭上的時候，一來留下了紀錄，二來也展示了武力。[4]

　　可是，軍方沒有足夠的衛星可以無時無刻監看所有地方，傳統商用衛星業者也沒有。解析度最高的衛星造價太高，無法一次大批量產發射。從歷史來看，這也導致資訊的巨大缺口，除非剛好是監視中的地點，否則無法在有需要的時候馬上取得感興趣區域的照片。換句話說，在行星實驗室問世之前，你要取得照片得先提出申請，再等上好幾個月，以業界行話來說，衛星必須「出任務」去瞄準你申請的地點，而排在你前面的申請有好幾千個。等到你的照片終於拍到，你才有那個榮幸去付幾千美元取得照片。

　　「你得打電話給那些影像公司的業務員，告訴他們你要什麼

3　有自閉症傾向的人往往比較能勝任這份工作，他們找出固定模式和變化的能力優於他人。「我有自閉症，我們很擅長視覺方面的工作，」那位大學生艾佛樂斯說。就是因為如此，以色列國防部隊的地理情報單位有大量患有自閉症的士兵。

4　華府流傳一則傳言：北韓在飛彈試射前會先放空南韓股票，因為料定會有試射照片出現，然後投資人會嚇得拋售持股。

照片，」路易斯（那位公開情報專家）說，「他們會給你報價，看看他們的時程，然後跟你說你排第幾個。定價分成好幾級，要看你有多緊急。不過就算這些考量都沒問題，還是有可能出現衛星錯過你要的地點、你想看的東西被雲層擋住等等。過程就是這麼複雜，你得跟他們協商安排一顆衛星到該去的位置，然後找到你願意掏錢付款的照片。」

因為有行星實驗室，路易斯這些人現在已經被地球照片淹沒。鴿子拍到的照片或許不是解析度最好的，但是數量龐大、講述新故事。有史以來頭一次，我們可以在全球各地看到圖像分析員所謂的「生活模式」[5]；人類和產業的日常運作、各地正在發生的點點滴滴，全都一覽無遺。

人類分析員仍然是判斷這些生活模式的重要角色，不過也有愈來愈多工作是由電腦和 AI 軟體完成。把數以千計的照片餵給 AI 軟體，教它們辨識地球上的東西，AI 就會學習車輛、樹木、建築物、道路、貨船、油井、房屋等等。一旦知道這些物體長什麼樣子，AI 就會無時無刻盯著，只要道路改變、房屋拆掉、船隻出港都會一一記下來。這套全球化的分析系統永遠不會停歇，還能做為人類分析員的哨兵，只要地球上某個有意思的東西出現變化，就會向人類發出警報，人類再進一步觀察到底發生什麼事。

你一定很熟悉有類似功能的 Google Earth 和 Google Maps。

---

[5]　編注：記錄個體或群體的活動，分析出習慣，藉此預測未來的行為。

它們的照片大多來自商用衛星系統，Google 無疑做得很好，利用那些照片把世界做了很好的分類。不過那些照片往往過時了，而且往往在人口稠密區才有比較好的效果。行星實驗室這些公司有著新穎的 AI 工具，所打造出的東西會讓 Google 的產品看起來像玩具。

真相不見得受歡迎

　　行星實驗室在 2019 年透露，他們用衛星照片和 AI 軟體做出第一張有地球每一條道路、每一棟建築的完整地圖。為了更容易解析這張地圖，AI 軟體把建築標為藍色，把道路標為紅色，產生的圖像幾乎就像解剖圖；以舊金山這樣的城市來說，地圖上有一個個藍色方格，血管般的紅線蜿蜒其中。如果只是要對地球的基礎建設有個大概的了解，這樣已經很夠用，不過行星實驗室的照片還會隨著道路更改、新建築蓋起而更新。

　　類似的系統也已經用於計算地球上的樹木數量、繪成地圖。AI 軟體不只能統計樹木的數量，還能辨識樹種，然後就能計算出它們的生物質量（biomass），並且對它們的二氧化碳消耗量做出合理估算。

　　這些照片和計算給過去難解的問題增添了精確度。在南美，行星實驗室的技術已經用來監看亞馬遜雨林的狀況；測量雨林每年萎縮多少（這真的太教人沮喪）只是入門款，現在我們還能讓該負責的人負起責任。南美已經有不少訴訟提起，而且有

些訴訟還贏了，在這當中，衛星照片成為證明非法伐木的關鍵證據。不只如此，行星實驗室的照片也給碳抵消（carbon-offsetting）計畫增添了力量，稽查人員可以用行星實驗室的軟體去檢查，某家公司承諾要種某個數量的樹木到底有沒有做到。

　　這類商業使用讓行星實驗室有錢付帳單。美國政府每年掏出幾千萬美元拿行星實驗室的照片做各種分析，從情報蒐集到環保工作都有；其他沒有衛星艦隊的國家也有類似交易，不需要有自己的衛星或火箭計畫，就能取用最先進的太空技術。行星實驗室最大的客戶還有一些是農夫，他們透過衛星上的特殊感測器以近乎神奇的方式監看農作物，利用衛星來測量農作物產生的葉綠素多寡，以此判定作物的健康情形，以及最佳收割時間。

　　已經有軌道洞悉（Orbital Insight）這樣的新創公司出現，他們向行星實驗室買照片、從公共資料庫拿免費照片，然後對照片進行更複雜的分析。軌道洞悉公司能計算沃爾瑪超市停車場在耶誕購物季的車子數量，從中判斷生意繁忙程度，再將這些數據賣給華爾街的避險基金等等想藉此獲利的人。軌道洞悉公司還能看遍美國所有玉米田，追蹤健康狀況，預測收成時節會有多少收穫量，華爾街的期貨交易員會購買這種預測（後來證明準確性高得嚇人），做為押注玉米價格走勢的依據。還有 AI 軟體可以計算夜晚有多少燈亮著、追蹤海上每艘船隻的動向、統計每天從礦坑產出的煤有多少，據此來估計世界各國的 GDP。這些工作都需要上千個人工分析員才做得來，但是 AI 軟體可以一手包辦，而且不會喊累。

　　軌道洞悉公司最令人驚艷的技術是，他們能測量全球石油供給量。他們的方法是分析油槽照片，油槽的頂蓋是浮動的，會隨著油量上下移動，只要測量頂蓋下壓時在油槽側面產生的陰影面積，就能知道每個油槽的存量，也就能算出任一國在任一時間的石油儲存總量。有好幾次，軌道洞悉公司用他們的演算法估算中國幾千個油槽，發現中國的石油存量遠比分析師和經濟學家公布的數量還多，無怪乎軌道洞悉公司的創辦人詹姆斯・克勞佛德（James Crawford）會說：「我們賣的是世界的真相。」

　　行星實驗室衛星所揭露的真相每年都在增加，也為地球和住民的生活提供迫切需要的背景和細節。就以行星實驗室所在的舊金山來說，他們的照片可以測量水庫的水量，幫助科學家監控旱情，還能幫助森林科學家確定野火風險最高的區域，進而給出哪裡應該疏伐或燒毀樹木的建議，而負責保護加州公有土地的人，則是利用衛星照片揪出非法種植毒品的地方。

　　一直有公開情報分析師說中國興建第一艘航母、侵占南海島礁、擴大維吾爾再教育營。這種時候，行星實驗室的照片通常會登上《華爾街日報》和《紐約時報》的頭版，強化報導的可信度，也讓讀者更能感同身受。類似的報導還包括：伊朗境內發現遠程飛彈設施、特斯拉在內華達州興建大型電池工廠、沙烏地阿拉伯煉油廠遭到攻擊等等。2020 年一場爆炸撼動黎巴嫩貝魯特時，行星實驗室很快就有當地受損程度的照片；新冠肺炎疫情肆虐時，行星實驗室的照片則記錄全球經濟陷入停擺的空城景象。

　　當然，真相並不是每次都受到歡迎。2019 年，行星實驗室

不知不覺捲入印度和巴基斯坦的糾紛。印度總理納倫德拉‧莫迪（Narendra Modi）的政府宣稱成功轟炸巴基斯坦東北部一個伊斯蘭團體訓練營，報了印度喀什米爾先前遭到自殺炸彈攻擊的仇。時值大選年，莫迪希望利用這起轟炸展示實力，而巴基斯坦官員那邊的說法則是，印度噴射戰機非但沒打中目標，還反被巴基斯坦軍機擊敗，莫迪政府否認並予以駁斥，堅持印度的襲擊已經殲滅「大量」恐怖份子。

如果是過去，當地民眾只能自己去分辨哪個政府說真話。雙方都會大肆宣傳自己的版本，指控對方惡意散布假消息，記者則會盡力到現場訪談轟炸突襲的目擊者，但是不信者恆不信。

然而，行星實驗室有衛星照片清楚顯示印度沒打中目標，印度戰機投下的炸彈掉落在什麼都沒有的田野。行星實驗室在印度有重要生意，但還是選擇把照片提供給提出申請的記者，接下來的報導讓處於政治敏感時刻的莫迪很難堪。馬修說：「照片不會說謊。」

「每隔一、兩週就會有同仁來問我能不能釋出某張照片，」馬修說，「我好像從來沒有說過『不』。但是在某些情況下，要是有充分理由相信照片會讓平民受到傷害或之類的，我們就會說『不』。假如是這種情況我們會注意，但如果是讓人難堪這種事，並不在此限。」

行星實驗室釋出照片後那四十八小時，印度和巴基斯坦的新聞臺不停地討論照片，印度客戶對行星實驗室的做法表達不滿，馬修在推特也遭到大舉圍攻。過沒多久，行星實驗室想為日

後的衛星發射購買印度火箭席位就遭遇困難，莫迪政府裡有人向印度的太空機構放話，一定要讓這家新創公司日子難過。

「這種事真的很蠢，而且一定跟選舉有關，莫迪在告訴你，他很強大，你惹不起，」馬修說，「好的部分是，整體來說，這代表政府再也不能撒個謊就拍拍屁股走人，這是往全球透明治理前進的一步。我們已經很小心，以負責任的態度把照片拿出來，但是這件事會改變政府跟這個世界打交道的方式，他們再也瞞不住。」

美國政府多年來挹注大量資金給商用衛星影像公司，外界總以為美國政府能要求這些公司對敏感圖像保密、不要把衛星對準美國不想讓人看到的東西。而隨著行星實驗室的問世，圖像曝光已經成為不可避免的事，畢竟有太多人取用行星實驗室那些無所不看的眼睛，不可能沒看到。行星實驗室跟之前的衛星影像公司一樣，也跟美國政府與軍方有很多生意往來，必須討他們開心，但是馬修確定，數據要求保密的時代已經過去，新時代與新現實已經到來。「我們認為這些數據對一個開放民主的社會更有價值，」他說，「國家愈能掌握這些數據，而且愈習以為常，他們的處境就會愈好。不管是哪個政府，在他們習慣這種全新、透明的機制之前，我們勢必會跟他們有某種程度的不愉快。」

大部分人並不知道這種拍照衛星的存在，也不知道人工智慧已經在太空那裡觀察他們的生活模式。我們普通人可以欣慰的是，衛星看不到我們的臉，而且分析的是大趨勢，不是個人行為。不過，我們的處境當然跟政府一樣，也不得不接受「這種全

新、透明的機制」。我們頭上已經有一個龐大的運算與觀察系統網路，無時無刻在觀看或分析我們的一舉一動，這種技術雖然看起來複雜，但還處於起步階段。相機會改進，數據量會增加，演算法會愈來愈好，人類活動的總和會轉化成一個非比尋常的資料庫，會有人找到方法，用你想像不到或不樂見的方式加以開採。

有創意的分析員和軟體工程師已經找到方法將衛星圖庫和個人行為資料庫搭配使用，舉個例子，軌道洞悉公司已經開始使用智慧型手機蒐集的地理位置數據來補足它的圖像分析。你手機上的應用程式會持續監看你的位置，應用程式研發商會把這些數據賣給公司去做匿名處理（真的會做），然後用於追蹤人類在城市的移動。例如軌道洞悉公司可以要求索取出入特斯拉工廠的人數數據，以此判定這家車商是輪兩、三班在瘋狂生產，還是生產線已經減速。

有個軍事分析師告訴我，她為全球各個貨運港口都設定了自動提醒，只要有衛星偵測到某個港口的活動量異常，她就會開始分析照片，查明到底發生什麼事。有一次她收到提醒，要她去看看委內瑞拉北部海岸的卡貝略港（Puerto Cabello），她點進衛星照片，看到一艘大油輪進港，接著她把港口的地理坐標輸入各個社交網路搜尋系統，比對人們上傳照片的位置元資料（metadata）是否跟坐標相符。果不其然，她找到好幾個俄羅斯水手留下他們在卡貝略港附近的紀錄，綜合起來看，這些數據顯示，有一家俄羅斯石油公司無視美國的制裁，偷偷運送原油給委內瑞拉。

很多人第一次聽到行星實驗室的能耐時，第一個想到的往

往是技術會被不當利用，像是拿去監視一般公民的活動，或是讓邪惡政府取得自己做不來的強大技術。

對於行星實驗室的照片所造成的緊張或問題，馬修並沒有放任不管。公司盡一切所能確保衛星的安全、監控照片如何使用，即使如此，他們的照片就像大多數新技術一樣，還沒有在影響力和危害之間取得令人滿意的平衡。

馬修當然希望好的一面遠遠超過壞的一面，希望行星實驗室能為當前一些最迫切的問題做出貢獻。「我們正在產出的數據，是大大有助於應對當今全人類所面對的全球型挑戰，」他說，「追蹤並阻止森林砍伐，追蹤並阻止非法捕魚，保護珊瑚礁，幫助人類有更好的生活品質，包括水資源更容易取得、糧食產量更多、運輸更有效率。我們可以協助人類更妥善保護我們的資源。」

把摩爾定律帶進太空

發明常常被描繪成頭上有個燈泡發光，讓人以為發明是靈光一閃的事。沒錯，這種事確實會發生，然而，獨獨讚頌天才閃現的瞬間，而無視發明閃現之前的種種混亂，當然不公平。發明不是運氣，也不是洗澡洗一半突然靈光一現，而是一個過程，一個奇妙、難以解釋的過程。

讓衛星以星座的形式協力運作是馬修想出的聰明點子，但要不是有一連串複雜的情況配合，他能不能有這樣的洞察力還很

難說。這裡面要有一個古怪的天體物理學將軍、一個喜歡凝視星星空想的孩子、一棟讓科技嬉皮集體生活的房子，還要在對的時間讓這群人聚集在對的地方，一個包覆地球的太空相機網路才會水到渠成。

聰明點子還有一個特質：一旦具體成形，就會給人理所當然的感覺。大家原本懷疑小小的衛星能有什麼用處，沒有人知道衛星可以用船帆般的太陽能板來操控，沒有人想到衛星可以像科技產品一樣大量生產，但是行星實驗室一旦成功做到這些事，新的衛星公司馬上一個一個冒出來。

我開始進行這本書的採訪時，軌道上的衛星大約有兩千顆，光是行星實驗室一家就有兩百多顆，占了總數的 10%。如果情況不變的話，這樣的比例會持續下去，但情況顯然會變。

到了 2021 年底，軌道上的衛星已經有五千顆，其中大約兩千顆是 SpaceX 建造、發射的。這兩千顆衛星不拍照，而是 SpaceX 星鏈（Starlink）網路系統的一部分，它們繞著地球運行，將高速網際網路發射給地表上的天線。星鏈的短期目標是打造第一個真正遍及全球的網際網路服務，不管人在哪裡，只要有星鏈天線，就能接上網路。這對三十五億沒有高速網路連線的人來說，無疑是天降甘霖，他們加入現代世界指日可待，飛機上、船上、車子裡或偏遠地方的人也能享有這樣的奢侈。網際網路將會無所不在，這將是頭一次有一個人造資訊網像一股擋不住的力量一樣，環繞著地球。

不過，兩千顆衛星只能實現 SpaceX 願景的一小部分，畢竟

覆蓋的地球區域有限，SpaceX 的目標是把四萬顆衛星放到天上，整個超大網路才算完成。

SpaceX 仿效行星實驗室的理念，製造比以往更小、更現代的通訊衛星；透過大量試誤法，學會大量生產的方法；把衛星送到距離地球比較近的低軌道，確保訊號強度維持在高檔；把衛星當成可拋棄的物品，發射升空環繞地球幾年，然後在回落地球的路上燒光，再用更新、更好的型號取代。

事實上，不是只有 SpaceX 想做一個覆蓋全球的太空網路，最近幾年，蘋果、臉書、亞馬遜、三星、波音等企業，以及中國和俄羅斯等國家，也都在研究如何把幾千顆衛星送上去。目前看來，這一串知名企業裡面最能與 SpaceX 匹敵的對手似乎是亞馬遜，它想盡快放上發射臺的衛星有三千五百顆左右。

但是最有實力挑戰 SpaceX 的，是一家叫做一網（OneWeb）的新創公司。一網公司跟 SpaceX 一樣，也受到行星實驗室的啟發，跟馬斯克差不多同時開始規劃大規模的太空網路系統，在歐洲與俄羅斯的火箭幫助之下已經發射幾百顆衛星。這些衛星沒有一件是便宜的。到 2022 年年初為止，一網公司已經募到高達四十七億美元，投資人包括英國政府、可口可樂、軟銀（SoftBank）、布蘭森的維珍集團。SpaceX 雖然具備自有火箭的優勢，但是也需要募幾十億美元資助星鏈。

除了這幾個大咖要角，還有更多大大小小、形形色色的公司想打造太空網路系統，大家都在爭奪把訊號從軌道下傳到地表的通訊頻譜（communications spectrum），也在搶奪太空中的位置，

因為這些衛星已經多到必須好好安排，才不會互相干擾訊號或撞在一起。

在美國，這些問題是政府機構在監控，國際機構也在監督天空，包括聯合國。這些官僚機構努力確保火箭和衛星公司知道自己在做什麼事、確保機器安全放上軌道，同時也努力以公平的方式分配通訊頻譜、公正地劃分我們頭頂上的領土。

可是這幾年態勢愈來愈清楚，監理機關跟不上各家公司發射的腳步，也跟不上各公司領導人的意志。監理機關幾十年來都在同一套機制下運作，每隔幾個月才有少少幾枚火箭發射，衛星數量每年才增加二十到五十顆；如今，送上太空的衛星數量是以指數曲線在增加，各家公司是以每年發射幾萬顆為目標。馬斯克等人不斷在發射火箭和衛星，地表上的人卻花好幾個月或好幾年在爭論各種衛星星座該怎麼管理。

沒有人知道這種太空網際網路在商業上有沒有經濟效益。1990 年代末，有一家銥星（Iridium）公司花了五十億美元發射八十顆衛星，[6] 嘗試建立最早的太空網路系統，在那個消費型網際網路和手機剛要起飛的年代，要在太空打造一個網路並不是好點子。銥星公司後來破產，嚇跑所有有志之士，讓人不敢再抱著這種野心勃勃的夢想，一直到二十年後行星實驗室出現，提出證據證明時代已經不一樣了。

6　編注：一開始評估約需 77 顆衛星才可形成覆蓋全球的網路，故以原子序 77 的化學元素「銥」做為公司名稱。雖然後續計算只需 66 顆衛星便可達到目標，但公司名稱仍保留下來。

　　三十五億沒有高速網路可用的人，往往生活在世界上比較貧窮的角落，SpaceX 和亞馬遜能從他們身上賺多少錢還有待觀察。沒錯，企業和有錢人會願意付錢換取隨時隨地快速連線，不過，還是那個老問題，這群人到底有多少？沒有人知道。目前，投資人給 SpaceX 超過一千億美元的估值，這麼大的數字絕大部分是基於星鏈有希望成為主要收入來源。即使是 SpaceX 這麼有效率的公司，發射火箭還是賺不了大錢，成為全球通訊公司向訂戶收取月費好賺多了。

　　太空網路系統在政治上也有不少模糊空間。SpaceX 等公司在大多數國家都必須申請許可才能提供服務，像是中國和俄羅斯這種控制資訊內容的國家，一定不喜歡任何人都能購買星鏈天線去規避他們嚴密的防火牆。只要是關心數據基礎設施，而且有錢投資的國家，幾乎都會想要有太空網路，因此衛星大舉來襲是無可避免的事。

　　不知道是悲還是喜，一般地球人根本不關心天上發生什麼事。你很難找到一個人事先預知幾年後五千顆衛星會變成五萬顆，然後又變得更多。就連最有理由擔心那些衛星會擋住視線、聽馬斯克說要在天空布滿星鏈系統聽了好幾年的天文學家，也要看到這些計畫已經啟動，才開始反對太空網路概念。可是都到了這種節骨眼，望遠鏡後面的學者抱怨個幾句，根本撼動不了億萬富豪和各國的野心。

　　除了高速網際網路系統，還有幾十個衛星星座是著眼於圖像和低速數據服務。有些公司做出來的影像衛星已經能用專用雷

達在夜間穿透雲層拍照，或已經能精準測量天然氣井的甲烷排放量和海洋的健康狀況。有一家新創公司叫做「蜂群科技」（Swarm Technologies），他們成功做出大小不超過一副紙牌的衛星，監理機關擔心地球上的追蹤系統看不到他們的衛星，會對軌道上其他物體造成危險。美國官方要求蜂群科技不要發射衛星，但他們還是在 2018 年偷偷搭上印度火箭升空，這是大家記憶所及首次有衛星非法發射，也代表航太業已經變得多麼狂熱、近乎失控。蜂群科技收到聯邦通訊委員會（Federal Communications Commission）嚴厲警告以及九十萬美元的罰款，然後……繼續發射衛星。[7]

　　大家當然擔心軌道上這麼多的衛星會撞在一起，給我們現代化的生活帶來災難。有一個預言叫做凱斯勒現象（Kessler syndrome），意思是：只要有少少的碰撞，低軌道就可能陷入極度的混亂。一顆衛星高速撞上另一顆，產生幾千塊碎片，每塊碎片又變成一顆高速飛彈，可能再撞上其他衛星，產生連鎖效應。只要進入低軌道的碎片多到一個程度，要發射新的火箭和衛星穿過這一堆混亂就很困難，甚至現有的 GPS 和通訊系統等等也難保住，地球生活會被打回另一個年代。

　　當然，現在已經有新創公司專門在追蹤軌道上的衛星和碎片，服務對象是行星實驗室和 SpaceX 這些公司，他們會提醒什麼時候即將發生碰撞，建議把衛星暫時移到哪裡以避開危險。另

7　經過那次發射，證明雷達看得到蜂群科技的衛星，後續的發射就是在監理機關許可下進行了。

外還有一些新創公司是想當太空清道夫，收拾碎片垃圾。[8]

　　因為我們是人類，會忽視衛星星座這類生意是否值得冒這麼高的風險。所以低軌道現在已經成了最令人興奮、最少開發的地產市場，監理機關和政府只有當火箭和衛星還在地球的時候有一定程度的掌控，一旦上了太空，文書人員和政治人物就鞭長莫及。現在的情況基本上是，只要有能耐，你想上太空就上、想在太空放什麼就放。

　　我們現在處於下一個偉大基礎建設的建設初期。一個通訊系統正在建構中，地球將會被一圈數位工具形成的心跳包圍。未來我們的電腦和手機永遠不會在網路連線之外，不過更有意思的是，無人飛機、自駕車、無人機也會永遠連上網路。過去二十年到五十年承諾會問世的種種科技發明，幾乎都會仰賴這個無所不在的資訊網。

　　甚至那一大堆我們現在只窺見一角的新型運算裝置也是如此。農夫會在田裡到處擺放濕度感測器，這些感測器會把偵測結果回報給天上的電腦，裝在貨櫃和貨物的小小感測器也一樣。網路會從太空來，無所不在，改變我們熟悉的生活——當然，前提是衛星沒有先撞爛。

　　也許是 SpaceX 的獵鷹一號在 2008 年開啟了這一切，但是你不必多費唇舌就能證明，行星實驗室也對前方這個美麗新世界有同樣的貢獻，甚至貢獻更大。馬斯克把火箭的發射成本降低幾

8　諷刺的是，馬修在艾姆斯研究中心有一段時間就是在做這方面的事。

千萬美元（說是這麼說，上太空一趟要花六千萬美元還是一大筆錢），而行星實驗室的衛星不只是比現有的衛星好一點點，還好上千倍萬倍，他們的衛星更便宜、更小、更強大。這些公司不只改變我們上太空的方式，還改變我們上了太空能做的事。

在地球上，全球經濟和生產力過去六十年的蓬勃成長主要是仰賴摩爾定律，這條科技業的金科玉律是這麼說的：電腦的速度每兩年就會快一倍，同時也會更便宜、更小。就是這股不斷進步的力量，造就出我們熟悉的現代世界。

這股推力從來沒有真正進入太空，低軌道上的電腦和相關技術一直遠遠落在時代之後，地球都已經在用手機看抖音了，太空還在用數據機撥接上網。

行星實驗室改變這種情況；簡單說，它把摩爾定律帶到太空。那些鴿子是把地球和太空的創新步伐調成一致的第一步，也是把地球經濟和軌道經濟掛上同個時鐘的第一步。

阻撓太空經濟充分利用這個新現實、並以網路速度爆炸發展的唯一障礙，就是欠缺把這些新衛星送上去的火箭。我們需要能隨時發射的超便宜火箭，也需要創投提供資金去打造火箭。

對於已經在夢裡幻想自己是下一個馬斯克的人，號召他們起身行動的聲聲呼喚既響亮又清晰：去組個團隊、找一些錢。讓偉大的火箭競賽開始吧！

彼得貝克計畫

8

如果是真的，那可不得了

　　伊隆・馬斯克傍晚來電，至少在我這邊是傍晚。

　　那是 2018 年 11 月，我在紐西蘭的奧克蘭停留兩個禮拜，在一個不錯的郊區租了一間房。我整天都在火箭實驗室（一家小型火箭製造商）的主要廠房度過，整個思緒都在這家公司和它的創辦人彼得・貝克身上，結果一參觀完火箭實驗室，馬斯克的助理聯絡我，說馬斯克隨時會打電話給我，這下我得馬上轉換思緒。

　　那通電話之前，我吃了一顆大麻軟糖，是朋友[1]偷偷夾帶進紐西蘭的，還灌了一瓶啤酒。你知道的，這兩個舉動是壓力來臨時照顧自我身心健康的方式，因為我三年前出版馬斯克的傳記之後，就沒有跟他好好談過，主要是因為他不喜歡書裡某些內容，威脅要告我，我們的關係就這樣大不如前。為了緩解多年的情緒負擔、抑制腦中即將狂敲亂打的緊張心理，我只好求助有滿滿四氫大麻酚（THC）的明膠以及皮爾森啤酒。這種時候你我都有過。

---

[1]　親愛的紐西蘭移民當局，這個朋友是真有其人，不是我胡謅的，請不要不讓我踏上美麗的貴國。

　　我以為電話一開頭會先處理這幾年的冷淡關係，談談我們的問題，結果馬斯克另有想法。他知道我人在紐西蘭，只想聊這個，「那邊不是有很多綿羊嗎？」他問，「我是這麼聽說的，有很多綿羊。還有金・達康（Kim Dotcom）。」

　　給不知道金・達康的人科普一下，他在網路上經營一個叫做 Megaupload 的服務，讓人交換大型媒體檔案。Megaupload 上面交換的盜版內容之龐大，驚動美國和紐西蘭（達康住在這裡）有關當局，2012 年突襲搜查達康的豪宅。那次搜查可不是開玩笑，荷槍實彈的警察搭直升機降落在達康家的大院，一個揮拳揍臉、幾個迴旋踢擊中肋骨之後，罪犯束手就擒。「如果去紐西蘭，我想看看導演彼得・傑克森（Peter Jackson）的房子，基本上就是去參觀《魔戒》，還想去看看金・達康，」馬斯克說，「就這兩件事。我們可以把那次突襲重演一遍。」

　　結果馬斯克是想跟我談特斯拉，講他那家公司如何走過悲慘的一年存活下來。這部分談了一會兒，接著我把話題拉回火箭實驗室。貝克這家公司才剛加入 SpaceX 這些成功民營火箭公司的行列，從自己的太空港把火箭發射到軌道，我想知道馬斯克對這個新出現的競爭者有什麼看法。「能發射到軌道很厲害，」他說，「這件事難得要死，貝佐斯花了一屁股錢還做不到。」

　　我跟馬斯克說，貝克希望有機會跟他吃飯，馬斯克覺得很有意思。「我會帶你們去吃牛排，來一場晚餐的約會，」他用開玩笑的語氣說，「最好要有花。」

　　這兩個人後來有見面，而且是有意思的會面，但在那通電

話裡，馬斯克不怎麼想談火箭實驗室和貝克，馬斯克對他們沒有什麼興趣。

　　在 2018 年當時，並不是只有馬斯克沒興趣。火箭實驗室等於是 SpaceX 第二，卻沒有什麼人注意，這麼不為人知的原因之一在於，火箭實驗室是一家紐西蘭公司，遠在世界另一端，難免被忽視。其次，貝克沒有太空大亨常見的行頭。他不是億萬富豪，也沒有創辦成功科技公司的紀錄，他不發表爭議言論，也不做花俏的事，反而大部分時間都在埋首製造火箭。

　　是運氣，也是好奇，我 2016 年去紐西蘭的時候就發現火箭實驗室。當時太空產業相關媒體有人寫了幾篇報導，說奧克蘭有公司在做名叫電子號的小火箭，那幾篇報導雖然勾起我的興趣，也成功說服我去看看這家公司，但我並不抱期待。對我來說，電子號基本上只是獵鷹一號的修飾版，材料比較現代，某些技術也比較新，但概念是一樣的，都是要做造價便宜、一趟只攜帶幾顆衛星的小火箭，而 SpaceX 早在 2008 年就成功。

　　不過，真正讓我對火箭實驗室產生懷疑的是貝克這個人，還有在紐西蘭製造火箭這件事。不管是哪個版本都會提到，貝克沒有受過正式的航太教育，其實他連大學都沒念過。他的職場經驗包括一家洗碗機製造商、一個政府實驗室工作，在那段期間，火箭只是他深夜與週末的興趣。然後，不知道怎麼辦到的，這個人竟然說服創投為他的業餘愛好提供資金。

　　這個故事毫無道理。火箭公司不可能想生就生得出來，手上有大量資源和知識的美國，也只出現一家成功的火箭新創公司

（也就是 SpaceX）。紐西蘭這個稱不上有航太產業的地方，完全不具備製造火箭所需的事物，沒有訓練有素的航太工程師、沒有該有的材料、沒有好的基礎建設。這些都是業餘的貝克必須克服的問題，更何況還有火箭科學本身的複雜性，再加上他是處在地理上和產業上都是孤島的地方，那些創投一定會血本無歸。

2016 年那時，火箭實驗室位於奧克蘭機場附近一棟大建築，格局就是標準的火箭製造商，工程師坐在電腦前做他們的事，有兩個房間用來打造電子零件和測試，還有一個很大的廠房正在催生三枚電子號，在一處牧場還有個測試引擎的地方。這樣的安排從很多方面來看很理想，因為工程和測試就在大城市中心不遠處，不像很多火箭新創公司是丟到沙漠。

貝克的火箭完成度嚇到我，一枚 18 公尺高、直徑 1.2 公尺的電子號已經在收尾階段，另外兩枚也快完工。他們用碳纖維取代鋁或不鏽鋼，目的是提高火箭的結構強度，同時維持輕巧的重量；黑色材質則是給火箭增添龐克風與光澤感，讓太空寶貝重新性感起來。電子號會用九具火箭實驗室自製的拉塞福引擎來推動，拉塞福是取自紐西蘭知名的科學家歐尼斯特・拉塞福（Ernest Rutherford）[2]，這些引擎是藝術品，一塊塊彎曲的金屬精細工整地排列在電子零件周圍。廠房本身也以同樣嚴謹的方式整理得井井有條，所有工具分門別類一一放在工作檯上。

2　「拉塞福說過一句很有名的話：『我們沒有錢，所以必須思考，』我們對這句話很有共鳴，」貝克說，「這就是在講要解決問題，真正思考出不同的方式來解決真正複雜的問題。」

當時三十九歲的貝克現身廠房，既不華麗也不隆重，身材中等，一頭棕色捲髮最吸睛。他看來很高興有美國記者大老遠來看他的火箭宮殿，慎重其事帶我到處參觀，一路上滔滔不絕地談論電子號和拉塞福引擎的技術細節。他的不做作差點毀了火箭實驗室精心營造的形象，火箭大亨通常喜歡自吹自擂，貝克比較像是普通人，只是剛好造出火箭。

貝克說火箭實驗室的目標很明確：完成 SpaceX 已經開始但後來遺忘的任務：做出全世界第一枚隨時準備升空、便宜、可靠的火箭。

獵鷹一號 2008 年發射成功之後沒多久，SpaceX 就捨棄獵鷹一號，轉去研究更大的獵鷹九號。SpaceX 的首要任務是在火星建立繁榮的人類殖民地，而這項任務只有大型火箭辦得到；況且，就算不看那麼遠，獵鷹一號也不實用。2008 年當時，各家公司製造的衛星仍然是需要大火箭才能載運的大衛星，行星實驗室那種小衛星要過幾年之後才成為主流；SpaceX 或許已經做出完美的精緻小火箭，但是在當時沒有市場。

火箭實驗室成立於 2006 年，最初幾年輾轉於好幾個計畫之間，然後才意識到，獵鷹一號的陣亡加上小衛星的興起是他們的絕佳機會。他們打算建造可載運兩百公斤的貨物、發射一次只要五百萬美元的小火箭，而且有別於一般一個月發射一次的頻率，他們打算一開始每個月發射一次，接著每個禮拜發射一次，然後也許每三天就發射一次。

這樣的發射價格和頻率會在業界掀起革命。火箭通常有兩

種尺寸，中型和大型，搭乘一趟的價格從三千萬到三億美元不等，而客戶委託載運的衛星是造價一億到十億美元的大衛星。

行星實驗室這種衛星比較小、錢比較少的公司，一般都被當成其他火箭的額外貨物，會被塞在大衛星周圍的邊邊角角。以SpaceX來說，大衛星是他們的首要酬載，會優先送到希望的軌道上，然後才像突然想起來似的，把小衛星放入太空。而且大衛星會被精準地送入軌道，小衛星則通常得花幾個月自己慢慢移動到要去的軌道，被當成二等公民。

火箭實驗室不一樣，他們會好好照顧小衛星公司的需求。例如行星實驗室這類公司就不必再碰運氣，苦等大火箭釋出多餘空間，可以預訂自己專用的電子號，直接飛到想去的地點。對一家想開展生意的新創公司來說，能準時把東西送上太空是很寶貴的能力。

把衛星進入太空的價格降低、讓火箭發射變成固定常態，火箭實驗室就會變成一種往返低軌道的快速運輸服務，而且2016年那時確實好像很需要這樣的服務，因為SpaceX和三星等公司揭露計畫說要把幾千枚又幾千枚衛星送上軌道，給新型態的太空網路系統提供動力，還有許多大大小小的公司也有類似目標，想建立自己龐大的衛星星座，如果這些系統都成真，火箭數量就不足以滿足這麼多發射需求。此外，衛星星座也需要有火箭飛上去服務，替換那些壞掉或脫離軌道燒毀的退役衛星，理論上應該隨時有火箭在發射才行，但是現行大型火箭商平均每個月才發射一次。

「如果把網際網路放到太空，就等於是把基礎設施放到太空，跟水電瓦斯沒有什麼兩樣，」貝克告訴我，「跟水電一樣，網路不能斷掉。你可能會用大火箭一趟就把大量衛星運送上去建立最初的衛星星座，但是如果後續有兩顆衛星壞掉，你得在幾個小時內把那兩顆衛星換掉，才能恢復基礎設施。這時也是我們上場的時候，對我們來說，把東西送到軌道只是幾個小時的事。」

看得更遠一點，貝克預言，只要有可靠、相對便宜的太空航行之旅，便會帶動更多公司願意嘗試新想法；一旦上太空從稀有昂貴偶一為之的事變成天天都有的事，就會有愈來愈多衛星公司出現。火箭實驗室將有助於改變大家對於上太空的心態，將有助於太空經濟蓬勃發展。

在其他人眼中，火箭實驗室位處紐西蘭是個問題，但貝克卻覺得這是優點。發展航太的國家大多在幾十年前就開始了，這麼多年下來已經官僚成性、陷入停滯，太空港往往掌控在軍方包商或政府機構手中，相形之下，紐西蘭可以給火箭實驗室一個全新的開始。這個國家還沒有對太空活動立法，這就給貝克一個獨一無二的機會，他可以教國家怎麼監管火箭公司。

單單從後勤的角度看，火箭實驗室發射火箭時需要搞定的人、飛機、船隻就少多了。這家公司打算在紐西蘭南島一個偏遠地區建造民營太空港，理論上想發射就能發射，不會有人介意。不必像其他火箭商必須等到空中交通有空檔的時候，也不必等到航道上沒有船隻的時候，只要把火箭插上發射臺、按下按鈕、讓火箭飛上去就行了。而且因為太空港是火箭實驗室自己所有，所

以發射火箭時，不需要支付每次一百萬美元的費用給 NASA 或發射臺的營運單位。

逐夢太空

雖然不看好火箭實驗室的理由有不少，不過光是這家公司的存在就足以說明航太業的大轉變已經開始。過去是政府在造火箭，接著馬斯克出現，拿他的財富去造火箭，現在則是有一家公司靠創投資金在製造火箭；創投金主已經認定太空是一門真正的生意，跟其他生意沒有兩樣。這個世界需要能每週升空的火箭嗎？這會是有賺頭的生意嗎？如果能定期、便宜上太空，我們對於把東西送到太空這件事的整體心態會改變嗎？已經有人願意掏錢找答案。

傳統上，新的火箭計畫得要有幾千個聰明的科學家和工程師的努力，還要有幾十億美元的資金，這些長期以來的觀念被 SpaceX 扭轉了，他們降低火箭製造的成本，採用年輕、沒經驗的工程師。不過，SpaceX 最重要的技術還是出自太空老手的腦袋，這些人在 NASA、波音、洛克希德馬丁工作過，就算是在嘗試新方法，也仍然知道該避開哪些錯誤，但火箭實驗室沒有這樣的人才庫可以利用。

貝克沒有製造過真正的火箭，他的員工也沒有，而因為火箭又稱為洲際彈道飛彈，所以美國對相關人才與技術有嚴格限制，火箭實驗室無法聘雇美國過去參與火箭計畫的老手，只能靠

貝克自己組建團隊，從紐西蘭、澳洲、歐洲的大學網羅剛出校門的孩子。

　　按理說，沒有經驗的領導人加上沒有經驗的員工，要一起嘗試火箭科學是不可能成功的事。可是貝克是工程天才，似乎天生就理解物理以及機器該怎麼運作，他相信自己的天分，再加上電腦運算與材料領域驚人的進步，也就是說，現在火箭也能由一群新面孔在新的條件下製造。火箭科學依舊是火箭科學，還是很困難，但是這門技術不再只存在於只有天才進得去的神話世界，已經變得平易近人。

　　這種論點不像阿波羅登月計畫那麼有吸引力，甚至比不上馬斯克大膽冒險的 SpaceX，基本上火箭實驗室和它的金主是在說：技術已經走得夠遠，只要有一筆足夠的錢，隨便一組夠有創意、夠有能力的人都能上太空。如果他們是對的，太空給人的印象就少了些神祕感，多了些務實感。也許就是因為如此，大家才不急著追捧貝克和他的公司，不過，在我看來，火箭實驗室就是因為務實，才更顯得了不起。

　　最早的火箭先驅也同時萌生建造機器探索太空的想法，例如俄羅斯的曹歐科夫斯基（Konstantin Tsiolkovsky）、德國的奧伯特（Hermann Oberth）、美國的高達德（Robert Goddard）。這幾個人受到儒勒・凡爾納（Jules Verne）和 H・G・威爾斯（H. G. Wells）的科幻小說的啟發，再加上工業革命的突破性發展，在 1920 年代開始提出可以用液態燃料將推進器射入軌道。高達德是幾個人裡面做得最好的，1926 年首次做了這樣的火箭發射，雖然只飛到

12.5 公尺的高度，「要把火箭射到月球上得散盡家產，」他寫道，「但是話又說回來，這件事難道不值得散盡家產嗎？」

　　接下來二十年，高達德自己掏腰包，並從軍事機構那裡拿錢繼續研發，雖然當時的火箭沒有明顯的商業價值，但看在某些觀察家眼裡，仍然是科學聲望和成就的象徵。望遠鏡幾百年來都是靠有錢人在資助開發，火箭和後來的衛星很可能也會走上同樣的道路。³ 沒想到，冷戰以及隨之而來的太空競賽卻把航太科技拉往另一個方向，遠離了私有資本，轉向對國家的依賴。在美國，大家都認定太空是 NASA 在做的事，無庸置疑。火箭和衛星成為國家意志的一部分，成為國家向全世界展現實力的一部分，夢想家的開創精神和個人熱情只能退散。阿波羅任務雖然啟發很多人，但也僵化人們的印象，誰能進入太空、用什麼方式進入太空，已經沒有其他想像。

　　偶爾有愛好者和有錢人試圖重振高達德百年前的精神，但大多以失敗告終，一直要到馬斯克和他那幫歡樂工程師出現，才讓太空商業的感覺真實起來。不過，貝克和火箭實驗室有潛力成為下一個戲劇化的轉折點，〈紐西蘭火箭迷成功進入軌道〉會是可以告慰高達德在天之靈的標題，只是他可能沒想到要等到 2016 年。

3　NASA 首席經濟學家亞歷山大・麥當勞（也是老彼之子）在他頗具洞察力的著作《漫長的太空時代：太空探索的經濟緣起，從殖民地美國講到冷戰》（*The Long Space Age: The Economic Origins of Space Exploration from Colonial America to the Cold War*）對這部分提出了有力論證。

　　火箭實驗室當然不是要做最複雜的太空載具，大火箭還是需要龐大的投資金額和一定程度的技術專業，不過貝克想做最優雅、最精準的小火箭。他的夢想不是送人到月球或火星，而是做出一個工具，替他人開啟太空的潛能。「我是來把太空商業化的，」他說，「這才是我們的重點。我們不需要敲鑼打鼓搞很大，我們有工作要做，好好做就是了。」

　　貝克在 2016 年 1 月跟我說這些話，還信誓旦旦說那年年中就會啟動低軌道制霸計畫，到時第一枚電子號會起飛。看著滿滿熱情和信心的他，我都忍不住想相信他、想相信火箭實驗室會開啟一個令人興奮的太空商業新時代，但是我只是禮貌地笑笑，內心卻暗自嘲弄：這位彼得・貝克先生難道不知道接下來會發生什麼事嗎？首先是一延再延，再來是爆炸，然後是錢燒完；劇本都是這麼寫的，沒有例外。

9

男孩和他的小屋

彼得・貝克成長於世界的盡頭。

要找到他的家鄉因佛卡吉爾（Invercargill），你得一直往南走，走到紐西蘭不准你再往下走為止。往因佛卡吉爾的北邊和東邊走，青翠平原被農人占去放養牛羊，往西邊走是峽灣國家公園（Fiordland National Park），古老冰川（也有可能是上帝之手）雕琢出蘊含森林、湖泊、山脈的絢爛美景。在四周壯麗景色映照之下，因佛卡吉爾顯得有些尷尬，這座六萬人的寂靜城市在其他國人眼中是個風太大又太冷的地方。

因佛卡吉爾的市中心不大，建築物看起來像是 1850 年代直接從蘇格蘭和英格蘭搬運來，街道路標也是，迪街（Dee Street）、泰恩街（Tyne Street）、肉派巷（Pork Pie Lane），這教來這裡領略復古魅力的遊客怎麼抗拒得了？一間主要飯店的廣告招牌上寫著當地主要景點，包括一棟建於 1889 年高達三十公尺的紅磚水塔、一座公園（相當不錯的公園），還有比爾・理查森古董摩托車聖地（Bill Richardson's Classic Motorcycle Mecca），自吹這是「澳大拉西亞

（Australasia）[1] 最棒的摩托車博物館」，好吧，你說了算。[2]

　　對摩托車的熱情不是理查森獨有。跟紐西蘭許多地方一樣，因佛卡吉爾也住了眾多喜歡改車、賽車的發燒友，這座城市最有名的人大概要屬伯特・芒羅（Burt Munro），他改裝摩托車的技術高超到創下陸地最快紀錄，安東尼・霍普金斯（Anthony Hopkins）還曾經在電影裡演過他。彼得・貝克也喜歡與金屬為伍，出生在這裡似乎是注定的事。

　　你如果在因佛卡吉爾到處繞繞，問人知不知道彼得・貝克，有的會說「知道」，有的會說「不知道」，這很有意思。[3] 除了馬斯克，民營火箭生意就屬貝克做得最成功，他也因此成為這個國家最有錢的人之一，這在任何地方都會是家喻戶曉的名字才對，偏偏紐西蘭是個奇特的地方。

　　因佛卡吉爾居民知道的「貝克」是羅素・貝克（Russell Beck，為了區別，後面以羅素稱呼）；他是貝克的爸爸，2018 年過世，享年七十六歲。

　　羅素多才多藝，在南地博物館暨美術館（Southland Museum and Art Gallery）擔任館長二十年，民眾來到這座博物館可以學到各種知識，從毛利傳統、稀有動物到當地的藝術運動都有。博物館所在的建築物雖然在羅素來之前就存在，但這棟建築物最吸

1　譯注：包括澳洲、紐西蘭和鄰近的太平洋島嶼。

2　那塊廣告招牌沒有提到瀰漫於空氣中的牲畜氣味，也沒有提到多到不尋常的免費腸道篩檢廣告，不過反正廣告招牌本來就不是以誠實取勝。

3　那是 2019 年的情況，現在肯定不一樣了。

睛的元素要歸功於羅素，他在 1990 年代募資，為建築物上方蓋
了白色金字塔，不只是澳大拉西亞最大的金字塔，也是整個南
半球最大的金字塔。[4] 金字塔左側是一座天文臺，有一個直徑 30
公分的望遠鏡，是羅素十幾歲的時候做的，這裡是南地天文學會
（Southland Astronomical Society）定期聚會場所，也是當地學童初識
天文的地方，包括貝克。[5]

　　羅素在工作之餘，熱中收藏綠玉，也就是毛利人口中的「普
納姆」（pounamu）。他會研究南島和世界各地哪裡有普納姆、這種
石頭的歷史、跟毛利文化的關聯、如何用來製作珠寶等藝術品。
他還寫了好幾本綠玉的書，事實上已經是這方面的頂尖專家。生
命終了時，他把走訪全球蒐集到的一千五百件收藏品捐給紐西蘭
一個研究機構，被認為是史上最大一批綠玉收藏。

　　羅素還到處留下印記，因佛卡吉爾和紐西蘭南島都有他的
大型雕塑作品，常以有趣的科學為主題。他在因佛卡吉爾的市中
心，製造一把超大的金屬雨傘，可以當作日晷，透明的傘面還嵌
入各個星座，傘柄握把類似 koru 的形狀，koru 是一種蕨類葉片
展開後的螺旋形狀，常出現在毛利人的藝術作品中，這個作品

4　網路上是這麼說的。
5　貝克的記憶中，這裡是他跟爸爸最早的太空記憶之一。「我父親會跟我
　　講故事，不過當時我很小，他會把我帶到外面，指著閃過的流星給我
　　看，說那是一顆衛星，說那顆衛星正在做事，我問他：『其他星星也是
　　衛星嗎？是人做的嗎？』他回說那些是恆星，它們有行星，行星上可能
　　有人。那大概是太空第一次對我產生意義的時刻，所以衛星的概念對我
　　並不陌生。我看過很多書，但是衛星的知識特別酷，它們有能力影響地
　　球很多人。」

同時也向毛利人對星空的研究致敬。不遠處還有他的「立方體的一課」(*Cube of Learning*) 雕塑，遠看像一個立方體，近看才發現是菱形體，貝克說這種視覺假象是要教人「不見得是表面看起來那樣，一定要抱著質疑、探究的心」。在海岸附近，他製造一個巨大的錨鏈雕塑，從水邊突出延伸，鎖在陸地上。

羅素過世的時候，當地報紙寫了一篇訃聞說「他似乎無所不能」，這句話道盡一切。貝克家從蘇格蘭搬到紐西蘭就馬上建立起非常能幹、有創造力的名聲。羅素的祖先世世代代都是鐵匠，一移居紐西蘭就開始替當地農夫製造機器，後來他們的作品成為一門興旺的生意。羅素也承襲這般手藝，幾乎任何東西都能從他的雙手做出來，日後的貝克也是如此。

因佛卡吉爾或許陰冷，卻是養育孩子的好地方，羅素和當老師的太太安(Ann)給貝克(1977 年出生)和兩個哥哥打造恬靜的生活。一家人住在一棟 1950 年代建造的紅磚房，有三個房間和一個很大的工作間，坐落於鎮上一個花木扶疏的地方。

貝克兄弟童年的精力都耗在工作間做東做西。工作間其實是車庫，門是橄欖綠色，最初是羅素停車子的地方，也是他存放研究資料的地方。久而久之，車子漸漸停在外頭，研究資料也被銑床、車床、焊接機等等工具取代，車庫變成研發場所。

如果家裡買了一臺新音響，三兄弟就會有人把音響從客廳偷偷拿到工作間，將背板拆掉，看看裡面的零件如何運作。羅素非但沒有因為新買的高級設備可能被毀掉而抓狂，反倒會加入孩子說：「哦，好吧，那我們就來看看裡面有什麼。」他鼓勵孩子

做實驗，想把孩子培養成他所謂的「勤勞動手做的人」。「我覺得學東西最快的方法是：你有想做某樣東西的渴望，然後也有能力和設備去做，」他說。[6]

羅素會先教孩子各種工具的使用方法，然後讓他們自己操作。「從來沒有人高高站在我們後頭說『那個要小心』或『這樣做才對』，」貝克說，「我們用電鑽的時候，眼角餘光會看向爸爸，知道他在看，但是他從來不插手，除非百分之百確定我們會嚴重弄傷自己。這在現在看來大概有點嬉皮味道，因為我們有這些資源，說做就做，這樣的童年大概跟大多數人都不一樣。」

十幾歲的時候，三個男生眼睛一張開只要能修車就一定在修車。兩個哥哥先開始，買來便宜的破車，帶到工作間修理，他們會把幾乎每個部分都拆下來，然後根據骨架重新改裝。他們並不是要做出普通、純粹功能取向的車，而是要做出可以在週末賽車場較量的快車。然後他們會賣掉車子，拿那筆錢去買更多機器、更多車子，不斷重複這個過程。「沒有人只買車，」貝克說，「自己的車子自己製造。買一輛破車，然後把它改裝得更厲害，這就是我們做的事。」

貝克負責的第一個大計畫是做一輛鋁製腳踏車。當時登山腳踏車很流行，但是十四歲的貝克心想沒有人有超輕、超堅固的鋁製登山腳踏車，「我要做的是腳踏車版的法拉利，不是普通的腳踏車，」他說。他向家人宣布這項計畫，爸爸只給了一句告

6　這段資料來源是「南地口述歷史計畫」（Southland Oral History Project）的採訪內容。

誠：「這非常複雜，要做就一定要完成。」

爸爸這句話是認真的。在貝克家，計畫沒完成是不可以的。貝克喜歡這種挑戰。

貝克沒錢，大多從金屬加工店的廢料桶翻找出需要的鋁。他跑到學校的機械修理店自學東西怎麼做，譬如轉動把手操控腳踏車方向的車頭軸承。有時他會找來老舊的腳踏車，劈成一塊塊，當作模具好處理新的鋁製零件。過程中有些金屬要用媽媽的烤箱加熱、有些要用媽媽的冰箱冷卻，然後透過所謂的「壓接」工序，把這些零件用力捶打拼接起來，這是瞬間就會決定成敗的事，「我會拿一塊燙到發臭的金屬從屋子衝出去，再拿一塊冰冷的金屬從屋子衝出去，然後用鐵鎚狂敲，讓它剛好裝得進去，」他說。

經過一番苦工，貝克做出跟他最初設想一模一樣、世上獨一無二的腳踏車。設計超級摩登，用一根鋁管做為腳踏車的支撐核心，坐墊的支柱是彎曲的，繞過後輪胎，看起來違背物理學原理。事後回想起來，他覺得那次實驗反映出他腦中的運作方式：他會一開始就把目標訂在最不可能、野心最大的最終點，而不是一次完成一點工作，慢慢往目標推進。「那輛車騎起來太讚，」他說，「我登上報紙頭版，說這個孩子製造一輛腳踏車巴拉巴拉之類的，但是我想重點是我跳過中間那些步驟，我不想做普通的腳踏車，也不想只是改一改零件，我想直接一步到位。如果學校有科學展什麼的，我帶的一定不是燒杯，我一定是直接帶噴火器去，所以我會那樣做一點也不稀奇。」

　　十五歲的時候，貝克向爸媽借三百美元買了人生第一輛車，款式是莫里斯迷你（Morris Mini），車子開得回家，只不過很勉強，因為車子底板已經鏽蝕出一個大洞，他得小心雙腳不要滑落到下面飛馳而過的路面。接下來六個月，他幾乎就住在工作間，想辦法升級這輛車，學校功課也跟著變糟，不過爸媽還是隨他，一句牢騷話都沒有說。「我放學回家就直接走進工作間，」貝克說，「我媽會把晚餐拿下來放在椅子上，放到冷掉，我一直到餓了才去找來吃，她從來不會說：『不要再用角磨機了，趕快去睡覺。』」[7]

　　貝克第一步是修理所有鏽蝕破損；第二步是重建引擎，升級成渦輪加速，然後修理懸吊，一步步從車頭修到車尾，每一寸都重新改裝。「大部分是從書上或是問人學來的，」他說，「如果把基本原理搞懂的話，引擎並沒有那麼複雜。」

　　為了賺點外快，貝克在課餘時間打了兩份工。他到製造各種鋁製品的史威茲鋁業（Thwaites Aluminium）輪班，也到當地五金行海耶斯公司（E. Hayes & Sons）打工，負責組裝銑床和車床、打掃廁所。金屬零售業和五金店對他是再適合不過的選擇，也符合家訓：沒有不勞而獲的事，凡事要自己努力去掙。

7　看到這裡一定會有人想問：有哪個媽媽會說出叫小孩不要磨這種話？

難，才有趣

修修補補、打零工的同時，貝克也跟在爸爸身邊追求對太空的熱愛。羅素十幾歲時製作的望遠鏡可不是那種業餘望遠鏡，全部金屬外殼都是他手工製作，鏡頭和鏡面的打磨也是他去學來的，他還在望遠鏡四周搭建一個木頭建築物，在父母家的後院搭出臨時的天文臺，家用天文設備搞成這樣有點好笑，但是後來搬到博物館就合理多了。就是在那裡，六歲的貝克開始用爸爸的望遠鏡仰望夜空，「我有非常美好的回憶，爬上天文臺，冷得要死，但是能看到很酷的東西，譬如木星，」他說。

也是大約那個年紀，貝克開始跟在爸爸後面去參加南地天文學會每個月在天文臺的聚會。南地天文學會吸引各方充滿好奇心的知識份子，貝克因而有機會聽他們討論、從他們身上學習。學會成員平均年齡是五十歲，但小貝克卻跟在這群人旁邊，享受可以晚睡、又有額外的茶點餅乾可以吃的機會。「他們每個都有自己的大型望遠鏡，會講他們最新的突破和發現，」他說，「我大部分時候都聽不懂他們在講什麼，不過整個感覺很酷、很有趣。」

1986 年貝克九歲的時候，哈雷彗星預計會快閃飛過地球，貝克迷上這顆彗星，全心投入研究。他將一本哈雷彗星主題的書整理成學校作業，對這顆彗星的了解已經稱得上是當地的小專家，「老師們需要任何資料或最新消息的時候，都會跑來問我，」他說。

　　這次研究彗星的經驗是貝克求學生涯的縮影。如果他喜歡某個主題，或是需要了解某個東西來幫助他完成計畫，他就會埋首鑽研，最後常常會拿到學校一、兩個獎項，但是他大部分時候並沒有興趣去追求學業表現，也不是班上最聰明的孩子。「我不是偷懶，」貝克說，「我是一定要做到好的那種人，要是拿出一個沒做好的東西我會瘋掉。但是如果我看不出某個東西的意義，那就代表那個東西看起來不重要。」

　　貝克的大哥約翰（John）十六歲離家去追求他對改車、賣車的熱情，後來還去比賽摩托車；二哥安竹（Andrew）也離家去當地一家煉鋁廠工作，沒念大學。兩個哥哥雖然都對他們的工具很寶貝，但還是會幫助貝克去追求他自己的愛好。「我身邊都是優秀工程師，」貝克說，「如果我銑東西的方法不對，我其中一個哥哥就會跟我說我搞砸了。」兩個哥哥離家後，工作間就是貝克的天下，他對機器和工程的興趣也因此有增無減。

　　十六歲的時候，貝克也決定離家，粉碎父母希望至少有個兒子念大學的夢想。他先參加考試取得高中同等學歷文憑，接著把介紹工程業的手冊拿來翻閱，「我需要找個工作來做，我從頭到尾都不覺得大學適合我，」貝克說。他選定製造工具與模具業，這可能是最困難的產業，因為工業用品與日常用品所有的量產技術都要學。1995 年，一家以工程設計精良著稱的本土家電商菲雪品克（Fisher & Paykel），給了他當學徒的機會，不過他得搬到但尼丁（Dunedin）。

　　這麼年輕就離家一點也沒有嚇到貝克，他一直都很獨立，

也早就決定要不是一輩子留在家鄉結婚生子，就是離鄉去看看能在外面的世界做什麼事。體驗未知、看看自己的能力能進步到哪裡，這種挑戰很吸引他。

「其實，我會對模具製造這一行感興趣，原因只有一個：因為很困難，」他說，「那是精密工程，比我看過的產業都還要高一個層次。如果有人說某個東西很難，我聽到這句話，內心的克服欲望就會像火上澆油一樣愈燒愈旺。在模具製造這個行業，我可以學到我需要的技術和能力，然後就能去做我想做的東西。」

但尼丁是紐西蘭南島東南部的城市，距離因佛卡吉爾兩個半小時車程。儘管算不上繁榮大都會，但是十五萬的人口已經是貝克家鄉的三倍，也是一個朝氣蓬勃的大學城，因為有紐西蘭最古老的奧塔哥大學（University of Otago），還有奧塔哥理工學院（Otago Polytechnic）。

貝克全心投入菲雪品克的工作，跟著一對老派機械師學習，其中一人出身英國，一人來自荷蘭，兩人都痴迷於模具工藝，也期待貝克這個年輕人達到他們的高標準。這個年輕人接到的第一個工作是手工銼磨一個方塊，磨到可以跟另一個方塊密合，每個接合點的間隙不超過 0.025 公釐。接下來，測試一個一個接踵而來，貝克的表現極好，拿到各種學徒獎項，這要歸功於他的天分和工具操作的經驗，以及願意長時間工作。

貝克對自己的好運感到不可思議。菲雪品克有最好的生產設備，他可以隨時使用，也不必像在家裡的車庫那樣，要穿上一層又一層的保暖衣服，只要牛仔褲配 T 恤，就能走進最先進的

工廠上工，裡面有每臺二十五萬美元的電腦輔助切割工具，還有百萬美元的超大機器，能做出全世界最棒家電的模具。最棒的是，因為他證明自己的技術高超，公司很快就讓他負責操作部分機器，而且他建議可以如何改進產品的時候，大家還真的會聽他的話。他很明顯有工程天分，不只其他學徒望塵莫及，很多老手也自嘆不如。原本要花四年的學徒訓練，他以不到三年的速度，破紀錄完成。

在廠房證明自己的能力之後，貝克被升到設計部門，可以對產品的外型和功能提供更直接的建議。高級洗碗機和洗衣機是菲雪品克的強項，但他們卻一直苦於洗碗機清潔劑的分配問題，家電廠的清潔劑分配器大多是跟同一家供應商採購，但是菲雪品克想比別家更好，所以指派貝克搭配一個老經驗工程師，要他們想出一個原創設計。這裡就不深究分配器技術那些精妙細節，要說的是，貝克想出一種新穎的「先聚集再分散」噴嘴系統，讓清潔劑的軟水劑真正發揮作用。

貝克在公司工作的熱情擋都擋不住。他一大早就打卡上班，通常不到半夜三點不會離開，人資部和有加入工會的同事對他的勞動熱忱可不見得賞識，為了讓他們以為他下班了，他每天下午五點一定準時打卡，但是人還是待在公司把工作做完。「我不想有人因為我自願工作而不高興，」他說，「我無意給人難看。有幾次人資發現我還在工作時說：『欸，你不能工作這麼久，』有一陣子我不得不低調一點。」

工作之餘，貝克仍然不忘改裝他的莫里斯迷你和其他汽

車，只是改裝對他的吸引力已經大不如前。他開始給車子加裝增壓器和汽油噴油嘴，但這樣還不夠，他想要動力更大、速度更快，每個性能都有改進，最後他斷定，車子的性能之所以受限，原因就出在車子的核心：內燃機引擎。「感覺內燃機就是不對，」他說，「所以我開始做噴射引擎，但是動力還是不夠大。接下來就是你知道的，我開始進入火箭領域，因為那才是我應該去的地方。」

10

就把它夾在兩腿中間，
然後祈禱

　　住在紐西蘭必須有過人的應變能力。首先，這是一個地處世界最南端的島國。比方說你離開因佛卡吉爾再往下走就是南極洲，所以這裡的人早已練就手邊有什麼便湊合著用的本事，大城市以外的廣大農民更是如此。紐西蘭只有五百萬居民，不管在南島還是北島，你開車在路上可以開好久好久都碰不到人，只有綿羊（所以綿羊理所當然會成為紐西蘭老掉牙的笑點）。這種與世隔絕，培養出凡事靠自己以及獨特的創造力，你得常常動腦筋想辦法解決問題。

　　為了宣揚這個特點，紐西蘭有所謂「八號鐵絲」精神，那是直徑 0.4 公分的鐵絲，十九世紀中期因為是建造羊群圍欄的便宜材料而流行起來。農民手邊有很多鐵絲，常常拿來修理家裡各種東西，所以就成為紐西蘭版的萬用膠帶，久而久之，八號鐵絲傳說漸漸成為紐西蘭的一種精神象徵：用手邊的零碎材料加上巧智和決心來修理圍欄、微波爐、汽車等等任何東西。

　　彼得‧貝克很討厭舉國上下都沉醉在這種八號鐵絲心態，並不是他覺得紐西蘭人不聰明，也不是他不贊成人應該有強大的應變能力，而是他覺得八號鐵絲哲學是一種自我設限。紐西蘭已經從一個獨自在農村求溫飽、求生存的國家走出來，現在已經有許多聰明人和豐富資源。在他看來，也許應該把目標設高一點，做出這個世界會想要的好東西，而不只是滿足於自己很會 DIY 解決自家農場的個別問題。

　　好玩的是，在菲雪品克工作的彼得‧貝克卻是把八號鐵絲精神發揮到前無古人、後無來者的極致代表。

　　十七歲，學徒生活初期，貝克就已經很迷戀火箭引擎和火箭。他在但尼丁郊區找到一間房子，在後院搭建一個研發小屋，就此正式開始他的《絕命毒師》(*Breaking Bad*)[1] 時期。他到圖書館借了幾本推進劑和火箭引擎設計的書，沒多久就決定以過氧化氫做為引擎燃料，過氧化氫這種化合物經過稀釋後是很安全的物質，甚至可以含在嘴裡漱口，但是未經稀釋的純過氧化氫很不穩定。於是貝克白天做洗碗機，晚上做爆炸物。

　　你在店裡買到的過氧化氫濃度只有 3%，如果要達到貝克想要的效果，濃度就得拉高到 90%，這是「想活命就趕快跑」那種危險等級。他做了點研究，得知向當地化學公司購買濃度 50%的過氧化氫再自己提煉，可以加快提煉速度，於是他下單訂購，得到回覆說會有個專員送到他家。「我記得當時在上班，急著

1　譯注：熱門美劇，高中化學老師罹患癌症，為了籌措醫藥費，開始跟學生一起製造冰毒販賣。

想趕快下班，」貝克說，「我知道過氧化氫就在我家門口等。那天是晴朗的好天氣，我猛踩油門開回家。」停好車，繞過房子轉角，他看到門廊上有個五加侖過氧化氫大桶子，只是看起來不太對勁。

送貨專員並不專業，他挑錯容器，過氧化氫正在分解，釋放出氧氣，原本的圓柱筒膨脹成球形。「我坐在前廊想：『我該拿這個怎麼辦？』」貝克說，「那個東西就放在門口，我得繞過它才能進去穿防護裝備來移動它，於是我躡手躡腳靠近，排出一些氣體。那是我第一次意識到，我面對的東西有點超乎預期。」

排了氣之後，貝克把桶子拖進一間空房，在房裡製造一個氣泡塔反應器（bubble column reactor），開始做一連串實驗，打算蒸餾提煉過氧化氫。有天早上，貝克一醒來頭就陣陣抽痛，因為他的瘋狂科學家實驗室冒出重重煙霧，瀰漫了整間屋子，於是他把實驗設備搬到後院小屋，但是小屋的安全條件也不理想。

通常，處理這種高濃度過氧化氫的時候要穿防護衣，畢竟這種化學物質只要碰到有機物質就會產生反應；以人體來說，會把你的皮膚灼傷變白，你會痛到尖叫。貝克就像一般青少年一樣，不覺得那些生死定律會發生在自己身上，他只戴了電焊頭盔，穿了防火工作服，用垃圾袋包住手臂和軀幹。[2] 結果過氧化氫還是找到縫隙跑到貝克的衣服燒起來。「那個小屋美其名是花園小屋，但是看起來就像破爛鬼屋，」貝克說，「裡面有燈，還

2　不用懷疑，垃圾袋是用八號鐵絲綁在他的手臂上。

有個壓縮機整天在運轉，每天都在轉，每次我提煉的時候，所有閥門、排氣孔就會嘶嘶、轟隆隆狂吼。」

不過，貝克依然繼續做實驗，還製造出一個供初步引擎試用的自製燃料。不過，最後他決定，還是得採用其他安全一點的方法。「我到現在還會看到有人在談論用過氧化氫做低成本火箭的燃料，我聽了都會搖頭，」他說，「我很慶幸有過那段經驗，排除掉那個選項。那個東西看起來無害又簡單，其實麻煩又討厭。我放棄了，太危險。」[3]

雖然放棄過氧化氫，貝克還是繼續實驗其他推進劑，也開始投注更多心力去設計火箭引擎。雖然他常常在公司做到深夜是為了完成工作，但是也有很多很多個深夜是為了使用公司的高檔工具機做他的副業。公司幾乎每個人都知道貝克在幹嘛，甚至有人會幫忙，比方說，有一天貝克問公司的供應鏈經理一大片鋁要多少錢，經理回說大概要兩千美元，這個數字遠遠超過一個學徒的預算。「我跟他說我會找其他替代方法，然後兩天後，我的桌上就出現一大塊鋁，」貝克說。

不過，其他工作還是在貝克的小屋進行。他住的地方位於

3　貝克是這麼說的：「過氧化氫的問題是太容易受到有機物的汙染，也就是說，你如果打噴嚏噴到一罐蓋子打開、濃度92%的過氧化氫，你那天就完了。那個東西還很容易遇熱失控，而你蒸餾的時候得把溫度拉高到水會蒸發、但過氧化氫不會蒸發的溫度，那麼，你懂的，一不小心就會爆炸。」

「我一蒸餾出可用於推進的濃度，就開始做其他實驗。我把培養皿拿到外面一塊石頭上，用注射器把其他液體注入蒸餾出來的過氧化氫裡面，石頭旁邊一小塊有葉子的地方就枯掉了，我相信現在還是枯的。」

但尼丁的凱科拉山谷（Kaikorai Valley），那裡很多住宅都坐落在谷地東緣的山丘上，往西俯瞰是一大片青翠蓊鬱、平緩起伏的廣闊大地。貝克製造出的第一批引擎開始在深夜測試的時候，引爆的隆隆聲迴盪整個山谷，狗兒吠叫，鄰居紛紛出來查看究竟。「很神奇，竟然沒有人跑來我家興師問罪，」他說，「我那裡有點邊緣，所以很難確定是哪家傳出來的。如果是現在，應該很難沒事吧？」

　　為了提升火箭引擎技術，貝克讀了這個領域的經典，譬如喬治・P・薩頓（George P. Sutton）和奧斯卡・比布拉茲（Oscar Biblarz）合寫的《火箭推進基本要素》（*Rocket Propulsion Elements*），他還挖出網路上的科學論文，也好好利用 NASA 慷慨分享的檔案，上面有各種技術文件與手冊。他讀愈多、做愈多推進劑實驗，愈覺得自己做得出來。十八歲那年，他決定把自己放到一輛火箭動力腳踏車上頭。

　　他打造的玩意看起來像是競賽摩托車和腳踏車的混合體，鮮黃色車身直直長長，手把在前輪正上方，也就是說他不是坐直身子騎車，而是整個身子趴在車上，胸部都快要碰到車身，雙腿向後伸到後輪兩側。車身看似堅固，跟真正的賽車沒有兩樣，但是其他部分看起來就有點搞笑了。車身正下方就是火箭，是用一對燃料筒組成的，看起來像是匆匆忙忙用錫箔紙包起來，再用一堆亂七八糟的管子連接到引擎上。排氣管從車尾延伸出來，就在車子的坐墊後面、後輪上方。所有這些機械裝置就靠兩個 50 公分的 BMX 輪胎支撐。

　　某個深夜，忙了一天，貝克決定把生命交到自己的工程作品手上。他穿著工作服，戴上普通的腳踏車安全帽，走到公司停車場，跨上他的發明。「第一次趴在上面時，啟動鈕就在手指旁邊幾公釐，我心裡想：『呃……接下來會發生什麼？』」

　　「第一次跑實在太神奇了，雖然只是短短跑一小段，卻是我第一次體會到騎著火箭推進的載具是什麼感覺，這是無法形容的感覺，你會想要再試幾次。」

　　「就按那麼一下鈕，就在那一毫秒，你就衝出去了，基本上那一瞬間就決定一路的方向。最危險的是起步，萬一沒把方向對好就麻煩了，車頭朝哪，就會往哪個方向衝，一開始那半秒鐘最可怕。」

　　「隨著燃料箱愈來愈空，腳踏車也愈來愈輕，空氣阻力雖然在增加，但是質量減少，意味加速度也在增加。有加速度，有噪音，整件事在一瞬間發生，完全就是感官負荷超載，超過大腦所能處理。」

　　我們先在這裡暫停一下，理解一下這一切有多麼愚蠢。身高178公分的彼得‧貝克，當時體重只有63公斤左右，瘦巴巴的骨架幾乎只撐得起他那頭捲髮。談到自己的工程長才時，一臉興奮、自信滿滿，有瘋狂科學家說來就來的熱情，就像燙了頭髮的年輕版布朗博士（Doc Brown）[4]，在自己搭的花園小屋調製燃料，再用好心人送的材料做火箭引擎。這就是那個把炸彈放在兩腿中

4　譯注：電影《回到未來》裡面的瘋狂博士。

間騎著跑的人。

做了一連串的測試之後，貝克在公司停車場為主管和同事做了比較正式的展示。不久之後，他的腳踏車就在但尼丁的南方速度節（Southern Festival of Speed）亮相，那是但尼丁一年一度的街頭活動，有各種競賽與短程加速比賽。

即使是在一群早就看慣改裝車的人之中，貝克的腳踏車也像怪胎一樣引起側目，甚至還給主辦單位帶來嚴肅的安全問題。主要比賽是在一條兩百公尺長的道路進行，觀眾和車輛中間只以堆起的輪胎隔開。這個洗碗機清潔劑分配器學徒騎這顆在小屋自製的飛彈，萬一出了差錯，好奇的旁觀者會有危險嗎？為了搞清楚，活動的「檢查長」用最閒散的紐西蘭方式對貝克的腳踏車做了評估，他直接問這個年輕人腳踏車的煞車行不行，貝克打包票說「好得很」，然後就放行了，只是有個預防措施：會有一輛救護車在賽道上跟著貝克。

跟別人比賽之前，主辦單位想看看貝克獨自「慢」騎一下，只是這輛車沒有「慢」這個選項，只有兩個模式：停止或「只能祈禱沒事」。奇葩的部分還不只如此，他不能把腳踏車停在起跑線等綠燈一亮就衝出去，因為這會讓他沒有足夠的時間把腿放上車後的踏板。貝克得先跨上車做一個「笨拙動作」，就是雙腳向後踢著地面讓車子前進，等到車子達到穩定的速度再把雙腳放上踏板，然後把車身擺正對直，然後按下把手上那個神奇按鈕飛出去。「沒有人知道到底怎麼一回事，」他說，「你就看到路上有個人騎著一輛奇怪的黃色東西衝過去，後面跟著一輛救護車。」

　　至少貝克的穿著看起來像那麼一回事。他把平常髒兮兮的工作服放回工作櫃，換上紅黑相間的賽車服、黃色手套、黑色摩托車安全帽。就在貝克穿上這身行頭，他媽媽還在納悶目前是什麼狀況的時候，貝克已經成功把車子噴射出去，五秒鐘跑完的平均時速是一百四十公里，況且那已經是他從時速最高一百六十多公里慢下來後求得的數值。要把車子停下來，貝克不能馬上踩煞車，因為煞車皮在這麼高速之下會融化成液體，他想出一招，坐直身子，利用軀幹產生風阻，把速度降到時速一百公里，這時就能踩煞車。

　　全場群眾一陣歡呼，要求貝克再來一次，這次他們想看貝克來場真正的比賽，你絕對想不到，就那麼剛好，現場竟然有一輛「道奇毒蛇」跑車（Dodge Viper，時速從零加速到一百公里只要四秒鐘）。貝克先做他的起跑動作，毒蛇車主等到兩輛車齊頭就踩下油門。貝克贏了。「那次玩得很開心，」貝克說，「事後主辦單位對我說：『小夥子，我們真的很高興沒出事。』」

　　貝克最後在那家家電廠做了七年，已經能完美駕馭更多工具，也建立起「解決問題達人」的聲譽。他在設計部門也不斷高升，接手的工作一件比一件棘手，成為精進菲雪品克高價硬體的王牌高手。離開公司前，他已經在負責設計用於製造家電的大型沖壓機和壓力機，他製造的是製造機器的機器。

　　貝克生性內向，在菲雪品克工作的時候並沒有什麼社交生活，不過他倒是在設計部門遇到後來的太太，凱琳‧莫里斯（Kerryn Morris），她也在那裡擔任工程師。他們曾經合作一件案

子，貝克替凱琳設計的家電製造一些工具，還因為「週五挑戰之夜」一起出去玩。「週五挑戰之夜」是貝克發起的活動，每週一次，每次由一位同仁提出某種任務，其他人要努力去完成，任務包括懸崖跳水、搖搖晃晃走懸索過河等等，只要是能讓大家走出舒適圈都可以，完全就是走貝克風格的休閒娛樂。

不過，真正點燃兩人愛苗的是貝克對火箭的痴迷。凱琳和辦公室其他女同事很同情這個小夥子，看他不眠不休忙於嗜好，好像從不吃飯似的，於是開始邀請他偶爾到自己的公寓吃頓飯。結果偶爾到凱琳住處吃晚餐的日子漸漸頻繁起來，沒多久她就成為第一個替貝克的火箭冒險提供安全協助的人。「我做引擎測試前會先打電話跟她說，如果我隔了太久沒打給她，就請她叫救護車和消防車，」貝克說，「引擎的威力愈來愈強大，有可能出事。」後來凱琳乾脆直接到他的住處，幫忙做測試。

火箭腳踏車之後，貝克製造一臺火箭驅動的滑板車，然後是噴射背包（他腳踩輪鞋揹這個背包），這些實驗大多有凱琳從旁目睹，不管發生什麼事都沒有離開。「有一次測試火箭滑板車，我去按引擎的點火器，被大大電了一下，」貝克說，「超大的，電得我跳起來尖叫，等我平靜回過神來，看到凱琳在狂笑。我當時覺得我很可能就要死了，結果她卻覺得有趣到爆。」

凱琳成長於但尼丁外圍一個飼養乳牛和綿羊的濱海牧場。這座美麗的牧場由莫里斯家族從1860年代開始經營，常有海獅、黃眼企鵝來訪，同樣需要凱琳擁抱八號鐵絲精神，修理牧場裡裡外外大小事，而凱琳取得機械工程學位之前一直幫忙家裡的

生意，證明這些事難不倒她。2002 年，已經跟貝克交往的凱琳，在斯倫貝謝油田服務公司（Schlumberger）找到一份新工作，位於紐西蘭北島西部邊緣的新普利茅斯（New Plymouth），貝克也跟著辭掉菲雪品克的工作，一起搬過去。

貝克在新普利茅斯找到一份工作，是替超級有錢人打造遊艇。這份工作對他很有吸引力，因為這些船是用碳纖維和鈦製造的，在工程上是嚴峻的挑戰，舉個例子，船主的船艙都是配置在 38 公尺長的遊艇尾部，靠近螺旋槳和其他吵雜的機器，貝克他們的任務就是想辦法消音。不過，造船業重視經驗大於一切，對任何新想法都有一種內建的抗拒心態，貝克會提出意見，並跑電腦模擬來證明他的建議可能有用，但通常會白忙一場。「他們的想法是，如果以前行得通，跟著做就是了，」貝克說，「我被搞到徹底抓狂。」

貝克的家庭生活也好不到哪裡去。搬了家，他沒有小屋可用，也沒什麼時間做他的火箭副業，而凱琳的工作又需要常常到中東、美國去分析油氣井的表現。貝克努力把不好的事轉化成好事，飛去開羅跟凱琳會合度假，這是他第一次一個人出國大旅行。另外，儘管老闆並不在乎他的發現，他也繼續研究遊艇的工程問題。可能是運氣或堅持，也可能兩者都有，這些努力沒多久就幫助貝克，為他的火箭帝國打下基礎。

11

美國，你不該只是這樣

　　遊艇公司的老闆要求貝克手工製作船上廚房的鈦金屬球形門把，意思是他得花好幾個小時打磨金屬片，磨出完美球形，即使外面很容易就能買到類似的東西。這麼做的目的是要做出重量輕一點點的門把，讓遊艇重量少個幾十克，可是，碰到要壓低引擎和螺旋槳轟隆隆與鏗鏗鏘鏘聲響的時候，老闆卻又選擇蠻幹，下令在遊艇尾端裝填一噸又一噸的沙子。

　　貝克不能眼睜睜看著自己的工程熱情受到這種侮辱還悶不吭聲。他研究螺旋槳，分析螺旋槳的聲音輸出，知道只要用隔板並調對頻率的共振器，就可以抵消這種噪音。他建立電腦模型驗證自己的理論，但是又想取得百分之百的把握再去跟老闆大聲爭取，於是他找上政府資助的研究實驗室「工業研究公司」(Industrial Research Limited, IRL)，約好前去拜會一位聲學工程專家。

　　工業研究公司在紐西蘭有三個辦公室，聚集全紐西蘭頂尖的科學家和工程師，他們的工作是提出大方向的規劃，協助企業解決棘手的問題，扶植紐西蘭的工業。貝克來到工業研究公司在

奧克蘭的辦公室，和聲學工程專家討論遊艇噪音的問題，不過他也注意到那個實驗室有很多高級設備，還有幾個職缺。因此他應徵工程師的職位，順利獲得錄取，離開他在新普利茅斯做了一年的遊艇工作。

凱琳遠赴利比亞長期派駐，貝克則搬到紐西蘭最大城市奧克蘭。四層樓高的工業研究公司在大多是富裕人家，還有不錯餐廳和咖啡館的住宅區，顯得有點格格不入，但它在某段時間還是運作得很好。從 1990 年代初期開始，政府研究人員就和科技新創公司共用這棟辦公室，共享實驗室和設備，交換想法，不過到了 2004 年貝克加入的時候，來自政府的資金斷炊，業務也開始萎縮，但新創公司的部分則愈來愈蓬勃。

當時二十四歲的貝克，開始跟政府研究人員一起工作，他被派到一個研究碳纖維等複合材料的團隊。紐西蘭因為有引以為傲的帆船傳統，再加上在美洲杯帆船賽的成績，成為碳纖維專家的培育溫床，目標是把這種材料拓展到船隻與飛機以外的領域。在幾個科學家的指導之下，貝克學到既新穎又非常嚴謹的技術，可測試材料承受壓力的程度。他一加入團隊就成為不可或缺的存在，將他的實作能力跟同事的理論背景完美結合。

他替一項計畫製造一個測試裝置，研究人員把碳纖維板子用力砸進水池，來模擬船身被波浪撞擊的狀況，再用他的測試裝置進行測量；有了測量結果，團隊就能製造愈來愈輕、但遇強烈撞擊還能保持堅固和彈性的板子。這種知識未來有可能派上用場，比方說想發射碳纖維火箭去衝破大氣層的時候。

　　還有一個計畫是這樣，貝克和幾個夥伴到工業研究公司的地下室，測試一塊 20 公尺的木頭風機葉片，貝克做了一個架子固定葉片，然後再用另一個機械裝置讓葉片上下擺動，要讓葉片搖到斷裂。機器一開啟，木頭葉片就來回彎曲，發出超大的雷鳴聲──砰砰砰，砰砰砰──響徹整個地下室。「他這傢伙實在太聰明，」跟貝克一起在實驗室工作的道格‧卡特（Doug Carter）說，「這整個東西都是貝克自己設計打造的。他把架子的負載分散到地下室各個柱子上，所以就能把力量轉移到建築物上。這臺機器堅固到連牆壁都出現裂痕，害我們開始擔心葉片沒壞，反倒把這棟建築物弄壞。他絕對是天生的科學家。」

　　工業研究公司在全盛時期是進行政府資助的純研究，挑戰各個領域的科學極限，而貝克加入時的工業研究公司比較像是顧問機構，企業會付費尋求協助、取得科學上的指導。雖然不復往日榮光，但還是有幾百位的頂尖科學家，就算不是博士，也有高等學位，而貝克即使沒有任何可以說嘴的學位，在這群人當中也毫不遜色。「他沒有任何學歷確實很奇怪，」卡特說，「但是他如果去念大學要拿什麼學位一定都沒有問題，他就是個海綿，我覺得他是十億人口中只出一個人的人才。」

　　學歷有一次成為問題，當時有一件官司牽涉到一連串有關碳纖維複合材料的故障，工業研究公司打算讓貝克上法庭擔任專家證人。那些年他偶爾也會到當地大學教課，甚至指導博士班學生，但工業研究公司一想起他沒有學歷，就決定不讓他出庭作證。貝克無法苟同這種蔑視他的態度，也對組織和公司在求才時

往往把學歷看得比經驗重要的做法表示懷疑。「學習的方式有兩種，」貝克說，「你可以上大學學習軸承斷裂，也可以直接進入業界親眼看到斷掉的軸承。在大學，最糟的狀況不過就是成績爛而已，但是在工廠，最糟的狀況是會讓生產線停工的，所以嚴重多了。」

在工業研究公司頭兩年，貝克完全在做研究工作。他在菲雪品克學到產業的來龍去脈，現在到了工業研究公司則是有一套新工具可以探究材料的性能作用，細微到原子層級。「所有最頂級的資產都可以隨我取用，」他說，「我有振動測試機、衝擊測試機，還有最好的程式碼。我製造的東西不多，但是在研究和知識層面以及對物理學有更深入的了解，那段時間的收穫很大。」

工業研究公司實驗室的人都喜歡貝克，他充滿自信，但在點出別人的方法有錯誤時也不自誇或貶人。他的外表也是讓人對他不設防的原因，當時依舊瘦巴巴的他，頂著一頭蘑菇捲髮，看起來就像為了好玩而喜歡穿白色實驗袍的衝浪者。他全身上下那種沉迷於嗜好的氣息，也讓他看起來更容易親近。下班後不時可在停車場看到他鑽進一輛千斤頂抬高的古老克爾維特（Corvette）跑車底下，翻找工具袋，滿身油汙。

工業研究公司裡的博士並沒有賺很多錢，但是已經比貝克多很多，他一開始年薪只有四萬美元。為了養活副業，他在鎮上另一頭的一家模具店兼做第二份工，晚上六點到九點去那裡做點顧問工作，然後再開車回家研究他的推進劑和火箭引擎，從十點做到凌晨兩、三點。深夜的這些努力沒有白費，他在推進劑方面

有愈來愈多的專業知識，引擎的尺寸和動力也愈做愈大。他原本打算製造一輛火箭車來打破紐西蘭路面速度的紀錄，還開始做推進系統和車架，就在這時候，他去度了一個假，人生從此走上新的方向。

2006 年左右，凱琳因為工作，需要到美國待一個月，對貝克來說，這一個月正好給他機會，完成太空迷一輩子一定要去一趟的朝聖之旅。他之前一直寫信給美國的 NASA、大型航太公司、太空同好尋求建議，也已經在網路上建立起關係，心想這趟有機會見見其中一些人，了解航太業最新的技術。他不只是去參觀太空強國，還要帶他的作品照片給別人看，好好介紹一下他的實作經歷，也許，只是也許，會有人給他工作機會。貝克的收支雖然一直處於勉強打平的狀態，不過存款還是夠他起程，於是他向公司告假一個月。

大部分時候都一絲不苟的貝克，卻沒有規劃這趟旅行的細節，只知道要安排到加州和佛羅里達州這兩個美國最大的航太中心。可是他事先沒有預約多少行程，主要打算直接殺到各公司的總部和 NASA 各中心，當場再問能不能見見網友或看看一些研發工作。「這趟是去認識人，把我自己融入這個國家的航太業，」他說，「這是主要目標。」

一降落美國，一股敬畏、沒有什麼不可能的感覺立刻湧上貝克心頭。洛杉磯國際機場剛好就在洛杉磯航太圈的中心，從機場往南開三公里就會看到波音衛星系統（Boeing Satellite Systems）、

諾格（Northrop Grumman）[1]、雷神航太航空系統（Raytheon Space and Airborne Systems）那些航太業老兵單調、四四方方的大樓，再多開幾公里會直接開進馬斯克的 SpaceX 總部，和他們占地廣大的火箭工廠。「那裡有騎摩托車的警察，跟美劇《加州公路巡警》（Chips）一樣，」他說，「我還以為那是編出來的，結果原來是真的。我的臉緊緊貼在計程車窗往外看，因為我人就在美國！那些航太建築一棟棟從窗外閃過，太不真實了。」

　　貝克到洛杉磯的第一站是太空迷的聖地，去諾頓大拍賣（Norton Sales）。站在外面看，這家店就像一家位於租金低廉地區的當鋪，走進裡面則是太空發燒友的寶庫。多年下來，店家的收藏已經有引擎、渦輪泵、閥門等等，甚至連衛星都有，全來自廢止的太空計畫，一個個到處隨意擺放。貝克原本就打算要麼就去航太博物館隔著玻璃櫃看，要麼就來這個太空廢物天堂體驗一下，實際把這些工藝品捧在手中。一層又一層貨架，一個又一個閥門，一小時又一小時，他在老闆好奇的眼神中逛遍整家店。

　　接著貝克開往波音、普惠（Pratt & Whitney）、洛克希德馬丁、洛克達因航太（Aerojet Rocketdyne）等公司，一路上都帶著一本剪貼簿，裡面有他的火箭腳踏車、噴射背包等等奇怪機器的照片，天真地希望能向他碰到的人證明，他不是瘋子。有幾次他還真的通過接待處跟工程師聊上話，更多時候是被警衛趕回車裡，要他先預約再來。

1　美國航太及國防科技公司。

　　來到南加州的火箭迷一定會去一趟莫哈維沙漠(Mojave Desert)，所以貝克接下來就往那裡去。莫哈維是美國過去幾十年測試最先進飛行器的地點，近幾年也有太空新創公司來到這裡，尋找更便宜、更快、更好的方式進入軌道。政府官方批准的行動大多在愛德華空軍基地(Edwards Air Force Base)進行，這也是貝克的第一站。「我看到招牌就脫口：『我的天啊！就是這個！』」他說，「我太興奮了，馬上跳下車，在衛兵哨旁邊就拍起照來，然後一個拿槍的人走過來要我出示身分證件，我拿護照給他看，上面滿滿都是中東海關的章，看起來不太妙。不過接下來他發現我好像沒有什麼威脅性，腦袋好像突然想通似的，開始問起《魔戒》，我想是那部電影救了我，他叫我離開不要再回去。」

　　一到莫哈維鎮上，貝克發現當地機場有十幾家新創公司在機庫製造火箭、太空飛機、登月器。這些公司比傳統航太公司更熱情，也欣然把貝克的火箭剪貼簿當成明確證據，證明貝克跟他們是同一國的人。

　　貝克看了一間又一間艱苦不屈的工作間，很高興發現莫哈維人也在打造類似他在做的東西，也遇到一樣的問題，唯一的不同是他們有美國政府的研究補助或太空夢想家富豪的金援，而貝克只有每個月付完房租、買完三餐剩下的錢。「在紐西蘭的時候，我不知道我在整個環境中處於什麼樣的位置，」他說，「不知道我是在下面、中間、還是上面。在美國，他們用跟我一樣的設備、打造一樣的引擎、有一樣的掙扎，他們在做我在車庫做的事，這樣的情況太棒、太棒了，大大鼓舞了我。」

　　貝克從莫哈維跳上飛機，抵達佛羅里達卡納維爾角（Cape Canaveral），他雖然是不折不扣的火箭狂，卻從來沒近距離看過大型火箭或發射臺。他在甘迺迪太空中心繞了一圈，乍看跟其他觀光客一樣，只是每到一站都讓他莫名興奮。「我快瘋了，因為相機快要沒電，」他說，「那是我第一次摸到真正的火箭。就好像把酒鬼丟進滿滿伏特加的游泳池。」夜裡，他打電話給凱琳，連珠炮講他的發現和感想，凱琳就靜靜地領受他的狂熱。

　　從很多方面來說，這趟旅行最重要的拜訪卻有最糟糕的體驗。貝克回到洛杉磯，預約參觀著名的噴射推進實驗室，美國一些最先進的太空探索飛行器就是出自這裡。一開始貝克還是一如往常，洋溢太空迷的喜悅，他來到的地方是 NASA 的聖地，是建造大型火箭把人送上月亮的地方，但隨著參觀行程繼續，他的喜悅漸漸消褪。噴射推進實驗室顯然還停留在 1960 年代，電腦設備老舊、科學儀器老舊，更慘的是，導覽人員一再跟大家說現在的 NASA 多麼令人失望。

　　貝克注意到某間實驗室有個工程師在工作，他想脫離人群私下過去聊聊，想瞄一眼好東西，但是導覽人員把他拉回來，關掉他的好奇心。貝克原本以為噴射推進實驗室會像新創公司一樣嗡嗡嗡忙翻，會看到有人跑來跑去趕最後期限、有人熬一整夜直接睡在走廊，結果，他看到的是官僚和無奈不滿。

　　「NASA 對我來說是那麼崇高的地方，」他說，「我抱著要去看超厲害金屬陶瓷、超神硬體的心情去參觀。NASA 不是應該領先好幾步嗎？結果並沒有，那裡的人在抱怨沒有像樣的電腦可以

使用。那個地方已經是歷史遺跡。我走出去的時候覺得不應該是這樣的，那裡就像地獄一樣教人沮喪。那天我大崩潰。」

　　參觀完噴射推進實驗室不久，貝克就登上飛機，準備坐十三個小時回到奧克蘭。他的思緒回到在諾頓大拍賣看到的那些硬體設備，還是很讚嘆 1960 年代航太設備的精良程度。接著他想起莫哈維的人，他們在布滿灰塵的飛機庫修修補補，就跟他一樣，然後再想起參觀噴射推進實驗室的悲傷。貝克那時不太認識 SpaceX、藍色起源這些公司，也不知道他們可能帶來的機會。他去美國是想在諾格或洛克希德馬丁這種大名鼎鼎的公司謀得一官半職，到航太技術最尖端的地方工作，沒想到，最尖端的技術並不存在。不管是那幾家大企業，甚至 NASA，大家都還在用老方法做事，而且沒什麼熱情。沒有人有新想法，也沒有人想要精進航太技術。

　　飛機起飛，座位上的貝克把身子往前挪，向窗外望去，他最後一眼看到的美國是諾格大樓發光的藍色字母招牌。「那是重重的一擊，」他說，「我帶著憧憬來，最後這幾個字母提醒了我，這段旅程是多麼狂野、多麼讓人情緒激動，我甚至以為那幾個字會熄滅。」

　　貝克心情沮喪，除了思考不知道還能做什麼，所以他就只是思考。旁邊的人都在吃難吃的飛機餐、看小小的電視螢幕，不然就是在睡覺，貝克卻想了整整八、九個小時，內心波濤洶湧。「就好像原本相信、堅持的一切都是錯的，完全沒有欲望去做我以前認為很重要的事。我現在還記得當時跟一個在洛克希德馬丁

工作的人談過，當時我向他提出一些想法，他的話現在還言猶在耳：『除非政府要我們做，付錢給我們去做，不然我們什麼都不做，』但工程師不就是應該解決問題的嗎？我下了決定，要麼我就沉溺在自哀自憐當中，有一小段時間我還真的是這樣，不然就去找解決方法。我後來決定，那好吧，我自己來做。」

　　在那一刻，貝克體驗到工程師版本的天啟。原本應該打造酷東西的人現在不做了，事實上根本就是放棄了；在他看來，那些人應當正在改變人類抵達太空、跟太空互動的方式才對。需要有人製造出便宜的火箭把便宜的衛星送上太空，而且是幾乎天天發射火箭。要是有這樣的火箭存在，公司和科學家就會知道可以仰賴這個服務，人類跟太空的關係就會產生根本的改變，他們會把上太空當成理所當然，然後各種可能性就會出現。貝克找到他的天職了。

　　無時無刻不是工程師的貝克，當下馬上把接下來必須做的事拆分成各個步驟：開公司，募一些錢，先做個小東西，取得信任，然後做大一點的東西，募更多錢。光是擬個計畫就讓貝克的痛苦煙消雲散，甚至激發出他的熱情。「有的時候，有些事就是會讓你壓力超大，這時候只要有個解決方法出現，就像清風吹來，」他說，「然後腎上腺素充滿在體內，喊著『上吧！』。我跟我太太說，有一天那棟諾格大樓會是我的。」

　　降落奧克蘭後，貝克馬上飛奔回家，衝進樓下的工作間。他腦力激盪了好一會兒，替新事業想出名字：Rocket Lab（火箭實驗室）。接著他在電腦上畫出一個簡單標誌，把 Rocket Lab 這兩

個字放在一枚黑色火箭中間，火箭尾部噴出紅色火焰。他把標誌列印出來，貼在地下室門外，簡單一個動作一下子就讓整件事真實了起來

可是貝克沒有欣喜若狂，反而沮喪不已。當時是 2006 年年中，他轉眼就要三十歲，他不懷疑自己，不懷疑自己的能力，也不畏懼前方的挑戰，只是覺得時間沒有站在他那邊。要做的事情太多了。

12

「妳真是美上天！」

　　彼得・貝克知道自己想開一家火箭公司，但不知道是哪一種火箭公司，因為他有兩份工作要做，錢又不多，所以他決定從「小火箭」開始——真的很小。他要做所謂的「探空火箭」（sounding rocket），這種火箭有火箭所有的主要特性，包括引擎和空氣動力設計，只是沒有大火箭那麼遠大的雄心；要穿越地球大氣層進入太空沒問題，但是欠缺橫向飛行所需的速度，進不了軌道。

　　探空火箭雖然有局限，但還是派得上用場，可以把酬載送到高於氣球、低於衛星的區間。既然很小，而且複雜度不高，製造成本也相對低，這對科學家有吸引力，因為他們會想把探測器送到太空做測量，或是在零重力環境測試化學物質和分子的特性。然而，製造這種火箭的廠商並不多，所以貝克覺得，只要他能又快又便宜製造出來的話，隨便去大學和做科學相關研究的組織都找得到客戶。

　　雖然體驗到神奇的天啟，但是貝克也很快就嚐到任何冒險

嘗試都會有的自我懷疑。他去工業研究公司，私下問兩個人覺得開火箭公司好不好。「其中一個是道格‧卡特，他的工作是替工業研究公司開發生意，」貝克說，「我把計畫告訴他。現在回想起來，那次討論影響後來的發展。他當時大可直接跟我說不好，但是他沒有。」

好玩的是，道格‧卡特對那次談話的記憶並不是那樣。「他去了美國還是哪裡，見了 NASA 那些人，」卡特說，「不敢相信，他竟然跟我說他真的很喜歡火箭，想創業，我記得我當下心裡想：『呃……聽起來不是很實際。』他就像個頭髮捲捲的衝浪小子，我的感覺主要是他沒有機會，我跟他說去製造火箭零件或許還比較有可能。」不過，卡特倒是給了一個可能對貝克有幫助的想法。卡特當時剛好在雜誌讀到紐西蘭一個有錢人的報導，你相信嗎？他的名字就叫做馬克‧火箭（Mark Rocket），號稱對太空無所不愛，「我說：『你應該打電話找他，看看能不能弄到一些錢。』」

馬克‧火箭的本名是馬克‧史蒂文斯（Mark Stevens），消費網路興起的早期，他創辦一個紐西蘭旅遊網站和工商名錄，上面有租車地點、飯店和活動等等資料，網站很受歡迎，引來當地一家黃頁[1]出版商的青睞，收購史蒂文斯的公司，讓他搖身變成千萬富豪。

史蒂文斯對太空的迷戀從孩提時代就已經開始，他一直想

1　編注：黃頁（yellow pages）是以黃色紙張印刷的通訊目錄，記載商家的電話。

踏上太空之旅。「我很失望不是出生在美國，他們那邊有太空人和太空計畫，」他說。有了滿手現金後，他決定放飛內在的太空魂。他正式把名字改成馬克‧火箭，還付二十五萬美元預訂維珍銀河規劃中的太空飛機席位，這架飛機會帶有錢人到太空邊緣幾分鐘。「名字就是想法，會一直抓著你，」他說，「文字真的很有力量，會用各種不同的方式產生影響。你可以創造自己的生命，就像創造一件藝術品一樣。至於太空旅行，我決定用行動證明我的話。」

　　貝克 2006 年打給火箭先生的時候，時機正好。[2] 當時火箭先生正苦於南半球的航太科技或太空商業計畫幾乎是零，他一直在尋找可投資的東西，找來找去都是一些「瘋瘋癲癲的人」。相較之下，電話中的貝克感覺真的是工程師，探空火箭計畫聽起來也行得通，別的不說，光是拿出來說嘴就很好聽。

　　火箭先生要求貝克多提供一點資料，同時也開始打電話查核貝克的背景。貝克寄來的計畫書勾勒出他計畫製造的火箭，可載 80 公斤貨物上太空待幾分鐘那種，主要客群是大學和理工科系。火箭先生覺得 80 公斤實在野心太大，建議一開始 2 公斤就好。「我的想法是，先製造出一個證明可行的載具，讓大家看到我們有能力做出引擎和整個系統，」火箭先生說，「但是貝克很堅持大一點的火箭才是該走的方向。」

　　雖然一開始就意見不同，不過火箭先生只花了兩個禮拜就

2　根據貝克的回憶，他並不是從卡特那邊得知火箭先生的，而是有一天開車從廣播聽到火箭先生受訪，談到他預訂維珍銀河的太空旅行。

決定放手，繼續資助貝克。他給火箭實驗室開了一張三十萬美元的支票，持股五成。「看起來好像這一大筆錢我花得很隨便，但這就是我想參與的東西，而且看起來也沒有別人跟我想法一樣，」他說。

　　貝克對火箭實驗室的未來已經有完整的構想，但是不想這麼快就全盤告訴火箭先生。用三十萬在紐西蘭從零打造一家太空公司已經夠不知天高地厚，他怕全講出來，會嚇跑南半球唯一願意支持他的希望和夢想的人。而且他看起來是真的有點心急，太渴望拿到這筆錢，也真的是創業菜鳥，竟然一開始就奉送一半股權。「我很怕我把計畫全講出來會聽起來太瘋狂，」貝克說。

　　手上有了錢的貝克，大步回到工業研究公司，問能不能讓他占用一些空間打造新公司。工業研究公司答應讓他用一樓一塊辦公區以及地下室一塊區域，比較不能開玩笑的實驗可以拿到地下室做，混凝土牆壁至少對建築內其他人會有點保護。最棒的是，工業研究公司讓貝克免費取用所有設備。

　　貝克著了魔似的，開始建造他的第一枚火箭。和先前一樣，他仍然得實驗推進劑，只不過這次不是提煉化學物找出炸藥配方。對化學幾乎一無所知的他，找了相關書籍來閱讀，也向幫得上忙的人尋求建議，包括在走廊另一頭工作的科學家們。經過好幾個月的多次實驗，他終於選定過氯酸銨、鋁、端羥基聚丁二烯的組合，融合成一根固體燃料棒。這一大根燃料棒能握在手中，貝克每天晚上離開辦公室前會放進保險箱。

　　重點是，貝克這次必須學習製作出一臺優雅的機器，而不

只是單單一個引擎。他之前做的引擎都是加裝在腳踏車或滑輪鞋上面。至於火箭，即使是很小的火箭，也需要有更整體的思考，不僅沒有出錯空間，連一丁點多餘零件的空間都沒有。整部機器的每個部分，包括箭身和電子零件，都必須精準設計、仔細規劃。「那是一段很美好的時光，」貝克說，「那段時光很單純，就只有我自己，也開始了解一個所知不多的人可以完成多少工作，呃……完成的工作還真的不多。」

貝克起初給自己一年的時間，要在一年內製造出探空火箭並發射升空。他很享受經營一家真正公司的感覺，也對辦公室門上的火箭實驗室名稱和標誌引以為豪。加上「實驗室」是為了添加一點莊重感。「如果只用『火箭股份有限公司』或『火箭公司』，可以泛指任何東西，」他說，「但是如果用『火箭實驗室』，大家馬上就知道是一家實驗室，可信度一下子就增加了。」為了更像是實驗室，他還會穿白袍在辦公室走來走去。

因為是一人公司，他要同時設計引擎、箭身、電子裝置，必須快速在不同工作之間切換，而儘管是一人公司，經營管理還是得學。「如果只是嗜好，你就不必擔心保險問題，」他說，「萬一把房子燒了，那就只是規劃不周。但如果是開公司做生意，你把人家的建築物燒了，那就不是規劃不周，而是大麻煩。」

產品最終的樣子已經在他的腦袋裡，畫面十分清晰。「不是抽象的概念，」他說，「我的腦袋看得到最後的成品。」所以接下來，從起點到最後做出成品的終點之間，就只是不斷、不斷地做。好消息是，貝克的願景清晰明確，而且工作量再多也嚇不倒

他。「只要我一決定做某件事，那件事在我心中就是一個必然的事實，」他說，「我完全不會懷疑自己做不做得到。」問題是，貝克常常低估所需的時間和金錢。「我從那時候就學到，每件事都應該乘以 π，」他說，「最後需要的時間和成本通常是當初所想的 3.14 倍。」

火箭三人組

2007 年，貝克開始網羅兩個人來協助他的火箭志業。他跟電機工程師蕭恩・歐唐納（Shaun O'Donnell）的關係向來很不錯，歐唐納出身濱海城市內皮爾（Napier），曾在一家新創公司工作，也有自己的顧問生意，還在工業研究公司兼差，工作之一是幫忙建立紐西蘭肉類出口的資料庫追蹤系統。貝克從這位肉類目錄編輯人身上看到明顯的航太潛力，某天晚上主動出擊遊說。「當時我正要走出大樓，貝克跟在我後頭走到外面的人行道，」歐唐納說，「這很奇怪，因為他從來沒做過這種事。貝克把我叫住，問我有沒有可能替他的火箭公司做點事，我心裡想的是：『噢，好啊！好像很讚！』但這件事其實看來有點瘋狂。」

貝克聘請歐唐納以兼職的方式負責火箭的航空電子零件，也就是電機系統。辦公室裡有兩張桌子，歐唐納挑了其中一張桌子入座，還整理出一塊區域做電子零件測試。跟貝克一樣，他也是從書本或搜尋 NASA 網站，學習製造火箭需要哪些東西。

歐唐納加入沒多久，貝克就雇了第一個全職員工：尼基

爾‧拉古（Nikhil Raghu）。拉古出身工程師家庭，十歲跟隨家人從印度移民到紐西蘭，在奧克蘭大學念機械工程，碩士一畢業就進入火箭實驗室。貝克給他的頭銜是工程與營運主管，但要在他的名片加上「萬能工程師」也是可以。拉古的工作包括幫忙建造火箭、建立財務模型和整理資料給潛在投資人看，還要管理預算，基本上貝克要他做什麼，他就得去做。

老闆（貝克）和主要投資人（火箭先生）都沒上過大學，不過這點並沒有給拉古帶來困擾。這位年輕的工程師發現，貝克有把書上的工程理論轉化為實際應用的本事，貝克的動手做方式有別於大學課程的抽象思考，讓拉古耳目一新。「我從來不曾坐下來問自己：『這是一場騙局嗎？』」拉古說，「我相信貝克辦得到。跟他在一起，就像被吸進漩渦，他非常有動力，總是以時速一百六十公里的速度前進，面對問題，絕對不放棄。年輕工程師很容易強調理論，但是你跟貝克一起解決問題的時候，他會晚上回家在工作間用機器實做，驗證我們白天的理論是對還是錯。」

火箭實驗室這三人組在外人看來一定很滑稽。辦公室只有一間小套房的大小，僅有的一點空間用臨時隔板隔出不同工作區，電腦和桌子在這裡，電子零件組裝測試在那裡。所有家具都是貝克向大樓其他團隊要來的，完全看不出一致的風格。這間辦公室有一扇窗戶，但是因為整棟大樓緊挨著一座小山，只有窗戶最上頭看得到一抹藍天，有訪客形容這裡像是個「地牢」。

地下室的空間大一點，「可以做比較酷、比較危險的事，」拉古說。他和貝克買來一個 3 公尺 × 3 公尺的貨櫃，放在地下

室做為火箭引擎測試中心；[3] 他們還搭了一個小屋，完全密閉，也做了防靜電的接地處理，這樣就能在一個可控制的環境下研究推進劑。這些預防措施是必要的，因為他們在操作的是過氯酸銨這類物質，例如把過氯酸銨結晶體磨成剛好的大小。[4]「那個東西不只會把東西燒起來，你也不會想吸進去的，因為會對人體健康造成種種危害，」拉古說。可想而知，火箭實驗室不時有震動牆壁的爆炸傳出，把大樓其他人嚇死了。

有些最棘手的工作是在戶外進行，因為要改良用降落傘讓火箭順利降落到地球的技術。為了進行測試，他們先複製火箭和貨物的重量，造出一塊 70 公斤的金屬，在上面裝上所有感測器和加速度計，接著找一位願意駕機飛越轟炸靶場的飛行員，再由一個人從飛機貨艙門扔出那塊金屬。飛行員飛上去之後，綁在飛機架子上的火箭實驗室成員，會把金屬塊用力扔到下方松樹大小的沙丘，然後另一個成員必須去追蹤落下的金屬，用無線電訊號聯繫。情況通常不會如預期順利。「如果你以為實驗火箭燃料已經很瘋狂了，等到實驗降落傘效能就知道什麼叫真的瘋狂，」拉古說，「這個環節本身就是一門完整的科學領域。」

研究做著做著，火箭實驗室這幾個人對未來愈來愈有信心。1950 年代和 1960 年代的航太人員在短短時間就能完成那麼多成

3　後來，火箭實驗室改在一個模型火箭發射場和紐西蘭航空一個設施做引擎測試。

4　有一天工業研究公司有個人要丟掉一臺破舊的顯微鏡，「那臺顯微鏡太複雜，沒人能修，」卡特說。貝克看到顯微鏡就要進垃圾桶，便以一美元買下，他不僅修理好，還拿來檢查過氯酸銨結晶體。

就，相較之下，貝克愈來愈覺得這幾十年的航太產業流於自滿、故步自封，其實只要用有創意的方式思考問題，即使是他們這樣資源有限的小團隊也能做到很多事。

話雖如此，他們還是得在持續不斷的財務壓力下運作。火箭先生的投資是有幫助沒錯，但是他那筆錢也只能幫到這裡，貝克原本希望向大學招攬生意，希望他們先為未來的火箭發射預付一些費用，但是這家沒有實際成績的公司並沒有被當一回事，而且也不知道怎麼讓美國或歐洲的酬載獲准搭上紐西蘭的火箭。貝克本來想多雇點人加速計畫的前進，無奈沒錢什麼都別想。

「貝克和我都很沮喪，」拉古說，「我們一直說：『為什麼我們都找不到有錢人？為什麼矽谷那些公司帶著寫在餐巾紙的點子和 PowerPoint 走進去，出來的時候就有幾百萬美元，而我們卻在這裡苦哈哈？我們要的不多，只要他們募到那幾百萬美元的零頭就可以了。』」

為了找錢，貝克和拉古到處找補貼。美國的太空同行通常耍耍嘴皮子就能從 NASA 或 DARPA 拿到幾百萬美元，火箭實驗室卻只能簽簽業外小合約勉強撐著。他們有兩份合約是替超級遊艇做碳纖維船身的超音波測試，還有一份要他們探測一種新型管道的結構強度，探測方法是在那種新管道內部引爆小型爆炸。這些實驗讓拉古既興奮又心驚膽跳，基本上他是拿貝克做了十五年的爆炸實驗，手指和腳趾都沒少來安慰自己。

2008 年 4 月，火箭實驗室首次獲得主流媒體的關注，當地雜誌《大都會》(*Metro*) 一位記者突然現身工業研究公司，來採訪

貝克和火箭先生。這次報導的起因似乎是政府撥了九萬九千美元的補助給火箭實驗室，用以打造「紐西蘭第一個太空計畫」。

這篇報導有質疑，但也有同情和好奇。文章一開頭就指出，政府沒有找任何科學家審查火箭實驗室的技術或說法，就給了補助，還懷疑貝克到底是「笨得像根刷子，還是勇敢得像隻獅子」。報導也回顧貝克年輕時的豐功偉業，細數他在辦公室所展示的火箭滑板車和火箭噴射背包，這篇報導還讓貝克親口公開火箭實驗室首次任務的細節。

貝克透露，第一枚火箭會取名為阿提亞一號（Ātea-1），借自毛利語的「太空」。火箭實驗室已經做出這枚火箭的實體模型，也把這個 5.5 公尺高、20 公分寬的模型展示給記者看，只是貝克說最後成品會再大一點。這枚火箭可以裝載 25 公斤的貨物飛 240 公里進入太空，每次發射的費用是八萬美元，部署完畢後，酬載會以降落傘在空中畫出一道弧線緩緩落到地表。

製造火箭一年半下來，貝克顯然調整了他對火箭載重量的看法，也更有創業家的樣子。他並沒有透露找不到大學客戶這件事，仍然繼續把科學組織列為主要的客戶，不過，話一講完他馬上說，如果有人想讓親人成為「被認證的『太空旅人』」，他們也樂意把小飾品和逝者骨灰送上太空。[5]

貝克提到，民眾可以付五千美元用他的火箭把照片、名片、頭髮送上太空，不過這套行銷話術連他自己都沒有完全買

5　「如果你想做好玩一點的事也可以，」貝克向雜誌記者說。

單。《大都會》雜誌問，為什麼有人想做這種事，他回答：「你問錯人了，我也不懂。骨灰的部分我比較能理解一點，因為如果你想上太空，你就得花兩千萬美元搭俄羅斯火箭，或是花二十五萬美元（搭維珍銀河），或者也可以過世後花幾千美元搭火箭實驗室；你還是上得了太空，只不過不是活著。」賭上自己金錢的火箭先生，對這個賺錢機會倒是興致高昂，他說把親人到過太空的骨灰放在壁爐上是多好的事。「想像一下，鮑伯叔叔有一部分去過太空，不令人興奮嗎？」他說。

接下來他們談到一個後來會影響兩人關係的議題，他們保證絕對不拿國防工業的錢。「我們一開始就說了，我們完全不想跟軍事有任何瓜葛，」貝克在那篇文章說道，「軍方單位可能是很誘人的選擇沒錯，因為可以拿到大量金錢，但是我們是搞科學的，不是要殺人……武器免談。」這句話後來變得有點諷刺，因為火箭先生接著就試圖軟化貝克的說法，給條件合適的國防資金預留空間。「我的意思是，我們沒有興趣去爭取 NASA 的武器製造合約，但如果是跟研究通訊有關的東西，我們的態度就比較開放一點，」他說，「說得更清楚一點，我們不反對軍方。」

第一次盛大發射的日期訂在 2008 年 9 月，到時火箭實驗室會發射六枚（沒錯，六枚！）阿提亞一號火箭，紐西蘭將會一舉成為太空商業強國。這場盛事的 T 恤正在準備（快來買紀念品！），也歡迎新的投資人加入。「這是全紐西蘭的事，」貝克說，「我們希望所有紐西蘭人同感驕傲。」

那次採訪過了幾個月，SpaceX 的獵鷹一號就成功了，雖然

馬斯克的公司明顯領先火箭實驗室好幾年，貝克和同事還是大受鼓舞。SpaceX 的錢和人都比較多沒錯，但是他們製造火箭的堅毅程度跟火箭實驗室如出一轍。「我們聽說他們把床搬進廠房，晚上就睡在火箭旁，」拉古說，「他們熬過來，成功了。我們覺得我們也在同樣的船上，他們的成功對我們是很大的認可。」

拉古的話有幾分喜劇成分，2008 年的 SpaceX 雖然取得期待已久的成功，但是看在當時的太空產業眼中仍然是個笑話：SpaceX 連做個小到被業界認為是玩具的火箭都搞到差點破產，要是做大一點的火箭不就直接完蛋？也沒有人看好 SpaceX 能在便宜、好飛的火箭製造上取得什麼實質突破。而火箭實驗室就更不用說了，他們的抱負更小，只有兩個半的人在做連軌道都不打算進入的小小火箭。倘若 SpaceX 是個笑話，那火箭實驗室豈不就是九十分鐘的喜劇特輯？

不過，火箭實驗室跟 SpaceX 還是有一樣的地方，也是所有火箭公司都一樣的地方：進度永遠趕不上計畫。

發射派對

《大都會》雜誌的訪談過了幾個月，火箭實驗室把設計目標縮小到跟火箭先生最初的設想差不多。他們使盡全力製造的阿提亞一號將會有 6 公尺高、15 公分寬，可攜帶 2 公斤貨物飛到 140 公里的高度。目標改成在 2009 年底發射，也就是公司成立將近三年後。

　　航太業很多人把阿提亞一號看成玩具，但是貝克把它看成展現自身工程能力的機會。那段期間有次受訪時，貝克解釋說主要的挑戰是解決他所謂的「惡性螺旋」（spiral of doom）。根據火箭學的物理原理，火箭每增加一公克質量（增加在推進劑燃料箱或防止火箭旋轉的直尾翅等等），就必須增加十公克燃料。「假設我想在火箭前端增加十公克的螺絲，」他說，「這下我突然就得多帶一百公克的推進劑才載得起那十公克的螺絲。而因為推進劑增加了，所以需要更大的燃料箱，就必須再增加十公克的燃料箱重量，這時候慣性質量又更多了，所以需要再多一百公克的燃料，但是燃料箱又要更大了。」[6]

　　火箭實驗室決定化「惡性螺旋」為助力，他們要盡可能大幅減輕火箭重量，做出前所未見最高效能的探空火箭。按照貝克原訂的目標，他們首創採用碳纖維製造火箭箭身，也調製出威力強大的獨門燃料配方，混合固體和液體的推進劑。他們甚至設計出自己的隔熱材料，幫助火箭在大氣層推進時禁得起攝氏八百度的摩擦高溫。阿提亞一號或許要花上比預期多 3.14 倍的時間才做得出來，但是貝克的小團隊已經證明自己的創造力和技術。

　　到了 2009 年 11 月，火箭實驗室的錢開始見底，火箭先生又借了一些錢給公司維持運作，但是很清楚，火箭實驗室如果要繼續經營，就必須把技術展現給全世界看；不要再管工程，不要再修改，直接看看這枚火箭行不行。「壓力不斷累積，愈來愈大，」

6　那次採訪是在當地電視臺進行。

拉古說，「我們日夜不停工作，連續工作好幾個禮拜。」

　　要替貝克找到發射火箭的地方，也是一件需要想像力的工程。貝克先找上澳洲的朋友，看看能否借用沙漠一塊無人居住的土地，但是沒有人把貝克當一回事。做了更多調查後，他在紐西蘭東海岸墨丘利群島（Mercury Islands）附近找到海軍持有的土地，只要一趟短程飛機，就能從奧克蘭抵達這個有七座島的群島，而且貝克看上的地方是武器測試場，要在那裡發射小飛彈也是合情合理。

　　再深入調查墨丘利群島，貝克發現，一個名叫麥克・費伊（Michael Fay）的有錢銀行家是大墨丘利島所有人之一。貝克心想，跟一個在自己的島上想做什麼就做什麼的有錢人打交道，可能比去叨擾軍方容易。因為那裡是紐西蘭，大家都互相認識，所以貝克打電話給一個認識費伊友人的人，詢問費伊願不願意為一場具有歷史意義的火箭發射做東道主。「我是非常重視隱私的人，所以才會住在島上，」費伊說，「但是我的朋友打電話來說有個人想發射火箭，朋友說他會代替我叫貝克滾開，但是我說：『不行，把那個人的電話號碼給我。』」

　　答應之前，費伊要求拜訪貝克在奧克蘭的實驗室。費伊看到貝克的火箭腳踏車和其他發明的照片。「我是抱著懷疑的態度去的，」他說，「但是我發現他做的東西有很好的設計，也很精密，工藝出眾。他清楚向我解釋他做了哪些東西，以及那些東西為什麼有用。」

　　11月底，貝克、拉古、歐唐納出現在大墨丘利島，費伊開

始對這件事熱中起來，直升機、平底載貨船、小船都提供給火箭實驗室使用，大家花了大概一個禮拜把必要裝備運到這個偏遠地點。「麥克告訴我們：『你們只要負責發射就好，其他都不必管，我會把所有東西都弄得好好的，』」貝克說。以前就常在島上招待波諾（Bono）[7] 等名人的費伊，決定把發射火箭變成派對，廣發邀請給朋友和媒體，還雇了廚師準備餐點，填飽大家肚子。

即將發射火箭的消息傳開來，紐西蘭政府的反對意見意外地少，負責管理墨丘利群島的地方議會指出，地區規劃法沒有任何一條說公司可以發射火箭，但也沒有任何一條禁止。透過費伊的人脈，只打了兩通電話就清空火箭發射日當天大墨丘利島的領空，航空公司同意所有航班繞道飛行。「最困難的部分是，有個海關官員認為火箭會離開紐西蘭再入境，所以需要辦理某種入關手續，」費伊說。經過多次溝通才說服那位官員同意，要求貝克在發射紐西蘭第一枚自製火箭之後當場填入關表格，這個流程似乎有點蠢。

費伊決定親自監督火箭返回後的打撈工作，他向當地一家船具店買了一個錨，打算當成鉤子，讓他能懸掛在直升機外側，打撈水中的火箭。他拿貝克手上幾個多餘的箭身做了幾次測試。「我們把錨綁在駕駛座，」費伊說，「效果很不錯，只是火箭會不斷進水，我們練習拉慢一點，讓裡面的水流出來，再拉進直升機。」

7　譯注：U2 樂團主唱兼吉他手。

　　11 月 30 日，貝克和工作人員一大早就開始為火箭發射做準備。他們用一臺小推土機把一座小山鏟掉一大塊，挖出一個位於他們和發射臺中間的掩體，掩體裡面放進一個花園小屋做為任務控制中心；如果低預算的比爾博‧巴金斯（Bilbo Baggins）[8] 也要發射火箭，很有可能會做出一樣的東西。「我們距離火箭發射的地方很近，所以在掩體上方橫放一些木竿做為保護，」歐唐納說，「我記得貝克說，萬一出差錯，液體燃料很可能會著火，流向我們在山丘挖的這個洞。」

　　火箭的酬載艙內，費伊放了一條家裡做的羊肉香腸，用錫箔紙包得好好的。旁觀的人，包括幾個新聞團隊，駐紮在臨時發射臺周圍的草坡上。大家除了拭目以待，還舉行一場毛利儀式為火箭祈福。

　　第一次發射一定會出一點小故障，火箭實驗室就卡在一個控制燃料注入程序的小配件有毛病，這個小零件只要五美元，卻可能毀掉整個發射。費伊忙著拿食物飲料招待訪客的同時，貝克跳上直升機飛回北島一家五金行，他找不到一模一樣的零件，但是有找到適合的，然後急急忙忙趕回島上，匆忙之間連錢都忘了付。「反正我身上也沒帶錢，」貝克說。降落後，他就當著一群翹首期盼、但耐心漸失的人們修理起來。

　　下午兩點一過，貝克走進小屋準備發射。一襲白色實驗袍 [9]

8　譯注：《哈比人歷險記》(The Hobbit) 的主角。

9　「大家都討厭穿實驗袍，我也不是特別喜歡，」貝克說，「但那是故意的。如果你在製造火箭，在做這種很難的東西，你就不能給人感覺你好像不

內搭黑色 T 恤的他，站在幾臺筆電前面，開始撥動按鈕，拉古和歐唐納站在他兩側。「承襲紐西蘭偉大的探險家傳統，紐西蘭，我們要去太空了，」他說，「點火器預備，氧氣預備……點火。十、九、八、七、六、五、四、三、二、一。」貝克的手往紅色按鈕按下去，小屋外傳來悅耳的「呼呼」聲，他跳出敞開的門，抬頭看著火箭起飛升空，大喊「妳真是美上天！耶！」，一面跳起來，一旁的拉古哈哈大笑。「她還在燒！」貝克大叫，「二十二秒，我們成功上太空了！」大家在後頭鼓掌，貝克伸出手握住拉古的手，稱讚他幹得好。

　　這種事很少有人第一次就成功，但是阿提亞一號飛得很漂亮，飛了超過一百公里進入太空，而且順利落回地球回收。那條羊肉香腸不知道哪裡去了，沒人知道，但也無所謂。「有一種瞬間如釋重負的感覺，」拉古說，「所有的心血、汗水、測試，都是有用的。我們做到了，這對紐西蘭這個小國家來說是大事，我們非做到不可。」

　　發射後不久，一艘船就發現漂浮海上的第一節火箭，船上有人打電話通知貝克。由於一些技術問題，火箭飛行過程中並沒有傳回預期中的數據，不過，從推進器的殘骸看來，火箭確實把燃料全部燒完，表現很棒。在大墨丘利島上，費伊開始打開他最好的幾瓶葡萄酒。

　　知道自己在幹嘛。我們就老實說吧，我們當時是在農場上，那裡並不是什麼超級先進的設施，所以我們得盡量提高我們的可信度，尤其是在紐西蘭，這裡每個人都把太空當成笑話。」

　　費伊對這次火箭發射有哲學角度的思考。他說，紐西蘭是沒有肉食性動物的國家，所以有些鳥類甚至不會飛，因為牠們一直以來都不需要逃。還有，雖然毛利語彙有「太空」這個詞，但是沒有「火箭」，現在不一樣了，貝克改變這個國家跟天空蒼穹的關係。奧特亞羅瓦（Aotearoa）[10]首次把東西送上了太空。

10　譯注：毛利語的「紐西蘭」。

13

軍方沒那麼壞

在矽谷，科技新創公司通常達到某個里程碑後會去募更多錢。第一筆創業資金只能勉強活一段時間，先努力製造出一個產品，證明你知道自己在做什麼，接著努力讓有錢人讚嘆你的產品、對你的下一個產品產生遐想，他們就會開一張更大的支票給你。火箭實驗室如果是在加州，它成功發射的第一枚火箭必定能收到這樣的效果。貝克幾乎是靠自己、靠最拮据的預算就上到太空，這一路上他開創了新技術，散發出投資人最愛看到的渴求成功氣質，應該會有一堆人排隊等著丟錢給這個工程奇才。

但實情是，幾乎沒有人注意到貝克的成就。火箭實驗室的火箭發射登上了當地媒體，也簡短出現在 BBC 和其他幾家國外媒體，但除此之外，並沒有在科技圈或太空圈激起什麼漣漪。這個人與其說是初露頭角的太空泰斗，還不如說是個奇人，一個在遠得要命的國度把業餘火箭送上太空的發明怪咖，給他拍拍手，就沒有然後了。

唯一看出貝克和火箭實驗室有潛力的是美國軍方，如果真

的有人花少少的錢就能把東西送上太空，他們想跟這個人談談。

　　DARPA（美國國防部那個瘋狂到極點的分支）在沃登等人的驅策下，一直在尋找盡可能快速、不貴就能將火箭送上太空的方法，他們仔細研究阿提亞一號的規格，心想這或許對美國的「快速反應太空」有幫助。DARPA 尤其驚艷火箭實驗室自己設計的推進劑，以及幾乎不用金屬零件的輕型火箭，貝克完成航太業討論已久、但從未證明的幾項進展。不同於上次美國行貿然出現在各家火箭公司門口，這次貝克可是拿著 DARPA 和軍方其他局處的邀請，前往美國推銷幾個想法。

　　那幾場會面給火箭實驗室帶來幾筆合約。首先，這家公司被要求開發一套以火箭為基礎的系統，能夠一接到通知就將照相機送上高空。當時是 2010 年，還不存在小學生隨隨便便就能拋上天的商用無人機，軍方需要找到方法在戰鬥一開打，就馬上將高解析度的相機送上高空，等相機隨降落傘緩緩降落時，再對著下方的一舉一動連續拍照。火箭實驗室似乎有辦法設計出這樣的裝置。

　　這個計畫後來被稱為「瞬眼」（Instant Eyes），而且演變成一種手持式火箭發射器，士兵只要拿起火箭實驗室打造的五百公克重裝置，按下按鈕，就能把相機和計算裝置發射到八百公尺高空，前後不到二十秒，接著這臺裝置會開始拍攝高解析度照片，透過無線方式把數據傳回手機、平板電腦或筆電。「基本上這是一種環境勘查工具，野外搜救人員可以用來救援，受困野外的人也能用來了解周遭的環境，」歐唐納說。

　　美國和紐西蘭是關係緊密的盟友，但是美國軍方還是不知道該怎麼跟火箭實驗室往來才合法。美國限制航太技術的分享，所以這樣的計畫很難讓火箭實驗室獨家承攬。有個腦袋靈活的人想出方法，讓一家美國包商跟火箭實驗室搭檔，這樣他們就能共同承接這個計畫，打造裝置的工作由火箭實驗室負責，再由那家包商花錢生產轉售。

　　DARPA 覺得火箭實驗室能做出更勝阿提亞一號的火箭，於是開了一張支票給他們繼續研究低成本小火箭，名字很威風的快速反應太空辦公室（Operationally Responsive Space Office）和海軍研究辦公室（Office of Naval Research）也找了一些錢給火箭實驗室，這些資金大部分是為了幫助火箭實驗室改良推進劑，並啟動另一項計畫來研發黏性液體單元推進劑（viscous liquid monopropellant, VLM）。這些合約對火箭實驗室來說是小小的奇蹟。DARPA 和軍方夥伴幾乎不曾直接拿錢給國外公司做這類工作，資助遙遠國度一個洗碗機設計師私下的火箭計畫，是有可能出差錯反過來讓官員噩夢連連的事。不過，事實證明貝克的吸引力夠大，還是從這幾筆合約拿到五十萬美元，其中美國最感興趣的是黏性液體單元推進劑。

　　火箭一般是用兩種推進劑：固體和液體。顧名思義，固體推進劑就是固體狀態的燃料塊，這種燃料比較方便，因為製造相對簡單，更重要的是，處理起來相對安全。先做出一塊燃料，要用的時候再塞到火箭裡面就可以了，主要缺點是一點燃就停不了，會一直燒到完。

現行的大部分火箭都使用液體推進劑，也就是煤油和液態氧混合液。先把煤油點燃，接著要不斷注入氧氣，讓燃料以預期速度持續燃燒，好讓火箭一路往上穿過大氣層，進入氧氣稀缺的太空。處理這兩種原料的缺點是，儲存和使用只要稍有不當就會爆炸，火箭公司得花錢購買特殊設備來處理；而且只能在火箭起飛前才裝進火箭，要是起飛前有任何問題，就得在任何人靠近前先把煤油和液態氧移出儲存槽。無論時間或金錢，這個過程都很昂貴。

液體推進劑的優點，第一個也是最重要的一個是，可以提供更大的動力，也就是航太工程師所謂的「魅力」。另外，這個燃料該怎麼注入引擎可以精準控制，這不是非有即無的事，所以你可以根據需求調節引擎。而且要是出錯，只要在電腦按個按鈕，就能關閉火箭上的閥門，完全不讓燃料注入。

透過黏性液體單元推進劑計畫，DARPA 希望火箭實驗室做出兼具固體與液體優點的推進劑。顧名思義，火箭實驗室會努力做出一種黏稠的液體燃料，可以塞進引擎裡，而且可以控制燃燒速度。這種燃料一開始是半固體狀態，受到衝擊波撞擊後會液化，比純液體穩定，但濃稠度近似固體。黏性液體單元推進劑還會將燃料和氧化劑合而為一，這是很大的優點，因為工程師就不必處理混合化學物在火箭內部壓力下的機械問題。

軍方合約給了貝克足夠的錢可以雇用更多人，他刊登職缺廣告，很快就有幾個年輕的工程師加入愈來愈擁擠的工業研究公司辦公室。不過，這些合約也附帶一個很大的代價。

阿提亞一號發射成功後，有生意頭腦的火箭先生以為會有公司排隊等著把商標印上火箭側身，火箭實驗室只需要加速生產更多小火箭發射出去。人類遺骸會登上印有能量飲料品牌的火箭飛向太空，錢會湧入，大家都開心，包括拿到太空認證的亡故旅人。結果，一件都沒成真。「紐西蘭企業對火箭實驗室的廣告贊助比我想像慢很多，」火箭先生說，「很失望，不是那麼容易就能創造營收，跟我希望的不一樣。」

火箭實驗室的商業困境最首當其衝的人是貝克。阿提亞一號發射後、軍方資金進來前，貝克對自己的未來狂冒冷汗。他想整天製造火箭、每天製造火箭，但是為了多賺點現金，還是得去承包一些工作，做做遊艇碳纖維測試或是替某家公司改裝變速箱。為了讓火箭計畫繼續前進，貝克也常常出現在垃圾場，爬上爬下尋找便宜的管線配件或金屬塊。「紐西蘭人都覺得我在做的事情很瘋狂，」他說，「有好多好多個夜裡，我躺在床上無法成眠，不知道該怎麼付薪水。」情況甚至糟到貝克把房子拿去二胎貸款。「我讓整個家庭陷入很嚴重的財務困境，」他說，「如果情況不順利真的會很慘，我太太自己也是出色的工程師，但是她答應在家照顧小孩。她放棄了很多、忍受了很多，只為了讓我去追逐夢想。但是你要麼相信，要麼不相信，也只能這樣。」[1]

在這種情況下，能替 DARPA 和美軍打打零工，貝克求之不得，一方面是他別無選擇，另一方面是因為他對製造火箭的執

1　太太凱琳曾經告訴貝克：「你要弄火箭實驗室也行，我們可以去住紙箱，但是有朝一日你一定要讓我看到銀行帳戶有一百萬美元。」

迷，他認為這些合約是通往夢想最清楚的路徑。可是火箭先生的決定不一樣，他無法忍受跟造成毀滅的人做生意，他力勸貝克拒絕這些生意，然後在被貝克否絕之後離開了。

「對我來說有一條線在那裡，不能做武器，但是對貝克來說，那條線移動了，」火箭先生說，「我能理解貝克為什麼要走那條路，那條路打開很多門，給公司帶進一些錢。貝克希望快點做出決定，而我也不想阻礙公司。我認為有其他路可以走，但是他當時在跟美國幾個大人物談，激起他的興趣，再怎麼說，執行長終究是他。」

火箭先生同意讓貝克買回他的股份，但是因為貝克沒錢，兩人說好給貝克五年時間去籌這筆現金。這份協議是火箭先生的慷慨寬大，一來，他把這事當成他跟貝克之間的祕密，好讓火箭實驗室的資產負債表不會出現任何債務；二來，如果火箭實驗室大成功的話，他退出的這筆投資在日後有可能價值幾百萬甚至幾十億美元。「我記得我們沒有大吵大叫，」火箭先生說，「我們對自己的立場都很堅定，我想我對貝克是相當慷慨的。」[2]

2　劇透慎入：火箭實驗室現在市值幾十億美元。貝克過了大約五年，在火箭實驗室募到大筆金額後，以火箭實驗室的股票償還這筆錢。火箭先生當初的五成持股現在不到 1%，「從事後諸葛的角度看，我當初應該做不同的選擇，」他告訴我。

團隊情誼造就成功

　　要說軍方合約干擾貝克的首要任務(打造能固定前往太空的小火箭)也沒錯。矽谷的新創公司隨時都拿得到資金,有好幾年的餘裕可以專心追逐首要的技術夢想,不需要妥協什麼,但是火箭實驗室沒有更好的選擇。在一心想讓 DARPA 滿意的壓力下,貝克擱置原訂的阿提亞二號計畫,先專注於研發瞬眼。

　　賽謬爾‧霍頓(Samuel Houghton)是貝克為這個新案子聘雇的首批員工之一,他有機械工程學位,夢想進入航太或汽車業,但是在這個領域找不到哪個紐西蘭公司在做有趣的工作。他在澳洲波音公司做過一份短期工作,有一天接到一位老教授的電話,提到紐西蘭出現一家火箭新創公司,「在找幾個聰明的工程人才」。

　　在瞬眼這個案子裡,霍頓必須什麼都會,既要幫忙設計發射器,又得尋找測試地點,公司想找盡可能離奧克蘭近一點、沒有領空限制的地方。霍頓使出紐西蘭人的大絕招,打電話給朋友、朋友再打給爸爸、朋友爸爸再打給鄰居,沒多久火箭實驗室就有了一座牛羊牧場可出入使用。「對方只覺得太好笑,」霍頓說,「我只跟他說我們知道自己在做什麼、不會射到他的牛、會記得把他的大門關好,然後就談成了。」

　　在大約半年的時間內,火箭實驗室就打造、測試多個版本的瞬眼。每個禮拜頭幾天會先設計組裝一臺新的原型機,再花一、兩天做測試,然後在星期五拿到牧場試飛。每到試飛當天,他們會把手持發射器裝進一輛皮卡貨車,從工業研究公司開到牧

場，一路上盡量不要引起太多懷疑。

到了牧場，貝克、霍頓和另外兩個工程師把發射物射向空中，然後等它們打開降落傘緩緩落下，在這過程中了解硬體性能和風向變化造成的影響。一整天下來，他們大部分時間都在跳過圍籬、追逐掉入荊豆花叢的發射物，再從潮濕泥濘的地上挖出來。當地人很少抱怨，只有一個農夫打了通電話，他很不高興，因為他的領空在試飛那幾個小時被官方關閉，害他不能駕駛飛機去查看農作物和動物。「那附近有個空軍轟炸靶場，他們問說：『可以麻煩說明一下為什麼這裡有這麼多火箭嗎？』」霍頓說。

火箭實驗室花不到一年就做出可行的瞬眼原型機，也給DRAPA 做了展示。到了 2011 年已經可以收割成果，宣布 2012年開始銷售這個裝置。從 1960 年代以來，大概沒有哪家軍方包商的動作這麼快、造價這麼合理。[3]

霍頓把成功歸給火箭實驗室的團隊情誼，他們都沒有經驗，但是很喜歡彼此的陪伴，也喜歡大家全心投入這個案子的精神。下了班大夥還會繼續做實驗，看看誰能最快把火箭馬達裝在玩具車上，並發射到停車場的另一頭，幾乎每次都是貝克贏，這只會讓其他工程師更努力想打敗他。貝克的工作態度也立下榜樣，影響整家公司。依據回憶，霍頓說：「貝克會派工作給你，叫你去調查某件事或買個零件。我以前是替政府包商工作，以為

3　火箭實驗室是在佛羅里達做展示，跟它搭檔的美國夥伴希望能賣出數以千計的瞬眼，可是這個夥伴並沒有成功把生意做起來，而能完成同樣任務的無人機很快就普及起來。

過兩、三天再去做就可以。」

「其中一件事是找個能縫製降落傘的當地人，貝克叫我去找，然後過兩個小時就來問我進度，我根本還沒有開始行動。結果，那天連一半都還沒過，貝克就打了電話，三十分鐘就自己搞定。他沒有對我說什麼，也沒有責備我。反正只要是他希望完成的事，他就會去完成。他還會狂啃很硬的火箭教科書，架子上永遠有一堆書，一碰到問題，他就栽進書中找答案。他就是靠這套知識基礎去搞清楚我們下一步該怎麼做。」

拉古在瞬眼早期階段離開火箭實驗室。他最美好的回憶是跟貝克一起拿著一個又一個新玩意，在工業研究公司大樓跑來跑去，其他科學家總是對兩人投以奇怪的眼神，希望這兩個人知道自己在做什麼事，不會造成生物危害或毀掉整個地方。跟在貝克身邊很刺激，但是拉古想去旅行，想到新領域獲取經驗，畢竟隨時有小火箭把小衛星送上太空的年代感覺至少還要好些年才會到來。「又不是會有人捧一億美元上門給我們去追趕 SpaceX，」他說，「我很喜歡在那裡的每個時刻，樂趣好多，挑戰也好多。」[4]

瞬眼成功後，火箭實驗室就轉向黏性液體單元推進劑的研發，而貝克對計畫的目標不斷拉高，他不只想開發新型態的燃料，還想把新燃料放進火箭實驗室製造的小火箭。

再一次，火箭實驗室六人團隊馬上就動起來。他們一遍又

4　拉古去了美國，最後在矽谷創辦一家叫做 Alterra Robotics 的機器人公司，他說：「總是會有那麼一點遺憾，就是那種『哎，早知道就留下來』的感覺。」

一遍設計、打造、測試，幾個人負責改善推進劑，另外幾個人負責火箭箭身，如果有電子零件或軟體需要處理，就找歐唐納來兼差幫忙。

測試有時順利，有時堪憂。「我們的工時長到誇張，我記得有一次半夜跟貝克在地下室，」歐唐納說，「我們在測試火箭裡的推進劑，給它加壓。結果裡面某個東西鬆了，機器開始累積大量壓力，我只想著要控制情況，阻止壓力繼續增加，一轉頭看到貝克已經衝到桌子底下。他抬頭看著我，我心想，我也應該躲到桌子底下嗎？」

貝克在各個案子之間跳來跳去，他有能力解決別人卻步的問題，強大到令人膽怯。DARPA 最初給火箭實驗室的錢是要他們做出黏性液體單元推進劑的原型，後來看到成果很喜歡，於是又開了一張支票給他們，要他們繼續把這個東西飛上去。

2012 年 11 月，貝克一行人來到大墨丘利島，要向美軍高層展示以黏性液體單元推進劑為燃料的火箭。這時距離阿提亞一號首次發射已經三年過去，火箭實驗室已經做出成績，卻還是有一種只要搞砸一次就會玩完的感覺。不祥的是，發射前一晚做測試的時候，貝克和歐唐納差點炸掉託付了一切希望的載具。

費伊再次擔任東道主。這次沒有邀請媒體，但是 DARPA 和洛克希德馬丁等機構的官員入住費伊家過夜，發射前夕的晚餐爆發一場口角。在美酒的壯膽之下，洛克希德馬丁一個高階主管想把貝克的鋒頭壓下去，他說洛克希德馬丁應該在這次試飛後接手

火箭實驗室的技術。[5] 在場目擊者說：「他大概是這麼說的：『喂，小朋友，我們可是洛克希德馬丁欸，你是有很酷的想法沒錯，但你需要大人好好督導才行。』場面真的很難看，他扯開喉嚨用吼的。旁邊其他人跟貝克說，他已經做出這番成績，根本不需要幫助。」

隔天的試飛證明貝克的支持者是對的。火箭實驗室設定的目標是超越美軍最先進的技術，也真的做到了，這枚火箭的飛行近乎完美，最後輕輕降落海上，可以回收、進行分析。

艾倫・威斯頓當時離開 NASA 艾姆斯研究中心到紐西蘭度假，他從軍方朋友那邊聽說火箭實驗室的試飛，心血來潮向貝克要了一張邀請函。威斯頓的工作是替美國進行武器計畫，他曾經在艾姆斯研究中心做過大量尖端研究，是最有資格評估火箭實驗室和貝克的人，他不帶任何期待去參觀，卻對眼前所見大為震撼。「我以為紐西蘭連完整拼出火箭這個字的人都沒有，」他說，「這整個想法在我看來就是個屁，沒想到並不是。貝克真的有兩把刷子。」

展示結束後不久，貝克在工業研究公司的小小辦公室開了一場公司全員大會，幾個二十幾歲小伙子看著他宣布公司的下一步。他已經窩在一個研究單位的地下室埋頭苦幹六年，現在覺得已經拿得出夠多的成績，讓美國投資人把他當一回事了。其他類型的執行長在這種時候大概已經口沫橫飛、慷慨激昂，貝克卻還

5　洛克希德馬丁是購買火箭實驗室自製隔熱板材料的公司之一。

是走低調、有幾分事實講幾分話的路線：他要去矽谷，沒帶回一大袋現金誓不回來，火箭實驗室要做真的火箭。

14

電子號登場

　　站在彼得‧貝克的立場想一想。

　　2013 年的他，三十五歲左右，完全不是典型的矽谷新創公司創辦人。他的年紀大很多，既不是特別高竿的輟學生，也不是大學剛畢業胸懷大志的聰明小伙子。他也沒有矽谷三十多歲人的優勢，沒有在成功科技公司工作或經營的紀錄，欠缺業界人脈，最多只是替軍方做過一些精巧的工程案子，都是一些科技圈沒什麼人了解的東西，更別說受到科技圈關注了。

　　最慘的是，他來自紐西蘭。紐西蘭人天性謙虛，他們不擅長自我推銷，甚至會棒打出頭鳥。[1] 不管從基因或文化來看，貝克都沒有很好的條件，能站一群投資人面前大談他有多厲害、火箭實驗室會如何發展……例如矽谷最愛彈的老調——改變世界。

　　貝克上一次募錢不是很順利，區區三十萬就拱手讓出火箭實驗室一半的股權，這回他打算拜訪幾家創投，要更多更多錢：

1　這些常見觀點適用於所有紐西蘭人，除了橄欖球選手。

五百萬美元。但加州的投資人跟隨和好講話的火箭先生不一樣，他們都是老司機，會占貝克便宜，會用最差的條件盡可能從貝克手中撬走火箭實驗室大部分的股權。此外，貝克也想直接打電話給那些投資人，直接殺到他們的辦公室。

　　火箭實驗室的推銷令人啼笑皆非。貝克會拿出 PowerPoint 簡報，告訴投資人一場太空革命即將到來，很快就會有數萬顆衛星需要發射到太空，而火箭實驗室打算成為全世界最多產的火箭發射者。沒錯，通常是國家和身家數十億的富豪才會做這種尖端、昂貴的計畫；沒錯，製造火箭總是需要遠遠超過預期的時間和成本；哦！還有，火箭向來沒什麼賺頭。但是這回不一樣，因為火箭實驗室有勇氣、有毅力，會解決幾十年來困住幾千人、沒完沒了的技術難題，它會做出令人讚嘆的火箭，它會賺到令人讚嘆的金錢。相信我，各位，我是彼得‧貝克，我有蓬蓬的捲髮、酷酷的圖表，還有滿滿的熱情。

　　貝克在募資會議上就像擺攤叫賣一樣。他帶了個袋子，裡面有一個他設計的小火箭引擎和其他零件，還印出超大一張他想做的火箭草圖，從會議桌的一端一路攤開到另一端。根據某個人的描述，貝克有時還會把一整袋的小塑膠球倒在桌子上，代表不久就會需要發射的衛星。

　　很神奇，這招居然有用。

　　貝克在那三個禮拜只拜訪三家創投，最後拿到柯斯拉創投（Khosla Ventures）幾百萬美元，這家創投的名號跟這筆投資一樣有份量。柯斯拉創投是矽谷知名度最高的投資公司之一，投資貝

克的人可不是什麼阿貓阿狗，而是大家公認很清楚自己在做什麼事的人。

「我記得很清楚那次住在哪裡，」貝克說，「假日飯店（Holiday Inn）一樓走廊第三間，會挑那一間是因為出入方便，而且最便宜。我也記得我錯過女兒第一個生日。我跟他們說我需要五百萬美元在紐西蘭開火箭公司，而且我是真的拿他們的錢來燒，他們多半是說：『那好，五百萬是很大的數字，一百萬如何？』但是我要五百萬，我不想這裡找二十萬、那裡找五十萬，我希望只有一個投資人，就一個，一個相信這個願景、願意支持我和這家公司去把這件事完成的人。」

貝克在種種不利條件之下還能募到錢，其中一個原因要追溯到艾姆斯研究中心和沃登的人馬。創投公司對火箭實驗室進行例行查核時，打了電話給沃登詢問意見，沃登再把他們轉給親眼看過貝克作品的威斯頓，威斯頓拍胸脯為貝克保證，而威斯頓的話很有份量。況且，貝克也剛好是創投公司喜歡的那種人：他對火箭的迷戀已經到了瘋狂的地步，不管問他什麼問題都能深入回答，而且他已經準備好要來真的。你如果是熱愛太空、想跨入這個行業的人，投資這個紐西蘭人看來是很合理的賭注。

火箭實驗室跟柯斯拉創投的合作在 2013 年 10 月拍板定案，那時也開始有其他人對小火箭萌生興趣。布蘭森的維珍銀河做觀光用的太空飛機做了幾年，卻一直沒有多大成果，決定跨入另一個不成熟的生意來補足這個不成熟的生意，他們組了一支團隊，開始設計一次只攜帶幾顆衛星的小火箭。還有一家叫做螢火蟲太

空系統（Firefly Space Systems）的公司也有類似的想法，從 2014 年初開始自己設計火箭。這兩家公司也是向正規的投資人募錢，是正統的競爭對手，另外還有幾十家資金沒那麼充裕、沒那麼正統的對手也紛紛冒出來。

　　一場複製或甚至超越獵鷹一號的競賽已經開始，維珍銀河和螢火蟲太空系統都比火箭實驗室更具優勢。最明顯的優勢是，維珍挖角獵鷹一號團隊一大票人，肯定能比 SpaceX 更快速、以更少錢做出類似的機器，畢竟這群人已經有多年經驗；而螢火蟲太空系統也有一些 SpaceX 老手。還有，這兩家公司都在美國，取得美國的資金相對容易。反觀火箭實驗室，連把美國工程師引進紐西蘭直接研發火箭都沒辦法，因為美國害怕寶貴的軍事航太機密落入外國手中，[2] 而維珍銀河和螢火蟲太空系統就不會被這樣的規範綁住手腳。

節儉、講究方法

　　為了好辦事，火箭實驗室正式把總部從奧克蘭遷到洛杉磯。這個舉動最主要是為了門面，至少一開始是，貝克還是留在奧克蘭，整個工程團隊也在奧克蘭。不過，只要在美國有個小辦

2　問題不在於人，而是訊息的流動。美國人去火箭實驗室工作是沒問題的，各種業務都能做，可是不能在奧克蘭的工程會議上說明引擎或電子系統的運作細節——如果那些細節是機密的話。相反地，紐西蘭政府允許紐西蘭工程師去美國提供工程方面的細節給美籍同事。

公室就能引進更多美國投資人，少掉法律上的麻煩，更重要的
是，方便日後跟美國政府、軍方、NASA 的生意往來。紐西蘭有
人不滿貝克用這種交易方式宣告火箭實驗室是美國公司，不過也
有人理解這是為了取得未來幾年需要的資源。

「我的愛國心不輸任何紐西蘭人，但是天殺的，在美國就是
有辦法把事情完成，」貝克說，「地球上沒有其他地方能讓一個
紐西蘭人走進城裡去，出來的時候手上已經有可以開火箭公司的
錢。跟柯斯拉創投一簽完投資條件書，我就直接去超市買了一面
美國國旗。」

一回到紐西蘭，貝克就開始招募新人。火箭實驗室終於可
以從一個研發工作間變成像樣的公司，有真的辦公桌椅和廠房。
有一部分新人來自紐西蘭各大學或工業界，貝克也很走運，澳洲
有幾家大學有相當不錯的航太工程課程。相關科系畢業的學生會
渴望進入真正的太空公司，但是通常只能屈就跟自己所學相去甚
遠的工作，因為當地根本沒有太空公司，對他們來說，進入火箭
實驗室工作是畢生難逢的機會。

雖然火箭實驗室都在忙軍方的案子，不過貝克對這幾百萬
到底要怎麼用早已構思多年，筆記本和電腦設計軟體裡滿滿都是
電子號火箭和拉塞福引擎的模型，他想在小火箭領域創造工程巔
峰，引領一波技術進步。

首先，火箭箭身會捨棄鋁製，改用碳纖維。碳纖維會拉高
火箭成本，但是重量輕又堅固，也就是說可以攜帶更多酬載。而
且碳纖維也可以發揮火箭實驗室的優勢。紐西蘭長久以來一直是

美洲杯帆船賽的強國，而現代帆船都是用碳纖維搭配最先進技術製成的，所以火箭實驗室隨隨便便就有多到爆的碳纖維高手可以使用，剛好這些人也需要工作，因為美洲杯久久才一次。

另外，火箭實驗室也打算在火箭一個最複雜的部分嘗試一點新玩意，那就是渦輪泵浦（turbopump）。渦輪泵浦是一個機械系統，裡面有一個高速運轉的渦輪，基本上是火箭唯一在動的部分，必須扮演中介角色，一邊是燃燒中的氣體，一邊是液態氧和煤油之類的燃料。渦輪泵浦的任務是讓兩種燃料以完美比例持續注入引擎，而且是在巨大壓力之下完成。

貝克的想法是拿掉一大部分機械零件和管線，用一個電池驅動的馬達加壓推進劑，並打入引擎燃燒室。電池會增加火箭的重量，但是整體設計會更簡單，可以更精準地控制推進劑。難就難在從未有人成功把電動渦輪泵浦用在火箭上，但是貝克覺得他會是那個成功的人。

火箭實驗室另一個重大進步是採用 3D 列印；不用手工打造引擎，改用機器。他們購置的 3D 列印機會噴出金屬粉末，同時用雷射將粉末熔成金屬，然後薄薄一層一層堆疊出引擎。航太業有人試過用 3D 技術打造引擎的某些零件，但是沒有人試過用來打造整個引擎。雖然還處於實驗階段，但是有希望讓火箭實驗室只需按個按鈕就做出拉塞福引擎。

從 2013 年底一直到 2014 年結束，火箭實驗室的十人員工只增加到二十人。貝克處於求生存模式太久了，不想在驗證完一些基本概念之前就貿然推行比較有野心的想法；換作是加州的年輕

執行長可能就不是這樣，他們會一打一打地聘人，盡可能快速擴大規模。不過，貝克已經展現出日後的領導風格。他節儉，講究方法，不喜歡向投資人籌錢，因為籌了錢，他就得放棄更多掌控權，他常說：「我今天每募到一塊錢，就得讓我付出價值一百元的股權。」這樣的心態有時對公司有利，有時會拖慢公司腳步。

山帝・塔提（Sandy Tirtey）、娜歐蜜・阿特曼（Naomi Altman）和拉克倫・馬崔（Lachlan Matchett）是最早一批新人，每個都擔當大任。塔提在歐洲長大，加入火箭實驗室之前是在澳洲昆士蘭大學工作。塔提與同一批的其他新人不一樣，他有航太領域的博士學位，在昆士蘭大學做的工作跟航太設備有關。阿特曼和馬崔則是比較典型的新人，剛步出大學校門，對於火箭建造一無所知，就一頭栽進來做傻事。

貝克用他的工作態度和基本工程原理給新人樹立榜樣。他通常早上七點半就進辦公室，晚上八點才離開，「貝克的工作時間比每個人都長，」一位早期員工說。貝克不是喜歡閒聊瞎扯的人，如果想跟他隨便聊幾句往往會落得尷尬不自在，他喜歡談火箭、談怎麼解決問題，別的幾乎不談。倒不是說不友善，而是他覺得，如果跟你談話，這段對話就應該要有目的。

由於每個人都是第一次製造火箭，所以只能邊做邊改。他們手上有書、照片、線上技術文件，以這些資料為基礎來做箭身某個零組件或關鍵部分。貝克還增加某種程度的難度，希望電子號又便宜又容易製造。光是模仿以前的做法是不夠的，他要工程師找出全新、成本更低的方式來打造複雜的航太零組件。

　　舉個例子，火箭實驗室需要一個真空腔體，貝克堅持不要像每家火箭公司一樣買個昂貴的現貨，反而叫人買來一臺工業用不鏽鋼絞肉機，再把這塊金屬改成真空腔體。「結果成為全世界最棒的真空腔體之一，而且基本上不用錢，」前員工斯特凡・布里森克（Stefan Brieschenk）說，「貝克幾乎每個零組件都是這麼處理，你跟別人講火箭實驗室的做法都不會有人相信，因為大公司不會這樣做。」

　　貝克過去做模具的經驗似乎賦予他某種第六感，知道該往哪個方向走。有些新人想炫耀工程技術，往往做出講究技巧又複雜的零組件，可是貝克很快就會制止，把他們推往新的方向。「無論工程師解釋什麼，貝克都懂，也懂其中的機械原理，」布里森克說，「他能馬上嗅出這麼做是便宜還是昂貴。工程人會純粹因為喜好而愛上某個東西的工程設計。貝克從以前到現在都是自己站在車床前、自己焊接東西，沒有哪臺機器是他的雙手沒有操作過的。」

　　貝克對物理學似乎也有一種內建的理解能力，輕輕鬆鬆就能在腦子裡思考數字和想法。有好幾次，高學歷新人挑戰他，說他的方法在理論上有嚴重缺陷，貝克會聽取批評，然後回家進工作間做出原型機，驗證自己的假設對或不對，結果通常是他對。別的不說，他也很果斷。「有時候你會很不爽，因為他這個人對每件事都有意見，」塔提說，「但是你也知道，這就是他的工作，而且他比誰都懂實際怎麼做才行。我們會坦率直白地討論、辯論，然後，只要一做出決定就不會有人冒出第二句話，即使錯

了，大家都往同一個方向前進，總好過各行其是。」

　　為了找到具備火箭實驗室精神的人，貝克發展出一套嚴格的招聘程序，一個職缺就面試一、兩百人是常有的事。他還是會看應徵者的學業成績，但是更看重這個人實際做出來的東西，往往會要求他們進火箭實驗室的辦公室，在幾個小時內完成某項工程測驗，譬如分析電路板或製造泵浦，貝克會挑做得最快、最好的那個人。「他會出實際動手做的考題，也確實應該如此，」布里森克說，「你得當場證明自己能勝任工作。」

　　跟走在前面的馬斯克一樣，貝克也有訂出誇張時間表的習慣，舉個例子，塔提在 2013 年快過完的時候進入火箭實驗室，一進去就拿到一份計畫說，火箭要在 2014 年 11 月全部完成、矗立於發射臺。「在我看來不是很實際，」塔提說，「但我是新人，不想一進去就唱衰，如果身邊這些人都認為可行，那就這麼辦吧，不過顯然有點……呃……野心太大。」

與鄉親搏感情

　　2013 到 2015 年是火箭實驗室體驗到火箭製造辛苦乏味的時期。他們先從製造一臺最基本的引擎開始，做出來之後成功點燃幾秒鐘，接著再做一臺更好的引擎，然後再度成功點燃幾秒鐘。這個過程一直重複，持續了幾個月、幾年，試了幾百臺，直到做出期盼已久的機器。就像所有火箭計畫一樣，有些進展是線性的，但大部分並不是。引擎無緣無故爆炸，測試平臺四周燃起熊

熊大火，大家紛紛走避閃躲碎片，然後回到電腦前，找出引擎為什麼差點炸死自己的原因。這樣的混亂偶爾也會出現重大突破。

　　火箭的每個部分（燃料箱、電子零件、軟體、外殼）都有同樣的歷險過程，會有一段時期進展飛快，感覺就要順利完成，但隨即冒出一個很難克服的小瑕疵，把整個進度拖慢好幾個月。火箭實驗室早期會把某些零組件的製造外包出去，一方面希望節省時間，一方面也仰仗專家的專業，可是這個策略很少成功。根據早期員工的回憶，包商不是動作不夠快，就是不夠了解火箭環環相扣的零組件，火箭實驗室的工程師還是得自己來，還得花時間從頭學新技能，並且不斷精進。

　　雖然進度比貝克樂觀的時間表還落後，不過外界開始對這家公司的努力有好印象。潛在投資人看到 SpaceX 發射愈來愈多火箭，火箭實驗室的對手維珍軌道（Virgin Orbit）和螢火蟲太空系統也不斷公告已經取得初步成功，這些都讓太空商業愈來愈真實。貝克抓緊這個時機，重回矽谷尋找更多能給火箭實驗室注入更多動能的投資人。這次帶著柯斯拉創投的背書，貝克發現募錢容易多了，金額也大多了，2015 年他去了兩趟矽谷，拿著創投給的七千萬美元滿載而歸。澳洲與紐西蘭政府也有投資，還有洛克希德馬丁。

　　在這個階段，火箭實驗室從狹小的工業研究公司搬進奧克蘭機場附近一個工業區大廠辦[3]，員工人數年年翻倍，大廠辦也

3　我 2016 年就是在這棟建築物第一次見到貝克。

很快就顯小。火箭實驗室在這個地方設了專區，分別處理電子和碳纖維結構，還有孕育電子號的主要廠房，但是外頭還有一排排疊起來的貨櫃屋，裡面也有人在工作。

在宣布新一輪募資完成的聲明裡，火箭實驗室也宣稱將在 2015 年 12 月發射第一枚電子號。就算電子號真的已經準備就緒（其實並沒有），這也只是虛晃一招，因為火箭實驗室還有兩個非常大的後勤問題：一來沒有發射場地，二來沒有合法權利可以把火箭發射到太空。

火箭實驗室一開始並不考慮在紐西蘭發射，畢竟美國現成的基礎設施比較多，東西兩岸沿海也都有可以設立基地的地方；歐洲、南美和亞洲也各有優點。不過他們最後發現，還是在自己國內的後勤作業比較簡單，而且紐西蘭地處偏遠、海空交通不發達，反而是理想的火箭發射地點。

順應火箭實驗室的文化，貝克派出當時才二十二歲的夏恩・迪梅洛（Shaun D'Mello），負責尋找紐西蘭哪裡適合發射火箭。迪梅洛來自澳洲，2014 年年中開始在火箭實驗室擔任實習生，備受讚美。[4] 他做了一個又一個案子，塑造出能幹的印象，反正也沒人知道選址的後勤作業要做哪些事，看起來讓迪梅洛去負責就夠了。

迪梅洛用電腦打開 Google Earth，開始搜找南島和北島海岸

4　面試的時候，貝克想了解迪梅洛有什麼實際手作的經驗，要這個年輕人講一下最近一次做過的東西。「我的答案八成是最爛的，因為我前一天才剛做出一個鞋架，」迪梅洛說。

附近人煙稀少的地區，如果從奧克蘭開車或搭短程飛機可以到達就更好了。他在地圖上二十幾個地點做記號，接著再進一步調查研究。他做了一份電子表格，列出天氣型態、空中交通、附近漁民人數，當然還有從各個地點發射電子號能到達的軌道。然後，迪梅洛展開一連串公路踏查，親自到現場探勘，幾個禮拜後，他就決定火箭發射的首選地點是瑪希亞半島（Māhia Peninsula）。[5]

瑪希亞半島位於紐西蘭北島東部海岸，地處偏遠，美得教人屏息，[6] 有波浪起伏的牛羊牧地，也有綠草如茵的陡峭懸崖，一旁就是原始無汙染的海灘和湛藍海水。當地大約住了一千兩百人，大多以農牧維生，如果必須到大商店購物或趕著搭飛機，最近的城市也要開一個半小時的車。耶誕假期和夏季是唯二會打破這片平靜安寧的時節，會有多達一萬五千名遊客來此釣魚、衝浪、健行，遊客多半住在巴赫屋（bach），這是紐西蘭海邊獨有的質樸度假小屋。

再次感謝費伊的慷慨與人脈，火箭實驗室才有機會踏上瑪希亞半島。這位富商不是在自己的私人小島，就是在瑪希亞半島的自有牧場，一得知貝克對這個地區有興趣，他就開始到處問朋友有沒有地產要賣。有人提到灣奴牧場（Onenui Station），這塊直通海邊的牛羊牧場遇到財務困境，地主們在尋找新的機會。費伊

5　火箭實驗室曾經短暫考慮在基督城（Christchurch）設立發射基地，只是遭到當地民眾的強烈反對。

6　長久以來，瑪希亞一直是毛利人眼中的避風港或避難所，尤其在各部落兵戎相見時。

撥了電話過去，問他們要不要考慮做火箭生意。

　　瑪希亞半島的牧場以前多半是毛利人家族持有，但是長時間下來，這片土地慢慢落入大型畜牧業者手中，不過灣奴牧場仍然由一群毛利人共同持有，股東總計一千八百名。[7] 就這樣，火箭實驗室的任務很快就變成說服這些地主和當地人，告訴他們：這片寧靜原始的環境每週迎來一次火箭發射是好主意。

　　2015 年 9 月，貝克和費伊第一次見到喬治・麥基（George Mackey）和他的父親，這對父子都是灣奴牧場的經營高層。「他們說想在我們的牧場發射火箭，」喬治・麥基說，「我們坐在那裡吃了一頓美好的午餐，然後我跟我爸就離開，跳上我們的車開走了。我們上車後都沒開口講話，過了大概十分鐘，兩個人才對看一眼說：『剛剛發生什麼事？到底是怎麼一回事？是真的嗎？』」

　　灣奴牧場占地四十平方公里，有二十五公里長的寶貴海岸線，如果想買或想租這塊土地，都不能只看眼前開出的財務條件。要在這裡蓋個發射基地，得先進行大型的基礎建設，包括修建能承受重機具的道路，建置供電、燃料、計算通訊等系統。再來，如果火箭實驗室真的開始持續發射火箭，當地人還得面對許許多多的環境影響，包括噪音以及漁區可能被汙染物汙染等等。

　　以前整個奧特亞羅瓦（毛利人對「紐西蘭」的稱呼）都是毛利

7　他們並不是各自擁有某一塊土地，而是擁有一家公司的持股，由這家公司負責整塊土地的經營，這樣的安排有違毛利文化以及毛利人與特定土地緊密相連的精神傳統，不過這套土地管理制度始於 1930 年代，目的是組成更有經濟效益的大型牧場。

人的，但是經過殖民，只剩 5% 的土地是毛利人持有。可想而知，貝克他們必定會惹來懷疑的眼光，不是在紙上提幾個好聽的財務條件、承諾做個好鄰居就能談成的，他們還得贏得灣奴牧場股東與瑪希亞居民的信任。

第一輪拜訪當地領袖由貝克親自出馬，根據毛利習俗，他有時還得學唱歌，把自己介紹給這塊土地。雖然唱得很蹩腳，貝克還是用他的人生故事贏得幾位最有影響力股東的喜愛，他的發明和直接殺到航太公司的美國行故事，逗得股東樂不可支，他們喜歡上貝克的勇氣和花招。「他身上散發出一種精神，讓我們想到建立紐西蘭的半神毛伊，」麥基說，「身為這塊土地的主人，我們在貝克身上看到毛伊的古靈精怪。他有辦法做好許多事，只不過是用淘氣的方式。」

不過，爭取瑪希亞住民支持的任務很快就落到沙恩・弗萊明（Shane Fleming）身上，他是美國人，在 2015 年加入火箭實驗室。弗萊明花了大約六週挨家挨戶拜訪，跟各個不同的團體交談，聽取他們的顧慮。「我們大概走訪兩百個當地人，」弗萊明說，「已經記不清到底喝了多少杯茶、吃了多少餅乾。」

魅力攻勢[8] 奏效。跟居民交談兩個月，然後針對商業細節討價還價一個月，火箭實驗室終於在一座綿羊牧場有了專屬的太空港。[9] 他們同意租用牧場，每次火箭發射再付一筆費用給灣奴牧

8　編注：展現魅力，藉此吸引他人信賴、支持的行為。

9　正式的股東投票是以舉手表決。

場股東；[10] 火箭發射愈多，這群牧場主人就賺愈多。2015 年 12 月 1 日，火箭實驗室十二輛滿載砂石的卡車一字排開，開始給太空港打地基。

麥基很高興這片牧場除了可以將銀河盡收眼底，還能對世界的現代化做出貢獻。他喜歡貝克所講的影像衛星和太空網際網路。「無時無刻不在網路覆蓋範圍，有助於搜救和緊急情況，」麥基說，「能貢獻棉薄之力是很興奮的事。」看得更長遠一點，他希望這片牧場能從火箭發射中賺到夠多的錢，讓一部分土地休養生息，種植放養原生動植物，說不定還能開始做生態旅遊。

火箭實驗室挑選的發射點位於半島最南端，他們很快就開始興建基礎設施，鋪設一個 2.4 平方公尺的發射臺以及幾公里長的道路，也運來一座預先搭建好的飛機庫，讓員工在裡面組裝火箭、將衛星放進火箭。此外，他們還運來五十五噸鋼造的火箭豎立架。隨著設施一步步開始成形，整個場景看起來再戲劇化不過，牧草地綿延又綿延，突然出現一座太空港，然後是垂直插入海中的峭壁懸崖。

有一段時間，當地人很開心敲定這筆交易。火箭實驗室給

10　根據麥基提供的數字，每次發射的費用是三萬美元，這對一個多年來一直苦於沒賺錢的牧場是一筆不小的金額。火箭實驗室出現之前，這群股東考慮過在牧場上蓋監獄或改種馬鈴薯。「我們現在大概是所有毛利地主羨慕的對象吧，」麥基說。火箭實驗室拿到二十一年的租約，但是每三年續約一次，要經過股東全員同意。「我們的顧慮是，矽谷投資人如果把火箭實驗室賣給俄羅斯人怎麼辦，」麥基說，「我們大概不希望俄羅斯人來我們的牧場。要是真的有新主人，我們會希望他們把這個過程走一遍，先建立起信任、尊重彼此文化的關係。」

當地學校設立了兩個獎學金，盡可能雇用當地包商，也給當地的巴赫屋出租者和餐廳帶進生意，甚至有咖啡店把店名改成火箭咖啡館。最讓當地住民興奮的是，火箭實驗室投資高速網路系統，現在他們也能飆網了。

不過，長時間下來，火箭實驗室和當地人的關係開始惡化。居民整修住家和商店必須等個幾週、幾個月讓議會批准，卻看到火箭實驗室想做什麼幾乎都能馬上獲准；他們也愈來愈不滿火箭實驗室的大興土木、愈來愈看不慣那些員工的行為，常常覺得那些員工只顧著迎合有影響力的領袖，對鎮上其他人沒有給予同樣的尊重，也漠視毛利文化習俗。「他們一路上任意踩踏、燒掉好幾座橋，」火箭咖啡館老闆珍妮・鮑文（Janey Bowen）說，「問題主要在於，他們來到這種規模的社群裡卻不了解基本禮儀，欠缺良好的教養，還有就是他們帶著不折不扣的傲慢。如果你像我一樣在毛利社會長大，是毛利人的一份子，會很清楚哪些事能做、哪些事不能做。我們不是生活在地峽的笨蛋野人，不要這樣對待我們。」

在媒體上、在鎮民大會上，迪梅洛他們試圖緩和局面，對於沒有多替當地人著想表示抱歉，尤其是發射臺興建之初。這番努力並沒有挽回多少人心，不過，鎮民的不滿也沒有達到讓火箭實驗室停下腳步的程度。在大約一年的時間裡，這家公司持續擴充設施，進入與 SpaceX 同等級的殿堂，成為擁有專屬太空港的商業火箭公司。

沒有法律是不行的

　　想實際使用這座太空港，還需要貝克施展更多魔法。紐西蘭從未發射過火箭，沒有任何法律可以管理在太空上能做什麼、不能做什麼。況且紐西蘭是非常和平的國家，對這麼一個牧羊人和電影人的國度來說，發射火箭、攜帶 DARPA 等美軍機構的衛星，感覺是不尋常的挑釁行為。另外，總部設在美國的火箭實驗室，也得跟美國政府打好關係，而美國可是有四十年打壓他國發展任何貌似飛彈的歷史。

　　紐西蘭是個神奇小地方，你可以直接去找前總理約翰・基伊（John Key）吃頓早午餐，就能知道火箭實驗室當初是怎麼跟政府打交道。這位前總理會穿著短褲加 T 恤出現你眼前，一面向你解釋這個國家如何一路走向太空發展國家，一面若無其事跟餐廳[11] 裡認出他的人打招呼。至少這是我的經驗。

　　「我記得當時覺得這個想法根本不用考慮，」基伊告訴我，「是說真的嗎？從紐西蘭發射火箭？我的意思是，這裡不是卡納維爾角或甘迺迪太空中心。我不曉得你有沒有注意到，我們整個國防預算還不到 GDP 的百分之一，這裡面還包括兩艘護衛艦、三艘有點破舊的船、幾輛坦克，這樣的軍事能力怎麼想都不可能會去做尖端的太空技術。」

　　貝克第一次向基伊辦公室提出他的希望和夢想是在 2015 年

11　特此感謝安普森餐廳（Ampersand Eatery）的貼心員工和好吃得要命的班尼迪克蛋！

左右，他強調需要趕快制定一系列太空法案，因為他們很快就要把一枚電子號發射上去。第一個回應這些要求的高官是當時的經濟開發部長史帝文・喬伊斯（Steven Joyce），他跟貝克進行一段非常典型的紐西蘭風格對話。「他來找我說他快要準備發射了，」喬伊斯說，[12]「我跟他說太棒了，然後他說我們需要一套規範制度，我記得我回：『噢，好啊，那需要做些什麼呢？』他說：『你們得研擬一些法規，通過法案，完成一些事。』我心裡想：『呃！好吧！』我問他需要什麼時候完成，他說六個月，我心想：『那好吧，就當作是個大考驗。』」

　　原本就想打造一個重商政府的基伊和喬伊斯，很快就接受貝克的想法，要讓紐西蘭成為這種激勵人心科技的最前線。從零開始，紐西蘭得擬定一堆新法律，還得跟美國擬出一份外太空與軍備控制協定。為了善盡自己在這趟歷險的責任，紐西蘭政府派出十幾人，跟火箭實驗室一起勾勒太空法案的輪廓，這群人採取東拼西湊、簡單粗暴的方式，把 NASA 和美國聯邦航空總署（Federal Aviation Administration）的公開文件直接拿來刪減，整個過程雖然花費超過六個月，但是到 2016 年已經有新的太空法出現。

　　火箭實驗室的要求裡面，唯一讓人猶豫的是跟登月有關的法規。基伊說雖然他希望火箭實驗室順利成功，但光是一枚火箭能不能發射成功都還在未定之天，更遑論把東西送上月球表面，這時就講登月似乎太樂觀了。「我心想：『現在就想到那裡去，

12　我跟喬伊斯的訪談是在居家修繕店附設的咖啡館進行。

想太遠了，』基伊說。喬伊斯則是這麼說：「我們把紅線畫在月球。我們是只有五百萬人的國家，登月太不知天高地厚。」

　　要在美國推動類似的立法更困難。火箭實驗室的總部理論上是在加州，投資人也是美國人，包括軍方包商洛克希德馬丁也是，但是美國政府不喜歡有別的國家在它的掌控之外開發類飛彈的技術。

　　就像貝克解釋的：「當你做出能把衛星送上軌道的火箭，就等於做出洲際彈道飛彈（ICBM）。你是可以避開不談這點，但鐵錚錚的事實就在那裡。你有運載氫彈的能力，就有龐大的責任要承擔。對那些不見得想拿來做好事的人來說，我們正在創造的技術非常有價值，所以，為了確保這些技術不會落入不對的人手中，設下嚴密的限制也是應該的。美國政府四十年來的政策是，不讓其他還沒有火箭發射能力的國家具備這種能力，我們得說服美國政府這是一件好事、一件安全的事、一件可掌控的事，也是對美國有利的事。」

　　而且，紐西蘭是「五眼」情報共享聯盟（其他四眼是澳洲、加拿大、英國、美國）裡面偶爾搞叛逆的成員，不是每次都照著美國希望的方向走，跟其他國家有摩擦的時候，往往會擺出和平姿態，而不是軍事陣仗，所以美國國務院不是人人都相信一家紐西蘭支持的公司會乖乖聽話。

　　基伊常常跟美國總統歐巴馬談話，一有機會就提起火箭實驗室和這家公司的顧慮，兩國高官也會針對一些情況討價還價，釋放一部分監督權給美國，讓他們可以督導火箭實驗室在瑪希亞

半島的發射。可是，幾個禮拜過去卻遲遲沒有確定的協議，甚至一度看來美國根本不讓火箭實驗室在瑪希亞太空港運作，會讓火箭實驗室的夢想喊停的因素，可能不是工程，而是政治。

　　眼看自己的火箭計畫命懸一線，貝克親自飛到華府主導談判。「我住進一家假日飯店準備長期抗戰，不談出個結果絕不走人，」貝克說，「就這樣，我變成官員，跟國務院最高層開了好多好多會議。」經過幾個月的討價還價，2016年底終於談出成果。「我們在紐西蘭駐美大使館簽完協議，我旁邊坐著一個人，」貝克說，「那個人很不爽，他整個政治生涯都在想辦法取消蘋果的關稅，剛剛卻跟我簽了一份雙邊協議。」

　　根據協議內容，紐西蘭同意不把火箭實驗室的電子號火箭變成飛彈，也不讓美國的敵人把邪惡衛星放上電子號，還同意讓美國派遣官員到火箭實驗室的發射基地檢查火箭，監看發射是否安全，等於是美國派保母到瑪希亞半島照看火箭實驗室；紐西蘭這方則是有權選擇哪些美國的酬載不能上火箭。「美國必須相信紐西蘭，但是紐西蘭人也必須相信我們不會在立場上妥協，」喬伊斯說，「我不認為紐西蘭人會想送任何種類的武器上太空。」

　　貝克後來承認，他可能低估火箭生意需要解決的法律糾紛，要是早知道，他就會早一點與各方展開協商。不過話又說回來，電子號都成功開發到這種程度了，紐西蘭和美國的官員看到貝克上門也很難拒絕。「走到這一步的時候，我們的火箭已經在測試階段，」他說，「並不是說我們需要美國的協助或美國的技術才能完成，而是火箭已經做好了。我們不需要美國就做得出

來，這點毋庸置疑，只差把各方的目標協調成一致。」

火箭實驗室和基伊政府因為這份協議而遭到一些批評。在幾份媒體的報導中，批評者之前對火箭實驗室變成美國公司已經很不滿，更何況現在又跟美國政府緊密結盟。但是其實，兩國幾乎都沒有人在關注這件事，不管是美國官員，還是紐西蘭大眾，都還沒把火箭實驗室當一回事。

保姆毀了紀錄

我在 2016 年剛認識貝克的時候，他把滿滿的樂觀分送給所有人，包括我在內。他說他們那一年就會發射第一枚火箭，很快就會發射第二枚，然後是下一枚。奧克蘭的廠房躺著好幾枚完成度不一的火箭，看來貝克的話似乎做得到。根據他的說法，火箭實驗室到 2017 年會一個月發射一枚電子號，很快就會達到每週發射一次的目標。

從 2013 年到這一刻，貝克在矽谷對第一批投資人提到的預測幾乎都實現了。已經有幾十家仿效行星實驗室的衛星新創公司冒出來，希望以便宜快速的方式上太空，也有 SpaceX、三星、臉書這種大企業說要把上萬顆衛星送上去，建立他們宏偉的太空網路衛星星座。這個世界的火箭很快就會供不應求，這位完全靠自學的紐西蘭人已經占到一個有利的位置，能從一股全面引爆的太空狂熱中大發利市。

歷史班班可考，新火箭進度延宕的程度往往是悲劇等級。

SpaceX 原以為獵鷹一號一年半就能完成並發射，結果花了六年才把獵鷹一號送上軌道。可就連這樣的延宕都已經是破紀錄的速度了。至於火箭實驗室，看你從什麼時候算起，不管是從貝克 2006 年成立公司開始計算，或是從他們 2013 年認真做電子號開始計算，到了 2016 年還是沒完成貝克設定的發射目標；不過 2017 年一開始，他們終於做好一探電子號寶貝到底行不行的準備。以航太業界的標準來說，這已經是準時到教人感動。5 月，火箭實驗室派一組工程師前往瑪希亞半島的同時，貝克又募到七千五百萬美元，募資總額來到一億五千萬，幾個超級富豪和一整個國家都在賭，電子號是否會順利發射成功。

　　火箭實驗室已經有付費客戶的合約到手，但是他們不想把客戶的酬載放到第一枚火箭上冒險。從過去幾十年的歷史來看，第一枚電子號幾乎百分之百會爆炸，只差不知道什麼時候爆炸。最糟糕的情況是火箭在發射臺就爆炸起火，連帶整個太空港設施甚至一群羊都遭殃；比較好的結果是飛行六十秒左右才出現故障，這樣的話，火箭實驗室就能蒐集到電子號性能的數據，做為廠房裡其他電子號和拉塞福引擎改進的依據；如果有奇蹟出現，電子號可能會飛行幾分鐘，觸碰到太空邊緣。

　　至於因應各種災難情況的任務，落在二十幾歲的澳洲工程師阿特曼身上。火箭實驗室要她負責所謂的「飛行終止系統」，這套系統會在電子號眼看要造成危害的時候切斷火箭引擎。火箭實驗室和美國派來的督導會透過感測器和軟體，追蹤電子號的軌跡，只要他們擔心電子號可能失控或對大眾造成危險，就會毀掉

這臺機器。

　　阿特曼到火箭實驗室之前從來沒有做過飛行終止系統，但她過去四年都在閱讀相關書籍、設計和測試這套系統，說她做了整枚火箭最關鍵的技術也不為過。事實上，大家都預料會失敗，能原諒火箭實驗室第一次嘗試沒飛到太空，卻不會原諒火箭造成危害。如果發出指令讓火箭停下來而火箭沒停，火箭實驗室瞬間就會變成笨手笨腳、辦事輕率的大外行。火箭有沒有造成損害還不打緊，重點是大家只會覺得彼得・貝克和他那群快樂的年輕人並不可靠，然後這家公司就得花好幾年乞求美國和紐西蘭相信它，給它再試一次的機會。

　　5 月 25 日，包括阿特曼在內，火箭實驗室幾十個工程師大老遠開拔到瑪希亞半島，準備進行一次發射，以「這是測試」當作這次行動的名稱，像是在鬧著玩。裡面有許多人覺得這次發射太倉促，並不是因為他們的火箭不安全，而是因為他們身為工程師，總是想一再測試調整，這樣的測試調整沒完沒了。不過貝克可沒有這種耐心，發射已經因為天氣不好延後幾天了，他認為是該按下按鈕了。

　　從早上到午後，火箭實驗室團隊花了幾個小時把發射前的流程一一跑完，對閥門和儲槽進行加壓和減壓、檢查火箭幾千個感測器、測試通訊系統。瑪希亞居民擠滿四周山丘，希望找到最佳位子觀賞這場未來幾年鎮上會一再播放的大秀。美國一個顧問小組被安排在火箭實驗室的運作中心，監控火箭實驗室的一舉一動，隨時可以取消發射。

　　下午四點二十分[13]，黑色的電子號點火，咆哮著展開跟地心引力的激烈搏鬥，有些人屏住呼吸，準備目睹最壞的結果，但是這枚火箭用行動證明唱衰者都錯了。電子號直竄天際，第一節的燃料燒盡、分離、落入海洋；第二節的引擎點燃，將飛行延續到四分鐘，飛行兩百二十公里，毫無懸念進入太空。這時，電子號幾乎已經通過各個主要的測試，看來準備一舉飛上軌道，因為各主要系統傳回的數據幾近完美，就在這時，美國顧問小組厲聲喊停，要求終止飛行。

　　在那混亂的瞬間，沒有人知道到底發生什麼。控制中心外頭的工程師以為一切順利極了，正準備慶功，殊不知，中心裡頭的美國安全官員正苦於追蹤不到火箭的位置，傳進來的位置數據一直忽有忽無、捉摸不定。一大段時間都沒有可靠數據傳回，於是美國官員就下令關掉火箭，電子號開始從太空朝著太平洋滾回。「我直接走到外面去吐，」阿特曼說，她很難過看到火箭沒了，但同時又鬆了一口氣，因為她的飛行終止系統有發揮作用。

　　事後分析發現，是美國小組自己的追蹤軟體設定錯誤，電子號其實一路飛得非常完美，幾乎可以確定能進入軌道。就因為一個小小的軟體差錯，火箭實驗室沒能完成首次發射就上太空這個最驚奇、最難得的壯舉。更衰的是，毀掉這一刻的還不是火箭實驗室自己的軟體，而是保姆的，是他們把彼得・貝克的靈魂從

13　這個時間會讓馬斯克很得意(譯注：420是大麻代號，也是馬斯克喜歡用的數字梗，他曾經在推特發文說要以每股420美元將特斯拉私有化，引起軒然大波)。

軀體吸出來，狠狠踩在腳下。

　　雖然發生這種衰事，大部分工程師還是興奮不已，電子號在那四分鐘噴出的數據證明它是一臺漂亮、設計精良的機器，這些年的付出都值得了。在瑪希亞和奧克蘭，酒開了一瓶又一瓶。當然，還是有一些人開心不起來。「我覺得這件事粗暴到不行，因為我們所有困難的步驟都辦到了，什麼都擋不住這枚火箭，」塔提說，「每個人都在歡呼、跟我握手，但是我很不爽，原來只要一個人按個開關就能攔下來。我那天晚上沒去派對。」

　　火箭實驗室一直到 2018 年 1 月才完成第二枚電子號的打造和測試，運送到發射基地進行第二次嘗試。他們說這臺機器沒有做任何更改，只不過他們公開責備美國包商，再協助他們修改軟體。那次發射取名為「還是測試」，然後這臺機器完成史上最完美的第二次發射，將行星實驗室一顆衛星放到幾乎完美的軌道位置上，還釋出一個祕密驚喜。

　　火箭實驗室在火箭裡面偷塞一個它稱為「人類之星」的東西，那是一個一公尺高、用六十五塊反光板組成的網格球體，目的是（如果這樣也算的話）在太空旋轉，把光線射回地球，彷彿天上有個閃光燈一樣。這家公司沒有徵得同意，就把我們所有人拉進一場全球狂歡派對。人類之星會是夜空最明亮的物體，直到幾個月後脫離軌道，在大氣層燒毀。貝克希望這個物體為人們帶來啟示，他 2018 年 2 月接受《衛報》（*Guardian*）採訪表示：「人類之星的整個重點是想把人們帶到戶外仰望，意識到我們只是一個龐大宇宙的渺小星球。一旦你了解這點，你就會從別的視角來看

地球，從別的視角來看那些對我們很重要的事物。」

其他人對人類之星就沒那麼熱中了。貝克首次跟國際主要媒體打交道就被譏笑，說他在軌道扔了個太空塗鴉，用小把戲侵犯了夜空。

貝克此舉雖然小小破壞火箭實驗室的輝煌時刻，但這家公司竄升為太空強權已是不可否認的事實。火箭實驗室打敗所有對手，在這場把成千上萬顆衛星放到軌道的競賽中，是繼 SpaceX 之後唯一的民營火箭公司，這家優勢最小的小火箭製造商已經贏得第一回合的戰鬥。

「我還不能說這就是決定性的時刻，」貝克當時對我說，「這是第一個重大的里程碑沒錯，從頭到尾都很棒，大家都超級開心，但現在好戲才真正開始。在我們以超快節奏發射、真正開始對地球產生影響之前，我一刻也鬆懈不得。對我來說，隧道盡頭的光只稍微近一點點，僅此而已。」

15
你引起我們的注意了

　　2018 年 11 月，火箭實驗室又募到一億四千萬美元，成為那頭最神祕的生物：太空獨角獸，意味投資人給這家公司的估值超過十億美元。貝克不得不釋出一大部分持股，但還是握有四分之一，因佛卡吉爾小屋那個男孩現在擁有幾億美元的紙上富貴，也開始有富豪的樣子。

　　貝克拿那一億四千萬美元的一部分打造一座全新的總部殿堂。從大門走進去是一條白色隧道，全白，只有幾道紅色 LED 線條從地板延伸到天花板，隧道盡頭的黑色牆上以銀色字大大寫著「我們上太空改善地球生活」（WE GO TO SPACE TO IMPROVE LIFE ON EARTH）。從這句勵志小語左轉就進入接待區，頓時轉為一片黑色，全黑，黑色牆壁、黑色地板、黑色天花板，接待人員和警衛坐在右手邊，被頭頂上幾盞聚光燈照映出身影。

　　這個寬敞大廳最裡面是用玻璃隔成的任務控制中心，玻璃內有三個超大螢幕在前方，還有兩排辦公桌給執行發射的人使用，玻璃外的觀眾區則是用更多條紅色 LED 光線標示出來。貝

克基本上是打造一個黑武士發射火箭的巢穴，而且完全不打算遮掩，《星際大戰》音樂從環繞音響傳出，無限循環。

大樓更深處的設施就沒有那種肅殺氛圍，但同樣壯觀。現在多達幾百人的員工有時尚辦公桌可用，還有最先進的實驗室可以進行電子和引擎實驗；廠房也從狹小、研發式的工作間變成工業等級的製造大堂。黑色的電子號一個個排列得整整齊齊，兩旁是簇新的工作臺；碳纖維、3D 列印引擎、振動測試、噴漆都各有專區，以灰色光亮地板上的大面積紅色長條噴漆做為區隔。美國和紐西蘭兩面巨幅國旗從屋頂橡架高高垂下，彷彿祝賀旗幟，慶祝下方正在進行的活動。

這座設施是火箭實驗室領先對手的證明。這場軌道競賽不只有維珍軌道和螢火蟲太空系統（後來改名為螢火蟲航太）參賽，還有艾斯特拉和向量太空系統（Vector Space Systems）這兩家資金雄厚的美國小火箭商，他們都信誓旦旦即將要首次發射火箭，但絲毫看不出他們就快要把真火箭放上發射臺、追上電子號。反觀火箭實驗室已經有一批電子號就緒，還有幾十份小衛星公司的合約在手。

事實上，火箭實驗室甚至還用一連串宣告給對手施加更多壓力。火箭實驗室祕密研發出一種「發動節」（kick stage）。先由火箭第一節把電子號送上太空，然後第二節會啟動，把衛星送進軌道，接著，自帶小引擎的發動節會點燃，一個一個把衛星放到軌道上該去的位置，分毫不差。就好像衛星版的代客泊車服務，每顆衛星都會被停放到最有利於執行任務的位置。火箭實驗室還派

迪梅洛去美國，開始在維吉尼亞州瓦勒普斯島（Wallops Island）建設第二座發射臺，完成之後，火箭實驗室就能飛到新的太空據點，也能增加發射頻率，可能還可以替美國政府部門運送比較敏感的酬載。

大約在第一次發射前後，火箭實驗室做了另一件改善公司前景的事，那就是增加公司的美國成分。他們的洛杉磯總部其實是為了門面和方便文書作業而存在，沒有別的功能，不過他們2017 年在杭亭頓海灘（Huntington Beach）開設真正的辦公室，進駐真正的員工。

這個新辦公室給火箭實驗室帶來幾個明顯優勢。一來，可以汲取美國龐大的航太人才庫，業務人員距離衛星廠商客戶也近一點；二來，火箭實驗室會更名正言順地像一家美國公司，如果想拿到更多美國政府的生意，這是必要的條件。

NASA 已經跟火箭實驗室簽約預訂第四次發射，而且對這次任務有一些要求，希望拉塞福引擎的製造從紐西蘭移到加州。紐西蘭團隊當然有製造引擎的知識，這點毋庸置疑，但是美國政府有例行流程要跑，必須把火箭實驗室的關鍵技術搬到美國境內，才能顯得他們有在保護珍貴的智慧財產和航太機密。這背後的意涵很清楚：火箭實驗室要是想繼續賣東西給山姆大叔[1]，就得幫忙給美國留點面子，按捺一下美國內部的愛國者。

布萊恩‧梅卡爾（Brian Merkel）是火箭實驗室請來建設杭亭頓

1　編注：山姆大叔（Uncle Sam）因字首縮寫與美國（US）一致，成了美國的綽號，也有據此繪製的人物形象。

引擎工廠的關鍵人物，他過去四年在 SpaceX 擔任機械工程師。接下這份工作之前，他先飛去奧克蘭跟貝克面試，發現貝克平易近人卻異常執著，對日常工程工作的參與程度是航太業執行長之最。「貝克當時穿著紫色連身工作服，在辦公室油漆貨櫃，」梅卡爾說，「他總是自己動手，好像是不得不，才去做生意。」

梅卡爾 2017 年 1 月一上工，火箭實驗室就交給他一座空蕩蕩、面積九千平方公尺的倉庫，要他把整座廠房弄出來，還要在 8 月前做出 NASA 要的引擎。一開始，除了梅卡爾之外，就只有一個行政助理和另一個年輕工程師尹大衛（David Yoon），三個人都對眼前的挑戰躍躍欲試。「一個空蕩蕩的超大倉庫最漂亮了，」梅卡爾說，「那是一張空白畫布。」

梅卡爾很快就發現 SpaceX 和火箭實驗室存在一些差異。在馬斯克王國，幾乎凡事都以速度優先，願意多付點錢換取速度；火箭實驗室則是比較注重速度和支出的平衡，硬要分出個差別的話，還是更強調追求最低成本。舉個例子，新廠房進駐前必須先油漆粉刷，還得在地板塗上環氧樹脂，梅卡爾沒有請昂貴的包商來做，而是自己來。「貝克不會放過任何一分錢，」新進的一位美國員工說，「那是肯定的事。」

梅卡爾印象最深的是，火箭實驗室一再強調火箭的製造要快速、便宜、可重複，這樣的心態似乎來自貝克和紐西蘭本身。

「他們是在紐西蘭，那裡沒有航太產業，除了理論，什麼鬼都沒有，」梅卡爾說，「他們會把每個小零件拿到網路上搜尋，找出 SpaceX 和波音或哪個公司為什麼用那個方法製造那個零

件，然後再去找功能差不多但超級便宜的開架零件，想辦法讓開架零件也能用。電子號的簡單精巧是我很佩服的地方。他們會拿你修理腳踏車爆胎的東西，拿去用在火箭上，還會拿澳洲製的賽車配件來用，因為他們只知道這種零件，也只能找到這種零件。他們都是正統工程師，跟我共事過的人一樣優秀。」

還有，就像尹大衛（梅卡爾在美國的年輕同事）說的：「他們會做些很可怕的事，沒有哪個科班出身的工程師會那麼做，但是你接著就會發現那樣做很有用，真的有用。」

美國辦公室的擴張，加劇技術與法律上的挑戰。畢竟美國過去從來沒有處理過火箭實驗室這種單位，是跨國共同合作，開發火箭這類寶貴的技術。美國有一套法律叫做「國際武器貿易條例」，禁止美國工程師給紐西蘭工程師提供電子號方面的技術，這套法律是為了防止火箭製造知識落入不對的人手中，而且執法認真。航太業工程師時時處在恐懼中，生怕在網路上貼張火箭零件照片就被捉去關。

然而，火箭實驗室對於製造火箭這件事早就瞭如指掌，國際武器貿易條例的限制只是徒增尷尬，甚至到了荒謬的地步。紐西蘭工程師可以把引擎設計傳給美國，可以把引擎原理和製造方法一一告訴美國同事，但要是美國工程師想出改進引擎的方法，卻不能反過來提供技術建議給紐西蘭。

「基本上，紐西蘭可以給我們草圖，可以給我們資料，想給什麼鬼都可以，」梅卡爾說，「可是我們跟他們說什麼都要很小心，比方說我不能跟他們的引擎團隊說如果更改這個地方、這個

地方、這個地方就能提高性能。但是因為引擎是由我們在美國製造的，所以我們可以提出製造上的建議，譬如『如果改用這種材料或這種螺絲會更方便我們這邊的製造』，要是製造上的改進也剛好改進了性能，那就純屬巧合了。」

「一開始六、七個月，什麼能做、什麼不能做還不是很清楚。國際武器貿易條例擺在那裡，老是會聽到有人被起訴的故事，我心裡的想法是：『好吧，那就連碰都不要碰，不值得。』」

一開始那幾個月最諷刺的地方是，杭亭頓廠生產的第一批火箭引擎是要給 NASA 用的，換句話說，美國的限制等於是給自己掣肘，讓一家美國公司難以替自己本國的太空機構做出最好的產品。

務實，卻也注重形象

美國員工雖然喜歡貝克，卻也對他的古怪感到不解。貝克要他們做大案子的時候不會給多少指引，卻會在之後順便來一趟美國廠時就推翻或打壞他們的決定。這種事不只發生在他想換地毯顏色或家具之類的門面裝飾上，[2] 也發生在工程方面，舉個例子，他要求杭亭頓廠短短幾個月就得從零製造出十顆引擎，卻又不讓他們購買他們認為必要的機器。

貝克還在杭亭頓廠的入口牆上放了一句有爭議的話：「不管

2　「他有設計眼光──他自己的獨特設計，」曾在 SpaceX 工作、2017 年加入火箭實驗室的丹尼爾・吉利斯（Daniel Gillies）說。

做什麼都要做成藝術品，如果醜斃了又不能用，那你就什麼都沒有，如果好看但不能用，至少還有好看。」這句話迥異於太空公司愛用的「航向終極邊疆！」也似乎在說火箭實驗室其實重視外表不重視內在，美國員工不明白貝克為什麼要讓訪客一進來就看到這個。「貝克非常務實，但也非常重視形象，」尹大衛說，「這句話說明了他的個性。」

美國辦公室還衍生一個意外的連鎖效應：美紐工程師不同酬，造成嚴重的緊張關係。」

加州新聘員工的薪資通常是紐澳同事的兩倍，隨著愈來愈多美國人到職，薪資差距也開始在公司傳開，大家這才明白第一枚電子號之所以用不到一億美元就做得出來，很大一部分要感謝奧克蘭相對低廉的勞工。儘管如此，紐西蘭工程師幾乎沒有討價還價的能力，也沒什麼選擇，誰叫紐西蘭只有火箭實驗室一家航太公司。

還有，貝克當時只把認股選擇權提供給業績前 10% 的員工，這也有違加州科技新創的傳統：員工一開始會以較低的薪水和長工時換取公司股票，寄望公司一舉成功發大財。

貝克似乎還在次級市場出脫部分持股（當時火箭實驗室還是未上市公司），進一步惡化緊張的局面。最新一輪募資完成後，他開著新車到辦公室，還給自己蓋了一棟豪宅，員工一面傳閱這些新車豪宅照片一面抱怨，因為貝克勸他們不要賣股票，但自己卻在賣。任務都還沒完成，公司領導人就在獲利了結，很難看。

不過，整體來說，美紐兩地的員工都認為貝克是很勵志的

領導者。他們不確定貝克的動機是什麼，是純粹喜歡製造火箭？想發財？還是想把人類智慧帶到全宇宙？但是他們確定貝克很會經營公司，也很會創造驚奇。這一路上他或許要求嚴格又強勢，但是很少大小聲，也從未動不動就罵人，大家往往會原諒他不那麼討人喜歡的時刻，因為他也是在幫大家實現夢想。「這是一個對製造火箭執迷二十到二十五年的人，」一個員工說，「沒有任何東西擋得住他，要做一個困難得要命的東西就得這樣才行。」

　　貝克的領導作風可以從他每週一給新員工的入職談話窺知一二。[3] 在 2018 年 11 月第三次發射前一天，貝克讓我見識其中一場，以下就是他在談話中傳達的訊息。

　　你們是來提升人類核心潛能的。我知道這句話聽起來像在打高空，很像執行長會說的話，但這就是我們在這裡做事的意義。人們並沒有意識到我們有多麼依賴太空基礎建設，只要 GPS 一關掉，優步（Uber）就沒了，Tinder（手機交友軟體）也沒了。人類對太空的依賴已經到了難以想像的地步，但卻是隱形、看不到的，而且對我們的日常運作不可或缺。

　　太空產業正在翻天覆地改變，過去是以大型太空飛行器為主，但那是老太空，現在的太空飛行器小多了。譬如我們的客戶行星實驗室所做的衛星，裡面裝了電池、電子裝置、一些程式碼、太陽能板，這些技術在過去五年都有大幅度的進化。

3　火箭實驗室當時雇 350 人左右，其中 300 人在紐西蘭，其餘 50 人在美國。

真正讓人興奮的是，現在這些做太空東西的公司並不是你馬上會想起的老公司，全是新面孔。可能有人做了個感測器拿到大樓測量某些東西，然後突然發現這個感測器也能放上軌道，一下就拉到整個地球層級，全世界都用得到。

這就是讓我興奮的地方。我們現在認為的太空用途，在未來都不會是最讓人興奮的用途。未來會有哪些用途還沒出現，可能就等你們去想。

我們目前為止募了將近五億美元，我們的成功不只體現在資金籌措上，也體現在達成的事情上，火箭實驗室的電子號是目前世界上唯一做商業營運的小型運載火箭。人類歷史上只有兩家民營公司把太空飛行器送進軌道，一個是有獵鷹九號和馬斯克的 SpaceX，一個是我們，就這樣，沒別的了。

這個俱樂部非常小，很難很難加入，進入門檻高到不行。我們得達到音速的二十七倍才進得了軌道，只要性能差個百分之一或是重量差個百分之一，就進不了軌道，只是一場花了千萬美元的煙火秀，真的是困難得要命。

不只技術上很難，監管和基礎設施也很難。我們必須找到可以頻繁發射的地方，因為我認為發射頻率是最重要的事。瑪希亞半島的發射基地是全球唯一的民營發射場，也拿到每七十二小時可發射一次的許可。

我們做的是提升人類潛能的事，我們上太空是為了幫助地球上的人，這點超級重要。另一件對我也很重要的事情是，我們要做美麗的東西。我不管你是做電子表格還是火箭的閥門，反正一

定都要做得漂漂亮亮的。

　　你會發現電子號每個零件都很美。我為什麼這麼強調美？因為只要花時間把東西做得美，通常這個東西就能用。不只零件是這樣，多花點時間去設定電子表格的格式、換字體，不要使用不搭配的可怕顏色。把東西做得美，這真的很重要。

　　當然，我們想成為大公司，我們在這方面做得非常好。我不喜歡輸，所以我們會全力保持業界領先地位，這是一定的。

　　我們所做的事情通常是一個國家才做得來，而我們是以一個小團隊在做，如果你去看看我們的競爭對手，他們的團隊比我們大很多很多，只是我們比他們聰明很多很多。這裡會有很多辛苦的日子，因為辛苦就是這裡的生活方式。我們做的是給全世界帶來有意義影響的事，所以沒那麼簡單。但是如果哪天你覺得日子辛苦難過，你就下樓摸摸這枚火箭，輕輕撫摸它，只要這樣做就會好起來。

　　還有，別忘了，你撫摸這枚火箭的同時，你的 DNA 會留下，你的 DNA 會上太空，這不是酷斃了嗎？

　　2018 年 11 月 11 日，火箭實驗室開始第三次發射的準備工作。這次的名稱是「營業中」（It's Business Time），既是向紐西蘭音樂喜劇組合「痞客二人組」（Flight of the Conchords）的歌曲致敬，也是宣告火箭實驗室已經走出測試階段。沒錯，之前已經送了幾顆衛星進入軌道，但是那些客戶很清楚自己是拿一個未經驗證的機器來冒險，這次，火箭實驗室和貝克賭上的是名譽，要替四個客

戶發射六顆衛星。

　　其中兩顆衛星是 Spire 製造，那是一家衛星新創公司，專做追蹤船隻、飛機、氣候變化的衛星。還有一顆衛星是 Tyvak Nano-Satellite Systems 的氣象衛星，另一顆衛星是一群加州高中生製造的小衛星，用於數據蒐集的實驗。最後兩顆衛星是澳洲新創公司 Fleet Space Technologies 所有，用於架設一套新的太空通訊網路。

　　這次發射正好彰顯新太空時代的最新精神。Fleet 有顆衛星遲遲上不了軌道，過去一整年都在等 SpaceX 和印度政府發射火箭，寄望以次級酬載搭便車。可是那些火箭一延再延，而 Fleet 又不是能預訂其他火箭專席的大客戶，六個禮拜前一得知火箭實驗室的電子號可能有多餘席位，就急忙把裝置送來。Fleet 的義大利執行長娜丁妮（Flavia Tata Nardini）也在任務控制中心外面的觀眾區觀看這次發射，她很興奮 Fleet 終於能開始做生意——他們裝在貨櫃和土壤濕度偵測器上面的小小感測器，終於能把數據傳上太空，然後再傳回地球上的電腦進行分析。

　　之所以有席位可以給 Fleet，就要說到火箭實驗室之前的失誤。他們曾經在 5 月和 7 月兩度嘗試進行「營業中」發射，但是發現嚴重的技術問題而取消。有傳言說某次發射預演發生嚴重爆炸，但是火箭實驗室一直不透露到底發生什麼事，大家只知道距離他們上次進入軌道已經十個月了，這證明要達成貝克的希望並不容易，快速製造出火箭困難得要命。

　　那兩次延誤給第三次發射增添更多的不確定和緊張感。第

三次發射前的會議上，火箭實驗室一組工程師向貝克和美國安全官員做簡報，說明火箭最新狀況。這場會議當然是在 7.6 公尺長的碳纖維會議桌進行。

再過幾個小時就要發射了，這臺機器卻還有些瑣碎的枝枝節節讓人不放心，不過大家都在處理，都在想辦法解決，有人說某個搞不定的零件可能要到最後一刻才知道可不可行，貝克說：「別緊張，就讓它燒。」火箭實驗室得滿足四千三百項監管規範才獲得美國官員放行這次發射，而紐西蘭也有大約四十條類似的規定。「我們的態度是，如果美國聯邦航空總署認為可以，那我們就可以，」一個紐西蘭人告訴我。

會議後，火箭實驗室總部的人聊起在紐西蘭發射的小八卦來殺時間。瑪希亞半島四周會連續二十四小時放送自動廣播，警告船隻和其他艦艇即將有火箭發射，大部分人都樂意避開，除了小龍蝦漁夫，他們因為有配額限制，都想趁著價格好的時候出海。有必要的話，火箭實驗室會一個個打電話給這些漁民，禮貌地請他們暫停十八分鐘，讓他們把火箭送上太空。至於在灣奴牧場工作的牧人，他們會在發射日遠離發射臺，但是羊隻有時候不太合作，火箭實驗室員工說了一個故事：有一頭羊在發射前一直站在懸崖邊，但火箭起飛後就不見蹤影，「沒有跡象顯示那頭羊跳下懸崖，因為有人去看過。當時煙霧四起，羊就不見了，但是還是不知道發生什麼事」。

時間滴答滴答過去，倒數時刻逼近，閒聊停止，工程師和發射負責人各自在任務控制中心就定位，由塔提主導發射程序。

這座新總部讓火箭實驗室第一次有了觀眾，大約五十人聚集在黑武士風格的觀眾區，可以穿過玻璃從超大螢幕看到火箭的發射與進展。觀眾包括火箭實驗室的員工和家屬、衛星客戶，還有我。這次發射在星期天進行，到場觀看人數不如預期，顯然有些員工有更重要的事，「這很紐西蘭，」一個觀眾說，「而我無法理解。」

貝克坐在控制中心裡面，黑 T 恤、黑褲、黑鞋，實驗室白袍的日子已經不再。發射前十分鐘，他盯著大螢幕，雙手交握在臉旁，幾乎就像在禱告。

當然，火箭這一行的可怕之處在於，不管你做得多好，你與危機的距離就只有一次爆炸。火箭實驗室目前為止的成功震驚了世界，但是只要這次任務一有重大意外，領先地位就沒了，可信度也毀了，「營業中」這個名稱馬上就會淪為笑話裡的哏。

貝克已經跟團隊說他想親自倒數，所以，下午四點五十分，控制中心的喇叭傳出因佛卡吉爾男子濃濃的捲舌口音：「十、九、八、七、六、五、四、三、二、一。」火箭起飛。

火箭一路飛進太空，貝克雙手托著濃密捲髮，電子號每通過一個重要里程碑，他就鬆開雙手，以靜音模式握拳或輕拍桌面。「繼續！！！！繼續！！！！」客戶娜丁妮在控制中心外頭大喊。八分鐘後，電子號到達軌道，投放衛星，貝克雙眼滿是淚水，雙手抱頭，喘了一口大氣。

幾分鐘後，他走到控制中心外面聊天。他看起來筋疲力盡、情緒激動。「比賽開始了，」他說，「這個時代來了，來了。小型發射競賽結束了，我們已經證明辦得到。」接著他請我問一

下馬斯克有沒有看這次發射，「我們團隊一定會很興奮，」他說。

永遠給人驚喜

令航太產業驚嘆的是，火箭實驗室一個月後又發射一枚火箭，依約將 NASA 的數顆衛星送進軌道。那一年，火箭實驗室的對手沒有成功發射任何火箭，2019 年也沒有，2020 年也沒有，只有火箭實驗室和 SpaceX，沒別的了。

2019 年 5 月，我幫忙安排貝克和馬斯克見面。貝克飛到火箭實驗室的加州辦公室，馬斯克也特別挪出空檔——儘管他說過對火箭實驗室沒什麼興趣。這場會面將永遠改變巨人 SpaceX 和弱小火箭實驗室之間的關係。

SpaceX 的高階主管早就在勸馬斯克，應該拿幾枚獵鷹九號去載大批小衛星上軌道。SpaceX 偶爾會讓小衛星搭便車，跟著大衛星一起上軌道，不過 SpaceX 有些人認為一次載運大量小衛星可能是不錯的生意。沃登之前也向馬斯克提過類似的請求，請他幫忙載運 NASA 艾姆斯研究中心和合作夥伴的小衛星，有一次兩人會面時，馬斯克一聽到這個建議就突然暴走，根據在場人士的轉述，馬斯克當場就說：「別再問了，我被問得很不爽，我們絕對不這麼做。」

如果 SpaceX 真的決定一次載運大量小衛星，這對才剛邁開大步的火箭實驗室絕對是一大威脅。SpaceX 的獵鷹九號是大火箭，整體來說，在成本和載運量有優勢。雖然 SpaceX 一次發射

要收六千萬美元，高於只收六百萬的火箭實驗室，但是 SpaceX
一次就能把整個衛星星座發射到位，就不必每個月花六百萬分批
部署衛星星座。

　　這時候梅卡爾已經離開火箭實驗室美國廠的設廠工作，重回
SpaceX。馬斯克跟貝克晚餐之前先派了副總去問梅卡爾，打探火
箭實驗室的虛實，確認這家公司是否算得上競爭對手。「我說，
我不敢說以一家公司來說他們有多成功，但他們是很優秀的工程
師，他們的火箭會發射得很好、會飛得很好，」梅卡爾說，「我
不知道他們晚餐上說了什麼，不過事後大家回來都說馬斯克很佩
服。我想，貝克大概提出一個跟 SpaceX 相差無幾的願景，馬斯
克可能把這次會面當成一個意見反應，讓他清楚知道：火箭實驗
室正在吸引大批生意上門，SpaceX 不該放過這些生意。」

　　貝克之所以想見馬斯克，可能是自尊心作祟。[4] 這點可以理
解，貝克希望大家意識到他和火箭實驗室跟馬斯克和 SpaceX 一
樣，同屬超級菁英等級，更重要的是，他希望馬斯克認可他是同
一級人物。貝克有紐西蘭低調謙虛的精神，但他也有遠大抱負，
火箭實驗室的成功開始膨脹他的自信，也激起他受人崇拜的渴
望。問題是，千辛萬苦進入馬斯克的視線卻也可能死於馬斯克的
視線，畢竟從歷史來看，那裡可是一個很可怕的地方。

　　2019 年 8 月，SpaceX 公布新計畫，開始為小衛星推出定期
航班，將釋出一整枚獵鷹九號的空間供各家公司訂位。如果想送

4　貝克不願跟我多談那場會面的情況，只說他跟馬斯克「超開心」。

兩百二十公斤的貨物上去（相當於一枚電子號的載重量），只需花費一百萬美元多一點，換句話說，比火箭實驗室的收費便宜了五百萬。後來，SpaceX 這個計畫一趟就破紀錄發射一百四十三顆衛星。

馬斯克當時並不知道，貝克也有幾個驚喜要給馬斯克大哥。

在航太業以外的人眼中，火箭實驗室可能仍然只是個小角色。一講到新太空，SpaceX 和馬斯克就像黑洞一樣吸走媒體目光，貝克的名氣連馬斯克的車尾燈都看不到，不管在自己國內或其他地方都是如此。

不過，航太業對火箭實驗室可是驚嘆連連。電子號被公認可能是史上設計最完美的小火箭。SpaceX 的首三發是在熊熊火焰中結束，火箭實驗室的首三發卻近乎完美，要不是非它控制的軟體出差錯搞破壞，就是完美無瑕了。從來沒有一個新的火箭計畫一開始就有如此的表現，火箭實驗室和貝克解開過去困住所有人的難題。

大家都說，這番成就要感謝火箭實驗室團隊的組成和智慧：紐西蘭人帶進創意思考和勇於任事的精神；澳洲人有較多的業界經驗，知道如何將研發推進到實際製造；偏遠的作業環境則是鼓勵他們換個角度思考、盡量簡化。不過這些都不足以完全解釋火箭實驗室的成就，它用一億美元就製造出史上最佳小火箭，而且幾乎是按時完成，在一個以擁有最優秀、最聰明人才為榮的產業中，這家公司和其文化極為罕見。

貝克從來不說，但他其實才是這番成就背後的關鍵因素。

是他帶進那套結合工程魔法、速度、實用的精神，而這正是競爭
對手欠缺的條件，他們只顧著砸大錢追趕對手。

　　貝克那種毫不妥協的務實精神可以從幾個小故事看出來。
舉個例子，公司早期，他會帶幾個工程師到美國實地考察，參
觀博物館和 NASA 幾個機構。他們會跑到新墨西哥州阿布奎基
（Albuquerque）國立核子科學歷史博物館，分析老式洲際彈道飛彈
的導管是用哪一種隔熱材料，接著馬上趕往下一站、然後再去下
一站，搜尋隱藏在視線之外的火箭製造線索。「跟貝克一起旅行
爛透了，」塔提說，「一直坐飛機，整趟行程排滿滿。不是一天
去一個地方，住好飯店那種，而是到這個地方看一看馬上就接著
去下一個地方，然後睡機場。連吃飯的時間都沒有，只能買個冰
淇淋在計程車上吃。緊湊到不行。」貝克每天都是以這種幹勁、
專注的精神活著。

　　另一個貝克不會說的事情是，他家的檔案櫃有一系列資料
夾，詳細記載火箭實驗室最險峻的挑戰，一一記錄種種技術問題
和解方，幾乎每次都是貝克淋浴時或獨自在工作間想出辦法，解
決又一個棘手障礙。沒錯，最後是整個團隊把貝克的想法付諸實
現才解決，但要不是貝克的洞見，火箭實驗室很可能會落得跟競
爭對手一樣的處境。

　　至於貝克的動力是什麼，這對他身邊的人是個謎，甚至對
貝克自己也是謎。有一派人認為他的主要動機源自一股想發財、
想成為紐西蘭和全世界大人物的渴望；這種猜測似乎隨著火箭實
驗室愈來愈好而漸漸獲得佐證。貝克的謙虛有時候會讓位給渴求

關注的欲望，他希望大家像對待 SpaceX 一樣，也以近乎宗教的狂熱來對待火箭實驗室。毫無疑問，他希望分一點馬斯克得到的關注。

「營業中」發射結束後，我造訪貝克位於紐西蘭南島的度假屋，兩人一起帶著兒子到河裡淘金。我的兩個兒子很可愛，但別指望他們會幫忙淘金；貝克的兒子可不一樣，他一下就跳上爸爸的吉普車，拖出裝備，開始找金子。如果有別人開卡車靠近，貝克的兒子光聽聲音就能判斷引擎狀況。[5] 淘完金，去騎水上摩托車，貝克買了市面上速度最快的一款，我坐在他身後讓他載，他差點讓我斷成兩截。[6]

一起共度的那天，我努力開啟閒聊模式，想順勢套出貝克成為太空巨頭的真正目的。馬斯克的人生野心是殖民火星，貝克是不是也有一個祕密、同樣崇高的目標？他做這一切的意義是什麼？結果，我什麼也沒套出來，貝克談火箭生意的瑣事，談競爭對手的困境，就是沒說要殖民哪個地方，也沒說要尋找外太空生命。「別誤會，我覺得把一些人送上火星可以延續人類物種，」他說，「這沒有爭議，我覺得很好。但是我認為，如果你把太空商業化、讓太空更容易上去，可以對更多人產生更大的影響，這樣才能影響人們的生活、改善人們的生活。」

5　如果來玩「龍與地下城」桌遊，我兩個兒子一定不會輸。

6　為了維持新聞工作者的獨立性，我拒絕抓著貝克的身體，選擇緊抓著摩托車兩側的小把手，也就是說，每次貝克一狂催油門，我就被往後甩，得使盡身為父親的「老爸之力」（dad strength）撐住，想必貝克是在向我傳遞什麼訊息。

「我的意思是，如果要說實話，送幾個人到火星對你我的生活會有什麼實質影響嗎？我們會受到鼓舞，沒錯，這是一個影響，但是並不會改變我的生活方式。可是，如果我們把大量氣象衛星放上去，提供更好的氣象預測，讓農作物有更好的收成，或者，就算只是讓我們可以決定要不要去爬山，這對我的生活可就有實質影響了。」

不過，火箭實驗室和貝克會在接下來幾年證明，他們永遠有驚喜給你。競爭對手還在努力追趕火箭實驗室的同時，這家公司已經想好接下來幾步要怎麼走。貝克有隱藏真正意圖的本事，以防對手察覺他的計畫藍圖，一個最好的例子是：那次玩完水上摩托車不久，紐西蘭發現登月條約終究還是有必要。

艾斯特拉

16

衝呀！來造很多很多火箭！

　　2016 年年中左右，兩個航太產業的朋友傳來幾個奇怪的流言，說舊金山市場大街（Market Street）附近有家航太新創公司，說那家新創公司已經知道，如何一接到訂單就馬上造出可帶東西上太空的小火箭。朋友說，那些小火箭大多是國防部委託製造，軍方想看看還能用什麼詭異方法把物體發射進軌道，也喜歡神不知鬼不覺把衛星送到軌道的想法。

　　稍做挖掘後，我挖出那家新創公司的名字是汎迅（Ventions LLC），執行長是亞當・倫登（Adam London），果然，公司地址郝爾德街 1142 號（1142 Howard Street）就在舊金山市場大街南邊。我的好奇心被挑起了，一來，這位倫登先生在網路上的資料少之又少，二來，市場大街南邊通常不會有火箭新創公司，那裡在網際網路鼎盛時期興起，是很多網路、軟體公司的搖籃，還有很多咖啡館，能讓創投業者經常出沒，好展示他們的自信。

　　我給汎迅發了封電子郵件，寄望這家神祕的新創公司看到媒體上門會願意揭開神祕面紗。結果我的好心提議吃了閉門羹，

倫登先生回信說：「不好意思，我們的業務大多跟國防部相關，訊息公布受到限制，不能公開談論。不過，如果日後情況有變，希望到時能與您聯繫。」

這封彬彬有禮的信拉高我對汎迅的好奇心，甚至達到不可收拾的地步。接下來幾個月，我到處向航太界的人打聽汎迅，以及這家公司在做什麼事，不只如此，我還翻出汎迅拿到的政府合約。攤開在我眼前的是一家十幾人的小公司，幾年來就靠著空軍和 DARPA 的合約存活，這些錢全是要他們造出非常小、非常低成本的火箭，在極短時間內把少則一顆小衛星載上太空。汎迅的小火箭很小，甚至可以安裝在飛機下方，由飛機帶著飛上天空再往下拋，拋下之後，這枚名叫「禮砲」（Salvo）的火箭就會點燃，朝太空飛去（這非常近似沃登和他的 DARPA 兄弟們夢想多年的「快速反應太空」。）

因為各種理由耽擱，我遲遲沒動筆寫汎迅的故事，以及我打聽到的內容，我的內心總有一絲期待，希望倫登先生最後會回頭找我，和盤說出整個故事。然後，2017 年 2 月，好玩的事發生了。我隨著行星實驗室的辛格勒去印度，辛格勒向我提起他待過舊金山市中心一家神祕的火箭公司，甚至，他的好朋友坎普才剛接下那家公司的執行長。

我認識坎普很多年，最早追溯到他負責 NASA 艾姆斯研究中心科技部門的時候，尤其我一直在關注他在 OpenStack 軟體專案的帶領角色，那個專案的目的是在 NASA 內部建立一種雲端運算系統。NASA 一直苦於旗下各中心、科學家、工程師之間的數

據共享問題，OpenStack 打算寫出一個軟體平臺，讓 NASA 更容易串連所有資料數據。專案非常成功，甚至在坎普的敦促下將程式碼公開，開放給所有人使用，馬上就有不少公司把 OpenStack 程式碼抓下來，創建自己的數據共享系統，OpenStack 就這樣成為全世界人氣最高的開放原始碼計畫之一。

2011 年，坎普決定離開 NASA，以 OpenStack 雲端技術為基礎自行創業，他把新公司取名為「星雲」（Nebula），取自 OpenStack 在 NASA 內部的代號，還向矽谷最知名的投資人募到三千萬美元。[1] 星雲做了自己的電腦伺服器連進數據中心，並且在伺服器裝上 OpenStack 軟體，希望公司行號購買這套伺服器和軟體去架設自己的雲端系統。當時雲端產業才剛興起，星雲的對手是開始主宰這個年輕市場的亞馬遜。一般公司的雲端系統是租用亞馬遜的電腦空間，但也可以選擇用星雲建立一套內部共享系統，更能掌控自己的數據資料。

坎普決定把老百姓納稅錢所開發的技術拿去開公司，這讓 NASA 某些官員很不高興。況且他是老彼之子，而沃登樹敵不少，敵人隨時等著抓小辮子讓沃登和他的徒子徒孫日子難過。坎普還沒離開 NASA，星雲也還沒正式登記公司，坎普就成為被調查的對象，據他回憶：「根據 NASA 發明的技術而成立的公司有幾十家，榮盛能源（Bloom Energy）是當時很有名的一家。我開始

1　其中三位投資人是第一個開出支票投資 Google 的富豪：安迪‧貝托爾斯海姆（Andy Bechtolsheim）、大衛‧薛瑞頓（David Cheriton）、雷姆‧希里蘭（Ram Shriram），這三人在投資方面有點石成金的美名。

認真考慮離開 NASA 去創業的時候，很早就去找榮盛能源的人詢問意見，他們給我的回答是『照規則走』，我就是這麼做的。為了確保我們做的每一件事都合法合規，我還請了律師，但是我們連開始都還沒有，就有一個興奮過頭的合夥人發了封電子郵件慶祝我們開公司。」

「事實不是那樣，但是那封信已經被到處轉寄給一堆人。」

「然後，有一天，我一早坐在我的 NASA 辦公室，FBI 突然闖進來，十個人左右，黑西裝、黑外套，拿走我所有電腦和文件。拿走那些東西我沒意見，但是接著他們要我的私人手機，我說：『不行，不能拿我的手機，』他們說：『可以，那是我們的，』我說：『不行，你們搞錯了，你們不能拿走，』然後他們就把手按在槍上，我問：『你們是要對我開槍嗎？』」

「他們不停要我交出手機，我不停說：『不行。』僵持不下，於是我就說：『你們站到那邊去，高興把手按在槍上、高興站多久都隨你們，但是不能拿我的手機，因為這是我的，所以給我滾一邊去，』然後他們就說：『那我們就跟著你回家。』這時我打給太太說：『喂，呃……這裡有 FBI、監察長，還有一大群開黑色車子的人，他們想跟著我回家，我在想妳是不是能來載我回家，我想趁現在到回家之前，好好想一想到底怎麼一回事。』」

「我太太開到大樓門口把我接上車，這群特務車隊就跟在後頭。我一到家，按下車庫門開關，把車開進車庫，然後把門關上。他們馬上就非常不爽，有點驚慌失措，他們可能想說我在裡面毀滅證據什麼的。我的態度是我沒有做錯什麼，這給我造成極

大不便。」

「他們走進來，我又交了幾臺電腦給他們，接受他們盤問。我照理不該說任何話的，應該叫他們去跟我的律師談，但是我沒有，我什麼都說。他們問了那封電子郵件的事。」

「反正，長話短說，有個大陪審團調查，所有認識我的人在那一年都被問過，不過我當時並不知道。事情搞得很嚴重，原因只是他們認為我開了一家我還沒開、但有說要開的公司。」

「最後，訴訟時效屆滿，我開了一場訴訟時效期滿派對。」

從這起事件可以一窺坎普的個性。為了避免惹上官僚麻煩，他會照規則走，但他同時也雄心爆棚，不會讓任何人或任何事擋住他的去路，限制和傳統框架在他眼中都是必須克服的障礙，他對威權人物和他們的古板思維自然是不假辭色。這些特質大多從他呱呱墜地就有，不過彩虹大院和艾姆斯研究中心的經歷也養大了他的自信和自負。

照理說，星雲那段經歷應該重創坎普的自尊心才對。NASA風波過後，坎普的公司就起步，成功吸引眾多關注，但是，雖然一開始成績不錯，卻一直缺少一個大市場。2013 年，坎普交出執行長位子，2015 年，甲骨文（Oracle）以很便宜的價格收購星雲部分技術和人員，一家原本很有機會成功的公司就這樣沒了。

不過，坎普聳聳肩，把星雲的失敗拋到腦後，馬上開始尋找下一個創業機會，甚至更放飛自己。他成為一家創投公司的「常駐創業家」，頭銜很花俏，其實就是有投資人給他辦公室，讓他無所事事坐著想下一家公司的點子。另外，他也跟主辦火人

祭的人愈走愈近。火人祭每年在黑岩沙漠舉辦，總被說是性、毒品、藝術的集會，也的確名實相符。坎普幾年前在火人祭得到啟示，從此數據中心科技宅就搖身變成產業行動派，星雲失敗後，他跟火人祭[2]元老的往來比較像是為了強化自己的角色轉變、擁抱全新進化的坎普。

　　沒坐在創投辦公室思考的時候，坎普就是在替行星實驗室的朋友（辛德勒、馬修）做顧問工作。為了讓衛星搭上火箭，行星實驗室花費的時間和金錢已經太多，甚至不如試試自己做火箭，於是行星實驗室高層請坎普周遊世界，了解火箭發射的最新進展，尤其是小火箭。為此，坎普花了好幾個月，走訪幾十家公司，當然也去紐西蘭拜訪貝克和火箭實驗室，還去敲了汎迅的門，見到倫登。

創業的十字路口

　　倫登是麻省理工學院航太工程博士，外表和舉止都有工程博士的樣子。他瘦瘦高高，戴眼鏡，臉龐像個大男孩，有人問才開口，語氣溫和從容，措辭謹慎精簡，給人第一印象是：亞當‧倫登真是聰明到爆。

2　坎普有時擔任「補陰站營地」負責人，發水給「火友」，「這是每個人都需要卻會忘記帶的東西，」他說。他還替自己的帳棚自製一個太陽能空調，「上午十一點左右會開始變熱，但是我下午三點才要起床，所以空調設定在上午十一點自動開啟。」

大學畢業後，倫登去麥肯錫（McKinsey）做了幾年顧問，然後火箭的誘惑又把他召喚回來，2005 年跟兩個同事成立汎迅，主要是延續他念書時一直在實驗的想法。他跟矽谷其他類型的執行長不同，並沒有表現出想發財暴富的欲望，工程才是他的最愛，喜歡把時間都花在解決硬體問題，所以汎迅比較像研發機構，不像科技公司。

汎迅在舊金山的辦公室就像一間大型 DIY 工作坊，是車庫有鐵捲門的連棟建築，兩旁鄰居是柔道館和快速影印店，頂樓有幾張桌子可以放電腦，只是桌子都不一樣，因為汎迅買不起真的辦公家具，一塊木板放在兩個鋸木架上就是會議桌了。

公司大部分的活動都在一樓，那是一個開放空間，到處放著工具和火箭零件，還有幾個用來做實驗、折彎金屬的工作臺，各個小零件都用錫箔紙包著，不斷有流水聲從一個泵浦傳出，但沒有人願意走過去關掉。最醒目的工作區有個自製的防爆罩，是用超強塑膠做成的一堵牆，讓員工進行高壓測試時可以跑到防爆罩後面，至少有萬一出事也很安全的錯覺。這個工作場所大多不是汎迅獨有，因為他們付不起全額租金，所以有個技工分租一塊空間，有人在地板中央貼了一條藍色膠帶，標出汎迅的範圍到哪裡為止、技工的區域從哪裡開始。

倫登想做非常小的火箭，所以汎迅就做超小火箭。少少幾個員工日復一日，努力做微型版的引擎、渦輪泵浦等等相關機械。「他們想看看能做到多小，而且還要能放上有用的酬載，」SpaceX 早期的員工、2010 年加入汎迅的麥特・雷曼（Matt Lehman）

說，「有些零組件不適合直接做成縮小版，所以汎迅就自己去搞懂怎麼做，像是縮小的閥門、燃料噴嘴、電子和導航裝置等等。我們做的超小推進器，裡面的推進室只有可樂瓶子大小，全部就這麼大，我們做的電子裝置只要一個餐盤就放得下，換作在二十年前可是會塞滿一整個房間。」

需要測試引擎的時候，汎迅的員工就會開車去莫哈維沙漠（Mojave Desert），有時也去加州阿特沃特（Atwater）的堡壘空軍基地（Castle Air Force Base）。他們會在那裡耗上好幾天，辛苦地把設備架設好、看著一開始的測試不可行、然後微調修理零組件，一直到有火焰從金屬管的末端噴出。「我們會睡在戶外或匡西特半圓形鐵皮屋（Quonset hut）裡，」雷曼說，「有一臺丙烷加熱器能取暖，冬天的時候，雙手都要套上襪子才能睡覺，連水都煮不滾，因為太冷了。第三天生產力會開始降低，到第四天就得離開那個鬼地方。」

對於這種清苦生活，雷曼算是習慣了。他拿到賓州州立大學機械工程博士後，進入一家航太包商工作，負責仿製蘇聯飛毛腿飛彈，然後再炸毀。接著去了 SpaceX，當時 SpaceX 還不到一百人，還有新創公司的恆毅力。不過他接下來去的汎迅就少了 SpaceX 那種急迫感，倫登管人當然也不像馬斯克那麼兇殘，這家公司會去找航太方面的技術顧問合約，以便賺點錢苟延殘喘久一點，好繼續追尋倫登的理想。「整個就像極限版的研究所，」雷曼說，「我們會上國防部網站，鍵入關鍵字搜尋我們覺得能拿到的合約。譬如拿到一份十萬美元的政府合約，做八個月，做完

再進入下個階段，這時錢會更多，做一年半。」

倫登大多時候是非常和善可親的人，同袍情誼就是這樣滋養出來的。團隊規模在三人到十幾人之間，多是想學習航太技術的年輕工程師，雷曼和倫登也很樂意教他們。2013 年開始有一組核心員工，更加投入於打造、發射一枚完整的火箭，到 2015 年已接近完成。透過與美國空軍的合作，汎迅準備將自家的小火箭繫在一架 F-15E 戰機的底部，發射到太空，把一顆五公斤的衛星送入軌道。

儘管已經走到重大時刻，汎迅卻發現自己來到一個十字路口。這時火箭實驗室和螢火蟲太空系統這些火箭新創公司已經募到幾百萬美元，員工有幾百人，而汎迅卻只有一支小團隊和一個驗證可行的概念，連倫登都開始懷疑是不是該賣掉公司的智慧財產去做別的事。「老是有人問我們有什麼打算、最後結局會怎麼樣，」雷曼說，「我們原本以為會有航太新創公司想買我們的引擎，但是後來發現，不會有新創公司想要買，因為引擎是最誘人的部分，大家都想自己做。坦白說，隨著時間過去，看到幾家新創公司都募到資金，我覺得機會已經過去，一直到 2015 年底，倫登透過行星實驗室認識坎普這個人。」

坎普和倫登的相似處僅止於兩人都是男的，沒別的了。坎普帶著樂觀和雄心大步走進汎迅，成功說服倫登打消賣公司的念頭。坎普認識很多矽谷最有錢的投資人，經過星雲一役，也開發出說服他們掏錢的本事。接下來幾個月的晚上和週末，他進駐汎迅辦公室跟倫登一起研究，想證明便宜小火箭可以做成大事業。

只要一想出有一絲可信度的方案，兩人就開始廣邀投資人來聽他們推銷，坎普負責商業部分，倫登聚焦於技術，雷曼則是扮演那個討人喜歡的工程師，負責導覽公司。

「創投對風險的認知以及我聽到的金額，都是我聞所未聞，」雷曼說，「我心想：『哇塞，坎普完全跟我在不同世界，』不誇張，他的熱情和願景好多，多到可以讓他看得很遠，看到未來的可能。我想坎普也承認他對火箭不是那麼了解，每次他帶人進來，為他們說明願景的時候，我都得用力想想他到底在說什麼。這樣講也行？他們真的會相信這個？我的意思是，你如果來郝爾德街這裡看看就知道，這家公司根本沒那麼厲害，一點也不像製造火箭的地方。」

雷曼問自己的問題，也是任何理智的人會問的問題，只是矽谷並不是靠理智在運作。汎迅在那個當下必須兜售的是希望和夢想，而坎普和倫登兜售得很成功。

首先，這家公司不再叫做汎迅，那是過去式了，新公司會很酷很酷，所以……連名字都不會有，如果真要提起，就稱它「隱形太空公司」。

隱形太空公司打算製造小火箭，類似獵鷹一號或火箭實驗室的電子號，只是還會更小，而且為了壓低成本，只用最基本的材料。根據募資簡報的數據，只要一百萬美元就能造出一枚可攜帶七十公斤貨物上太空的火箭，而第一枚火箭的設計、建造、發射會是史上最快（可能只需要一年到一年半），接著就進入量產，之所以需要大量生產，是因為這家公司打算天天發射。這些

還不夠看，坎普和倫登後面愈講愈神。

　　火箭的發射有時會在一般的發射場進行，如果是在那裡，隱形太空公司有一套完善的自動發射系統：火箭先用船運貨櫃運抵，再由兩個人用卡車運到發射臺，然後按個按鈕就能發射火箭進入軌道。動不動就安排幾十人負責火箭發射的任務控制中心過時了，隱形太空公司希望動用的人能少則少，主要原因是他們最大的目標是在自動化駁船上發射火箭：駁船會直接到工廠載一枚火箭上船，運到幾公里外的海上，把火箭送上天空，然後回頭再運下一枚火箭。

　　以上的做法，等於是航太版的福特汽車加聯邦快遞。廉價火箭一個一個從組裝線生產出來，裝上衛星，以基本上是自動化的機器人系統發射升空。有緊急發射衛星需求的客戶什麼都不必做，只需要上隱形太空公司的網站，輸入公司信用卡資料，就保證上得了太空。

　　不同於火箭實驗室的務實、力求做出完美小火箭，隱形太空公司的策略則更偏向「不管了！衝吧」。倫登做了大量計算，他認為，除非做得超級簡單，而且透過量產達到經濟規模，否則小火箭不會有經濟效益可言。[3] 就像行星實驗室顛覆衛星的設計

3　根據倫登的說法，就算火箭可回收也一樣。如果要抵消火箭回收、整修的成本，讓火箭有經濟價值，一枚火箭終其一生得發射二十次以上才能回本，但是從來沒有一家公司做到這點。倫登是受到 1993 年一份論文所啟發，那份論文的標題是〈一天一火箭，遠離高成本〉（A Rocket a Day Keeps the High Costs Away），文中提議火箭產業轉向大規模量產模式。這篇論文可以在網路上讀到：https://www.fourmilab.ch/documents/rocketaday.html.

和製造，隱形太空公司也想做同樣的事，盡量簡化製造火箭的高深技術，讓火箭變成另一種人類可以快速便宜做出來的產品。

當時地球上沒有人知道一枚只花二十五萬美元、只能攜帶七十公斤貨物上軌道的火箭能有什麼用，更別說要從生產線製造出幾百枚火箭。一艘進出舊金山灣的火箭駁船聽起來很厲害，不過一定會有膽小市民反對住家附近天天發射火箭。而且，汎迅花了十年才勉強完成一枚實驗型火箭，現在說一年半就要拼湊出一臺全新、可量產、可進入軌道的機器，聽來就是可笑的夢想。不過，你知道的，細節部分可以之後再處理。

坎普和倫登編織狂熱火箭幻想的同時，時間已經到了 2016 年，他們的計畫已經有人準備買單。投資人看到 SpaceX 和火箭實驗室，天啊，他們也好想擁有火箭。就這樣，坎普完成他對倫登的承諾，募到幾千萬美元，要把汎迅從研發機構變成革新天空的隱形太空公司。

追蹤隱形太空公司

這時我已經在舊金山辦公室見過坎普和倫登，而且達成一項協議。坎普希望隱形太空公司繼續隱形，直到發射第一枚火箭為止，如果我能信守這項保密要求，他就讓我一路跟隨隱形太空公司從 PowerPoint 到進入軌道的旅程。對我來說，這個提議一聽就很吸引人，這就像回到過去看著 SpaceX 這樣的公司成形，看一枚火箭從無到有誕生。如果運氣好，隱形太空公司實現願望，

以前所未有的速度做出一枚上軌道的火箭，那我就是坐在第一排見證歷史的人。

話又說回來，我也有可能白忙一場。沒錯，坎普在 NASA 工作過，但是做的是數據中心的東西，就像雷曼說的，坎普對航太工程、對製造火箭所需的知識讓人無法有信心。坎普常把硬體工程難題說得很容易，好像用他在軟體界採用的技術就能解決，這種論調我以前就聽過不少，但是很少真的有好結果，硬體終究還是比軟體人想的還要棘手、花時間。

坎普的熱情和個性也讓人遲疑。到 2016 年這時候，他已經習慣打扮成一身黑，黑色皮靴、黑色牛仔褲、黑色緊身 T 恤，黑色皮夾克，每天都穿一樣。他說可以省下每天早上挑衣服的時間，他喜歡有效率。不過，這還是給人很刻意、過於戲劇化的感覺，明明是四十歲的金髮藍眼男性，硬要耍酷扮成太空版的強尼・凱許（Johnny Cash）[4]。更重要的是，坎普那種約爾・歐斯汀（Joel Osteen）[5] 等級的熱情雖然能激勵人，也會惹人反感，他讓你很願意去相信他會說到做到，但是你腦中的小聲音也會發出警告：自信到這種地步的人，如果不是被人騙，就是有所隱瞞。

不過，坎普倒沒有完全否認新公司面臨的挑戰，也答應會比我碰過的高階主管更為開誠布公，不管隱形太空公司會成功，還是會毀於熊熊烈火，他都同意讓我毫無保留地記錄所有細節。

4　譯注：凱許是美國傳奇歌手，常以一身黑色裝束出現，有「黑衣人」之稱。

5　譯注：歐斯汀是知名的電視布道家和作家。

於是，我接受這項協議。

和市府打交道

坎普第一個大動作就有鼓舞作用，看來他是真的知道自己在做什麼。他替隱形太空公司找了個新總部，位於舊金山灣對岸的冷清小鎮：阿拉米達（Alameda）。

阿拉米達是緊鄰奧克蘭（Oakland）的一座島，1940 年代美國海軍開始在西側邊緣的濕地興建大型航空站，接下來幾十年，軍方陸續蓋了跑道和一系列大型建築物，用於測試、修理、停放飛機。1997 年這處基地關閉，建築物裡堆滿危險物，人去樓空，不過後來有幾棟建築物做了大翻新，因為市政府想把這個老舊基地改造成景點。有工業公司進駐兩個倉庫，有兩家餐廳接管辦公室，在水邊開起餐館，還有一家製作伏特加的「飛機庫一號」，顧名思義，他們在以前的飛機庫蓋起蒸餾室與品酒室。

坎普花了幾個禮拜尋找加州幾處廢棄的軍方設施，他不想像 SpaceX 不得不採取的做法，讓公司總部在一處，火箭測試在遙遠另一處。他覺得應該找得到有辦公室、也有碉堡在附近的前軍事基地，能讓工程師測試引擎的時候迅速躲進碉堡。他還希望這個地方夠偏僻，進行測試的時候不會有人發現。

最後坎普找到阿拉米達基地和獵戶座街 1690 號的建築物，這裡好得難以置信。從高處俯瞰，這處設施呈 U 型，中央有一棟大型主建築，兩側連著長長的結構體。原來這裡是 1960 年代

海軍測試噴射引擎的地方，那兩個長長的結構體就是測試室隧道。把引擎放在隧道一端，啟動引擎，火焰和熱氣就會從這個等同超大排氣管的結構體噴出，隧道另一端的開口有一道向後傾斜的金屬牆，會把廢氣導引向上，從建築物頂端的塔樓排出。

　　坎普只聽過這處設施的種種傳聞，市政府不讓他進入探勘，這裡已經荒廢幾十年，市政府說絕不冒險把這麼破敗、危險的地方租給任何人。想當然耳，市政府這番說法聽在坎普耳裡簡直就是一種邀請。某個夜裡他就闖了進去，翻過圍牆，找到入口，拿手機當手電筒四處窺探。「那裡真的很糟糕，」他說，「地上積了兩公分高的水，到處是石綿和垃圾，你得要有豐富的想像力，才看得出可以怎麼使用這個地方。」

　　市政府把這裡當成雜物堆放空間，藍圖放了一個架子又一個架子，小聯盟棒球設備泡在水坑，點陣印表機和微波爐堆在角落，幾臺冰箱挨在一起，甚至有一輛沒輪子的消防車。整個地方散發腐爛的氣味，黴菌爬上牆壁，蔓延到天花板。

　　不管看起來多糟，坎普就是無法忘情這裡的好處。這裡距離舊金山只要二十分鐘車程，隱形太空公司要是開在這裡，就有全世界最頂尖的軟體人才庫可以使用，而且引擎的打造和測試直接在公司總部就能做，你在裡面點火，外面也不會知道。「我知道我們需要這樣的地方，」他說，「我跟倫登說：『你想想看，引擎測試臺就蓋在這個隔音碉堡裡面，旁邊就可以放辦公桌、做控制室。』」

　　坎普展現過人的說服力，成功說服市府把這處危樓租給隱

形太空公司。他向市府官員提了一份讓人眼睛一亮的計畫，概述他將如何給阿拉米達帶來工作機會和一座最新先進的工廠。更大膽的是，市府都還在評估，他就叫人進去打掃清理、粉刷，還把員工搬了進去。稽查人員叫他收手，但是坎普還是繼續這樣做，最後市府就這樣順勢同意，不僅如此，還給了租金優惠。

　　隱形太空公司在 2017 年 1 月搬進去，到 4 月，研發火箭和改造建築物方面都有神速的進展。大門一進來就是挑高廠房，也就是製造火箭的主要區域，牆壁全漆成白色，地板也是白色，還塗了環氧樹脂，看起來嶄新晶亮，彷彿連外科手術都能在這裡做。天花板在頭上十二公尺高的地方，上面掛著一臺起重機幫忙搬重物，廠房正中央躺著一枚初版火箭，不然至少也是火箭的一部分。這家公司的員工增加到三十五名，已經做出一對鋁製燃料罐、一個碳纖維整流罩（也就是鼻錐）。廠房四周設置好幾個工作站，大家忙著準備要裝進火箭的配線和電腦系統。

　　一個小組接管其中一條隧道，在裡面製造一座測試臺。測試臺是個用螺栓固定在地上的大型鋼構，上面爬滿各種管子和電線。這些雜亂的機械配置是為了複製火箭內部，也為了把燃料輸送到引擎，引擎就掛在測試臺的後半部，尾端朝向隧道內。測試臺旁邊擺著大大的液態氧罐，還有幾張桌子，上面堆滿工具、電源線、膠帶、錫箔卷。在這個區域工作的人都得戴護目鏡和面罩，很多物品都結了霜，因為液態氧需要極低溫。

　　整棟建築物中央的會議室已經改成測試操控中心，六臺筆電放在兩張廉價塑膠野餐桌上，前面有個超大螢幕正在播放攝影

機在引擎旁拍攝到的畫面，一個自製控制箱上有一連串控制引擎的開關。這個空間也漆成白色，但是遮掩不住太多破損的地方，部分牆壁已經不見蹤影，其中一個出入口上方還有個大洞。

建築物後面另一大塊工作區充當機械間，裡面有 3D 列印機、車床、銑床、電腦控制的金屬切割機。市府跟隱形太空公司說這裡沒有電，但是坎普和團隊聽到這個房間隱隱約約有嗡嗡聲傳出，喜出望外發現其實有個變電站在運轉。

在後方一個戶外區，隱形太空公司整理出一個員工休憩用餐區，就位於兩條隧道兩端形成的 U 型中間。你可以漫步隧道旁，往下窺探，看看為了預防大型意外火災而設置的蓄水池，也可以抬頭看向二十四公尺外的地方，會看到排氣塔頂端。

隱形太空公司的員工大多是二十幾歲的男性，有大約八個人是從汎迅過來的，形成一個緊密的小團體。這時的隱形太空公司是拿汎迅的超小火箭設計去製造新的小火箭，汎迅這幾個老員工很興奮隱形太空公司有錢、也有欲望加速推動他們的設計，以他們的設計為基礎來發展一家真正的火箭公司。整體來說，他們懷疑坎普，覺得他浮誇的管理方式既滑稽又教人失望，不過話說回來，對他們這幫火箭迷來說，坎普是最有可能替他們實現夢想的人。

其他員工則是來自倒閉的火箭新創公司、大學計畫、賽車團隊、軟體公司、其他產業公司。其中有些人從小就熱愛太空，一想到自己打造的東西會進入軌道就興奮不已；還有些人是渴望打造實際存在、有形的東西，覺得比設計應用程式或矽谷小玩意

有意義多了；另外還有人只是把隱形太空公司當成一份工作，他們倒也不是不在乎這份工作，或不在乎自己投入多少心力，只是在乎的程度大概就跟他們去焊接鑽油平臺或調校汽車沒有兩樣。

這些人參與實驗，是要展示新太空已經有多大進展。倫登有航太工程博士學位，但是員工裡面有高學歷的並不多，甚至有好幾個連大學都沒念完，還有一些是矽谷絕對不會考慮的人，因為背景不符常規。這家公司開在早該被列為危樓的建築物裡，領導人玩的是數據，上一份執行長工作還以失敗收場，看起來他們的火箭（如果真的製造得出來）是有可能引起客戶的興趣，但是還在未定之天。坎普一說起他們的任務就誇張起來，不過倒也有幾分真實，「我們基本上是在用百萬分之一的預算和百分之一的時間打造 NASA，」他這麼說。

SpaceX 從畫草圖到做出可行的火箭，整整花了六年時間，這已經是破紀錄的速度了。同樣的任務，隱形太空公司員工如果想知道他們還有多少時間可以去完成，只要抬頭看看廠房門上的倒數時鐘，2017 年 4 月 17 日下午三點時，時鐘上的時間是：239 天又 22 小時 59 分 41 秒。

也就是說，隱形太空公司打算只用十八個月左右製造出火箭，在 2017 年 12 月初做好發射的準備。

17

坎普的自白，2017春

在隱形太空公司度過幾個月後，我愈來愈清楚我遇到一個很特別的機會。坎普、倫登這些人沒糊弄我，他們真的讓我觀察他們的一舉一動，記錄他們每一段對話，我可以跟著他們一起體驗打造火箭和公司的掙扎苦痛。

跟他們相處愈久，我愈想告訴各位親愛的讀者，他們對太空生意有哪些談話和想法，以及他們怎麼解決問題。因此，我要直接把你們帶到這群工程師身邊，一起經歷他們的順利與出錯，讓你們直接跟他們在一起，聽他們閒聊，感受原汁原味的他們。接下來幾章，你會直接聽他們親口說的話；這種方法有點不尋常，不過這本來就不是尋常的環境，你會看到太空工程師的痴迷、矽谷的痴迷，全都未經修飾。

坎普給了我僅此一家別無分號的驚喜。我自認文筆不錯，但是我也不禁開始懷疑，如果不是親身看過、聽過坎普的言談與想法，會有人相信我的描述嗎？因此，我請讓坎普毫無保留，盡可能地談談自己。

坎普：我在紐約州北部出生。我爸爸是神經生物學家，他在我還是小嬰兒時，有個機會南下阿拉巴馬州伯明罕（Birmingham），成立一個實驗室，所以我是在伯明罕郊區長大的。不過，我們當時距離阿拉巴馬州亨茨維爾（Huntsville）南邊很近，馬歇爾太空飛行中心就在那裡，我參加過的小太空人體驗營也在那裡。

我爸是教授，他教書、做很多研究，他的論文是研究神經元如何彼此溝通。我記得小時候到他的實驗室，他總是在做 DNA 定序之類的實驗。

他非常多才多藝，會在車庫打造賽車自己開，我從小就跟他一起弄那些車子，我們家有大概十輛車，有個超大車庫。他也是小提琴家，是管弦樂團樂手，我也有學小提琴，現在還會拉，用來紓壓。噢，對了，他打網球也相當認真，可以說是個博學多才的人。

我爸非常認真嚴肅，不管做什麼都超認真，我從小就看著這麼專注認真的榜樣長大。

我媽媽是老師，也是飛行員。她在私立學校教書，也開私人飛機，但是有小孩之後放棄很多事，她為了照顧我和妹妹，做全職媽媽。

我是書呆子無誤，瘦小蒼白，小時候心思大多不在課業上，而是做自己的東西。比方說五年級的時候，我放在置物櫃裡的化學用品比書本還多，後來迷上物理和微積分時，時間大多花在用我的德州儀器計算機寫軟體來解題，而不是做功課。我記得很清楚，我選修的物理學差點被當，因為我不是直接解題，而是寫軟

體來解題，那次考試要解電路問題，要求出某個點的電流或電壓是多少，你可能會用簡單的計算算出來，但是我是在計算機上畫電路，做出一個功能選單，只要在選單上點選「電阻」，馬上就算出五十歐姆的答案。

　　我直接把軟體算出的答案一個個寫下來，十分鐘不到就寫完考題，他們就說：「呃，你沒寫計算過程，你作弊。」我就說：「去你的，我沒有，我不只了解問題，還寫出軟體，你想要程式碼嗎？」考完後，我就繼續寫我那個「太空侵略者」（Space Invaders）[1]小遊戲。

　　我很小就開始上網，是最早上網的人之一，那時候還沒有CompuServe 和 AOL 這些網路服務供應商，我用我的電腦連上大學的電腦，甚至有個網域名稱叫 Kemp.com。

　　我超愛電子設備。我媽喜歡逛車庫拍賣，我會去挑一些講東西原理、怎麼修理的書，十塊錢左右。十三歲時，我買了一臺被雷打壞的電視，所有晶片真的被打得坑坑洞洞，我從飛利浦公司（Philips）那邊找來全部的電路圖，把電路板一個個全部修好。電路板通常會直接丟掉，畢竟別人都這麼做，但是十三歲時，時間多的是。

　　我開始意識到電腦是有價值的東西，又很容易修理，有很大的套利機會。我第一份工作是在蘋果專賣店的維修部門工作，當時我才十幾歲，開始買壞掉的電腦來修理，然後再賣掉，幾百塊

1　譯注：就是小蜜蜂射擊遊戲。

的東西輕輕鬆鬆就變成幾千塊。這就是我做的買賣，當時我賺了好幾萬美元。

當時是 1996 年左右，我過著有點像藥頭的生活，我猜大家都以為我在賣毒品之類的吧。我在家裡有個密室，拉開書架就會看到藏在後面的門，門上裝了防盜系統，得先在鍵盤輸入密碼才進得去，裡面有個大螢幕電視、一套超高級音響，還有我所有的電腦。

我還喜歡製作影片。我們學校在阿拉巴馬，不用說也知道美式足球很熱門，我們學校的球隊是阿拉巴馬州比較強的一支。學校有個家長賺了些錢，捐出幾百萬美元蓋了一個專業級的電視轉播棚，有一輛衛星轉播車和攝影機。我會去球賽現場幫忙做現場轉播，後來甚至自己花大錢在家裡弄了個攝影棚，配備一臺功能很強大的電腦，前後大概花了十萬美元，我們是中產家庭，住的房子大概也沒比十萬多多少。

高中時，我的影片生意做得很認真。有人會付錢請我拍影片、剪輯、穿插動畫，整個高中時期都在做，也開始替影片製作公司做。這個生意每年會帶進幾萬美元，對一個高中生來說是很大一筆錢，足夠買一輛 BMW。

我是有幾個朋友，不過我實在太專心做生意。畢業舞會的時候，學校找我去拍照與錄影，所以情況有點混亂，我其實沒有參加畢業舞會，但又拿了學校的錢去參加畢業舞會。

要上大學的時候，我想繼續做我的生意，而且要做大。我需要連上網路，可是大部分大學的宿舍都沒有網路，只有阿拉巴馬

大學亨茨維爾分校有，或者應該說我以為他們有。他們有乙太網路連接埠，但只是連到學校伺服器，我進去之後，就直接去找校長說：「我就是衝著網路才來這裡的，結果被騙了，你們要負責弄好。」然後他們那個暑假就真的弄好了。

大二的時候，我開始在視算科技（SGI Technologies）工作，他們算是當時的 Google，是最熱門的科技公司，做很強大的繪圖電腦，員工購買有優惠價，而且軟體免費。

我馬上就買了一臺一萬美元的電腦，還拿到價值十萬美元的軟體，電影《侏羅紀公園》就是用這套軟體製作。我在學校認識一個大四學長，決定一起開公司，當時是 1998 年，基本上我們做的事相當於配送公司 Instacart，只是早了二十五年。你得去超市拿一張 CD-ROM 回家，放進電腦，然後進行人生第一次上網，但是跟 Instacart 一樣，你可以挑選你要買的東西，然後就會有人在超市揀貨送到你家。我們公司的名字是 OpenShop。我現在還有當時 1990 年代末的可愛影片，內容是我在電視上說明如何上網買東西。

我大學第一個女朋友是大四學姊，此後有一段時間總跟年紀較大的女生交往。這段時間持續很久，不過她們都很成熟懂事。

我念大學時還考了飛行員執照，我賺的每一分錢幾乎都拿去學開飛機。整個飛行員圈子讓我大開眼界，那些人都是篩選過的，都自認可以對世界產生巨大影響。

不管怎樣，最後亨茨維爾有六十個人投資 OpenShop，總共募到一千萬美元，有幾次我還得穿西裝打領帶。其實後來我們以

兩千五百萬被收購，買家要我搬去西雅圖。我的錢足夠買房子，所以我二十歲左右就休學搬出去，我說：「管他的，我要去當執行長，」從此再也沒有回頭。

我寫了一封大概是我這輩子最字斟句酌的信，向我爸媽解釋輟學原因。我不喜歡寫東西，說話對我來說容易多了，我想我是怕走進去面對面可能講不出口，因為我爸有時會發飆，如果有什麼事會讓他暴怒，這件事應該是第一名。當然，他們嘴巴上是說：「好吧，你現在長大能自立了。」我說：「我知道，我會的。」

我在阿拉巴馬的時候還遇到威爾‧馬修，那次碰面對我的人生影響很大。那次我是去找大學朋友，碰巧遇到馬修，就開始聊起來，還一起出去玩、冒險。我們做的第一件事應該是洞穴探險，那裡有非常多很酷的洞穴，可以一直爬往地心深處，馬修說：「好像很讚，我們走吧！」

去的路上，我們停在沃爾瑪超市買手電筒，然後，沃爾瑪也賣槍，剛從英國來美國的馬修，覺得這是全世界最荒唐可笑的事：「什麼？這裡就能買槍？」所以我就覺得：「這個人很不一樣，這個人很不錯，」他就像比較聰明、英國版的我。我喜歡他看世界的方式，他非常開明、左派，我很有共鳴，因為我當老師的父母也是這樣的人。

馬修當時在英國念大學，但是來美國參與 NASA 的計畫，要做出更好的核融合火箭引擎。這需要用磁場把物質（matter）和反物質（antimatter）圈住，以某種方式彎曲磁場，形成一個噴嘴。想像一下，森林中央有個小屋，你把電線連接進去，按下開關，然

後就發出「滋滋滋滋滋滋」的聲音，這整個拘束反物質過程所用
到的電力，相當於整個州三十秒的用電這麼多。

不用說，這個計畫沒有成功，要是成功，阿拉巴馬可能就會
有個黑洞（說不定比現有的黑洞還大），把所有事物全吸進去。
馬修是那個計畫的實習生，這可能是機密，我不應該說的。

後來我和馬修愛上闖空門。我們去英國玩，拿到一張從古到
今所有城堡的地圖，其中很多城堡都拆掉了，只剩下林子裡一堆
石頭，我們決定用一個禮拜走遍英國，到處探索城堡。我們不去
觀光客去的城堡；得付錢才能進去的城堡我們沒興趣，我們要能
夠硬闖的城堡。

我們開車越過鄉間，看了巨石陣，應該說是闖進去。我們開
到倫敦，找到路翻牆進去白金漢宮，結果女王就在那裡。我們
走進一處花園，沒被開槍，沒被押送出來──我們混入一個團
體，暫時冒充觀光客。

搬到西雅圖後，我進入 Classmates.com 工作。當時是 2000 年，
大環境相當辛苦，我對網際網路還是有信心，但是網際網路在崩
解，投資人在逃離。不過 Classmates.com 有賺錢，把人們內心那
股想找回舊識的渴望轉化為利潤：「這是你以前交往過的人，你
想跟他們聊聊嗎？一年只要 24.95 美元！」我會覺得：「這個我喜
歡！太讚了！」

Classmates.com 是印鈔機，我有幸進到裡面擔任科技總工程
師，到我離開時，用戶人數已經從幾百萬成長到五千萬人。這在
當時是很龐大的數字，等於是 1990 年代的臉書。

　　在 Classmates.com 工作的同時，我私下也開了一家公司，叫做 Escapia。我以前度假的時候租過海濱別墅，發現有大約 20% 的美國人有第二間房，多數時間是閒置的。所以我建立一套系統幫他們出租，跟 Airbnb 差不多，只不過也是早了二十年。後來 Escapia 被 HomeAway 買走，HomeAway 又被 Expedia 買走。

　　旅遊的東西一開始只是興趣，沒想到卻成為全職工作，因為我被 Classmates.com 炒魷魚。我本來就有私下經營事業的習慣，沒想到這次卻碰到政治問題。這是頭一遭，是工程單位的領導人在搞花樣，他最後因此被開除，可是他被開除之前先開除了我。

　　其實那次我玩得很開心。被開除的時候（應該是我唯一一次被開除）我知道是怎麼一回事，我做了個網站，網址就用那個人的名字，然後再把他所有部屬的名字都拿來做網站，每個網站上面都有棋子的圖片，只要點棋子就會連到那個人的網站，網站上有個地方可以匿名評論他這個人，就跟老網站「白爛公司」（FuckedCompany.com）一樣。結果大家真的在上面發表評論，把他所有背信忘義的事全抖出來，他就是這時候被開除的。他最後好像轉行去房仲業。

　　噢，這種做法很小鼻子小眼睛，現在的我絕對不會浪費時間做這種事。

　　我住在西雅圖的時候，馬修開始在除夕夜前後辦那些活動，我們稱之為 4D，不知道現在還有沒有人知道 4D 是哪四個字？

　　起初有一次辦在牛津大學，背後的想法是，把一群同樣想找到人生意義、而不只是賺錢或完成某件工作的人湊在一起。既然

你們都想把整個人生看成是一個故事線，那我們想看看這樣一群人是不是能一起完成更大、更有意義的事。

我是馬修最初找來的十個人或十五個人之一，柯文夏普也是其中一個，她給人的感覺像是年輕呆萌版的《古墓奇兵》主角蘿拉，喜歡冒險、聰明、開明。這整件事讓我興奮莫名。

4D 還在舉辦，我們每年新年都會找個地點，最好是人類建造、能超越生命意義的地方。有一次我們去阿雷西博天文臺（Arecibo Observatory），那裡有全世界最大的望遠鏡，在叢林中，我們把那裡整個占據下來。還有一次辦在生物圈二號（Biosphere 2），那裡是沙漠中的玻璃金字塔，裡面有叢林、海洋、沙漠，是密閉的設施，與外界完全隔絕；我們當然是闖進去的，也占據整個地方。

這些地方能讓我們好好反思人類能做什麼。1980 年代有人募了幾十億美元製造一個超大市內設施，讓一群人把自己關在裡面。如果現在也有人能辦到，那我們能拿來做什麼呢？我想這就是 4D 帶來的啟發。

這個活動的核心是反省過去一年完成什麼事情？下一年打算完成什麼事情？我們會隨機兩兩配對，談自己的目標，然後挑戰對方，激發更遠大的思考，然後再把兩人的對話分享給整個團體。這裡面有承擔責任的意涵，你必須站在所有人面前說：「去年我說要做這個，結果沒做到。」或者也可以是：「去年我說要發射火箭，我做到了。」

我在做旅遊公司的時候，馬修辦了一次這樣的活動，在華

府，我就是在那場除夕夜派對認識彼特・沃登這個瘋狂將領。他的年紀大概是在場每個人的兩倍，所以格外顯眼。

　　他拿著一杯馬丁尼，在那邊大談「我在國防部怎樣怎樣……」，不管說到什麼，開頭就是「當年我負責星戰的時候」，我就覺得：哇！這是我見過最有意思的人。最讓我印象深刻的是，他在中東一場戰爭進行認知作戰的故事。

　　他被小布希政府犧牲，因為他想用認知作戰取代真槍實彈打仗。他們想用廣播和傳單說服伊拉克人戰爭已經結束，而不是把他們殺死來結束戰爭。沃登相信這才是有效的方法，但是不用說也知道，媒體馬上就跳出來說：「這是奧威爾式的洗腦控制，不能這麼做，這是不對的。」當時的國防部長倫斯斐基本上把責任推給沃登，沃登的照片就這樣登上《紐約時報》和《華盛頓郵報》頭版。我現在還記得很清楚沃登說：「倫斯斐把我搞慘了，但他們說要給我一個 NASA 中心。」

　　最後沃登真的拿到艾姆斯研究中心，我跟隨他去了艾姆斯研究中心。我花了好一陣子才弄懂，我一直在做的小公司其實很蠢，想讓旅遊或購物更方便並不夠看，我來到 NASA 才明白：「哇！我現在是 NASA 技術長，可以做大事，也應該做大事。其實在我看來，如果不抓住這個機會盡我所能產生最大的影響，是不道德的事。」

　　我成為整個聯邦政府最年輕的高階主管。很快地，我就發現 NASA 的文化必須改變，那裡有將近十萬人，很難開除哪個人，所以問題不是如何開除人，而是如何讓那些人不要擋路。你得挑

出想法正確的人，並放到可以施展拳腳的位子上，然後把其他人重組，讓他們去做不會擋路、無關緊要的案子。

我打造一個全新的科技組織、一支全新的領導團隊，這引起很大爭議。那裡的人都抱持「戲棚下站久了就是你的」心態，但是我才不管你站多久，也不在乎你忠不忠誠，我在乎的是你有沒有具備做某件事的條件和能耐。

當時我們的預算只夠日常運作，實在很扯。我們砍掉一堆很蠢的支出，把多出來的錢拿去投資新事物，所以才有辦法成立特別計畫小組去做 Google Moon、Google Mars、OpenStack。

至於隱形太空公司，我很喜歡這個新挑戰。你得不斷學習、成長、進化才行，你得讓自己具有足以承擔這項挑戰的經驗、熱情、活力。在這裡，不管你有沒有準備好，你都得面對挑戰、處理挑戰。很多人成功之後會因為女人、物質、玩樂而分心，最後都會後悔自己的人生。

我這輩子從來沒有像現在做隱形太空公司做得這麼開心，倫登很優秀，我們是完美的組合，能力互補。火箭科學的部分有他在，就算我接下來五年都花在閱讀物理學、流體力學的書，努力了解火箭的一切，頂多也只能達到他的一半。

至於我呢，我從無到有開了四家公司，做過好多家公司的顧問，募到的資金超過一億美元，幫別人募到的錢也有五億以上，我知道怎麼找錢、組團隊。我們在隱形太空公司做的事並非不可能完成，我認為有可能做得到。

18

埋頭苦幹

　　隱形太空公司想保持隱形，前海軍基地的廣大腹地給了些許保護。開在水岸邊的餐廳和酒吧遠在兩公里半之外，而且開往那邊的車輛通常是走外環道路，即使是鄰近隱形太空公司的大型倉庫也大多傾頹廢棄，平常大概只有幾十個人會經過獵戶座街這棟建築物。

　　不過，隱形太空公司可不是就此完全隱形。這家公司的總部靠近前海軍基地的東南邊緣，火箭廠房三百公尺外有一道破舊圍欄，標示出基地的終點和阿拉米達尋常生活的起點，圍欄另一側就是住家、幼稚園、足球場、餐廳，距離不時引發爆炸的隱形太空公司不到八百公尺。即使在基地範圍內，隱形太空公司也緊鄰陶器暢貨中心（Pottery Barn Outlet）和太平洋彈珠檯博物館（Pacific Pinball Museum Annex），但這兩家都沒有馬上就察覺，後院有人以便宜方式在建造相當於洲際彈道飛彈的東西。

　　為了在破紀錄的時間製造火箭，隱形太空公司擬定的計畫是：一切從簡。不同於火箭實驗室用碳纖維做箭身，隱形太空

公司用的是更便宜、更容易加工的鋁，火箭會小到只有 12 公尺高、大約 1 公尺寬，所以不需要用到複雜的大引擎，而是用五個小引擎，兩個人手工就做得出來的那種。公司給工程師的任務是找出火箭內部的配線和電子元件還能刪減的地方，坎普希望將零件精簡到最少，方便大量生產。

　　地面上的發射設施也要精簡到最少。火箭商已經習慣在政府經營的發射場做發射準備，少則幾週，多則幾個月，通常需要動用幾十個人。坎普和倫登則是打算做個行動式發射裝置，有機動支架可將火箭從水平狀態垂直豎起，並配備所有需要的燃料與電子連接器。這個發射裝置要夠小，可以塞進標準貨櫃，經由陸海空運到任何想發射的地點。為了搭配這個發射裝置，隱形太空公司還打算建造一個也能裝進貨櫃的控制中心，這樣一來，員工就能使用自己熟悉的裝備，不必借用發射場的任務控制中心，也能省下發射場高昂的設備租用費用。

　　隱形太空公司理想的發射作業是這樣：把發射裝置、控制中心、火箭一一打包裝進貨櫃運出去，另一頭會有幾個人收貨，打開貨櫃，把機器運到發射地點，再由同樣那幾個收貨人負責發射。在這個理想世界，整個發射作業只需要幾天。坎普希望火箭發射從酷炫、稀罕，變成平淡無奇的日常作業，而隱形太空公司也變成一種新時代運輸公司。

　　這時候的隱形太空公司，還不是很確定要在哪裡發射火箭。坎普去了一趟夏威夷，看了一個活火山附近的地點，他猜想當地人大概不會張開雙臂歡迎火箭公司來到他們身邊，不過要是

看到隱形太空公司願意入住這塊沒人想靠近的危險土地，他想也許能說服他們。「我看的是一大塊熔岩地，」他說，「我覺得可以進駐那裡，那邊有些新的土地正在成形，這種剛存在幾年的土地不會有人想在上面生活，而且這種土地還有個優點：很便宜。」

　　隱形太空公司也考慮在阿拉斯加的科迪亞克島（Kodiak Island）興建太空港，那裡跟夏威夷一樣偏遠，火箭發射期間需要處理的海空交通較少，不像加州和佛羅里達這幾個最常用的發射站，而且科迪亞克島有現成的基礎設施可用，因為美軍在那裡發射飛彈已經行之有年。不管怎樣，反正以上兩個選項只是臨時的替代選擇，坎普早就買好一艘駁船，打算把這艘船改裝成公司首選的發射平臺。「那艘船長 30 公尺、寬 12 公尺，」他說，「光是停在那裡就很美。」（後來我發現這艘船停在一艘退役的航空母艦旁邊，布滿鳥屎，生鏽的駕駛艙上面有一隻鵜鶘。）

　　到了 2017 年夏天，獵戶座街這棟建築物已經有些改進。一支石綿清除小組仔仔細細把整個設施每一寸都清理過，員工工作起來更加安全；坎普也爬到牆上和椽架屋頂，加裝幾個路由器，改進 Wi-Fi 訊號的覆蓋情況；建築中央蓋了一間廁所，這是唯一的廁所，有四個隔間和兩個小便斗，所以男生、女生和其他不管是哪種性別光譜的人都得一起用。

　　這家公司每天早上十點開會，排定當天和當週的工作優先順序。坎普會開啟一個螢幕，上面列出正在進行的工作，一個一個詢問工作進度，桌上擺了一個十分鐘的沙漏，每次橘色沙子一漏完，坎普就興致勃勃把它顛倒過來，提醒大家講重點。從頭到

尾他都是眼睛睜大的熱切模樣，表示他完全投入於當下，希望事情速速完成，倫登通常站在後面，任由訊息在他耳邊流過，腦袋尋思可能的解決方法。

這兩個人真的很不一樣。舉個例子，會議後，坎普說他曾經給自己三十天的時間去辭掉艾姆斯研究中心的工作、成立新公司、訂婚、買房、成家，這些他全都完成了，還生了個兒子，然後沒多久離了婚。「我成功達成了給自己的挑戰，」他說，「只是後來出現『但是我不愛你』的部分。」接下來幾年，坎普的女友一個換過一個，他似乎對纖瘦的金髮女孩情有獨鍾（他那時的交往對象是舊金山 49 人的啦啦隊女孩，對方具有麻省理工學院化工學位）。至於倫登則有妻小，談到家庭生活好像在談另一個工程挑戰，「我的標稱（nominal）[1] 計畫是週二、週四能在合理時間回家，跟小孩一起吃晚餐，」他說。

這家公司沒有幾個人的工時是合理的，很大原因是火箭引擎才不管兼顧工作家庭那一套。剛進駐獵戶座街那幾個月，多的是二十個人在測試間和測試控制中心忙進忙出，想方設法要讓引擎噴火，不管噴多久都好。

我有時會在晚上七點左右現身，旁觀測試的過程。測試間的人會開始把液態氧和煤油注入燃料罐，其他人則在撥弄架子上的電線和其他零件，一個叫做盧卡斯・杭德利（Lucas Hundley）的人（他從汛迅時代就在了），會坐在控制中心主管的位子上，透

1　譯注：nominal 的意思是「名義上的、名目的」，常用於工程上，稱為「標稱」。

過即時影像監看整個過程。測試間的人使勁猛扭、猛敲東西的時候，常常會把自己彎曲成歪七扭八的形狀，所以杭德利看過很多資深工程師的屁股溝。這些都是火箭建造過程的一部分景色。

引擎每做一次新測試要花十五分鐘到兩小時做準備，要看上一次是哪裡出錯而定。一開始那幾個禮拜，引擎不是毫無動靜，就是只能噴個一秒或三秒。在測試過程中負責大喊操作順序的是班‧布羅克特（Ben Brockert），他是個高大魁梧的年輕人，對人生有滿滿的憤世嫉俗和意見，不管發生什麼情況都有地獄哏可說。有一次測試前，他告訴團隊：「緊急應變程序上說，要是引擎附近起火就打開水源滅火。要是其他地方起火，我們就沒有那麼好的辦法囉！」後來大夥陷入一次漫長、看不到盡頭的測試，他給大家打氣的話是這麼說的：「我們會一直堅持下去，直到引擎動起來或我們死掉。」我問他晚上都在做什麼，他說：「大多在寫詩。」

引擎測試一個晚上可能要做個五、六次，常常要熬夜到凌晨兩點。獵戶座街這棟建築有一段時間沒有暖氣，員工只好全擠在一臺小小的丙烷暖爐旁邊，讓漫漫長夜好過一點。倫登常常在引擎運轉的時候走來走去，手裡拿著一袋洋芋片，機器一有問題他就馬上說：「把數據記錄下來！」或「這跟標稱差太多，」如果情況比較順利，他就會面無表情說：「火從架子冒出來了，萬歲！」有時他們會叫工程師到外頭記錄測試時的音量，以便了解需不需要擔心鄰居打電話投訴噪音。

一如火箭業典型的節奏，每次測試的氛圍都在興奮和冗長

之間擺盪，大家似乎真的相信他們的修修補補會有效，引擎會如他們所願燃燒起來。有好多次，坎普會在測試進行時拿出手機跟某個投資人視訊通話，每次都深信這次投資人一定會親眼目睹自己的錢沒有白花，等到測試又失敗，坎普就笑笑的，不停地講話，輕描淡寫地把失敗帶過去。大夥又餓又累，但就是堅持要解決問題，不願就此喊停，除非某個必要零件沒了，譬如液態氧。

終於，努力和長工時總算有了回報。引擎燃燒時間從三秒到三十秒，再到兩分鐘，再到基本上只要持續注入燃料就會一直燒下去；另一方面，其他員工也持續在打造、買進其他重要零組件，在廠房進行組裝。坎普相信接下來三個月就會組裝出完整的火箭，而且達到近乎可用的狀態。

2017 年 5 月，坎普邀請艾姆斯研究中心和彩虹大院的老朋友萊維特來給員工上課。萊維特白天在行星實驗室研究衛星，但閒暇愛好是研究航太史，他的講題重點是火箭為什麼這麼難製造、這麼難飛起來，他說：「這五十年沒有什麼大改變，我們還是用大致一樣的方法在造火箭，以攜帶一公斤物品進入軌道的成本來看，並沒有變得比較便宜。怎麼會這樣？」

他解釋說，人類早就把元素週期表全都試過，已經找出撞在一起能釋放最大能量的化學物質，除非你用核能來造火箭，不然就只能繼續混合液態氧和煤油或氫氣。「難就難在流體力學，」他說，「難就難在材料科學。每一秒就有幾噸的氧化劑和燃料流進這個東西，然後你給它點一根火柴，這如果發生在屋子裡會是爆炸，但是發生在火箭就是燃燒，其實基本上是持續的爆炸，只

不過是在控制和計畫之下，成功與失敗只在一線間。」

現在仍然主宰火箭業的基礎數學，早在二十世紀初就算出來了，而且有個殘酷的事實：最好的推進劑所產生的能量，也只能勉強讓物體擺脫地心引力，光是推進劑就要占掉一枚火箭85%的質量（汽車燃料只占汽車的4%，貨機則占40%），只剩15%可用於裝填推進劑的結構體以及其他必要的機械、電子元件、電腦，最後如果有2%可以用於你想送上太空的東西，就算幸運了。

火箭升空後沒多久會碰到所謂的 Max Q（最大動壓點），也就是火箭飛往軌道路上會遇到的最大動壓力（dynamic pressure）。開車時把手伸出窗外就可以感受到動壓力，颶風吹倒樹木和毀掉房子也是因為動壓力。根據萊維特的說法，火箭在 Max Q 受到的壓力大約是五級颶風[2]的七十五倍，「當然，這時候只要火箭稍微偏移一點點，那麼……整個計畫就偏掉了，」他說。

在工程上，應付這種驚人力量的方法是將機器「過度工程」（over-engineering），凡是需要加倍的地方一律加倍，但火箭不能這樣搞，因為沒有空間可以再增加機器。更慘的是，Max Q 還會找碴，會壓向每個焊接處和腔室，看看你有沒有充分利用每一丁點迴旋餘地。

然後，好啦，假設你成功製造出火箭，根據保險公司的精算表，同一枚火箭通常第六次發射會失敗，人會自大、自滿、

2　譯注：颶風強度分成一到五級，五級是最強。

看不到問題。下一個開始出錯的時間點大概是第十五次發射，這個時候，漸漸偏離初衷的任務、官僚、機構記憶（institutional memory）就成為最大的敵人。萊維特只給這群吃了不少苦頭才站到起跑線的員工一句話：「祝你們好運！」

在萊維特看來，好消息是，隱形太空公司禁得起幾次爆炸。火箭不載人，載的是衛星，而且衛星造價已經降到就算不時爆炸，客戶也不在意的程度，只要幾趟航程加起來是便宜的就行了。另一個好消息是，我們已經在討論「要是地球再大一點、地心引力再強一點就上不了太空了，」他說。

誤闖進來的員工

萊維特所說的挑戰之困難，甚至讓火箭的製造發射成為人們嘴上的老哏，「這又不是火箭科學」這句話就常用來貶低其他努力。[3] 航太從業人員，不管是太空人還是工程師，常常被說是最勇敢的天才，天天得克服看似克服不了的挑戰，但其實現在從業人員的組成形形色色多了。

倫登從學士到博士都在麻省理工學院念，他沒有散發迷人魅力或自信傲氣，但是有天才氣息，動起手來也很能幹。他跟火箭有一種親密關係，談起火箭充滿愛意，彷彿那是神祕高深的東西，他會說它們「存在於世界所有東西之外」，會要求工程師去

3　當然，腦外科手術除外。

了解不同的子系統(譬如電子、液體、推進)之間的相互作用,再讓這些系統形成一個整體共同運作。有一次他說到硬體如何跟你對話:「某個東西看起來很怪的時候,你必須仔細傾聽這臺機器在說什麼,不要一下子就打掉。」

倫登在汎迅做的是最極限的火箭科學,曾經希望把火箭引擎做到很小很小,小到需要使用半導體技術來製造,一想到要把火箭的電子元件和機械縮小到物理極限,他就一臉開心。他的研究引來 DARPA 和沃登的興趣,他曾經擔任沃登的顧問,合作開發一種 15 公分的微型火箭,可以飛進太空偵測敵國衛星,就像密探一樣。美國政府希望倫登的火箭可以小到別國在雷達上看不出來。[4]

要不是坎普、要不是太空商業的召喚,倫登很可能繼續他的尖端研究,過著平靜生活。「我看到火箭實驗室做的東西跟我們汎迅差不多,但是他們走出去籌錢,各方面都大幅加速,」他說,「你要麼自己做,不然就只能看著別人做。」

不過,隱形太空公司的員工並不是受到火箭科學的崇高召喚而來,比較像是誤打誤撞進來。

以蘿絲・喬納萊絲(Rose Jornales)來說,她在南加州長大,父母是菲律賓與越南移民,身高只有一百五十公分出頭,2000 年入伍空軍,在往返阿富汗的飛機上擔任電子維修技術員。2006

4　行星實驗室曾經考慮跨入火箭發射業,找倫登談過。倫登說天天發射的
　　概念是行星實驗室的馬修提出的,不過行星實驗室最後還是決定把重心
　　放在衛星上。

年退伍後，她去做女服務生，結婚又離婚，最後在舊金山國際機場的機場捷運找到一份維修工作。2017 年，一個朋友建議她去隱形太空公司看看。

「我當時不知道這是火箭公司，」喬納萊絲說，「也不知道他們要面試我，一下子突然就有四個人跟我談，問我各種問題。哦，我不知道該不該說⋯⋯我當時喝醉了，那時我一整天都在喝酒。我回答：這件事很簡單，小菜一碟。但是我不記得他們問我什麼了。」

喬納萊絲負責製作繫帶，用來固定火箭內部幾公里長的線路，接著她的工作重點轉到飛行終止系統，確保火箭在出錯時會在空中爆炸。她是隱形太空公司早期少有的女性之一（這種狀況在男女比例九比一的航太業並不罕見）。喬納萊絲渾身散發正能量，追逐快樂，樂天態度在一群轉螺絲、焊接金屬的人之中再契合不過。事實上，跟她交情最好的都是公司最憤世嫉俗、最頑固不化的人，不然就是喜歡在忙了一天之後喝幾杯或做點其他什麼事的人。

比爾．吉斯（Bill Gies）是隱形太空公司的電工兼萬事通，他也是誤打誤撞進來的人。他的髮色會不斷變換，從藍、紅、橘、綠，到各種顏色交雜，髮型是瀟灑的狼尾頭，戴著好幾個耳環，耳垂有常年戴擴耳耳環形成的大洞，腳穿黑色軍靴，抽菸，一口菸燻黃牙，蓬頭垢面，有點髒，看來脾氣暴躁。結果，吉斯是個大好人。

他十八歲為了追一個女孩離家，最後卻落得無家可歸。不

過，他十幾歲接觸過電子設備，最後得以到處接一些雜役工作，修理電梯、洗衣機和乾衣機、遊戲機臺。他進入隱形太空公司前的工作很詭異，是替一個祕密組織做電工，這個組織背後有個千萬富豪金主，金主在舊金山買下一棟房子，改裝成一個類似密室逃脫的地方，裡面有很多科技機關，像是震動地板和聲光幻影。

　　吉斯也是從朋友那裡聽說隱形太空公司，然後開始去幫他們免費做電工工作。「我們都在測試間做到清晨三、四點，他也在，」一個員工說，「沒有人知道他叫什麼名字。」後來，他做的工作太多了，坎普開始付他薪水。剛好他也很會破解東西，只要有人弄丟儲藏箱或大門的鑰匙，就會叫吉斯去撬開鎖。

　　為了確保人員的安全，隱形太空公司的員工在測試引擎前有一系列程序要遵守，這些步驟包括請所有人離開引擎所在的空間（原因包括引擎高溫會融化肉體等等）、關上測試間的防爆門、通知建築內所有人即將有爆炸。除了這些，隱形太空公司還有一道其他火箭公司沒有的程序：確認吉斯不在測試間天花板。

　　有一次，吉斯爬進通風管道修東西，其他員工進行測試的時候忘了他在上面。「我心裡想：『媽呀，怎麼突然有風，』」吉斯說，「後來看到我爬下來的人有點嚇到。現在跟你講這個可以嗎？OSHA[5] 不能事後追訴，對吧？」

　　一個月一個月過去，吉斯成為隱形太空團隊備受喜愛的一員，也把他的十八般武藝應用於各項工作。他是公司「吃喝玩樂

5　OSHA 是職業安全健康管理局，負責工人的安全。

惡搞極機密部門」的成員，給沉悶的公事增添不少趣味。「如果非要我給這個部門提出一個最高宗旨，那就是打死不再去公司度假會議訂過的飯店，」他說。

航太公司往往少有女性員工，黑人員工也不多。克利斯・史密斯（Kris Smith）是例外，他很早就加入隱形太空公司，更證明自己是公司日常運作不可或缺的存在，只要有修繕擴建的需求，或是有新建案，他一定會讓事情圓滿完成。

史密斯是混血兒，在紐約長大，童年在毒品暴力環伺之下度過，他親眼見過殺人，看過朋友的父母在客廳注射海洛因，幸好他高大體壯，又擅長籃球，避免了不少衝突。他靠籃球獎學金上了大學，接著遠赴敘利亞、墨西哥、中國、西班牙打球。休賽期間在舊金山培訓時，他看到一家衛星新創公司在徵人，他拿到這份工作，協助興建辦公室和實驗室。那家公司就是 Terra Bella，後來被行星實驗室買下，史密斯拿他從這筆交易獲得的錢去買房地產，打造了一個小小的灣區帝國。

「只要碰到黑人或有色人種年輕人，我都會盡量跟他們聊，」史密斯說，「他們都以為職業運動員是好出路，但是老實說，他們當不了職業運動員或藝人的，因為太難了。他們不知道他們其實可以當工程師，一年賺三十萬美元，拿點股票，公司上市時還能賺個幾百萬。我當初也不知道，一直到我親身經歷到。這些公司確確實實改變我的人生。」

還有一些員工來自賽車界，都是一些最高竿的技術人員。班・法蘭特（Ben Farrant）在海軍服役多年後，一面周遊世界，

一面在利曼（Le Mans）等等耐力賽調校引擎，賽車隊一支換過一支。雖然他沒有航太方面的經驗，卻接下最重要的工作：從零開始打造隱形太空公司的引擎。「我們去面試前做的第一件事是上維基百科，找火箭相關資料，」他說，「我查維基百科查到眼睛快脫窗。」

法蘭特高高瘦瘦，滿臉落腮鬍，對硬體極度重視，對生活閒散隨和。製造引擎的時候，他工作站上的工具全部排得整整齊齊，到了晚上再整整齊齊收好。他的工作時間從早上八點到下午六點，一反矽谷晚來晚走的文化，寧願戴上耳機認真工作、把工作做完、回家喝啤酒跟太太放鬆一下。他平常很少跟同事閒聊，但是很樂意教你，前提是你願意認真聽。某些方面，法蘭特給人回到過去的感覺，可能是因為他喜歡戴一頂報童帽、偷溜出去抽根菸，也可能是因為他喜歡扮演講話慢條斯理、頭髮灰白的老兵，什麼都見識過，到這裡來只是打打工，確保別人不會把事情搞砸。

「我告訴這些年輕人，這個東西是倫登和坎普從小的夢想，」他說，「我們是來實現他們的夢想的，但是對我來說，這只是一臺機器罷了。其他人很投入，想熬通宵，我覺得還是把自己的事顧好比較好，我喜歡回家，修理幾臺老車，或者只是看看電視也好。」

當然，隱形太空公司也有從小就渴望進入航太業的人，但即使如此，他們進入這家公司的路途也很曲折、不尋常。有好幾位最勤奮、最有天分的工程師甚至連大學都沒畢業，更別說念什

麼長春藤名校，他們都是喜歡打造、修理東西的人，時間都花在
追逐這些熱情，而不是花在引不起興趣的課業上。

　　還有一些人在學校的成績很好，但是第一份工作去了航太
業的窮鄉僻壤，努力在錢少、資源少的新創公司證明自己的能
力。伊恩・賈西亞（Ian Garcia）、麥克・賈德森（Mike Judson），以
及班・布羅克特這幫工程師三人組或多或少就屬於這一類。他們
三個人走的路不一樣，但最後都來到莫哈維沙漠一家叫做馬斯騰
太空系統（Masten Space Systems）的新創公司一起共事。馬斯騰太空
系統的成名作是 2010 年做出來的 Xombie 小太空船，這臺小太
空船能夠垂直升降，是可重複使用火箭的早期先驅。賈西亞和布
羅克特對 Xombie 的成功尤其厥功至偉，這部載具的品質很好，
甚至引起馬斯克的注意，當時 SpaceX 正在努力讓他們的火箭可
以重複使用。

　　賈西亞成長於古巴，那是一個看似無緣做美國火箭的地
方，好在他在國際電腦競賽的成績夠高，為他贏得麻省理工學院
全額獎學金。他把寫軟體的天分應用於太空船的導航控制，在馬
斯騰太空系統展現長才之後，獲得汎迅的工作機會，接著擔任隱
形太空公司的導航軟體長。

　　賈德森是捨棄 SpaceX 選擇汎迅和隱形太空公司的稀有動
物。他在馬斯騰太空系統和其他太空新創公司做了一段時間後，
2014 年同時跟馬斯克和倫登面試。可以這麼說，沒有人比他更
愛火箭了，他常常整晚守在火箭旁，只為了靠近它們一點，不管
到哪家公司上班，往往都是工時最長的人。他看得出汎迅的設施

不如 SpaceX 那樣豪華，甚至教人失望，但是他在倫登身上看到真實可信、激勵人心的東西。

「汎迅有馬斯騰太空系統的所有優點，」賈德森說，「熱情、小團隊、追求快速敏捷、擺脫過去的航太產業。同時他們也夠真實，有不少實際作為，獲得認可。倫登在技術方面的知識不可思議地多，不管到哪都一定是現場最聰明的人。他是優秀、簡練的工程師，能把問題歸納簡化，知道如何讓問題更容易解決。」

「最後我捨棄 SpaceX 選擇汎迅，就是為了有機會做現在在做的事。為了有機會主導一些事，我選擇做小池塘裡的大魚，選擇製造小火箭把東西送進太空。」[6]

至於布羅克特，來隱形太空公司的時候是個火箭浪人，性情乖戾。他成長於愛荷華州一個只有五十人的小鎮，父母時不時就付不出帳單。他斷斷續續念愛荷華州立大學念了好幾年，上了一學期就得去打零工，廚師、垃圾郵件處理員、機工樣樣都做，直到付得起學費再回去念書。2007 年的時候，他乾脆休學不念，「我算了算，發現這樣下去永遠畢不了業，」他說。[7]

從小就渴望進入航太領域的布羅克特，用五百美元買了一

---

[6]　至於賈德森對坎普來汎迅有什麼看法，他說：「我喜歡坎普帶進來的活力。隱形太空公司需要一個執行長類型的人，需要某種程度的表演能力、反社會人格或隨便你想到的形容，坎普從一開始就有那種前瞻的特質，有很多跟倫登截然相反的特點，我們看得出來他會是去找錢的那個，我們的想法是：「要是他募到錢，我們就跟隨他。」

[7]　這種算術對布羅克特來說很簡單，他的數學學術能力測驗(SAT)拿滿分。

輛非常非常破舊的十七人座小巴，一路開到莫哈維沙漠，開始一家一家敲太空新創公司的門。他花了幾個月才找到工作，以小巴為家，白天盡可能找事做。「我弄了一張圖書館借書證，把沒看過的書全讀過，」他說，「還花了很多時間在沙漠飆車，盡力活下來。」

好運的是，馬斯騰太空系統剛好有個職缺，布羅克特很快就成為 Xombie 團隊不可或缺的一員。接下來三年，他持續閱讀航太書籍，也從工作上學到大量知識。「莫哈維就像新太空的苦行場，」他說，「苦斃了，但是你在這裡做個兩、三年，接下來不管到哪裡都不會有問題，只要你夠好。」

來到隱形太空公司的時候，布羅克特是個外表極不友善的人。坎普有時會說他是公司裡的小驢屹耳（Eeyore）[8]，這比喻倒也不為過。他走在測試間和廠房時總是眉頭緊皺，一副警告別人勿擾的表情，要是有人仍執意找他講話，他就會把對方一日所需的挖苦、譏諷、悲觀一次賞好賞滿。這是一段從觀眾角度看來很精采的表演，因為布羅克特句句機鋒，也因為他的肢體和態度完美詮釋一個終極厭世者。

不過，布羅克特還是有柔軟的一面。他痴迷火箭，有深厚的航太工程底子，橫跨多個學科，如果你年輕、沒有經驗又真心想學，他會放下工作幫你一把，分享他的知識。

布羅克特會在隱形太空公司的好幾個團隊之間遊走，哪裡

8　譯注：卡通角色，小熊維尼的朋友，悲觀陰鬱，實則內心善良幽默。

最需要協助就去哪，他同時也是負責任務控制、指揮發射的人。他每隔一段時間會耍個性子，不是自己說不幹就是被炒魷魚，但是過兩個禮拜或兩個月又會出現在阿拉米達。

　　布羅克特終究還是很希望隱形太空公司成功，但是一評估起公司的前景，他可沒有其他人的天真樂觀。「我們有很多不錯的進展，也完成了很多事，」他說，「但是我們嘴上講多快就能造出火箭上軌道那些話，是完全不可能的。」

　　「拿創投的錢，其實就是拿一些回報去籌錢，不管是有意還是無意，大家談到回報的時候都在說謊。你得去找個有錢人說：『如果你給我一些錢，不出幾年我就會把錢全數奉還，還會給你更多更多錢，因為我有這個幾乎全是胡扯的商業計畫，』沒有哪個工程進度表是如期完成的，也沒有哪個計畫真的像聽起來那麼美好。雖然這麼說，但現在說自己在製造小火箭的公司有五十六家，我大部分都知道，我敢說隱形太空公司是全美國最厲害的一家。」

19

派對狂歡

到了 2017 年 10 月，隱形太空公司已經不能再隱形。公司的徵才單位發現，很難證明這是一家合法營運的公司，因為既沒有網站，也沒有真實的名字。其他員工跟供應商往來也碰到類似的問題，公司想被當一回事，想要交期短、又想拿到好價錢，但是每次員工以「隱形太空公司」之名下訂單，電話那頭往往會哈哈大笑。

有好幾個月，坎普拒絕更換名字的請求，這個名字不只是為了保密，也是公司文化的宣告。坎普的想法也沒錯，有太多航太新創公司連個可以運轉的產品都還沒有，就到處爭取注意力；星雲就是還沒準備好就過度炒作的血淚教訓，他不想重蹈覆轍。還是先把火箭製造出來、飛上去，再來大談你的火箭、你的公司有多厲害。不過，從務實面來看，坎普也慢慢發現這樣的公關策略並沒有比較好，在很多方面反而更糟，所以，隱形太空公司改成艾斯特拉太空（Astra Space），簡稱艾斯特拉。

艾斯特拉進度落後，但也有不少進展：廠房地上已經躺著

一枚看似完整的火箭，引擎也製造好幾顆，而且通常是可以運轉的。坎普決定辦場派對慶祝新名字和這些成績，只有艾斯特拉員工、投資人或親密友人會收到邀請，派對就辦在獵戶座街這棟建築物裡，神祕嘉賓是這枚火箭，邀請函上寫著：「# 不拍照 # 不上傳社群媒體！別忘了穿上你最愛的太空裝！」

坎普對這項服裝規定是認真的。他買了一套全黑連身衣褲，上面有皮帶和多個金屬扣環，頭上戴了一頂看起來改裝過的腳踏車頭盔，多了兩片東西垂下蓋在臉上，形成一種面具，整套裝束就像玩性虐待遊戲的太空牛仔。

這時的坎普正在遊說 SpaceX 創辦人之一克立斯‧湯普森（Chris Thompson）到艾斯特拉工作，但也緊盯著派對細節。艾斯特拉打算把火箭展示在一個塑膠玻璃櫃，坎普喜歡這個點子，但是不喜歡那五顆安裝在箭身的引擎來不及在派對前全數就緒。還有，大家建議拿整流罩模型來展示就好（整流罩就是火箭鼻錐，裝載衛星酬載的地方），不必用真正的整流罩，因為時間很短，處理模型比較容易，也比較安全，可是坎普覺得展示一個假鼻錐有損公司誠信。

引擎和整流罩的爭論導致坎普和工程師全面開戰，坎普指責他們沒有做到承諾，他們指責坎普沒有把無法如期完成的警告聽進去。在我這個外人看來，這場爭吵很可笑，來參加派對的人根本不會知道火箭的真實狀況，就算知道，八成也不會在意，光是忙著享受免費酒水食物、跳舞狂歡都來不及了。

不過，只要是代表艾斯特拉特色的事物，坎普往往寸步不

讓。10 月 21 日開車前往「太空黎明」派對的路上，他展現真性情，解釋他發火的原因，也闡述其他一些人生哲學，以下就是我在他的 BMW 敞蓬車內聽到的話：

坎普：有件事我得先警告你。我其實沒有有效的駕照，這輛車沒有註冊，我的汽車保險也被取消了，所以要冒一點點風險，先讓你知道一下。

公司成立這一年來，我們一直很努力，而且坦白說，我們不常慶祝。很多公司只要做點事就慶祝，那其實很沒有意義，我覺得你要是有慶祝文化，募到錢要慶祝、設施蓋好要慶祝，那你就慶祝錯了，這些基本上都是負面的東西。募資不是好事，那只是代表你要做的事得花更多錢，至於設施，如果要蓋，那都算是一種不幸。

我們只慶祝真正往前進的事，譬如火箭組裝好了、發射基礎設施整理好了，這樣團隊才會把精神放在真正重要的事情上。我們現在有一堆東西弄好了，剛好公司也成立一年，所以現在是慶祝的好時機。

而且，我們是一家隱形的公司，所以沒有公布影片介紹我們在做什麼事，也沒有在網站更新訊息。我們沒有公關，公關是會讓人分心的東西，而且很貴，但是換句話說，我們的客戶、投資人、幫助我們完成這些事的夥伴，什麼都看不到。現在我可以把這些人聚集起來，用四十八小時一次宣傳，這場派對可以替我省下幾百個小時寫電子郵件、開會、拜訪、導覽的時間。

我們的頭號競爭對手是火箭實驗室，它還沒首次發射火箭就已經完成第四輪募資。如果你第一個產品都還沒出貨就得募四輪資金，那你就做錯了，你這是把公司所有權和掌控權拱手讓給投資人。投資人看待公司的角度會隨著階段不同而有不同，而且他們有他們想看的部分。如果你了解這些眉角，就愈有機會做對，就會減少吸引到某些類型投資人的風險，我覺得很多太空公司根本不懂這些眉角。

我們不花時間考慮不真實的東西。這場派對上，他們想放的整流罩並不是我們最後要放在火箭上的整流罩，他們的理由是已經有現成的，比較省事。這樣做沒有誠信可言。對我們想建立的文化而言，能夠大聲說「我們只慶祝真的有用的產品」絕對是關鍵，所以「放個我們沒有要用的東西給人看」完全背離我們要的價值。

你覺得我的服裝怎麼樣？這是把末日時尚跟太空裝結合在一起，呈現一種外星人風格，一種樂觀的外星人風格，只不過是黑色的。我在找太空裝的時候，有一套是比較傳統的白色，如果挑那套就得穿戴一堆白色的東西，可能會影響整體裝扮。那套白色是很不錯，但我就是不想要白色。

好的，接下來我們要違法逆向了。大部分人看到你做違法的事都會很不解。

你知道我的駕照是怎麼吊銷的嗎？希拉蕊競選總統的時候，有一場募款餐會，我跟一個朋友一起去。我們走 280 號州際公路，我通常不超速的，呃……偶爾會啦，但是不會開太快，可

是我的朋友很緊張，擔心會遲到，所以我就加速。我踩下油門，雖然我的車不是特斯拉之類的，但是它就像有 250 匹馬力的碰碰車，時速 130 公里的時候一換到第四檔，不到幾秒鐘就會飆到 190 公里。

我只是想嚇嚇她，結果，我一催油門加速，她就告訴我：「有警察。」

通常，面對這種情況，我只求脫身繼續過日子，如果要開單就讓他開，我也不瞎扯什麼，不找藉口。

但是我朋友竟然跟警察說：「哦，我們要去謝爾蓋‧布林[1]家參加希拉蕊的募款餐會。」我心想：「完了！哪壺不開提哪壺！他可是州警！總之，我什麼罰單都拿到了，危險駕駛等等，很慘。

我聘了律師，他們還真的幫我搞定，真不可思議，只是我得去上交通安全課。

可是我一年只看兩次信箱，信件會掃描製作成 PDF 檔再給我，我常常忘了看，反正大多是沒用的信。我就是不喜歡信件。

通常半年的週期就足以應付大部分的情況，但這麼做的缺點是，法院制度的決策行動週期不到半年。先是發通知給我說要上交通安全課，然後又說不必上，然後又通知我必須上法院，這些通知我全都沒看到。這時候律師也已經不再處理我這個案子，所以就這樣都沒人理。

1　譯注：Google 創辦人之一。

　　最後我去看了信件，才知道汽車保險被取消，車輛註冊也被取消。這是一連串「你要是不怎麼樣，我們就怎麼樣」的可怕後果，我想還沒有到發出逮捕令的地步，但是下一步應該就是了。

　　不用說，我當然想把這件事解決掉，所以我打電話去監理所。加州監理所是我看過最最沒有生產力的單位，你早上八點進去，要排三個小時的隊，先排這個才能再去排那個，這樣都還不一定能跟他們說到話。反正我就去了，他們跟我說：「你需要有這個、那個、這個，然後再回來，」真是荒謬，我才沒有那個美國時間。

　　然後我把我應該做的事全部搞清楚，我得寄支票給他們，還要填這個、填那個。我沒有支票，我的銀行不支援支票，那是一種新型態的銀行，不相信支票，我當初去開戶的時候覺得很棒。該死的支票，這下好了，監理所要支票，那裡是唯一會用到支票的地方。所以我只好生出一張支票，寄給監理所，監理所花了好幾個禮拜又好幾個禮拜處理，然後也沒處理好。

　　長話短說，現在的情況是，我相信我的駕照應該恢復了，只是很難確認，因為你得在電話上等幾小時才會有人接聽。

　　我們之所以能做製造火箭這種事，就是因為不會分心，可以保持專注。監理所就是會讓你超級分心的地方，它會讓你深陷在社會上一個殘破角落，讓你開始想：「要怎麼樣才能解決這個問題？」一旦你走上那條路就慘了。

　　火箭比監理所容易多了。

20

隔壁有霧怪

　　艾斯特拉過去這一年從七個人成長到七十個人，這時候已經是 2017 年 12 月，根據最初的倒數時鐘，應該要有幾個人在某處發射臺準備見證火箭首次升空才對。儘管那一幕並不會出現，不過這家公司已經達成下一個重要里程碑：完整的火箭已經組裝完成，準備拿到外面進行下一輪測試。外面的人終於有機會一窺艾斯特拉在搞什麼玩意，因為下一輪測試需要把火箭從水平轉為直立，只要稍加留意，就會看到一枚飛彈凸出於獵戶座街這棟建築物的圍籬之上。

　　克立斯・湯普森，那位 SpaceX 老手，已經正式加入艾斯特拉，是管理高層之一，他帶進經驗、堅毅，可望也帶進一點迫切需要的監督。[1] 原本空空的挑高夾層現在都是機器和人，一種新節奏已然降臨。大家一早就會進公司，圍著火箭，好像醫生在評估一個病情已經穩定、但即將動大手術的病人，接著再各自回到

---

[1]　艾斯特拉也想網羅 SpaceX 獵鷹一號早期團隊另一個關鍵人物，提姆・布札，只是沒有成功。

建築物中央的座位忙到中午。然後再回到火箭旁，但是這次是帶著滿滿的幹勁和決心，因為他們打算把病人「打開」。

　　這家公司跟市府官員有過多起小衝突，官員對艾斯特拉有時視法規如無物的態度感到不安。獵戶座街這棟建築物被闖入兩次，坎普於是在四周圍起帶刺鐵絲網，稽查人員告訴坎普不能這麼做，他反而把鐵絲網數量加倍。「他們又來說一遍不能這樣，」坎普說，「我就回他們：『北韓，』他們說：『什麼？』我說：『北韓。』」這招很有用，於是阿拉米達官員退讓，因為不想成為讓「邪惡軸心」窺探美國最新火箭技術的人。

　　有一次引擎測試搞得亂七八糟，燒到一大塊屋頂，有人把燃燒痕跡兩側的屋頂劃破修補，讓那塊屋頂看不出異狀，稽查人員就不會發現。面對稽查人員，艾斯特拉通常採取「偷跑」策略。市府官員會過來告知，必須取得許可才能進行某某計畫，但艾斯特拉會無視規定逕自進行，等到官員再過來，已經是喊停也不對、放行也不對，因為他們知道艾斯特拉是在做更宏大的東西，這讓他們很火大，卻又無可奈何。阿拉米達對坎普的願景已經完全買單，已經把艾斯特拉看成振興當地就業成長的重要一環，只能對他們睜一隻眼閉一隻眼，不然就只能勒令停工。

　　12 月 17 日，火箭開始從廠房支架移到行動發射座。他們得用天花板上的吊臂吊起火箭，然後把行動發射座滑到火箭下方，再輕輕將火箭往下放到發射座的托架中。完成後，再把火箭連帶發射座一起推到廠房外的停車場，然後繞到建築群的一側，那裡已經有人在距離主建築物 3 公尺處灌出一塊方形混凝土，模擬發

射平臺。混凝土上面有一個 1.5 公尺高的黑色金屬梯形支架，為的是把火箭從水平轉為直立，再架到支架上，然後開始做實驗，把液體和氣體注入火箭管道。

挑高夾層從一開始就瀰漫緊張氣氛，大家盯著火箭，你一言我一語，輕聲討論接下來幾個小時可能的情況。湯普森講起 SpaceX 早期篳路藍縷的故事，講了一段他跟馬斯克去威斯康辛的趣聞。馬斯克有天早上在飯店早餐區被 Pop-Tart[2]的加熱方式難倒，「就像在看大自然頻道，」湯普森說，「他研究金屬包裝，把 Pop-Tart 橫放進去，然後手指戳進烤麵包機要拿出來，下一秒就在大廳中央大喊：『媽呀！好燙！』」圍在湯普森身邊的工程師笑了起來，只是，等一下就要進行豎直火箭這個需要小心處理的程序了，這時候拿一個絕頂聰明人連 Pop-Tart 要橫放還是直放都分不清的故事來緩和氣氛，好像不太吉利。

整個早上大部分時間，大家不是盯著火箭，就是抬頭看天花板上的吊臂、在火箭周圍走來走去、摸摸火箭、在火箭旁喝咖啡、撥弄工作臺上的備用零件。這個物體是全公司上下合力打造的，沒人想毀掉它，但是對於如何處理、移動這個寶貝卻又沒有事先擬定一個具體計畫。他們只打算隨機應變，這所有的討論、東看西看、東摸西摸，都是大家無意識的集體拖延戰術，盡量拖延不樂見的情況，也因此，他們就有很多時間跟我講公司的最新情況。

2　譯注：Pop-Tart 是塗有糖霜草莓等口味的夾心餅乾，可用烤麵包機加熱。

　　這時的艾斯特拉已經決定首次發射地點，在阿拉斯加州科迪亞克島的太平洋太空港發射場（Pacific Spaceport Complex），為此，阿拉斯加發射場官員得先確認火箭不會殺死任何阿拉斯加人。首先，他們會要求艾斯特拉提供火箭路徑模擬軟體。火箭是有可能走預期航道，完美飛進太空，這是理想的情況，但是其他情況也不能排除，有可能偏離航道，這時候發射場官員就會按下電腦上一個按鈕，讓火箭失去動力。一般火箭都攜帶了爆炸裝置，一旦不如預期就會被遠端操控炸毀，但是艾斯特拉的火箭很小、可以控制，所以不需要攜帶炸彈，官員一按下按鈕，火箭閥門和泵浦就會關閉，火箭就會朝地球墜落。

　　阿拉巴馬州亨茨維爾有一家 Troy 7 公司，就是專門做這種火箭和飛彈的模擬，他們的技術人員會將火箭飛行的各種可能情況顯示在電腦螢幕上，整個模擬動畫就像煙火炸成蘑菇形狀。阿拉斯加那邊的操作員會看著這樣的動畫練習好幾天，只要火箭一偏離原訂航道就按下「銷毀」按鈕。為了精準追蹤火箭的飛行，艾斯特拉的火箭配備軍用等級 GPS，因為大部分 GPS 晶片只要一達到高度十八公里或時速兩千公里就會自動關閉。據說這是一種內建的安全機制，是為了防範恐怖份子或其他不法之徒拿到現成技術之後，進行精準的飛彈攻擊。

　　監管人員雖然用模擬軟體和「銷毀」按鈕來避免傷亡，但還是有意外傷亡的風險。「有個嬉皮家庭住在科迪亞克附近一座島，」坎普說，「經過計算，火箭越過他們頭上不會有危險。就

技術上來說，他們在統計上不具意義。」[3] 他之所以想在夏威夷或駁船上發射，一個原因就是不想用演算法來評估人命的價值。

這場圍在火箭邊的閒聊並不是都繞著高空轉，也有些討論十足反映這趟旅程的實際狀況。薇塔・布魯諾（Vita Bruno）是財務長，也一直是理智之聲，她興高采烈地說廠房終於裝設幾間獨立的廁所，還裝了中央暖氣系統。「去年我們只有丙烷加熱器，但是現在不一樣了，開始熱呼呼了，」她說。坎普算了算，走到現在有廁所、暖氣、一枚火箭，總共花了兩千萬美元。

終於，大家決定不光是聊火箭，要開始搬火箭了。有人拉動鏈條，打開廠房左側的鐵捲門，一陣涼風馬上竄進來，跟主要工作區的環氧樹脂味道混雜一起。外頭有兩個人用掛鉤把發射座掛到一輛白色福特 Silverado 皮卡，然後倒車把發射座拖到門口，接著一群人解開掛鉤，把發射座推進建築內。火箭箭身纏上黃色帶子，用藍色吊臂高高吊起，再緩緩往下放到發射座上，雖然偶有幾聲「慢點！」、「該死！」，但是大致順利。

當時的想法是把 Silverado 皮卡開回來，再把發射座鉤到皮卡上，用車子把火箭拖到廠房外，再繞到另一側的測試區。「車子停在彈珠檯博物館旁邊的人，必須把車移走！」一個工程師大喊，想多清出一些作業空間，可是這個策略的效果不是很好，車子起步的速度太快，把倫登嚇個半死，趕忙衝過去把手放在火箭側身，像個保護孩子的爸爸。然後，車子總算把火箭拖出廠房

3　我不知道那戶人家有沒有被告知。

後，原本就有九百公斤重的發射座現在上面多了三百六十公斤的火箭，很難轉向，大家再次把火箭座跟車子之間的掛鉤解開，開始用手推，打算用推的穿越停車場，有人拿了一袋沙子跑過來，開始在發射座輪子前面鋪沙子，減少摩擦。

這個方式有用，但是效果有限。下一步就只能搬出 SkyTrak 來了，SkyTrak 是一種有駕駛座的工具，可以裝上不同的附件，譬如堆高機或升降臺，當天裝的則是一臺末端有帶子的堆高機，艾斯特拉團隊把那條帶子繫在發射座一端，把那端吊高九十公分左右，就這樣拖著整組發射座穿過停車場。「我不管去哪，」克立斯·湯普森說，「好像都會用 SkyTrak 拖火箭，我們在 SpaceX 也做過一模一樣的事。」

不時有人開車經過，他們會停下來，想理解看到了什麼。這枚火箭頂端沒有錐形整流罩，所以形狀不像火箭，就只是個大型銀色金屬圓柱體，有些地方貼了膠帶，有些地方用紙板固定。往好的地方想，看起來像某個瘋狂科學家的實驗；往壞的地方想，就像一顆炸彈，而且有一群人借助沙袋和 SkyTrak 拖著這個東西，若無其事地穿過停車場，偶爾停下來吸幾口電子菸或是欣賞頭頂上飛過的一群雁。

就算有 SkyTrak 幫忙，搬運這枚火箭和發射座還是很花時間，平均一小時才前進九十公尺左右，先穿過停車場，然後沿著廠房一側走，經過鐵絲網、流動廁所、貨櫃箱，朝著臨時測試平臺前進。「拖一枚火箭需要動用多少火箭科學家？」坎普開玩笑問，他也在這場勞師動眾、緩慢前進的隊伍之中。

好不容易，發射座終於停放在梯形支架旁，工程師把電線和泵浦接到火箭箭身。有人按下發射座控制系統的按鈕，液壓泵浦啟動了，緩緩將火箭抬起，「小心手指！」一個技術人員大喊。只花了一分鐘左右，火箭就從平躺轉為直立，完美地安坐在支架上，一如所願。有大約二十人圍著他們的寶貝，評斷它的姿態。

「有直嗎？」有人問，「我覺得有點斜斜的。」

「沒有，只是看起來有點斜，是建築物本身的問題，」另一個人回答。

雖然已近傍晚，坎普和湯姆森還是要團隊趕在晚上的耶誕派對之前做些測試。湯普森請人把升降臺附件安裝到 SkyTrak，他走進升降臺，開始檢查火箭高處，看看經過這一趟折騰下來是不是依然完好。另一邊有一群人把幾個貨櫃堆疊起來，要在火箭後面築起一道牆之類的，以免附近住家看到，但是貨櫃數量不夠，還是看得到三分之一個火箭。[4]

不只是湯普森，艾斯特拉最近還雇用不少 SpaceX 前員工，其中幾位接管了測試作業，汎迅老團隊和其他人被晾在一邊，只能旁觀、提供建議。這兩組人馬存在一定程度的緊張關係，你很容易會同情起汎迅那幾個人和早期進來的員工，畢竟這枚火箭絕大部分的工作都是他們完成的。

這次測試是要把液態氮打進火箭的管道和燃料箱，液態氮不像發射實際要用的液態氧那麼容易爆炸，而且溫度極低，很適

4　「鄰居可能還是會想知道怎麼一回事，」坎普說，「基本上我們是在他們家一百公尺的地方造了個洲際彈道飛彈。」

合測試東西的極限，以及清理零件。沒多久，測試準備工作就變成一群最能幹的人共同參與的集體活動，相當於火箭科學版的爵士樂，啟動吊臂，固定電線，轉動旋鈕，誰有意願、知道怎麼做就由誰去做。雖然前面把火箭搬上支架的過程有喜劇成分，但這部分的表演可就明明白白地告訴大家，這家公司聘雇幾十位有效率、有能力的人，一有需要馬上就能融為一體，合作無間。

傍晚六點，辦公室一些員工趕往幾個街區外的退役航空母艦，耶誕派對已經在那裡開始，員工家屬也來了。火箭旁的二十幾人似乎沒把派對放在心上，他們拿來一對探照燈，開始做他們的測試。液態氮流了進去，大家退到半安全距離之外，用筆電查看火箭感測器傳來的讀數。液態氮的溫度很低，一接觸外面空氣就會沸騰，當火箭噴出氮氣，一道兩百公尺長的白煙立刻瀰漫廠房四周，漫過圍籬，飄進附近社區，附近一定有小孩從客廳窗戶往外看到，急忙跑去問爸媽是不是有霧怪入侵。

測試一直持續到坎普終於插手，開口要工程師停止。「錯過與家人同樂的時光，會給大家傳遞錯誤的訊息，」他說。這時，工程師們突然意識到，火箭得在外面赤裸裸待上一整夜，湯普森問附近有沒有家得寶（Home Depot），派了兩個人去買防水帆布，買回來後，大夥把火箭放回平躺狀態，幾個人爬上去鋪上帆布。

最後這批還沒去派對的人趕忙跑回主建築物，換上晚禮服。坎普走到火箭旁做最後確認，發現布羅克特和賈德森還在，「我很感謝你們的奉獻精神，但是現在有艘航空母艦上面有免費酒吧，」坎普說。布羅克特和賈德森是這群火箭迷當中最狂熱的

人，比起去閒聊，他們寧願繼續測試到午夜。

　　我和坎普朝航空母艦走去，他已經換上正式燕尾服，一襲粉紅小禮服的女友在他身旁打顫，我問坎普閒暇都在做什麼，他說：「我希望在月球建立一個自給自足的永久人類基地，目前在做一些基礎工作，這是我的嗜好之一。」接著他給我幾個人生建議：「每個人都需要四樣東西。目標；可以一起分享的人；還有你自己，這樣你自己一個人也不會有問題；再來就是家人朋友。這四隻支撐椅子的腳要是少了一隻，椅子就會搖搖欲墜。把工作看太重的人有時會落得被開除、只剩自己孤家寡人的下場，那些就是會自殺的人。」

　　語畢，開始狂歡。

21

不那麼隱形的太空

進入 2018 年，坎普有兩大目標。一是擴大艾斯特拉的廠區，開始實現天天造出一枚火箭、發射一枚火箭的目標。一是盡快把艾斯特拉第一枚火箭運到阿拉斯加發射。

艾斯特拉並不是從零開始，而是奠基於汎迅多年來完成的引擎設計、電子設備與導航系統，儘管這些設計是給比較小、比較不一樣的火箭使用，但已經足以讓這家新公司贏在起跑點。不過，雖然說少跑了好幾步，但艾斯特拉自己的表現也很不俗。歷史告訴我們，一枚新火箭要花六到十年才會有實質進展，才會有很大的機會發射成功，艾斯特拉卻只花了一年多一點點就造出看來行得通的火箭。

坎普給首次發射設定比較低的期待，他們會把火箭運到阿拉斯加，發射，然後樂觀以待。這家公司想開創一種新的火箭開發模式，也就是以快步調進行火箭的建造與測試，工程師分析每次發射的數據，做些調整，然後再試一次。其他火箭公司都在力

求完美，艾斯特拉卻是採「迭代」(iterate)¹方式，坎普認為這麼做可以將公司的活力維持在高檔，員工也能在這個過程中看到一次次的進步，不必等上幾年才看到有所行動。

員工大多贊同這套理念，不管是出身軟體業、航太業還是其他產業，大家都喜歡嘗試新方法，想證明可以比別人想像的更快做出來。然而，隨著時間過去，有航太經驗的人開始反對坎普一些要求，他們警告坎普，在阿拉米達繼續測試、改善火箭的性能，勝過倉促把火箭運到阿拉斯加。人力和工具都在阿拉米達，要是在阿拉斯加有東西出問題需要修理，沒有人知道要去哪裡找資源，可是坎普還是堅持原訂的做法，火箭一準備好就運走，看看會發生什麼。

自從艾斯特拉搬進獵戶座街這棟建築物，坎普就相中對面天鷹街 1900 號，認為那裡是公司下一步擴張的當然選擇。眼前在獵戶座街這裡打造一、兩枚火箭還沒問題，但是如果要上百枚、上百枚量產火箭，就需要一個更好的地方。

天鷹街那裡是個廢棄幾十年的超大倉庫，有一半的建築物就像被遺忘的廠房，空蕩蕩、髒兮兮、腐朽，另一半則是破爛不堪，顯然被流浪漢和青少年「修理」了好多年。他們敲破每一片玻璃、砸壞牆壁，拆掉基礎設施，牆上的噴漆塗鴉淨是「喝啤酒聽電音」、「他貓的」、「別忘了上 Yelp 給我們打分數！」。但是最

1　譯注：迭代是常見於軟體開發的方式，主要概念是先求有再求好，先以相對低的成本設計出來，快速放到市場上檢驗，再根據市場反應調整修正，不斷以上一個版本為基礎改進，逐代進步。

可怕的是，第一個來查看的人竟然在某臺機器上發現一具屍體，顯然是有人想偷設施裡的最後一丁點銅，結果誤觸通電的電線，就這樣死在那裡腐爛。

坎普在這堆恐怖事物當中看到這間倉庫的潛力。他帶我四處參觀，一旁還有布萊恩・菅泰爾（Bryson Gentile）同行，菅泰爾以前是 SpaceX 的高手，現在要負責在這裡建造一座最先進工廠。

坎普：這裡有七千坪，狀況非常糟糕。他們以前在另一棟建築物裡測試引擎，然後在這棟建築物維修，他們會把引擎一個個從飛機上拆下來，對著幾百臺引擎進行裡檢修、重新測試，然後再裝回飛機上。我們把這裡叫做「天鷹」（主要是因為位於天鷹街），把另一棟建築物叫做「獵戶座」，因為位於獵戶座街。這兩個名字都很酷。我們原本就打算，每接手一棟建築物就以附近最酷的街名來命名。

我們第一次闖進這棟建築物是在接手獵戶座街那棟建築物半年後，當時我們就意識到，如果要建一座火箭工廠，需要很大的建築物，因為火箭很大。

小心，到處都是碎玻璃。

菅泰爾：還有鳥兒喜歡停在這裡到處大便。

坎普：菅泰爾負責我們的生產團隊和製造團隊，我們需要找個地方建立一條火箭生產線。

菅泰爾：我接下這個重責大任，要把這棟建築物從這副模樣變成一座成熟、類似汽車產線的火箭工廠，能夠每天產出一枚火箭。

　　這裡有些舊區域是他們以前酸洗（acid wash）引擎的地方，他們為了把漆去掉，用了腐蝕性最強的溶液，我們現在還不知道要怎麼處理這部分。對我們來說，這裡最有價值的部分是超高的挑高設計，上面有吊臂，地板空間也超大，火箭基本上可以並排放在一起，可以用類似福特的裝配線來進行組裝。

坎普：天天製造一枚火箭是我們的目標，如果我們要用低廉的成本做到這點，就必須有很低廉的設施才行。這裡超級適合拍末日殭屍電影。這裡有幾個洞，你要小心。

菅泰爾：足足有一個人大的洞。

坎普：這棟建築物已經二十五年沒使用，他們花了二十五年清理最危險空間的地面，這也是現在還能用的原因之一，我們得等海軍測試完地面，確定這棟建築下面不會噴出大量的溶劑和航空燃油煙霧。

　　這個其實是含鉛油漆。

　　坎普撿起一塊含鉛油漆，放進嘴裡咬成兩半，然後吐出來。

　　不過你還是要問，一家一年前還只有十個人的新創公司，是

怎麼說服市府交出七千坪的建築物和一千兩百坪的土地？因為我們請到全世界頂尖的建築師比亞克・英格爾斯（Bjarke Ingels），他剛剛完成 Google 新園區的案子。我們沒有錢付給他，但是我們說要再利用一棟老建築物，做火箭工廠，英格爾斯一聽到就超級興奮，還親自來這裡跟我們見面，一起研究如何設計一棟混合工廠和辦公室的建築物。

　　我們的想法是，以菅泰爾的生產線為圓心，往外製造一圈小屋，有點像火人祭那些以同心圓向外擴展的帳棚。你可以想像以一個大型火箭產線為圓心，一個個圓頂建築繞著產線圍成一圈，這就是大概一年後的樣子。[2]

菅泰爾：我有汽車和航太的背景，在 SpaceX 待過好幾年，帶領製造工程團隊，基本上 SpaceX 的組裝線就是我建立的。火箭並不特別複雜，如果看起來很複雜，那是因為拆解得不夠，製造火箭的關鍵是把火箭拆解成一塊塊很小很小的東西。

　　要開始做一枚全新火箭的時候，如果把小螺絲都算進來的話，你會有大約十萬個零件要處理，你必須把那十萬個減少成一半、再減半、減半、減半。

　　其實你要做的是讓火箭的質量最佳化，這才是你的重點，盡量讓它更輕、更容易生產。如果你回頭看 1970 年代的汽車產業，現在太空產業的金屬部分大概就是那個樣子，除了一些先進

2　其實比亞克・英格爾斯並沒有打造什麼火人祭風格辦公室，艾斯特拉只是在廠房一側放了幾組普通的辦公桌。

的焊接技術。

　　我們會把汽車業多年前開發的技術應用到火箭上，還會結合最先進的汽車技術，譬如機器人，跟最先進的火箭技術。

坎普：我們要把這種超快的迭代概念應用到火箭上，每六個月就開發出一個新版本。有這麼多火箭、做這麼多次發射，我們就能蒐集到大量數據，然後將這些訊息回饋給設計者，製造出更好的火箭。

　　我們可以免費使用這棟建築物兩年，這讓我可以想遠一點，用正確的工具想遠一點。我們的目標是每天在這裡產出一枚火箭，運到碼頭，放上駁船，在海上發射。

　　我能看出機會。事情不會自己發生，你得把很多能量匯聚一起才能催化出某件事，催生出某些神奇的事。

　　我今天早上才跟一個火人祭組織的人在談。我想到我們這個即將在天鷹街成形的超大設施，其實有很多地方我們用不到，而藝術家需要在灣區這裡有個地方存放他們的雕塑，所以我們也會找個方法來打造一個火人祭藝廊。

　　又或者，比方說，我們想在航空站找個地方測試火箭，我跟市府說：「我們要在這裡發射火箭。」這太荒唐了，用膝蓋想也知道，這裡距離舊金山鬧區才二十分鐘車程，相當於火箭五秒鐘的射程，我們不可能在這裡發射火箭。但要是我換個說法：「是這樣的，如果我們只測試幾秒鐘呢？你知道的，我們會把火箭固定在地上，不會升空。」他們很可能會說：「那好，可以。」但

要是我進去只說要測試火箭，他們一定會說：「那太瘋狂了，不行。」

藝術的部分也是如此。我會走進去說：「我們聘請這位建築師，對這塊園區的願景是這樣，我們想要支持藝術家。」我不會提到火人祭，而是提藝術家：「我們有幾位全世界最頂尖的雕塑藝術家，他們想把一些作品放在這裡。我們想打造一個公共空間給他們，希望市府答應讓我們把不會用到的一部分空間用來支持他們，這塊空間我們會負責清理乾淨。喔，對了，我們還會用到那邊的足球場，我們會開一條路穿過足球場，設置一個入口，我們會做這些事。」

他們會說：「一條路？穿過我們的足球場？什麼？小孩子會在那邊踢球欸，你們不能這麼做。但是藝術家的部分沒問題，藝術家可以。」我這麼做算是要詐嗎？確實是，但是這麼做能不能促成好事？當然可以。

這些不是你們要找的機器人

2018 年 2 月，艾斯特拉已經到了不能再把火箭掩藏在獵戶座街圍籬內的地步，就像坎普說的，他們必須做火箭的靜態點火測試，將火箭固定在地上，同時讓火箭引擎燃燒。這種作業通常在沙漠或德州某個荒郊野外進行，因為會有大量火焰，還可能爆炸，不過艾斯特拉會在尼米茲航空站（Nimitz Air Field）進行，那裡距離艾斯特拉總部大約兩公里半，旁邊有「飛機庫一號」伏特加

蒸餾廠、一家健身房、幾家餐館。

　　你可以把那個航空站想成一個超大、超大的停車場，緊鄰阿拉米達東北邊的舊金山灣，以前是海軍執行各種任務的地方，但已經跟這座海軍基地其他地方一樣棄置多年，最近幾次使用都是一些怪異的一次性計畫，譬如《駭客任務》（The Matrix）就是在這裡拍攝，《流言終結者》（MythBusters）也來這裡做過一些實驗。我到過尼米茲基地兩次，去參加自駕車的實驗，被綁在一輛時速一百公里的機器裡面。

　　倫登和湯普森主導大部分的靜態點火測試，不意外，把行動發射座和火箭拖到停機坪本身就跟測試一樣，也是一種實驗，得花好幾個小時。大家都意識到，從這一刻開始，隱形太空公司隱形的日子就此結束了，雖然坎普希望這枚火箭噴出火焰的景象不會有太多人看到。

倫登： 我們正在進行最後的作業，把發射座就定位，準備首次在尼米茲把火箭吊到發射座上豎直。我們必須把一些東西拴緊固定，保持水平，清單上有待完成的工作很多。

　　我們的目標是進行靜態點火，點燃引擎，同時讓火箭留在原地不升空。不管會出現哪一種結果，都會很壯觀，可能有好結果，也可能有壞結果。

　　實驗有可能非常順利，五顆引擎都啟動，運轉五秒鐘。不過也有可能有一顆或更多顆引擎啟動不了，這時候我們大概會把其他已經啟動的引擎也關掉，全部停掉。

　　然後，另一個極端的情況是，電池可能出狀況，電池可能起火，燒到整枚火箭，發生大爆炸。

　　我們有心理準備明天可能出現的一個壯觀結果是，我們不必去阿拉斯加發射火箭 1 號了，因為沒有火箭 1 號。不過，呃……我還是寧願可以去阿拉斯加，所以我們就看看會發生什麼事。

　　靜態點火測試一連做了好幾天，才達到他們想要的結果。引擎有點燃兩秒鐘，卻造成火箭受損，火焰從地面反彈，連同大塊的瀝青和塵垢朝火箭飛濺。除此之外，兩顆引擎早早就熄火，自動安全系統隨之啟動，燃料洩出，而且被點燃，在箭身周圍產生更多火焰。為了在接下來的測試減少這些問題，工程師在引擎周圍放了一些阻燃材料，雖然這樣會讓火箭看起來有點像包尿布，但是這個策略有效，實驗因而得以繼續。

　　不過，很多員工擔心碎片和火焰可能已經上竄到火箭內部，對內部的線路和零組件造成損害。可是他們又急著要把火箭運往阿拉斯加，於是就開啟一場辯論，到底該繼續推進、寄望一切會好起來，還是該拆開火箭看看裡面的情況。「我認為重點在於我們要看多深，」一個工程師說，這不是在評估一枚大型炸彈是否完好時，任何人會想聽到的話。

　　有愈來愈多員工覺得把火箭運到阿拉斯加毫無意義。這枚火箭製造得太倉促，缺陷太多，應該留在阿拉米達繼續做為測試之用，另一方面同時開始打造第二枚火箭，並納入工程師們已經學到的經驗。可是坎普和倫登都想看火箭 1 號發射，他們的說法

是，發射過程本身也是寶貴的學習經驗，而且搞不好還真的會成功，誰知道呢？

2018 年 2 月，測試接近尾聲時，當地一個路況記者在尼米茲看到這枚火箭，當時他人在直升機上，要求飛行員飛到測試地點附近盤旋，好讓他搞清楚到底怎麼一回事。實在太誇張了，艾斯特拉都已經在尼米茲測試好幾天，當地人竟然都沒有注意到，一直到直升機出現才引起他們的注意。「我聽到直升機的聲音，往後一看，看到一輛超大卡車，上面有個超大飛彈，」附近一家露天啤酒館的員工告訴那位 ABC 新聞（ABC News）的記者。

艾斯特拉把發射座和火箭拖回工廠的時候，一輛 ABC 新聞車停了下來，一個記者和攝影師跳下車。[3] 坎普一面催促員工盡快把火箭推入工廠，一面走向這兩個新聞搭檔。他跟記者說，這個看起來像火箭的東西應該不是火箭，還說如果見報可能會危及一項重要的國家安全行動。「不要擺出律師的模樣嚇唬我，」記者回答。那天晚上，這枚火箭就登上當地新聞，ABC 新聞的網站也刊出報導，標題是：〈SKY7 直升機目擊隱形太空公司在阿拉米達測試火箭〉。

回到工廠後，艾斯特拉團隊擬定計畫，盡可能把火箭清理乾淨、用眼睛檢查燒黑的部分。「它現在經過歷練了，」菅泰爾一面說一面把溶劑塗抹在箭身。大家在笑那兩個新聞搭檔，還有坎普搞笑搬出的那句「這些不是你們要找的機器人」[4]。不過，大

3　當時我就站在坎普身旁，等不及想看看他怎麼應付這種情況。

4　譯注：引自《星際大戰》的著名臺詞。

家主要還是擔心阿拉米達居民會向市府投訴，因為他們有很多人現在知道艾斯特拉的存在了。坎普跟同仁說，他們有十天的時間清理火箭，十天後就要裝箱上船運往阿拉斯加。汎迅團隊元老賈德森把幾個人圍成一圈，像運動隊伍一樣把手放在中間，然後賈德森大喊：「清理隊一起數到三！一！二！三！」

　　午後變成傍晚，再變成夜晚，還在清理火箭的人大多已經連續工作二十一天沒有休息，我被這樣的幹勁嚇到。這場測試原本是要給他們信心的，沒想到適得其反，反而讓他們對這臺機器產生前所未有的懷疑，不過他們還是堅持下去，展現出他們面對新問題依舊有想出解決方法的能力。有兩個年輕人終於倦了，出聲抱怨，布羅克特大吼：「如果不想待在這裡就回家去，不要坐在這裡抱怨，我也不想在這裡。」

　　「接下來十天會很有意思，」賈德森說。

22

北國滋味

　　我在安克拉治（Anchorage，阿拉斯加最大城市）飛往科迪亞克的小飛機上，已經入座等待起飛，最後五名乘客上機，沿著走道走過來，很惹人矚目。這幾個都是肌肉男，看得出來在日曬房花了不少時間，個個都穿著緊貼肌肉的衣服，活脫脫是羅曼史小說主角大集合。其中一個是髮尖漂白的年輕金髮男，一個是金髮男飽經風霜後的樣子，還有一個戴耳環的黑人、一個綁馬尾的棕髮男子，還有一個黑髮男子看來是扮演搖滾樂手角色的人。我的腦袋瓜努力要找理由解釋，這幾個男子為什麼會在飛機上。

　　大約飛行三十分鐘後，飲料車經過，那幾個肌肉男點了一輪啤酒，坐在我身後幾排的一個鬍子男突然說：「喔喔喔……你們是脫衣舞男！」周圍乘客咯咯笑著點頭，彷彿大家共同解開了一個謎團。

　　基於至今仍未知的歷史緣由，每年3月，俄亥俄州辛辛那提一家脫衣舞酒吧會派幾個最好的舞男到阿拉斯加巡迴演出，這幾個小夥子就是在前往麥加酒吧（Mecca Bar）表演的路上，麥加酒

吧是科迪亞克小小鬧區三家相鄰酒吧之一。科迪亞克當地的娛樂不多，所以男男女女晚上都會到麥加看脫衣舞表演，飛機上的乘客幾乎每個人都很期待這一年一度的傳統。

降落科迪亞克後，我更加清楚這項脫衣舞男到府服務為什麼會讓當地人樂昏頭。這座島嶼在阿拉斯加南部，人口大約一萬四千人，面積九千三百平方公里，有阿拉斯加種種美景，但也非常、非常偏僻。如果你喜歡打獵、釣魚、探索大自然，那麼科迪亞克有很多活動可以參加，但是除了這些活動，就很抱歉了，所以你只能乖乖工作、喝酒，等到幾個曬成古銅色的二十五歲小夥子來城裡脫褲子時，再大肆狂歡。

就是因為這麼偏遠，科迪亞克才會成為合適的火箭發射場，美國政府也才會於 1998 年在這裡設立太平洋太空港。太空港位於科迪亞克的東南端，從這裡朝太平洋發射火箭就不會對很多人構成危險。

這座太空港並不是特別活躍的發射場，在艾斯特拉來這裡之前，二十年來只發射二十枚火箭，大多是一種軍方演習：從科迪亞克發射一枚飛彈飛越海洋，看看幾千公里外的瓜加林發射另一枚飛彈能不能把它攔截下來。2014 年軍方發射一枚實驗型武器，火箭出了問題，導致航道偏離，才飛行四秒就被安全官按下按鈕引爆，產生的大爆炸摧毀太空港一大半，從此科迪亞克再也沒有發射火箭，直到 2017 年軍方才進行兩次祕密任務。

科迪亞克人對這座太空港有更多期待，他們希望火箭以及火箭帶來的人能刺激當地經濟，如果有一部分火箭是出自民間企

業，而不全是政府製造，那就更好了。

到了 2018 年，這座太空港似乎終於迎來它的光輝時刻。很多火箭新創公司相中這座發射場，而且理由充分。美國幾個位於加州和佛州的主要發射中心都掌控在軍方、NASA 和 SpaceX 手中，他們的火箭有優先發射權，輪不到那些年輕、還不成氣候的公司。反觀科迪亞克有類似的基礎設施，經營者也比較願意盡力協助艾斯特拉這樣的公司邁出第一步，願意容忍這些新創公司的失誤和延宕。我造訪科迪亞克期間，至少就有三家火箭公司同時在參觀這座太空港，試著博取當地人的好感。

2018 年初那幾個月，艾斯特拉不斷把一小組一小組人員派到科迪亞克，開始他們的火箭發射作業。他們有些基本工作要做，譬如拜會太空港所有該見的人、為大批艾斯特拉員工找到住處，還有最重要的，他們最後還要去領取裝有火箭、任務控制中心和其他設備的貨櫃，再運到發射場。

太空港官員明確要求艾斯特拉，不要那麼快把火箭運到阿拉斯加，他們宣稱發射場的機密區域要升級改造，以進行最高機密的軍事作業，所以不希望艾斯特拉的人在那邊礙手礙腳。可是亞當‧倫登還是決定把火箭運過去，希望以這種強勢作為迫使事情前進。結果證明這是正確的決定。太空港員工已經習慣以政府的步調行事，其實他們還沒有替艾斯特拉要使用的設施進行灌漿作業，搬出「最高機密」嚇唬人只是為了爭取時間，艾斯特拉人員一現身，就讓他們高速動起來。

從科迪亞克開車到太空港要花九十分鐘左右，換句話說，在

2018 年 3 月，車子要穿過暴風雪、行經融雪泥濘的道路，還得不時停下來等候擋住去路的牛隻。沿途風景大多是廣大草原，一邊是山脈，一邊是拍打著海岸的阿拉斯加灣灰色海水。終於，太空港的入口出現在眼前，大門敞開，門內就是占地十五平方公里的土地，以及專門用來將火箭送進軌道的設施。

　　這座太空港有七棟主要建築物，以中間一條道路相連。北邊是任務控制設施，往南幾公里是主要發射臺以及兩棟大建築物，讓客戶能在建築物的掩護下進行火箭和衛星的發射作業。

　　艾斯特拉帶著新創公司初生之犢的精神闖入太空港，一進來就把自己的火箭放進最大一棟有屋頂的建築物，還把行動任務控制中心安裝在只離太空港任務控制中心幾百公尺的地方。這兩個設施的對比很有趣。太空港的官員、工程師、技術人員是在一個體面、沒有生氣、滿滿官僚氣息的長形空間裡面工作；艾斯特拉的員工則是在有浮誇裝飾的黑色貨櫃裡工作。下層貨櫃內鋪了仿木地板，四周擺放宜家家居風格的仿木辦公桌，有九個工作臺，每個工作臺都有兩個螢幕，牆上高高掛著八臺大型電視螢幕，螢幕畫面是從各個角度拍攝的火箭影像，還有氣象和火箭狀況的訊息，牆壁其他每一寸空間則是白板。貨櫃大門旁有個玄關，放了一些必需品，像是巧克力餅乾、用剩的乙太網路線、一把雪鏟。

　　有個金屬樓梯可以通往上層的另一個貨櫃（下層貨櫃是任務控制室），那是休息、觀看火箭發射的地方，裡面有一組白色皮沙發、幾個蛋形白色皮椅、一張白色桌子、一臺白色冰箱、白色

櫃子，以及白板牆，彷彿賈伯斯來到阿拉斯加荒野，蓋了一間讓他有安全感的全白房間。

艾斯特拉的員工很少在樓上休息室逗留。他們偶爾會上來一下子，拿杯咖啡或抓些點心，喘口氣，望向玻璃門外的美景，多數時候都是在樓下任務控制室的辦公桌前，控制室也因為塞了這麼多人和電子設備而悶熱起來。

沒有在任務控制室的人，則是在大型飛機庫裡面弄火箭。那裡基本上就是個寬敞的車庫，天花板有十五公尺高，上面掛著一臺吊臂。火箭平躺在建築物側邊的發射座上，為了診斷火箭的狀況，工程師已經把幾條電纜連接到火箭上，管道則是從火箭延伸到室外的燃料站。飛機庫沒有隔熱設備，寒氣逼人，大家都穿著大外套走來走去工作，呼出的空氣成了朵朵白煙。

傍晚時分，艾斯特拉的團隊會前往他們在幾公里外承租的飯店。太空港建成後，一個有創業精神的當地人就用駁船把這棟有六十間房的組合屋運過來，想從火箭發射期間需要留宿幾個禮拜的人那裡賺些錢。但是這座太空港幾十年下來並沒有那麼多火箭發射，所以這筆賭注還沒回收。

這棟科迪亞克狹角飯店（Kodiak Narrow Cape Lodge）有其迷人之處。它是一棟房間很多的兩層樓建築，就位於海角邊，二樓的豪華主臥室有大窗戶，一面是海景，另一面是農場和山脈，偶爾還能看到遠處的鯨魚噴水游過。這間房放了幾張木頭桌子可供家庭式聚會，還有一張乒乓球桌、一張撞球桌，電視機前面有兩張沙發，牆上裝飾著幾個動物頭骨，還有曾在這裡住過的房客照片隨

意掛在牆上。

其他房間就沒那麼精采了，空間小、簡樸，讓人想起廉價飯店或宿舍。餐廳也是公家機關味多過鄉村味，有兩張大桌子，還有一個自助餐檯，由一對廚師負責供應三餐。

艾斯特拉整個精神是用超快速度造出火箭，再以愈少愈好的人手發射，幾乎完全摒棄老太空那套「測試測試再測試」的做法，因為那是老太空，而他們是新太空。但是，隨著這趟阿拉斯加歷險繼續，他們這套信念也要付出代價。

因為趕著把火箭運到阿拉斯加，艾斯特拉的工程師其實並沒有機會好好完成火箭的製造工作。這很糟糕，其實是非常糟糕，坎普也曾被警告說，這麼做可能會帶來很大的痛苦和嚴重的後果。儘管如此，這場秀還是繼續。

火箭內部的零件測試還沒有全部通過、大部分軟體也還沒完成，就裝箱送出去，艾斯特拉裡一小撮人已經替這個不完整的火箭收拾善後兩週了，每天長時間耗費在機庫調整火箭內部。他們開始給科迪亞克卸貨碼頭的人送酒，希望他們訂的零件能快點送到太空港。為了規避工時已違反勞工健康安全規定，他們還想出方法瞞騙太空港官員。

做不完的測試

整個 3 月份，艾斯特拉不斷把人派到阿拉斯加處理不斷冒出來的問題，到 3 月中已經有二十幾個人。倫登和湯普森在那裡，

還有壞脾氣的布羅克特和火箭狂賈德森，另外還有 SpaceX 老將羅傑‧卡爾森（Roger Carlson），以及來替火箭寫軟體的柯文夏普。

　　柯文夏普成長於加拿大多倫多，在女王大學（Queen's University）拿到天體物理學學位，後來在沃登的鼓勵之下，到美國海軍研究所（Naval Postgraduate School）拿了個電腦碩士。在艾姆斯研究中心時期，她協助坎普推動開放原始碼雲端運算，還負責籌辦一年一次的大型太空狂歡活動。進入艾斯特拉之前，她主要在建立整個灣區和海外的共居生活網路，她的先生辛格勒則是跟馬修去創建行星實驗室。

　　坎普把柯文夏普帶進艾斯特拉，是希望她能把寫程式的專長應用在火箭上。一開始她的工作是建立一套能提取火箭數據的系統，以便檢查火箭的整體情況與性能，做了幾個月後，她轉移到航空電子團隊，幫忙做火箭導航系統。來到阿拉斯加後，她發現自己一直處於壓力之下，時不時就得倉促寫出重要的軟體。

　　原本是想以跑百米的速度把火箭發射到太空，結果卻成為一場在荒郊野外沒完沒了的實驗。一直到 3 月 26 日，星期一，才有一個確定的發射計畫：星期一和星期二做測試；星期三休息，讓待在阿拉米達的團隊可以開發軟體，好跟上進度；星期四繼續做更多測試；星期五空下來備用；星期六進行正式的發射演練；星期天把全部再檢查一遍；星期一，4 月 2 日，發射。

　　這枚火箭狀況之糟糕，甚至引起很多驚恐。太空港的人被 2014 年的爆炸嚇到，不想再來一次，他們有些人認為艾斯特拉很外行，會在工程師後面提心吊膽盯著他們修理火箭，問一些不

必要又討人厭的問題。太空港的人想成為新太空運動的一部分，也想分到新太空運動帶來的金錢，卻又無法揚棄一些傳統做法。「他們想用他們用了五十年的方法來發射火箭，」布羅克特說，「他們已經把我當成白痴。」在發射火箭前一週某一刻，布羅克特公開起義，在推特上發文：「我現在完完全全相信，小型商業火箭公司想在美國現有的發射場發射火箭，都是錯誤的。」不過，剛好看到這段貼文的太空港員工或國防部官員並不是很認同他的看法。

　　一天拖過一天、一週拖過一週，眼看火箭發射預算不斷增加，坎普又驚又怕。他們必須付錢給任務控制安全專家，這些專家是太空港要求聘請的，還必須把專家請到阿拉斯加待到火箭就緒可以發射，光是每天付給他們的服務費就要好幾萬美元。還有，他們承租的飯店老闆已經習慣有上百人入住幾週，也習慣向政府包商收取高價，而艾斯特拉的人數比較少，所以老闆收取更高費用來彌補差額——有人說一個人一晚要兩百七十美元。至於液態氧和氦氣運到科迪亞克的費用，太空港要收取五萬美元，於是卡爾森不得不轉向德州一個供應商老朋友討人情幫忙，對方確實可以用比較便宜的價格運過來，但是也沒有便宜到哪裡去。再來就是為了派某個有特殊技能的人，或送某個特殊工具而往返科迪亞克的機票錢。

　　第一次大型發射嘗試都還沒開始，就已經有幾個人要放棄了。他們已經在阿拉斯加待了大約六個禮拜。週間休息日這天，有幾個人進城去麥加酒吧和旁邊的酒吧買醉，布羅克特和另外

兩個人買了獵槍到海邊玩飛靶射擊（布羅克特是神射手）；早在
OpenStack 時期就跟坎普共事過的科技奇才伊薩克‧凱利（Issac
Kelly），跑去按摩；卡爾森則是跳進冷冰冰的海水游泳，接著玩
他的無人機。

　　其他許多人則是留在飯店繼續工作。就像大多數日子一
樣，他們的話題始終繞著航太打轉，不是因為他們就快要發射火
箭，而是因為他們對航太的痴迷。就譬如說，他們會抱怨工時太
長、會哀嘆他們的火箭難搞，卻又忍不住一面吃晚餐一面討論殖
民火星的方法，或是邊喝啤酒邊交換在藍色起源或 SpaceX 的作
戰故事。從這些談話看來，就連真正的信徒、真正的太空迷，也
不知道他們製造的火箭能不能創造合理的經濟價值。根據他們的
估算，只有把火箭的製造與發射成本壓到三十萬美元才能取得有
意義的利潤，可是他們並不覺得能把成本壓到那麼低。雖然如
此，他們還是一致同意繼續前進。

　　日子一天天過去，到了 4 月 2 日這一天，艾斯特拉還是沒
辦法發射火箭。整個團隊在那一整個禮拜做的事可以用「發射表
演」來形容。每天早上，八到十個人出現在任務控制室，五、六
個人去機庫，其他人則是留在飯店。每天一開始都充滿希望，期
待每件事突然全沒問題，然後大家各司其職，彷彿這枚火箭只要
簡單修一下就能發射升空似的。可惜天總是不從人願，隨著引擎
測試、管道測試、通訊測試開始進行，總會有新的問題冒出來，
然後又開始新一輪的檢修工作。

　　高大、頂上無毛的卡爾森有衝浪人的沉著，參與過韋伯太

空望遠鏡（James Webb Space Telescope）、SpaceX 飛龍（Dragon）太空艙等大型太空計畫，他在艾斯特拉是經驗豐富、備受信賴的老手角色，負責帶領每天的日常作業，所有問題都要經過他，由他來處理。他從來不發怒，這點要給他肯定。別人向他說明當天又冒出什麼新災難的時候，他會點點頭，消化這些訊息，然後深深吸一口氣，放鬆肩膀，彷彿用身體在吸納工程師的惱怒，然後再吐出解決計畫。

如果情況真的很糟，就會上達倫登那裡。他會仔細聽取問題，久久不發一語，久到讓人不安，然後再提出可能的解方。幾乎整個團隊都很敬重倫登這個人和他的聰明才智。在他長長的沉默當下，我會想像他的腦袋在一寸一寸思索整個火箭，他似乎常常陷入一種書呆子的出神狀態，想跟火箭融為一體。

布羅克特也是贏得敬重的人，不管是在發射臺還是在任務控制室工作的人，都對他尊敬有加。他待過好幾家火箭新創公司，對新太空那套「常常發射、修補問題、快速重返發射臺」的模式最有經驗。「不管布羅克特要我做什麼，我都願意去做，」一位工程師說，「就算他叫我脫下褲子對火箭做不雅的動作，我也會照做，因為一定是重要的事。」

準備好不同的對外溝通計畫

一路觀察艾斯特拉團隊，我發現，火箭發射前的準備階段既不令人興奮，也不愉快，更像是沉悶的苦差事，再加上遠在荒

郊野外以及飯店生活的不舒服，這樣的苦差事就顯得更苦悶了。

　　飯店沒有電網，靠發電機發電，燃料由屋外一個大型燃料箱供應，所以在發射場忙了一整天回來後，會被持續不斷的嗡鳴聲糾纏不休。那臺一開始是福音的霜淇淋機器，也變成不折不扣的惡魔，因為它的嗡鳴聲更大，每次用餐談話都會被干擾。就連外面的無敵美景也在搞背叛，有一晚艾斯特拉員工外出散步放鬆，卻剛好看到一具鯨魚腐屍正被老鷹撕扯得四分五裂，這番景象雖然難忘，但是屍骨的惡臭、從脊椎滲出的黏稠液體卻也提醒著生命無常。整個來說，這棟飯店有個緊張兮兮的老闆、房間大多空蕩無人，像極了電影《鬼店》（*The Shining*）。

　　4 月 3 日，艾斯特拉人員在發射場那間全白休息室開了一場會議，外頭寒冷依舊，但是小小空間塞了這麼多人，室內溫度馬上竄升。卡爾森報告說他們解決引擎點火器的一個問題，通訊系統的問題也處理好，太空港的裝置已經可以跟火箭溝通並追蹤火箭。可是，現在有另一個問題出現，有個在飛行中調整引擎位置的穩定器開始故障，反應速度比另外四具引擎的穩定器還要慢，恐怕會導致火箭偏離航道，因為那個穩定器無法及時對「改變位置」的指令做出反應。沒有人想把它拆下來調整，因為會耗掉更多天，所以艾斯特拉開始跑幾千次軟體模擬，想看看帶著一個跛腳穩定器發射的火箭可能出現的狀況。

　　艾斯特拉沒有人認為這枚有缺陷的火箭能以幾分鐘抵達低軌道，但是他們（尤其是坎普）希望至少不要差太遠。過去幾個禮拜的困難已經讓他們降低期待。那場會議上，大家甚至公開談

到飛行三十五秒就算成功，三十五秒就能提供足夠的數據，可供下一次發射做調整，也能讓大家覺得自己的辛苦與瘋狂是值得的。再說，只要超過三十五秒，就代表火箭飛離陸地，進入海面上空，所以不會有人目睹火箭墜毀陸地，也不必事後去撿拾碎片。一位工程師宣布這場發射正式進入 FIFI 階段：Fuck it, fly it.（管他的，發射吧！）。

　　他們繼續討論作業程序，湯普森責備起在火箭機庫工作的工程師，說他們有兩次沒有回應對講機，當時火箭已經豎直在發射臺上做測試。「我們已經上發射臺的時候，一定要有人保持通話狀態，」湯普森說，「這件事沒有他媽的藉口可說，把電話給我拿起來就是了，只要聽到有誰在找誰，回答就是了，沒有他媽的那麼難。謝謝。」賈西亞（大部分的導航系統由他負責）也出聲抱怨，因為穩定器的軟體模擬都是他在做，這些計算花他很長時間。「抱歉，增加你的工作，」布羅克特說。

　　那晚回到飯店，他們把兩張大木桌拼在一起，又開了一次會。桌上放著滿滿的啤酒，還有尊美醇（Jameson）和巴特波本（Bulleit bourbon）兩瓶威士忌。在這個火箭科學家面對現實的時刻，倫登花了十分鐘才把一瓶軟木塞斷掉的葡萄酒打開。卡爾森說明隔天要做的火箭發射預演非常真實，會有一架直升機把海面掃過一遍，假裝確定沒有船隻在航道上，太空港大門會出現更多警衛，假裝進行安全檢查。艾斯特拉的員工一早就要各就各位，開始進行假想的火箭發射。

　　卡爾森解釋說，模擬火箭發射的過程中，任務控制室會有

人不定期把手伸到裝著紙片的帽子裡，抽出一張寫有問題的紙片，可能是氦氣不見了或電壓讀數不合理等等，團隊成員就得把問題解決，同時一面計時。全程會有一個聯邦航空總署的官員坐在任務控制室內，監看艾斯特拉的表現。

「我不是在開玩笑，」卡爾森說，「從現在開始都會有一個聯邦航空總署的觀察員在場，你們必須嚴肅看待火箭發射預演。其中一個程序會是，如果火箭離開發射臺三秒就爆炸，這時應該怎麼做？可不是『大家快跑』，而是把數據保存下來，做為日後參考的有用紀錄。」

接著是布羅克特發言，他會負責任務控制中心的通訊工作。「只要有什麼危險發生，就大聲喊出來。不管是誰，隨時都能大喊。即使有聯邦航空總署和太空港的人在，即使他們偶爾跟我理念分歧，我們大致上還是要用我們的方式，因為這是我們的火箭。就算已經倒數到最後一秒，你還是有最後一次大喊『不要發射！』的機會。最好是用英語喊。」

預演當天，米爾頓・基特（Milton Keeter）對著任務控制室的所有人講了一小段話，再次提醒這次行動的利害關係。基特是一頭白髮的紳士，他在火箭業打滾十年，專長是確保安全發射火箭，過去這一年他一直是艾斯特拉、聯邦航空總署、太空港之間的聯繫人，為了取得火箭發射許可，經手的文書不知凡幾。他大多數時間都很友善隨和，但是該強硬的時候可一點也不軟弱，譬如艾斯特拉的同事太高傲自大的時候、譬如官僚太食古不化的時候。「我們已經到了嚴肅看待我們工作的階段，」他說，「我知道

這很無趣、很難，但是很重要。只要聯邦航空總署看到不喜歡的地方，他們就可以撤銷我們的許可，我們就不能發射火箭了。」

預演一開始就讓人聯想到「龍與地下城」桌遊，基特扮演地下城主，他把手伸進帽子，拿出大家必須處理的假想災難情況（相當於遊戲裡的怪獸）。一開始是小問題，漸漸演變成終極災難：飛航電腦或通訊系統出問題，沒有人知道火箭的位置，你試圖用飛行終止系統停掉火箭，但是也沒用，這等於是閉著眼睛在飛，死定了。幾秒鐘過去，你聽到爆炸聲，火箭爆炸了，任務失敗。卡爾森和基特，請到太空港報到挨罵，其他人留在原地不要動，太空港正在關閉基地臺和網路連線，阻斷你們的對外聯絡。馬上會有人到這裡蒐集目擊證詞，要是出現人命傷亡，誰都別想離開。

整個演練和最後的假想慘況歷時六小時左右，結束後，艾斯特拉團隊又投入明天的火箭發射準備。他們又花了幾個小時把系統檢查一遍，有出現幾個問題，但是看來已經沒有什麼東西能阻止火箭發射，他們決定放手一試。

那天晚上回到飯店，卡爾森、湯普森和另外兩人跟坎普開了場視訊會議。坎普正在中東等地四處奔波，替艾斯特拉籌錢，他明確表示，他厭倦了一直等火箭發射。他還強調艾斯特拉的火箭發射機會很快就會關上，太空港的人有幾個是包商，代表政府在各個發射場之間奔波，兩天後他們就要前往火箭實驗室在紐西蘭的發射場；一旦離開，艾斯特拉就得等好幾個禮拜才能發射，這樣很傷，不只會造成進度延宕和成本增加，更何況火箭實驗室

是競爭對手，等於是搶在艾斯特拉面前發射火箭。貝克八成是一面想著這幅情景一面流口水，才會把即將進行的發射取名為「營業中」。

「今天是我們啟程的第一天，想做的都做到了，甚至做更多，」卡爾森說，「要是今天真的發射火箭看看，也許會成功。有些能做的改變是會有幫助，但也讓人膽戰心驚。」

「火箭沒有哪個部分是不讓人膽戰心驚的，」湯普森說。

「太空港已經派兩個人去火箭實驗室那邊了，」卡爾森說，「他們說，如果我們能發射火箭的話，他們會等我們到週末。他們說：『你看，你們一直在除錯，沒完沒了，你們遲早得停止對這個病患做 CPR 的，』這是他們對我們的看法，不過我想我們這兩天已經度過那個階段。」

「這個火箭完美嗎？不，」湯普森說，「能飛嗎？能，需要有一連串奇蹟才行，但是我覺得整體來說我們的狀況挺好。我必須讚揚這裡的每一個人，是大家把情況撐住了。」

「大家都累壞了，有點在硬撐，」基特補充說，「這樣的步調持續不了幾天。不只是聯邦航空總署在看我們，其他人也在看，聯邦航空總署對布羅克特和他的髒話、不專業有些顧慮。」

「好，所以聽起來星期六是最後可行的機會，」坎普說，「我們星期五會有很多投資人開電話會議，其中四、五個投資人很感興趣，迫不及待想過來參加發射。要是能在星期五發射就更好了，我就能跟他們說：『不好意思，我們提早發射了，』這樣說就有意思了，他們要是看到我們在火箭實驗室進行下次發射之前

就完成發射，一定可以大大拉抬我們的地位。」[1]

「我已經根據不同的結果準備好不同的對外溝通計畫，」坎普繼續說，「如果出問題，我們有危機處理計畫，我會表達對於受影響人員的關切與慰問，還會強調我們正在跟當局一起努力。我們不會找個代罪羔羊去受死，不會切割，會一起承擔責任。」

「現在看得很清楚，在科迪亞克的作業很有挑戰性，成本也很高，我很高興各位去找其他發射場。我們要盡可能學到經驗，等到三、四個月後再試一次時就會做得更好。祝各位好運，我們來把這傢伙送上天吧！」

星期四，4月5日一到，艾斯特拉的工程師再次進行發射準備，檢查各個系統。原來的規畫一夕生變，他們收到最新的氣象預報，發現星期六可能大風大雨，完全無法發射，這下只能指望星期五了。

幾個星期下來，在阿拉斯加的運作模式都一樣：大家早上開完會充滿樂觀，前一天阻礙進度的問題已經有了對策，有信心能順利完成，火箭能做好發射準備。可是，這一天才剛開始沒多久，其他問題就冒出來，一整天的計畫幾乎馬上就泡湯。「這讓我想起隨著 SpaceX 在瓜加林的日子，」卡爾森說，「前進兩步，後退十步。」

1　在艾斯特拉早期，坎普就夢想過把一群潛在的投資人帶到阿拉斯加，坐進那間全白休息室，然後在火箭發射倒數開始的時候，開始拍賣競標。他希望把發射的興奮和壓力營造成一種狂熱氣圍，讓投資人爭相競標，直到火箭升空。如今艾斯特拉一延再延，看來他當初的夢想沒有成真是好事。

這整個過程已經變成一種「問題愈解決愈多」的日常儀式，被技術與物理學耍著玩。雖然每次只有一個大問題，但是所有問題加起來，更像是一齣連環錯誤的荒謬戲劇，每當工程師調整一個地方，就會把其他地方弄壞。

儘管如此，艾斯特拉的員工還是專注不懈地解決問題，還是每天早起帶著目標和信念努力工作。每個人都已經對火箭有深入了解，對火箭每個小地方、縫隙、習性瞭如指掌，就好像一件他們研究多年的藝術品，憑記憶就能再現。面對持續不斷的挑戰，這支團隊團結一心，不屈不撓地追求火箭發射的機會。

對火箭發射很滿意

隨著期限快速逼近，工程師和技術人員開始求神拜佛，不放過任何可以討價還價的機會。整個情況幾乎讓人窒息，有時間滴答流逝的壓力，有火箭發射的壓力，有坎普的野心，還有倫登想跟偶像一樣成為火箭人的強烈渴望。無奈火箭對聲聲呼喚無動於衷，拒不配合，就是不準時發射，艾斯特拉只好放棄，眼睜睜看著太空港其餘人員收拾東西，前往紐西蘭趕赴與貝克的約會。

火箭發射一喊暫停，艾斯特拉幾位工程師也趕赴機場，他們已經受夠待在阿拉斯加跟這臺頑固機器打交道的日子。坎普終於要大家休息返家；艾斯特拉很快就會重整旗鼓再試一次。

接下來兩個月，艾斯特拉做了早該做的事。軟體工程師終於有時間好好把程式碼寫完，而不是每晚匆匆發送更新。已經有

一組工程師先回到阿拉斯加，火箭內部最麻煩的零件也移除更換。到了 6 月，再次出現發射火箭的機會，一小群員工飛往阿拉斯加幫忙。

7 月 20 日，艾斯特拉終於有機會看看這枚火箭的能耐了。這臺機器前幾個禮拜還是跟過去一樣讓人頭疼，但是最近幾次測試開始比較能捉摸。員工現在對他們的火箭很滿意，雖然無法百分之百確定它會有什麼表現，但是這次有理由相信它一定會有所動作。

發射場煙霧瀰漫，艾斯特拉團隊在任務控制中心把冗長的流程走完。現在的他們已經被制約，以為電腦必然會跳出終止指令，結果從頭到尾都沒有。一聲「Go」接著一聲，此起彼落，然後突然間，火箭所有引擎噴出火焰，這個不動如山的物體在動了，而且動得很快。

有些人震驚到搞不清楚怎麼一回事，火箭真的發射出去了，這不合理！其他人則是專注到出神，好像正從身心靈發射出鼓勵光束，直往火箭心臟去。在那輝煌的三十秒，他們的渴望似乎起了作用，火箭升起，開始高飛。

歡呼聲先從阿拉米達響起，那裡的員工是透過視訊觀看，接著阿拉斯加也響起，因為忙碌的工作人員找到空檔慶祝。然後，突然，興奮戛然而止。火箭並不是像出現小問題那樣搖搖晃晃慢慢偏離航道，而是開始直線下墜，如同最壞的假想情況一般，直接朝發射臺墜落。反轉向下幾秒鐘後，火箭撞到地面爆炸，碎片四散飛濺。艾斯特拉把自己的發射臺炸毀了。

　　這次發射很慘，原因有幾個。火箭的飛行時間太短，無法給艾斯特拉什麼有用的數據。太空港的官員也沒有什麼好話；這次發射是發射場首次有民營公司發射，原本是期待能就此開啟蒸蒸日上的生意，結果卻得再次處理火箭在設施內爆炸的善後工作。而已經在科迪亞克待了幾個月的艾斯特拉工程師，則得走到發射臺下面用手撿拾火箭碎片。

　　令人驚訝的是，艾斯特拉竟然對這次發射和爆炸保密到家。科迪亞克當地人知道有火箭發射，但是沒看到火箭升到濃霧之上。一位報導此事的當地記者寫說這次試射的結果「不得而知」，另一位太空業界媒體記者則是寫：「除了知道火箭 1 號有發射之外，接下來到底發生什麼事，似乎沒有人知道。」

　　過了一天左右，幾個官員不得不首次出面承認這枚火箭的存在，並且做點說明。聯邦航空總署發布聲明說有「事故」發生，科迪亞克發射場的負責人跟記者說艾斯特拉對發射「很滿意」，就只說了這些。坎普則什麼都沒說。

23

火箭2號

　　理想情況下，艾斯特拉會從火箭 1 號取得大量數據，再根據這些資料進行一系列工程上的調整，可是阿拉米達那邊的情況一點也不理想，第一枚火箭的問題太多，多到無從得知是什麼原因導致它這麼快就熄火。

　　坎普不斷告訴投資人和來訪艾斯特拉的人說，這次火箭發射是成功的。他倒是沒有說火箭有飛進軌道或接近軌道之類的，但是想方設法替這次發射和火箭品質擦脂抹粉。你可以說，這純粹是他無可救藥的樂觀本性使然，你也可以說，他很顯然是想留住員工和旁觀者的信任。

　　南半球紐西蘭的火箭實驗室一直是艾斯特拉的壓力，火箭實驗室的電子號很漂亮，已經發射兩次，兩次都順利進入軌道。不少觀察航太產業的人在想，這個市場究竟能不能養活一家小型火箭商都是個問題了，更何況有兩家、三家、四家。火箭實驗室有工程設計十分完美的載具，艾斯特拉則是有一臺會把太平洋太空港炸掉一大塊的拼湊機器。不過對艾斯特拉的好消息是，火箭

實驗室在 2018 年中碰到問題，為了找出問題零件不得不延後發射；如果艾斯特拉的動作夠快，或許能迎頭趕上。

　　從阿拉斯加回來後，艾斯特拉團隊盡可能重新努力。他們的第一枚火箭有缺陷，但是沒有時間大改設計，工程師只能盡最大努力簡化一些線路，並且讓容易出問題的部分更容易摸到碰到，方便檢修，譬如電池和導航裝置；火箭點火器在阿拉斯加常常故障，大家也努力尋找背後的原因。軟體工程師團隊則是很感謝終於有較多時間改進程式碼，也拿到火箭上測試。

　　火箭實驗室已經宣布 11 月要再次發射，坎普想趕在對手之前上發射臺，所以艾斯特拉 9 月就開始派人回阿拉斯加，這次為了省錢，他們住在租來的房子，不住飯店。上次飽受困擾的問題幾乎從一開始就再度出現，一組核心員工努力讓火箭 2 號運轉起來，不知不覺，9 月就這樣悄悄滑進 10 月。

　　每天早上，這批員工開車到太平洋太空港，開始一天漫長的工作。卡爾森（發射副總）和基特（負責安全、火箭發射許可、火箭發射作業的主管）是常常混在一起的夥伴，兩人常在一輛卡車裡討論火箭、爆炸，以及整個太空產業。

　　那年在阿拉斯加待了大半時間的核心成員還有龐克搖滾電工吉斯，以及從小就在博納維爾鹽灘（Bonneville Salt Flats）玩賽車的年輕技工凱文・樂菲佛斯（Kevin LeFevers）。他們兩個常常跟凱利在一起，凱利是軟體與科技系統專家，加入艾斯特拉之前曾在坎普的雲端運算新創公司「星雲」工作。另外兩個重要成員是克力思・霍夫曼（Chris Hofmann）和馬休・弗拉納根（Matthew

Flanagan）。霍夫曼來艾斯特拉之前是在 SpaceX 做獵鷹九號上節的引擎；弗拉納根是工程師，艾斯特拉的引擎測試臺、行動發射座、火箭本身有一堆工作都是他做的。

以上這幾個人都被火箭 1 號折磨過，正在了解火箭 2 號的癖好。他們從貨櫃運抵阿拉斯加那一刻就在那裡待命，一直待到火箭 1 號墜毀，現在又要重來一遍。透過他們的眼睛，可以一窺艾斯特拉團隊在阿拉斯加的生活，以及他們努力讓火箭升空的日常工作。

凱利：我們第一次到阿拉斯加的時候是 2 月中旬，在那裡領取貨櫃的人只有我、吉斯、一個叫弗拉納根的人，還有基特。有很多人擔心太空港的人會覺得我們是粗人，對啦……也沒有很多人啦，不過基特很擔心是確定的。

當時在下雪，氣溫只有攝氏零下八度，我們都在戶外工作，因為室內的工作空間還沒有蓋好，工作一、兩個小時就得進室內坐下來喝杯茶，讓手指再次能動起來。你大老遠來到這裡，聽到大家都在說上個禮拜時速三百二十公里的風把貨櫃吹倒的故事，然後你還是得在戶外開堆高機把貨櫃搬上卡車。這是一份非常耗體力的工地工作。

吉斯超驚訝這裡的酒吧能抽菸，一開始他就像走進糖果店的小孩子，樂得很，後來連他都去膩了。

吉斯：當時有我、基特、凱利、弗拉納根，有很多是勞力活，也

有插上插頭接通電源這種工作。你會看到基特開著堆高機搬一個超大鋼梯，凱利在對齊螺栓孔，還有人拿著鐵撬要把東西撬開，因為加州那邊用一種奇怪的黑色密封膠把貨櫃封起來。他們用超多密封膠的，八成是看到哪裡有隙縫就倒進去，以為這樣就管用。

發射場有個人一直跟我們說大東西也要焊接起來，我說：「為什麼？這個東西有兩噸重欸。他說：「等時速一百一十公里的風吹起來你就知道，這些貨櫃會被吹到街上，我有看過，到時你們就會抱怨怎麼沒有焊起來。」

凱利是救星，因為他把電玩遊戲帶來了。我們還有全套的《地球脈動》（Planet Earth）紀錄片。那邊氣溫低、白晝短，所以我們太陽一升起就出門，日落前回來，才不會摸黑開車，這是基特決定的，我很感謝。大家對那邊的路都不熟，還會碰到具有阿拉斯加特色的塞車，成群動物擋在路上。

那邊有禿鷹，就像我們有鴿子一樣稀鬆平常，看起來很威嚴，等到你看到牠們從垃圾桶挖出大麥克漢堡，你才知道牠們是會翻垃圾桶的動物。

樂菲佛斯：我們第一次去的時候，到處都覺得很漂亮，拍了很多照片、自拍照。我以前去過阿拉斯加，但是沒去過阿拉斯加的外島。接著工作開始，起初還很好玩。

到了第二個禮拜就開始有點扯了，一天工作十二到十四個小時，有時候還更長，不停做啊做。我們在科迪亞克唯一去過的地

方就是發射場，這樣的日子過兩個月就變得很難熬，有好多次我都覺得我們不可能成功。

凱利：在科迪亞克沒別的事可做，但是很酷，我們把所有東西都弄起來了，然後過了好久，我才終於真的按下按鈕，發射火箭。

　　火箭一發射，我們高興了二十秒。然後，才從任務控制中心的壓力放鬆沒幾秒就發現：「啊！掉下來了。」

　　我們看不到火箭，但是看得到遙測數據，數據在往上，班・布羅克特在喊加速度的數據，接著數據停止不動，然後又開始加速，這表示火箭在往下掉，布羅克特是第一個注意到的人。

　　火箭撞到地面的時候，從任務控制中心就聽得到聲音，也感受得到撞擊的力道，距離控制中心只有一公里半左右。有兩聲巨響，先是速度突破音障的聲音，然後才是撞擊地面的聲音，布羅克特就說：「我們撞到地球了，基特，接下來交給你囉！」我笑了出來。

樂菲佛斯：我們前後大概試了六次左右，每次我們都要先走開清空周圍，如果火箭無法發射就再回去，進到火箭裡修這個、修那個。沒想到有一次竟然發射出去，大家都嚇呆了，因為我們早就習慣聽到「好吧，我們再回去那裡，進去裡面把所有東西關掉」，這次有點不同。

　　它升起來了，一發射出去的當下，我什麼都無所謂了，光是能離開發射臺就讓我興奮到不行，當下我心裡想的是：「很好，

我滿足了。」我只希望它能離開發射臺。就這樣，我從一開始對這枚火箭的目標就只是這樣。

我跟夥伴跑到外頭，像嬰兒一樣又笑又哭，超開心，然後就聽到一種咻咻聲。當時霧很大，很難辨識聲音是哪裡來的，我們看不到，只能用聽的，「他媽的火箭到底在哪？我們都要死了嗎？到底怎麼了？」

接著火箭撞到地上，你聽到轟的一聲，夥伴說：「啊，爆炸了！」我說：「讚，真的爆炸了。」爆炸得好，終於能扔掉了，是該換第二個了。

凱利：第二天，太空港的人流露出一種感同身受的友愛。他們以前經歷過大爆炸，花了好久時間撿碎片，那些前輩說：「你們太慘了。」

看到阿拉米達的人在那邊歡呼大叫開香檳什麼的，真的很怪，因為我們在阿拉斯加的人不到二十分鐘就回到工作崗位。而且我們才六個人左右，就我們六個在發射火箭、撿碎片，這是非常奇怪、孤單的經驗。當然沒有欣喜若狂的感覺，我們不覺得有達到我們要的目標。

樂菲佛斯：我們走回那裡，火箭已經碎成滿地。我們得把電池全部找到，這個有全部找到；還要找氦氣罐，這個有找到一罐，另一罐只找到一部分。我們還得關閉所有推進劑罐和所有東西，這個部分很危險。我走第一個，因為我沒有家人什麼的，我一副好

像無所謂的樣子，但其實有點害怕。氫氣從發射臺旁邊的罐子噴灑出來，跟戰場一樣，到處都是嘶嘶聲。

看到它裂成碎片才好，我一點都不想看到它整個好好的。我們不想再把它裝進貨櫃運回家，我寧願看到它變成一堆碎片，也不想看到它繼續在工作區或隔壁什麼的地方，我每天看到它都會想：「可惡，你這個蠢東西，我恨你。」

我第一個離開那裡，心想發射場的人一定很火大，結果他們其實沒說什麼，只說：「你們厲害哦！」我們當時很興奮，所以他們也不想潑我們冷水。

凱利：我們花了長得要命的時間才上發射臺，我都快崩潰了，有好多次都想辭職不幹。事實是，這枚火箭根本就還沒完成，根本就是運了一枚不能發射的火箭過來，我們在阿拉斯加花了十二個禮拜嘗試發射三次，這原本應該三個小時就搞定的。

樂菲佛斯：整體來說，其實是很不錯的，真的很讚。人生中有一些很酷的事可以做，但是發射火箭大概是其中最酷的事，尤其是跟小團隊、一小群人一起做，也跟他們一起慶祝。

你知道嗎？發射結束後，我從阿拉斯加帶回一個紀念品，就是飯店旁邊那個鯨魚屍體。我們把他的一根脊椎骨裝進貨櫃運回加州，現在那根脊椎骨在我手上，真的臭死了。

我拿回家，放進浴缸清洗，噴了一些漂白劑，我很天才對吧？結果，呃……脊椎裡面的骨髓像海綿一樣，本來兩、三公

斤重的骨頭變成二十公斤重。

　　我把它放在浴缸好幾個小時，還是臭得跟大便一樣，所以我就裝進大概二十層垃圾袋裡面，因為在滴水，滴得到處都是，當時又是夏天，我想說放進車子裡，讓水蒸發掉。我在袋子上戳了一個洞，放在車上，等到再回去看的時候，真是悲劇，鯨脂都腐爛了，發出惡臭，就像你把肥肉放在廚房檯子上放到發黴，再跟垃圾混在一起。因為我太蠢了，當時只想著把它放在外頭，只想著不要讓人偷走，不要讓人拿走我這塊他媽的鯨骨。

　　後來我把它藏在工廠一個角落，然後就乾掉了。現在放在我的公寓裡，在咖啡桌下面。

卡爾森： 現在我們在弄火箭 2 號，今年好多時間都待在阿拉斯加這裡，我和基特一年有三分之一的時間在科迪亞克。

基特： 我算到現在應該有 115 天到 120 天。

卡爾森： 現在是 10 月中，這次我們已經來兩個禮拜了。我們這次不是用貨船運火箭，而是用 C-140 貨機運過來，所以兩、三天就到了，不需要八到十天。我們前天做了全套的發射演練，發現一處液態氧外漏，那個外漏問題從發現到修好花了一天半的時間。我們現在在等聯邦航空總署的發射許可下來。

　　火箭 1 號的目標只是飛上去、取得數據，我們做到了。火箭 2 號的目標是飛全程，第二節分離。我們希望能穿過 Max Q，那

是整趟飛行最難的部分，大約飛六十五秒後會碰到。

火箭往上飛的時候，一開始速度很慢，隨著火箭愈升愈高，空氣也愈來愈稀薄，但是正當火箭飛得非常非常快的時候，還是有些空氣存在，這時會到達一個點，這個點會出現最大的動態壓力、最大的猛擊、最大的亂流。這是整趟行程最艱難的部分，如果你的火箭造得不好，就會在這個時候斷成兩截；如果火箭可以成功穿過，就知道這個火箭大概造得很好，控制系統也很好，能控制飛行。

在這所有裡面，最最重要的問題一定是公共安全。別造成傷亡，除了這個，第二重要的問題就是你夠不夠格做這些，你夠不夠格去冒這個險。這是在向大家證明，你解決了所有簡單的問題，你製造一個值得飛上去、值得冒險的東西。你不是在車庫隨便亂搞，然後只為了好玩拿火箭出去的阿貓阿狗。

基特：這裡面有工程層面，也有法律層面。現場有很多人是稽查人員，他們比較從法律的角度來看問題，看你有沒有按照繳交的文件走，看你有沒有做到宣稱要做的事。另一些則是監理機關，這群人看的是所有技術細節，他們會實地評估你的設計，評估飛行安全、航道軌跡、危險區域，確保全部沒問題。

最後，我得對火箭的設計做夠多分析，才能夠證明不會對大眾造成危險。通常是透過飛行終止系統來控制風險，劃出一個可以飛行的安全區域，不會有民眾在裡面，或者至少把公眾危險控制在可接受的程度。科迪亞克的好處就是人口不多，我們有做一

個所謂的預期傷亡分析，在這個區域的可能傷亡非常小，所以我們可以從聯邦航空總署那邊獲得比較大的彈性。

卡爾森：我們必須完成第一次墜毀的調查才能再發射。這是規定，這件事並不會把我們的速度拖慢很多，但的確是額外的工作。他們把我們第一次墜毀稱為「事故」，所以調查是採取最低層次的「事故調查」。我們那枚火箭掉在一個控制區域內，那是我們已經圍起來的一塊區域，離民眾很遠，那裡很好清理，也沒有什麼環境相關的問題，從某個角度來說，造成的破壞非常小。

如果要製造非常可靠的火箭，最後會花非常多錢。如果是要載人或載一個花了二十年打造、要價幾十億的皇冠級太空望遠鏡，那製造這種火箭是對的；但如果是要載一顆幾千美元的衛星，或是載一個衛星星座裡面的幾顆衛星，這種衛星是可替換的，就不需要製造那麼可靠的火箭。

我們想做非常平價的火箭，我不是說我們要做容易掉到海裡的火箭，而是說我們願意多承擔一點風險，做出更平價的東西。我們去買市面上就有、非常平價、全世界產品都在用的零件，而不是買那種價值五千萬美元、一次只做一個、手工打造、在火箭計畫中一直測試一直測試的零件。我們試著承擔更多風險，火箭發射場和聯邦航空總署願不願意接受我們、願不願意跟我們合作，對我們來說是很重要的事；好在聯邦航空總署願意，這倒是出乎我個人的意料之外。

基特： 在火箭發射日，不用說也知道，我要做好最壞的打算。非這樣不可，因為我必須能夠對可能發生的最壞情況做出反應。我通常前一晚都睡不好，所以就乾脆把心思拿來為最壞的情況做好準備。我覺得對我來說最重要的一件事是，至少我要表現出冷靜的樣子，好像情況都在我的掌控之下，因為那些人，你知道的，就是那些年輕人，他們不知道如何應付「啊，要爆炸了」這種災難情況。

霍夫曼： 我會擔任火箭2號的發射指揮官，這種事並沒有培訓課程之類的。

火箭發射的倒數程序本身就有二十二頁滿滿小字的事項要做，真正讓你心臟怦怦跳是最後五或十分鐘。你的時間絕對要準確，零秒才會真的是零秒，但這也是讓人興奮的時刻，「裝好了，準備好了，每個人都準備好要發射火箭了」。

這很難。你得對你正在做的事充滿信心，你非這樣不可，因為是你在領導，是你在執行程序，是你在呼叫每個人，是你要讓每個人配合一起前進，但是你不能因此就自大或是覺得「我很行」。你要有一定程度的緊張感，我在處理火箭的時候都是這樣，必須處於腎上腺素就快要上升的邊緣，狀態像是「我準備好了，我正在仔細檢查，確定沒有漏掉什麼，沒有跳過什麼事後會讓我懊惱的東西」。

卡爾森： 我在火箭發射日會盡量放輕鬆，沒有壓力，也不緊張，

我不知道血壓是多少，但感覺比前一天放鬆。我已經把能做的事情都做完了，這是我希望我在發射日的心理狀態。你必須拋開會讓你睡不著的思緒，去執行倒數程序就是了，你知道的，真正活在當下，就做這件事，其他一切都拋開。

你能做的都做了，這時候你只需要好好面對下一道程序。控制室的壓力很大很大，每個人處理壓力的方式都不一樣。你要盡可能訓練大家，盡可能讓大家知道這一天會很順利，我們會安然度過。有些人就是不適合待在控制室，你得學會看誰有執行決策的能力、誰擅長應付壓力。

在我看來，我們現在做的不是科幻，只是困難的工程。建立火箭組裝線才是科幻，這件事以前沒有人做過。組裝線軍方有做過，製造飛機的地方有做過，但火箭組裝線還沒有人好好做過。

取決於你看事情的角度

每一種工作都有它的辛苦單調、緊張、光輝時刻，不過火箭產業會放大這些體驗，尤其是火箭發射期間。

隨著艾斯特拉的火箭發射一延再延，挫折與興奮交雜的每一天也愈來愈難以承受。這枚不聽話的火箭好像死都不肯離開發射臺，可是每個員工還是得做好火箭會飛起來的心理準備。一天又一天，大家必須努力全神貫注，在壓力下解決問題，每次有倒數接近零的時刻，也會有伴隨火箭發射所出現的腎上腺素飆升，然後下一秒又得把那股能量洩盡，第二天再重來一遍。

　　到了 10 月 27 日，阿拉斯加這組人已經多次嘗試發射火箭 2 號都沒有成功，大家又怒又煩。跟往常一樣，坎普比誰都希望火箭趕快發射出去，一心想好好表現給投資人和潛在客戶看。他弄了一套系統，讓幾個跟公司關係最密切的人可以祕密觀看每次火箭發射的網路直播，由他全程即時解說。即使嘗試發射一次又一次告吹，他還是努力維持觀眾的興致，每次發射不成，他總是能搬出一套新的技術理由，一副幹練又掌控全局的模樣。

　　那天，艾斯特拉只剩兩個小時可以嘗試發射，如果再不成功，機會之門又要再次關上，他們就得等上幾個禮拜才能再次上發射臺。點火器再次給工程師找麻煩，他們花了一點時間考慮要不要測試點火器，但是後來又決定時間已經這麼晚，做測試不會有幫助，還是跑常規程序，再點燃點火器一次，寄望它這次剛好想上太空。

　　他們內部花十分鐘做了這個結論，人在阿拉米達辦公室監控的湯普森和阿拉斯加任務控制團隊討論了幾個選項，做出決定。大家終於決定繼續發射後，坎普很想很想告訴直播觀眾，好把他們留下來見證艾斯特拉的魔幻時刻，但是他又想等所有員工和太空港那邊的人都知道這項決定之後再跟觀眾說。

　　坎普急著要處理直播，湯普森急著要處理兩個最後細節，兩個人就這樣爆發衝突，開始在艾斯特拉辦公室對罵，湯普森還揚言要放棄火箭發射直接走人。坎普急於前進的渴望，常常跟湯普森的務實和粗暴態度產生衝突，給火箭發射日增添更大壓力。

湯普森：你如果再一直催，我就不玩了。

坎普：我不是催，我只是不知道討論完之後有沒有把這項（發射）決定傳達給科迪亞克。

湯普森：已經傳達了。

坎普：那好，很好。這就是我要聽的。我只是不想在你告訴科迪亞克那邊之前先對外面的人講。

湯普森：我才不在乎外面的人。我在乎的是確保科迪亞克那邊的人安全。

坎普：我也只在乎這個。

湯普森：我不想站在這裡跟你吵，我們各自去做該做的事吧。

坎普：這就是我正在做的事，湯普森，我只是想在對外傳達訊息之前先確定你的團隊步調一致。所以我們沒事了？

湯普森：嗯。

坎普：太好了，我就是要知道這件事，好極了。

坎普跳回直播間，用最開朗樂觀的語氣更新訊息。

　　好的，任務控制中心有最新的訊息傳來。檢視過引擎和火箭的數據後，看起來點火器一切正常。

　　接下來十到十五分鐘，阿拉斯加團隊會把火箭重新加滿燃料，讓火箭回到倒數八分鐘發射的狀態，所以不要走開。我們今天還有一個半小時左右可以進行發射。

　　總之，我們今天會再嘗試發射一次。

　　那天沒有發射。

　　11 月 11 日，火箭實驗室重返紐西蘭發射臺，成功發射第三枚火箭。技術上的延宕雖然讓「營業中」發射任務延後，但是現在貝克可以洋洋得意了：火箭實驗室向業界發出訊息，這家公司已經達成新的里程碑，準備開始替付費客戶發射一枚又一枚火箭。航太工程師都會互通八卦，所以艾斯特拉在阿拉斯加的困境已經傳到貝克耳裡，他認為艾斯特拉的火箭基本上是個笑話，很開心他的公司成功發射火箭了，不像艾斯特拉還在阿拉斯加浪費時間和金錢，苦等下一個火箭發射的機會。

　　11 月 29 日，艾斯特拉拚盡全力想趕上火箭實驗室，以下是他們在任務控制中心十五分鐘的情況。

霍夫曼：四十、三十三、三十二、三十一、三十、二十、十五、十、九、八、七、六、五、四、三、二、一、零。

火箭引擎點燃，火箭冉冉上升，阿拉米達辦公室多人擊掌慶賀，科迪亞克也響起幾聲歡呼。

坎普：耶！！！！！！！！！！！！！！！！讚！耶！！！！！！！！！哈哈哈哈哈哈。太好了。天啊，天啊，美呆了！

二十秒過去。

霍夫曼：引擎失去動力。五號引擎失去動力。所有引擎失去動力。

任務中心裡面嘰嘰喳喳。火箭墜毀在距離起飛處不遠的地方，有人決定切掉直播，以免讓人看到墜毀和殘骸的影像。

坎普：我們飛了幾秒？你們把直播切掉了？切掉的時候有把所有人都踢掉嗎？
媽的！該死！這下慘了。

阿拉米達辦公室的人正在看殘骸的影像，看到殘骸就落在發射臺旁邊，「掉到圍欄外，天啊。」

任務中心：保護地面支援設備。

坎普看著影像，注意到某個東西。

坎普：什麼東西……著火了？那邊著火了。媽的！

任務中心：地面，CXV201 可以關閉了。

無線電：關閉 CXV201。

坎普：只要在直播上說「測試完成」就好了嘛，不能就這樣直接切掉，你們剛剛的做法，是把有幾百個人觀看的直播直接切掉欸，不能這樣結束啦。

任務中心：地面，水閥可以關閉了。

無線電：關閉 WV201。

坎普：這下好了，每個人都在問我了。這是很糟糕的決定，你們要對還在看的人怎麼交代？

任務中心：幫我個忙，打開液態氧閥門 107。

坎普：你們能再回到那個畫面嗎？能回到安全無損那邊嗎？我能繼續直播嗎？

坎普再拿起麥克風。

今天的直播到這裡結束。今天沒有達到全程飛行，我們正在研究遙測數據，會用電子郵件向大家報告最新情況。今天的火箭發射比第一次成功，接下來的重點是火箭 3 號。

坎普走進大廳，跟其他也在觀看火箭發射的艾斯特拉員工講了一分鐘的話。

倫登，恭喜！我們不必把它運回來了，請讓火箭 3 號飛久一點，可以嗎？

坎普回到他的辦公室，坐在電腦前，開始自言自語。

這次的飛行很漂亮，很棒，很棒。好，我來看看要先回應給誰，投資人都傳了簡訊過來。我先打給董事。

坎普打了電話。

喂，我只是想跟大家報告最新情況。這次沒有飛到六十秒，但是飛得很漂亮，取得很多很棒的數據，和上次一樣沒有造成任何破壞。我們還在搞清楚它到底落在哪裡，但是確定飛了三十秒左右。

董事：好的。真的真的很令人興奮。

坎普：這個結果總比沒有發射好，而且是只剩二十四小時的情況下，真的是最後的發射機會了。我很高興我們有發射出去，當然啦，我很希望能飛更久一點，不過我們拿到了一堆數據可以研究，絕對可以讓火箭 3 號更好。

董事：太棒了，太棒了。我替你感到很高興。

坎普：非常感謝您的支持。等我們把所有數據和影像整理好，會有一個完整的檔案可以下載，預計在接下來幾天分享給大家……是啊，夜間發射總是很壯觀。我會把您的支持傳達給團隊，感謝。再見。

坎普掛斷電話，一個工程師走進來跟他說：「這次比上次高了一百公尺左右。」

坎普：嗯，這跟我講的一樣。我來打給山姆（Sam）。

喂，山姆，你有看到嗎？是啊，我們成功了，是沒有飛到六十秒啦，但是飛得很漂亮，我們蒐集到大量數據，團隊非常興奮。我們沒有造成任何損害。

我想是引擎的問題，有一部引擎在快要三十秒的時候失去動力，我們現在正在研究數據。這次比上次飛得更遠了一些，但是

還沒有到達我們希望的距離，不過也是一趟成功的飛行。大家有學到怎麼操作這部載具，而且四個小時就完成整個作業，從推出去到發射。這次經驗一定會讓火箭 3 號更好。我們這邊正在做火箭 3 號。

　　是啊，我還沉浸在火箭 2 號發射成功的興奮當中，很高興它在美麗的夜間飛行劃下句點，夜間發射太棒了。火箭 3 號發射的時候一定會更好。

　　坎普掛掉電話。

　　每個人都在問：「發生什麼事？直播突然就斷了。」

　　坎普的手機收到門鈴響的通知。

　　我家門口為什麼有人？大概是包裹什麼的。

　　一個員工走進來說：「誰可以提供目擊證詞給我嗎？我們現在就需要整理，你把看到的部分寫下來，不需要長篇大論，只要寫你當時在做什麼、看到什麼、發生了什麼。」

坎普：是因為那個異常嗎？

　　「是啊。」

　　思考評估幾分鐘後，坎普轉向我，向我解釋他的理念，他如何談論、如何應對火箭發射失敗。「我們早就跟投資人說過，應該要先做好火箭發射不會成功的準備，」他說，「我們是應該鼓勵大家去爭取成功，但如果失敗了，也不代表就不可能成功。我覺得這取決於你用什麼角度去看，如果你把火箭發射失敗看成是大問題、意想不到的災難，那最後就真的會變成那樣；如果你把火箭發射看成是大成功，那最後就真的會成功。」

24

只是一份工作罷了

獵戶座街這棟建築物外頭已經有一個小小的拖車聚落形成，隨時都有三到四輛露營車停在離火箭引擎測試設施十公尺的地方，住在裡面的人通常有家人住在別州，以車為家是為了避開灣區高昂的租金。艾斯特拉讓這幾個員工免費把露營車停在公司，也可換得一組免費警衛，二十四小時全年無休，只要有人闖入就聽得到。

這裡並不是風景最優美的露營車營地。幾輛拖車在一塊碎石子地一字排開，四周是鐵絲網、貨櫃、裝滿各種氣體和液體的儲罐、工具棚、堆積的雜物。相隔不到五公尺還常常有艾斯特拉的火箭矗立在那裡進行測試，氣體濃霧伴隨一陣陣轟隆隆噪音漫過拖車。

露營車住民有一種獨特的氣息。他們是機械迷，主要負責建造引擎測試臺和行動發射座，還要解決雜七雜八的硬體問題。對於太空這門生意，他們常常酸言酸語，也常常在晚上喝啤酒，幾罐啤酒下肚，語氣就更加酸溜溜。

　　萊斯・馬汀（Les Martin）和馬休・弗拉納根是其中兩位露營車住民。

　　馬汀來自德州，十六歲就有了第一個孩子，十八歲加入海軍陸戰隊，隸屬步兵，專攻反坦克武器。四年半後，他進入位於韋科（Waco）的德州技術學院（Texas State Technical College），念的是電子。畢業後在半導體業做了幾年，直到晶片業步入衰退，不得不另謀高就。

　　2008 年，馬汀的朋友在德州麥奎格（McGregor）看到一家SpaceX 公司的求才廣告。德州有火箭公司？聽起來很扯，但是馬汀的盤算是，就去試試，待個半年左右，等找到比較有成功機會的公司再走。他在 SpaceX 幫忙火箭測試系統的電子部分，而且做得很不錯，待了三年，然後轉戰加州莫哈維的維珍銀河，接著又回到德州的螢火蟲太空系統，然後就來到艾斯特拉。這就是一個德州海軍陸戰隊員一路成為火箭測試大師的故事。

　　弗拉納根成長於維吉尼亞州，在蒙大拿州立大學（Montana State University）拿到機械與土木工程雙學位。念完書後，他做過一些實際動手做的工程工作，然後在德州的螢火蟲太空系統找到一份正職，在那裡做了一年後，去了一家想打造馬斯克那個高速運輸系統的新創公司，接著也來到艾斯特拉。

　　馬汀時不時就跟坎普鬧翻，不然就是不爽在艾斯特拉公司工作，跑回德州陪家人幾個禮拜，甚至幾個月，這給了弗拉納根機會，接手許多測試和發射設施的工作。弗拉納根是個隨和、勤奮的人，在阿拉米達和阿拉斯加之間來回奔波，忍受著公司首批

火箭一延再延的發射行程，毫無怨言。

　　2018 年 12 月 9 日，我去馬汀和弗拉納根的露營車營區玩，跟他們一起看馬汀最愛的達拉斯牛仔，比賽對手是費城老鷹。弗拉納根剛從阿拉斯加回來，結束艾斯特拉在那邊的第二次發射。這兩個人跟公司那些死忠火箭迷不一樣，他們對火箭沒有過多的浪漫情懷，基本上只把艾斯特拉當成一份工作。

馬汀：老兄，我不看其他公司發射火箭，我一點都不關心，我只關心我自己的火箭，就這樣，我才沒時間關心別人的火箭，這不是我的嗜好。火箭不是我的最愛，我對 SpaceX 火箭的關心也只到我賣光認股選擇權為止，然後我就再也不關心 SpaceX 的火箭了。我的意思是，如果我再高個三十公分，我現在就在牛仔隊打球了，可惜……身高不是我能控制的。

弗拉納根：踏出校門的時候，我一心想進入航太業，現在我只想離開。沒啦，沒事，我的意思是，還好啦，還是滿酷的。

馬汀：航太業的問題是，工作都在西岸，你知道嗎？而我想住德州，弗拉納根想住沒有人的地方，他家在蒙大拿，我家在德州圓石城（Round Rock），在這裡討生活就只能住車上。如果要住在阿拉米達這裡，房租一個月一千五百美元不含水電，而且是有室友那種，這筆錢我都能繳德州的房貸了。

　　這輛露營車每個月花費大概三百美元，Wi-Fi 用公司的，他

們不會來查搜尋紀錄，這對我們有很大的幫助。我們有水可接，唯一要擔心的是處理車上的汙水箱，非不得已，我盡量不用車上的廁所，因為汙水箱會滿，很麻煩。

　　你知道嗎？我們執行長，坎普曾經借我的車去參加火人祭，我就去住他在舊金山的公寓。

弗拉納根：他還把車子戳破一個洞。

馬汀：對啊，他把我的拖車戳出一個洞。

弗拉納根：露天住在這裡……呃……很不一樣，因為你的院子是他媽沒人要的碎石地。

馬汀：早上走到外面第一個看到的，不是你的小孩在你種的橡樹下玩耍，而是液態氧，這種感覺很差，你知道嗎？

弗拉納根：好處是，我回家的時候可以把車開著走，可以帶孩子去露營，所以還不錯。

馬汀：我的孩子不喜歡露營這些，我養出幾個被寵壞的白人富家小孩，他們只想待在有錢人住的郊區，我得帶他們去練空手道，那是他們最大的戶外冒險。

弗拉納根：我盡量兩個禮拜回家一次，不過這一年有三個月都在阿拉斯加，所以計畫都被打亂了。我盡量在去阿拉斯加之前、從阿拉斯加回來之後回家，有時做得到，有時做不到。

馬汀：你知道，這是個有意思的行業。就拿 SpaceX 這麼成功的公司來說，如果做個簡單的心算，我實在想不出他們要怎麼賺錢。還有，如果你看看維珍銀河這樣的公司，我不知道他們已經砸了多少錢，不過他們到現在連個屁也還沒做出來。在那家公司工作是很讚啦，我從來沒待過福利和文化那麼好的公司。

　　但是你會很洩氣。你懂的，你一直做一直做一直做，還是什麼東西都飛不上去，這是很令人沮喪的。我的意思是，在你的內心深處會想，對啦，我們是有這麼多錢可以燒，但是你最終還是得把東西送到太空去吧？不然幹嘛一直做這個。感覺幾乎每半年就有一家新的火箭公司冒出來。

弗拉納根：尤其是最近。

馬汀：我連我小時候說長大想做什麼都忘了，但是這個──我是指……呃，航太工程師，根本沒考慮過，完全沒有。

弗拉納根：古生物學家，你跟我說過，是古生物學家。

馬汀：對，古生物學家，我確實有好長一段時間想做這個職業，

還有一陣子想當律師或醫生，因為我出身鄉下小鎮，你懂的，律師和醫生賺很多。不過，對啊，我從小最愛的是恐龍。

但是你知道，我出身貧窮鄉下，一直忙著工作賺錢，從來沒時間好好想一想自己喜歡什麼。我看了一堆講領導的書，上面都說，哦，你必須找到自己熱愛的工作，然後一切自然會水到渠成，我聽了就覺得……好極了，那我該怎麼做？我已經四十二歲，馬上就四十三歲，有五個孩子，又有房貸，我該怎麼做？我這艘船連開都開不出去。

我就是那 90% 不是在做自己所愛工作的美國人，你覺得經營折扣輪胎公司（Discount Tire）那個人就對輪胎有熱情嗎？才不是，但他還是把折扣輪胎公司經營得很好，所以我的意思是，誰在乎有沒有熱情呢？有賺錢就好。

我確實喜歡動手製造東西，喜歡做那些事。很快就把東西做出來，樹立榜樣、設定步調，這樣會讓我很興奮，我很享受這種感覺。

弗拉納根： 太空最酷的地方在於，有很多難題需要解決，這是一個人們還在多方嘗試的領域，到處都是工程難題。我不會說我下半輩子只做航太，不過這個行業確實是在實踐我對工程的熱情。

馬汀： 我得說，可口可樂的裝瓶工作比我們做的事情複雜多了，你看過可口可樂的裝瓶工作嗎？裡面有一些最硬的工程。

弗拉納根：他們不會出錯。

馬汀：他們不會出錯，從不失敗。你知道嗎？這個東西說要裝十二盎司就真的是整整十二盎司，每一次都是。太了不起，一年要裝幾百萬瓶，幾百萬瓶欸。

弗拉納根：那也是我能想到最無聊的事情之一。

馬汀：是啊，做火箭比做那種真正的工作好，不過，要是不在灣區就更好了。我先聲明，我不是什麼超級保守的人，我大部分都投民主黨，但是我不希望我的孩子身邊都是遊民、大麻這些東西。我是基督徒，灣區這裡很多事在我們家是不允許的。

弗拉納根：來講講剛剛結束的火箭發射。那是當天最不可思議的事情之一，我完全沒想到火箭會發射出去。你也清楚，同樣的事一做再做，一遍又一遍，結果都一樣，所以等到出現不一樣的結果時，就會覺得：「哦，好怪喔。」

馬汀：是很怪啊。

弗拉納根：但尤其是，引擎甚至沒有點燃過。我們在那之前碰到的問題都是一些航空電子的部分，還有那個愚蠢的陀螺儀。然後，那天我們在更換一個引擎控制器，就在快完成的時候，他們

說：「你覺得再換那個陀螺儀要花多久時間？」

　　所以我們就換了。那天早些時候我問湯普森：「最後期限是
什麼時候？什麼時候會有人說，好，我們得延到明天或其他什麼
時候？」他說：「呃……我們最好在……一點或一點半的時候搞
定。」然後大概快兩點、兩點半的時候吧，他們終於全部弄好，
然後他們就說：「好，開始吧。」

馬汀：當時我覺得很扯，因為，天啊，我前一晚才聽到有這些問
題，心裡想：「聽起來很嚴重。」然後看到坎普發了電郵過來說：
「我們明天要再試試。」我心裡想：「不可能。」然後，當然，那
天就真的發射出去了。

弗拉納根：我得說，沒有進入軌道，所以技術上來說，並沒有成
功，但是有離開發射臺，這是艾斯特拉說服我的一點。是坎普一
心想要把火箭盡快送出去，不在乎火箭能不能在空中存活，他一
直說：「我們要趕快送出去，然後下一個會更好，再下一個還會
再更好。」這次的火箭發射任務有點搖擺不定，有很多規定你必
須符合之類的。

　　但是你要有「管他的，就試試看，看看會怎麼樣，然後下次
一定會更好」這樣的意願，而不是坐在那裡，你知道的，一直最
佳化、一直改善，一遍又一遍，一直到確定做出全世界最好的東
西，但又很可能敗在某個微不足道的小東西上。所以與其苦熬追
求完美，還不如盡快發射出去，讓所有頭痛問題一一現形，同時

不要消磨掉太多人力。

馬汀：你懂的，要有馬斯克這樣自己有錢的人才會有現在的局面。要不是有一個馬斯克，不會有我們，不管他帶來的影響是好是壞，因為有他才有我們，我們才有賺錢的管道，我們都是趁他的勢而起，這就是事實。

　　但是真正困難的部分是太空物理的原理。如果要打造一部能產生這麼大推力的引擎，大學生就做得到，你知道嗎？但是如果要讓它夠輕又要能到達必須去的地方，那就是餘裕所在，你的安全係數和餘裕是很小很小的。

弗拉納根：點火和推力的部分都不難，尤其與內燃機引擎比較。當然啦，內燃機有很多動來動去的零件，但是把東西送上太空很困難。你要產生推力，然後進行足夠的最佳化，還要選對材料和零件，才能讓重量輕到足以進入太空。

馬汀：而且要在錢燒完之前做到，這才是挑戰。

弗拉納根：沒錯。

馬汀：因為時間不長，我是指，你募的一點錢很快就會燒完。現在投入這方面的資金多到匪夷所思。這一行當然也有騙子。那麼，投入這麼多錢是為了什麼？我看不出有這種必要，沒有道

理，這些創投在軟體或其他什麼地方賺到錢，然後，你懂的，他們就是喜歡太空，我想他們大概就是覺得投資太空很酷吧。

　　即使是我們，我們的目標是天天發射，這個目標成真之前我大概已經死掉了，不然就是走在路上錢多到從口袋掉出來，誰還管什麼天天發射。

弗拉納根：如果真的有天天快遞到太空的需求，我一定會嚇到，這太扯了。

25

重新開機

幾十年的歷史告訴我們，新開發的火箭往往一開始試射就會爆炸。航太產業幾乎都以這些失敗為榮，因為火箭科學本來就應該是很難的，要是每次都成功，火箭跟造火箭的人不就享受不到這種奧祕感。

不過，不管再怎麼告訴自己要有爆炸的心理準備，這些製造火箭的人內心還是相信自己創造了例外：我們會是第一次就把火箭飛上天的人，我們更聰明，也更努力，火箭知道，命運知道，這枚火箭一定會進入軌道。

就是這一絲信念，再配上爆炸的壯觀景象，才會讓一次失敗的發射這麼令人洩氣。你讓自己想著會成功，下一秒卻又得清清楚楚、毫無疑義地目睹自己錯得一塌糊塗。火箭連差點成功都沒有，而是炸個粉碎。你的自欺欺人就這樣化成一塊塊從天而降的碎片，每個人都看得清清楚楚，你的自信是一場錯誤。

在政府獨攬火箭計畫的時代，失敗是對國族自尊的打擊，但是大家都知道，不管美國或蘇聯都會繼續嘗試，因為發射火箭

勢在必行。然而來到火箭商業化的時代，火箭商面臨的是不同的壓力，投資人想看到成果，員工想相信自己沒挑錯公司，爆炸會引發「我們的錢還能讓我們這樣燒多久？」的疑問。

就算爆炸讓坎普不安，他也從來沒有對我吐露。沒錯，火箭發射沒有達到預期，但是艾斯特拉有學到經驗，同時也沒有造成人員或財產的重大傷害。「沒有任何改變，」他說，「我們的火箭會因為這幾次發射而更好，我們公司也會因此更了解如何運作。我不用成敗來看這些火箭，他們都發射出去了，讓我們更有效率。」

根據坎普的說法，第一枚火箭只需要做到離開發射臺就行了，這個目標有達到。下一枚火箭的目標是飛到 Max Q、第二節點燃、進入太空、開啟整流罩模擬釋出衛星，儘管第二枚火箭最後沒有飛到 Max Q，但還是有達成一些重要成果。「我跟投資人就是這麼說的，我向董事會也是報告這些成果，」坎普說，「他們很滿意，因為他們入股就是為了這個。我們沒有被輿論公審，因為我們沒有推特，所以我覺得這個策略是有效的，要是我們做的事情完全公開，大眾可能會用另一個角度來評斷我們，但是他們的角度並不正確。」

在幕後，時序進入 2019 年，艾斯特拉開始對火箭進行重大調整。這家公司當初的成立是為了證明亞當‧倫登的理論「便宜的小火箭能帶來革命」是可行的，可是他們的火箭現在要開始變大了。工程師決定引擎的推力要增加一倍，火箭也要更寬更長。另外，用來保護衛星的整流罩不用昂貴的碳纖維了，要改用金

屬，而行動發射座也要簡化。艾斯特拉的下一代技術將由湯普森負責監造，他是催生出 SpaceX 獵鷹一號火箭的要角。

火箭實驗室的電子號在 2018 年 11 月、12 月發射成功，2019 年 3 月又成功一次。坎普坦承，就是火箭實驗室的成功迫使他們決定做更大的火箭，以便跟對手的產品趨於一致，而且要快速做出來。艾斯特拉在 2016 年募到兩千萬美元左右，2018 年又募到七千五百萬美元，現在坎普要求董事會再挹注資金，還要求公司人數從 115 人增加到 140 人，董事會同意了。

雖然僅有的兩枚火箭都爆炸了，艾斯特拉還是成功向付費客戶售出未來航班的席位，加大版火箭從每趟一百萬美元提高到每趟二百五十萬美元，酬載重量一百公斤。「火箭實驗室說他們載運兩百公斤的酬載只要五百六十萬，」坎普說，「我們估算過，我們的火箭材料成本大約是他們的五分之一，也有可能算錯，是三分之一，或甚至只有七分之一。我們火箭的效能或許比他們低 20% 到 30%，但是成本便宜 500%。」

坎普繼續推銷「艾斯特拉會透過簡化來贏過火箭實驗室」這個想法。火箭實驗室用了太多特殊的零組件和工程技術，根本無法大量生產火箭，而艾斯特拉靠的是金屬和機器人，可以幾百枚、幾百枚量產火箭。「我們的生產線會像特斯拉，」坎普說，「會有機器人放置零件、焊接、鉚接、鑽孔，就像現代化的汽車工廠。」不只如此，艾斯特拉還從 Google 聘請一位高階主管，來打造自動化軟體系統，將測試臺、火箭、發射座等等作業全部整

合起來。[1]

　　坎普和貝克從未公開爭執，但其實兩人互不喜歡。坎普代表行星實驗室到處考察發射公司的時候，曾經拜訪火箭實驗室，獲得隆重款待。貝克用直升機把坎普送到火箭實驗室位於瑪希亞半島的發射場，還把火箭實驗室的技術和未來計畫大公開，為的是爭取行星實驗室的合約。那趟行程過後，坎普跟行星實驗室建議，應該採用火箭實驗室的火箭，兩家公司也建立起合作關係。不過，坎普一成立艾斯特拉，貝克就對坎普的這趟紐西蘭行程換了個看法，幾乎把坎普視為執行情報蒐集任務的間諜。

　　跟我聊天的時候，坎普對火箭實驗室的工程技術褒中帶貶，他說：貝克做出幾乎完美的機器，但這正是火箭實驗室的缺點，成本太高了。坎普還說貝克在募資和玩矽谷遊戲方面是大外行，貝克急於找錢，創投就利用他這個弱點，強迫他以不利的條件讓出大量股權。還有，火箭實驗室第一枚火箭的開發與發射花太多時間了，「我們募到錢就去發射，」坎普說，「投資人喜歡這樣，等到我們再次募資，公司的估值才會高。火箭實驗室花了五年才取得跟我們差不多的資金。」

　　至於貝克呢，他眼中的艾斯特拉幾近搞笑。他看過艾斯特拉發射失敗的報告，也從別人那邊挖出一些數據，在他看來，艾斯特拉是在浪費時間，並不是以成功所需的嚴謹態度在製造火箭。他還覺得坎普不老實、近乎魯莽。「我做不出垃圾，」他說，

「如果你想要一個不是靠運氣才上得去的載具，那就來搭我的火箭。如果有人想製造個超級粗糙、超級不精確的火箭把東西送進軌道，還認為這就是市場要的東西，那就讓他們去製造吧，但我可不要，我不是來這個世界製造垃圾的。」

　　火箭實驗室加速火箭發射腳步的同時，艾斯特拉把注意力轉向加大型火箭的製造、在廢棄的天鷹街建築物興建超大工廠。到了 2019 年 2 月，艾斯特拉已經對這處七千坪的建築物做了第一次改造，清除屍體和幾十年的殘骸，還把坎普的朋友手工製作的火人祭雕塑運了進去。接下來幾個月，工人把地面和牆壁漆上白色、運來各種焊接與金屬切割機器、隔出一塊塊可用電腦工作的區域，還建立一條真正的生產線，可以同時生產好幾枚火箭。這是艾斯特拉員工第一次有活動空間，第一次感覺自己在一棟還算像樣的建築物裡工作。

　　坎普說服市府讓人進入天鷹街建築物工作的能力，跟他的工程師製造火箭的能力一樣令人印象深刻。這棟建築物以前用來修理噴射引擎的時候，海軍把好幾噸的油漆稀釋劑和其他化合物倒進建築物下方的地下水中，雖然花了幾十億美元清理後，情況有所改善，但大家還是擔心化學物質仍然持續釋放到空氣中。為了讓市府和員工放心，坎普在地上塗了一層特殊的環氧樹脂，可以防止有害化合物釋出。

　　「為了謹慎起見，我還買了一個氣相層析儀，開始自己操作，」他說，「氣相層析儀很像電影《魔鬼剋星》（*Ghostbusters*）裡面的捉鬼裝置，花了三萬美元左右，我每隔七分鐘就在我的辦公桌

或我的團隊所在地取樣檢測，連一個三氯乙烯分子、苯或其他大家擔心的物質都測不到，絕對是美國最安全、最乾淨的空氣。我最愛監管法規設下的障礙了，這樣其他人就不會來跟我搶我想租的地方，因為這種事不會有別人做得像我一樣好。」

就像當初的獵戶座街建築物一樣，坎普沒取得市府批准就把人和設備搬進天鷹街這棟建築物。「我跟他們說我 4 月 1 日之前要進駐，他們回答說要把我捉去關，」他說，「所以我就說：『好，很好。那我們現在就來談。』我揚言不管怎樣都要搬進去之後，他們這才開始把各項要求整理出來。他們看到我們一直在建造東西，基本上就是衝衝衝的艾斯特拉，遇到不動如山的政府官僚。」

一聽到在天鷹街這棟建築物安裝變電站要二十六個禮拜，坎普就馬上去想別的辦法，一、兩個禮拜就裝好；被告知不能安裝某種機器或是建築物不能做某種更動，艾斯特拉就在深夜摸黑進行，市府官員通常不知情，就算知道也無法還原。這些靈活策略都是值得的。市府向艾斯特拉收取每坪 20.3 美元，大約是阿拉米達現行租金的六分之一，最棒的是，艾斯特拉還跟市府談成租金減免，只要他們把建築物改造得符合建築規範，就可以幾乎免費使用天鷹街這棟建築物。

基礎設施一就緒，艾斯特拉就開始著手把天鷹街這棟建築物改造成先進工廠。自公司成立以來，艾斯特拉第一次在入口處有了一個像樣的大廳，布置了幾個座位、放了一些雜誌可以翻閱，還有一枚汎迅老火箭展示在臺子上。工廠內部設置一個真正

的任務控制中心，用玻璃隔成，好讓觀眾可以透過玻璃觀看火箭發射作業。大多數員工的辦公桌就擺放在控制中心的一側，按組別排列，有高階主管團隊、推進團隊、航空電子團隊等等。再往工廠裡面走，有專門用於打造引擎或天線的工作臺。在一個工作站上，艾斯特拉把火箭裡面會用到的電線和電腦全部擺放在幾張桌子上，讓工程師可以複製火箭的內部結構、快速測試一下更新的軟體或新零件。工廠有大約一半的空間用於火箭實際的製造，其中包括使用大型工具，以及組裝火箭燃料箱和鼻錐的區域。

　　結果，同時打造新火箭和新廠房，拖慢艾斯特拉的速度。這家公司頭兩年是以瘋狂的速度衝刺，想以破紀錄的時間把火箭製造出來、發射出去，不過兩次失敗讓他們更加謹慎。一個月、一個月過去，艾斯特拉還在加大火箭 3 號的引擎和箭身，這次他們要做更多測試，因為不想再到阿拉斯加給火箭 CPR。這次他們也決定改到堡壘空軍基地做重要的點燃引擎測試，就像汎迅當時的做法一樣，而不是就近在旁邊的航空站。[2] 這些都需要耗費時間和金錢。

　　火箭實驗室又發射更多枚電子號了，分別在 2019 年 5 月、6 月、8 月、10 月、12 月，而且還公布祕密計畫，要讓火箭可重複使用。換句話說，坎普之前那套對艾斯特拉有利的算式很快就得重算了，因為火箭實驗室的成本即將大幅下降。這些事情都讓坎普不高興。

2　航空站那裡有太多人在窺探，也沒有足夠的基礎設施，很多測試都沒辦法做。

到了 2019 年底，艾斯特拉已經完成第三枚火箭的設計，有信心這臺機器可以好好服役相當長一段時間。坎普充分利用天鷹街工廠的優勢，連這臺機器行不行都還不知道就開始打造，而且不只是製造一枚，而是好幾枚。艾斯特拉從創投那邊募來的錢正以驚人速度燒光中，而以有利條件再募到錢的可能性又隨著火箭實驗室一次又一次發射成功而愈來愈難。

另外，坎普也得面對艾斯特拉不能再保持祕密的現實。這家公司報名參加 DARPA 主辦的「發射挑戰」競賽，DARPA 提供一千兩百萬美元的獎金，想看看哪家火箭商能在不同地點發射兩枚火箭，兩次發射必須在幾天內進行，而且參賽者無法事先得知發射地點或酬載是什麼。報名參賽的公司有幾十家，最後DARPA 篩選到只剩艾斯特拉、維珍軌道、向量太空系統，比賽預計在 2020 年初進行，到時還會有盛大的公關活動。

DARPA 發射挑戰賽

2020 年 1 月底，在天鷹街開了一場氣氛緊張的全員大會。自從艾斯特拉上一次嘗試發射已經過了一年多，資金愈來愈吃緊，高階主管團隊決定在工作區架設一系列七十五吋螢幕，提醒大家控制成本的重要性。螢幕上會出現那一區的主要計畫，比方說，引擎團隊工作區的螢幕會以正體字大大寫著引擎名稱「海豚」（Delphin），還有團隊成員的名字，法蘭特和樂菲佛斯等等。螢幕左側有個倒數時鐘，顯示還剩多少時間得完成某個主要工作，

中間的倒數時鐘顯示距離下一次大測試還剩多少時間，該團隊負責的零組件得在這之前弄好，最右側的倒數時鐘則顯示距離下次發射剩下多少時間。

那一排滴答不停的時鐘下方有一張圖表，顯示這個團隊那個月的預算，以及目前已用掉的金額。以引擎團隊來說，他們這個月可以花 40,000 美元，目前已經花掉 34,160 美元。圖表下方有一張最近的採購清單，包括熱噴塗材料、絕緣電源線、一個壁掛式圓形連接頭、一個柱塞式小型防水限動開關。那些數字左邊畫了一隻雙臂交叉的憤怒卡通兔，顯然意思是引擎團隊還有努力空間。火箭發射作業有一個螢幕，第一節航空電子有一個螢幕，每個人都有一個螢幕。

雖然坎普還是有信心能募到所需的資金，但是下面的員工就不是那麼有把握了。很多人估算，公司剩下的錢只夠再發射兩枚火箭，如果再跟前幾次一樣爆炸，那公司就玩完了。坎普有把握這枚火箭會成功，認為成功後再去募資比較好，到時他的話就更有說服力，總比爆炸後去乞求讓公司活下去來得更好。給這樣的氛圍更增添不祥的是，DARPA 發射挑戰競賽的對手，向量太空系統，才在 12 月申請破產，連第一枚火箭都沒試飛過。

眼看資金不斷減少，倫登不得不重拾麥肯錫顧問的技能，他開始緊盯日常財務支出，尋找可以更便宜買到零食和工具櫃的方法。他私下跟朋友說，艾斯特拉可能募不到錢了，可能不久就會面臨跟向量太空系統一樣的命運。

這場全員大會在午餐區舉行，就在任務控制中心外面。過

去習慣吃外燴餐點的員工，現在拿起便宜的午餐盒坐下，聽坎普和其他高階主管講話。很多員工已經持續工作幾個禮拜，甚至幾個月，沒有休息過，疲憊不堪。不過最近幾次測試很順利，似乎再加把勁就能把火箭 3 號送到阿拉斯加。

坎普：好，我們就直接開始。這幾個禮拜，各位完成非常大量的工作，我從來沒有對公司感到這麼興奮過。

各位都知道，你們在測試室忙的時候，我跟倫登花很多時間擠在我們的小隔間，想找出辦法盡量多爭取一點時間，讓火箭能順利運到科迪亞克豎起來。

上一季我們平均每個月花五百五十萬美元，我們看了一下這一季過了一半的花費，發現比預測多很多，這個問題我已經跟大家說過很多遍了。

我們現在要解決的是，要有足夠現金撐過今年上半年，而且不必在計畫和人員方面做任何大更動。

我們一直在研究我們的預測，一直很納悶：「第四季怎麼會差這麼多？」坦白說，是因為計畫不夠，再加上發射火箭前要做的準備工作太多。不是誰的錯，要怪我們的計畫做得太爛，所以在我們想辦法改進計畫的過程中，需要各位的意見。現在我們已經有比較好的計畫了。

我把這次所學到的經驗都寫成錯誤日誌，你們如果想看可以去看。我鼓勵所有高階主管都好好反省。

現在我們必須非常謹慎把錢和時間花在刀口上，如果你的團

隊需要更多錢才能完成工作，我們不希望你到了買不起東西的時候才發現沒錢，我們希望你在發現沒錢之前就把錢做好分配。在我看來，所謂成功不是錢多到超過需要，而是需要多少有多少。接下來半年我們會精打細算，我會盡量去多募點錢，讓我們有多一點緩衝，把計畫完成。

如果你覺得現在這個計畫不敷你所需，請不要抱怨，直接把你的擔憂告訴上司，我們要盡量溝通、透明，彼此都要承擔責任。我們站在這裡是要幫你做你需要做的事，好讓我們的火箭發射能成功，然後我們才能成為一家非常、非常成功的公司。

我也讓倫登說幾句話。

倫登：我們一開始就沒有做好，也沒有溝通好，很抱歉，我們會改進。

到目前為止，1 月的情況跟我們更新後的計畫相比還算不錯。到今天上午為止，我們已經花了大約兩百五十萬美元，月底還要再花一百萬美元付薪水。這裡面包括付給阿拉斯加的發射場使用費五十萬美元，每年年初繳一次，所以目前的支出其實只有兩百萬，很不錯，但還是得小心謹慎。為了讓工作順利進行，該付給供應商的款項務必要付清，同時也要謹慎使用手上的現金。請記得，大致上，我們一定會為公司做正確的事，如果你覺得我們沒有做到，請直接告訴我，請來找我。

我想我們的櫃子、工具箱、桌子這類的東西已經足夠，可以讓我們度過火箭發射前這段時間，如果你的情況不是如此，請告

訴我。還有，你們今天應該感受到了，我們的午餐和點心做了一些改變。以後午餐會採用這種新的共餐形式，一週兩次，平均每人每餐五塊錢，比其他餐點便宜，所以有點不同，從原本的可挑兩種肉類改成挑選一種肉類。我覺得沙拉吧很讚，所以會繼續每週三天提供沙拉吧。晚餐會繼續供應，甜點會改成從好市多買的品項。

整個來說，這些我覺得都是小事的調整，可以省下三分之一的食物花費。去年我們花了大概一百五十萬美元在食物上，調整後的花費會將近一百萬美元。

我們對大家的承諾是，我們會竭盡所能，給大家三次上軌道的機會。我想我們正往這個目標邁進，我承認壓力很大，我知道大家都非常、非常努力，但是我們已經在往這個目標前進了，我想會成功的。

我想大家都必須有個認知，人的工作量是有個限度的，如果你的工作量已經快要達到極限，一定要說出來，因為硬撐下去沒有意義。要是累壞或是犯錯、做錯，花費的時間一定會比休息時間還多。我們的團隊人數龐大，有必要的時候休息個一、兩天不成問題。

已經連續工作三個禮拜的人，請想辦法休息個一、兩天，一定要休息才能持續下去。另一方面，2 月 5 日是把發射座裝上船運出去的最後期限，11 日是火箭運出去的期限，我們一定要幫忙第一線承受這些壓力的人。

坎普：我們再努力一把，把這枚火箭送出去。我們會盡一切所能，不管是在財務面，還是盡可能降低你們的家人、我們的投資人和客戶對這次發射的期待，甚至下一次發射也是，這樣我們才有機會超越他們的期待。

如果火箭 3 號沒有成功，我們會有一小組人去找出原因、修理，然後盡快再次發射。這個世界沒有任何東西可以讓你募了幾十億，然後花費無止盡的時間一直搞。期限是很重要的，因為我們才會集中全力去做。只要我們能繼續做出成績，而且告訴大家我們做了什麼，就會跟史上任何一家太空公司都不一樣。

我們有能力處理這個難題，可以不必做任何瘋狂舉動，就替公司爭取到三次發射機會。不必更動公司的掌控權、不必把掌控權讓給投資人、不必裁員，只要大家齊心協力，我們不必做任何大幅改變就能做到。讓我們把這枚火箭運出去吧。我們可以的。

3 月 2 日，DARPA 發射挑戰賽正式開始。DARPA 派出攝影小組到艾斯特拉總部記錄火箭 3 號的發射。這是第一次有艾斯特拉核心員工、投資人、眷屬以外的人進入這棟建築物觀看火箭發射，而且會透過網路向全世界直播。在這種情況下，艾斯特拉決定舉辦一場盛大的火箭發射派對，邀請百位賓客透過大廳的電視大螢幕觀看整個過程。

火箭 3 號一個月前已經抵達阿拉斯加，也經歷常見的考驗和磨難。另一方面，向量太空系統已經破產，維珍軌道也退出比賽，參賽者就只剩艾斯特拉，只要成功發射，就能贏得 DARPA

兩百萬美元的獎金；如果 3 月 18 日再次發射成功，還會有一千萬美元入袋。

DARPA 違反競賽精神，獨厚艾斯特拉。根據原本的比賽規則，DARPA 在發射前才會指定發射場給參賽者，看看他們有沒有辦法迅速把火箭和其他必要的發射設施運送到某個偏遠地點，而且第二次發射的地點跟第一次不同。現在的情況則是，DARPA 給艾斯特拉主場優勢，事先就告訴他們在阿拉斯加發射，還說第二次發射也可以在阿拉斯加。顯然各方都想顧全面子，讓這場只有一個參賽者的比賽有個圓滿的收場。

DARPA 最初給艾斯特拉一個很長的發射窗期（launch window）[3]，長達好幾天，可是技術延宕再加上暴風雪，把 DARPA 多給的時間消磨耗盡。現在艾斯特拉如果想贏得兩百萬美元，就一定得在 3 月 2 日發射火箭，也才會有後面贏取更大一筆獎金的機會，不然比賽就到此結束。

艾斯特拉的員工迫不及待想把這個該死的東西發射出去，他們有很多人已經在巨大壓力下搞這枚火箭四個月，沒有休息。而在獵戶座街建築物的大廳，派對賓客一面吃點心，一面猛灌酒，對艾斯特拉團隊最近的掙扎、過去幾次發射的奮戰幾乎一無所知，以為一切會很順利。

一開始，這天好像會不一樣。艾斯特拉從火箭發射前一個小時開始倒數，時鐘滴答滴答一路倒數，跟過去老是暫停、故障

3　編注：指適合火箭發射的一段時間，如果火箭無法在這段時間發射，就必須取消發射。

一修就修個沒完的發射不一樣，這次進展順利。這時的我早就對這種說好要在某日某時進行的發射不抱希望，突然看到情況這麼順利還有點嚇到。隨著分分秒秒過去，我的懷疑完全消失，我的體內充滿腎上腺素，我想要相信一次。

　　但就在這時，我站在艾斯特拉一位滿懷希望的投資人旁邊，倒數時鐘停在 52 秒，火箭一個導航系統傳出不合理的數據，團隊需要一些時間進行分析，看看能不能繼續發射。

　　接下來一個小時，艾斯特拉的工程師回報說，那個感測器應該故障了，根據感測器傳出的數據，火箭不是傾倒，就是大幅位移，但是火箭明明好端端地屹立在發射臺上。如果要修理感測器，艾斯特拉今天可能就泡湯了，贏得挑戰賽的機會也跟著消失。不過，火箭還是有很大的機會，可以在沒有感測器的情況下飛行，因為其他系統會啟動來彌補這個靠不住的感測器。湯普森和坎普依照慣例，對於怎麼做才正確爭吵了起來。這枚火箭是湯普森的寶貝，他不想讓火箭炸掉；而坎普想飛、想贏得比賽。最後，艾斯特拉取消發射，DARPA 所有人和賓客洩氣離開。

　　這次發射機會之門關上後，艾斯特拉必須等兩個禮拜才能再次嘗試，這也給了他們時間去修理故障的零件，另外多做一些檢查。3 月 24 日，艾斯特拉再次準備發射，只是這次又重回保密作風，沒有告訴任何人，也許這樣才是最好的。

　　發射前一天，艾斯特拉工程師照例進行一連串測試。時間慢慢過去，用於火箭第一節的氦氣逐漸耗盡，有人決定從第二節借一點氦氣過來，移到正在測試的第一節。可是經過一天下來，

氦氣的溫度已經低於正常很多，一進入第一節，一個塑膠閥門無法承受這麼低的溫度，開口處馬上結凍，關不了。氦氣流進儲罐，累積過大壓力，金屬儲罐無法承受。就這樣，火箭在發射臺上爆炸。

　　阿拉斯加當地人有注意到爆炸，科迪亞克當地新聞也有報導，太空港官員只說發生異常，坎普跟媒體說火箭在測試過程中受損，沒有提供其他細節。

　　艾斯特拉的人全垮了，沒有比這樣的結果更糟糕的了。這枚火箭的解體，一個原因是懶惰，一個原因是有人允許使用便宜的塑膠閥門取代不鏽鋼閥門。艾斯特拉也無法從火箭 3 號取得任何數據，因為連一秒都沒有飛過。現在，他們得等另一枚新火箭製造好才能再試一次。

26

現金著火

　　坎普想發射另一枚火箭，但是世界不允許。

　　艾斯特拉的員工被上次的火箭發射擊垮，甚至覺得有點難堪。火箭不僅是在平常的例行測試中爆炸，還一起毀掉發射座。火箭 3 號的負責人是湯普森，他可是帶著 SpaceX 滿滿的榮光來的，大家都想知道他怎麼會允許做這麼冒險的事，把冷冰冰的氦氣從一個儲罐推進另一個儲罐。不過，艾斯特拉廠房流傳一個說法：湯普森當時在上廁所，做氦氣決定的時候並不在場。換句話說，火箭爆炸時，他是真的「挫賽」了。

　　為了重回阿拉斯加，艾斯特拉必須從頭重建行動發射座，還得做完火箭 3.1 號的一連串電池測試，只是這時新冠肺炎疫情已經在蔓延，這些本來就很難的工作變得更加艱難。零件出貨放慢了；很多合作夥伴被迫關廠；液態氧的價格一路狂飆，後來還很難取得，因為醫院為了給病人續命，開始大量採購氧氣。

　　艾斯特拉雖然還沒證明對誰有多大用處，但在國防部眼中已經跟其他太空相關公司一樣，對國家安全至關重要。這樣的認

定給了艾斯特拉豁免權，免受政府勒令停工的影響，可以繼續
運作。但是，雖然沒有停工，到公司上班的員工卻只有 15% 左
右，因為公司想盡量減少員工接觸到新冠肺炎的機率。另外，為
了省錢，艾斯特拉也裁掉大約 20% 的員工。這家公司每個月還
是需要幾百萬美元才能維持運作，而在疫情剛開始這幾個月，幾
乎不可能募到更多錢，畢竟沒有人知道全球經濟接下來會如何，
恐慌的投資人緊緊抓著手上的現金。

　　因為這種種問題，艾斯特拉一直到 2020 年 9 月才把另一枚
火箭製造出來、做完測試、運到阿拉斯加。9 月 12 日，一小群
戴著口罩的員工來到天鷹街的建築物，要把他們最新的機器送上
太空。

　　發射主管霍夫曼是任務中心的主角，他的橘色龐克頭讓人
一眼就看得到，幾大瓶布洛芬止痛藥和胃藥放在電腦旁，可見這
份工作壓力之大。「我們非發射不可，」他說，發射、爆炸、上
發射臺卻喊停，這些情況前前後後已經二十幾次了。

　　來到天鷹街建築物的人並不多，使得這次發射比平常輕鬆
許多。任務中心外頭沒有別人，只有最核心的一組人，必須在現
場排除故障或進行事後分析。菅泰爾那天先去買了啤酒，以防真
的有慶祝的需要。不過，一種悲觀情緒其實早就開始瀰漫。有人
抱怨說，明明已經對火箭做了一連串改善，卻還是每天有新的毛
病冒出來；前一晚，氦氣外漏造成發射喊停，外漏主因是一個從
未出錯的零件，而那個零件這幾個禮拜根本沒人動過。

　　汎迅老兵雷曼私下跟我獨處了片刻，宣布他下一份工作不

會從事航太業。「我跟倫登一起做了這麼多年，必須把這件事做完，」他說，「但是其實，我有時候會懷疑這些到底有什麼意義？現在太空上已經有 GPS 系統，已經有監視系統，太空網路也能做了，況且我需要的貓影片也已經都有了啊。」

坎普的身材比以前更精實，他斷食七天，只喝水，體重減了好幾公斤。不顧新冠肺炎病毒肆虐，他最近參加了一場馬斯克也出席的聚會，希望能因此帶來好運。「只要這枚火箭能發射出去，情況就會好轉，」他說。這時，有人從任務控制室走出來，從桌上拿起一瓶威士忌，往垃圾桶倒了幾口，再走回他的位子。

午後轉為傍晚，到了準備發射火箭的時刻。倒數再次開始，火箭再次升起，也再次找到新的失敗方法。火箭一發射，似乎就想往反方向飛，跟原訂路線相反。所以，朝天空飛沒多久，太空港的官員就按下「銷毀」開關，終結這臺機器，阻止它飛回科迪亞克島。

發射後，艾斯特拉在推特發文：「成功升起、飛出，但是在第一節燃燒時飛行結束。看起來我們獲得大量的標稱飛行時間。敬請期待更多最新訊息！」不久之後的線上記者會上，坎普宣告這是「漂亮的發射」，他說：「我們很驕傲做到這些。我們這套火箭發射系統從一開始的設計就是為了量產，我們可以在加州大規模生產。」

在天鷹街建築物內，私下分析這次火箭發射的員工有不同的看法。「一定有很嚴重的事情發生，」雷曼說，「它是逆向飛行。」火箭是在引擎好像對抗指令幾秒鐘之後才開始搖晃，天鷹

街建築物裡面的人幾乎全都認為，一定是軟體出錯，下指令要火箭往回飛；有可能是某一個方向感測器上下裝反了；也有可能是一個可怕的基本錯誤，譬如有人輸入導航系統的時候把數字打錯。不管是什麼原因，都是災難。

倫登感到很失望，但是很欣慰爆炸是在安全的地方發生。「一顆漂亮的火球，幾乎把所有燃料都燒光，」他說，「這對環境是相當良性的事。」他認為導航系統最終還是會搞清楚該怎麼做，要不是被安全官炸毀，火箭會完成任務。

遠觀這一切，貝克希望這次失誤會讓坎普停止詆毀火箭實驗室的機器是「過度工程」，他也懷疑這次事件是不是會讓艾斯特拉就此玩完。「他現在肯定沒錢了吧？」貝克問我。

如果是以前的時代，這次爆炸可能已經宣告艾斯特拉陣亡了。馬斯克和 SpaceX 出現之前，曾經有少數幾位百萬富豪嘗試過火箭生意，但是隨著時間過去，再加上火箭冒險啃食他們的財富，最後每個都放棄了。這個行業從來就沒有明確的獲利方式。美國政府和 NASA 獨厚自家太空計畫，對民營太空業者來說是口袋很深的競爭對手。再者，發射火箭的利潤並不多，大家會做這門生意純粹是出於想做，或是覺得把多餘的錢花一部分在這裡很好玩。馬斯克是唯一把這項事業做到底的人，要是他第四枚火箭沒有成功，他大概也退出了。

艾斯特拉的銀行戶頭雖然已經低到危險水位，坎普還是成功讓公司不至於斷炊，因為這是創投湧向太空產業的新時代，而且坎普會說創投的語言。他把艾斯特拉的火箭說成是 beta 測試

版，就像軟體新創公司拿到網路或手機上測試的應用程式一樣，有時行得通，有時行不通。沒關係，重點是繼續前進，直到「喀嚓」一聲成功。

當然，航太產業以外的人比較能以清醒的角度，來看待艾斯特拉的煎熬。這家公司一開始的想法很有吸引力——用超快的速度把火箭製造出來、發射、從中吸取經驗。可是，大多數人都認為，這家公司走到這裡不該只是這樣才對。以火箭來說，他們的機器小，相對簡單，就算要繼續爆炸，至少也應該飛個幾分鐘再爆，好讓他們取得重要數據，以避免日後再爆炸。看起來，艾斯特拉團隊或他們製造火箭的方式出了差錯，也有可能兩者都有問題。

可是艾斯特拉並沒有時間深入反省，也沒有時間大幅修改做事方式。他們只是找出上一枚火箭搞砸的原因，再把修正方案應用在廠房裡等待發射的火箭，然後就把這臺新機器運送到阿拉斯加。

12 月 15 日，霍夫曼再次倒數，讓火箭 3.2 號升起。這一次，天哪，它飛上去了，還飛了很久。這枚火箭做了所有該做的事，第一節分離，第二節引擎點燃，火箭一路飛進軌道。長期不和的坎普和湯普森，在天鷹街的任務控制中心擁抱在一起，口罩掩蓋不住他們激動的哭泣。火箭上的攝影機拍攝到火箭身後的地球，以及前方一片漆黑的太空。

幾秒鐘的狂喜後，艾斯特拉團隊重新把焦點拉回火箭發射，發現情況很順利但不完美。火箭在快要到達目標時耗盡燃

料，有進入太空，很可能是最快進入太空的民間資助載具，但是不算有進入軌道。這次發射奇妙地混雜了成功與失敗，沒有人知道該做何感想，當然，坎普除外。

「今年是艱難的一年，」他說，「最重要的是能以火箭發射成功結束這一年。我想這裡面有很多人的心血、汗水、淚水。我們有錢可以再發射一次，也有另一枚火箭躺在那裡，但是要把每個人都找回來再發射一次很難。」

從這裡開始，坎普對火箭實驗室這些花很多年才進入太空的對手明褒暗貶，他說：「坦白說，我很佩服他們，要讓一個團隊持續有動力、鼓舞他們堅持八年、十年，實在是不簡單。」

2021 年 1 月開始，坎普真的有新一年開始的興奮。「這枚火箭現在已經好了，」他說，「我們要把它拿去生產，大聲喊『Go!』，我們已經準備好了，今年夏天就會發射第一個酬載，然後馬上開始每個月發射。」

艾斯特拉打算興建第二座太空港，以增加多一點發射機會。就像 SpaceX 前輩一樣，他們也相中瓜加林，做為他們下一個最佳選擇。

「到那裡一趟的路途遙遠，」坎普說，「希望我們有飛機之後會容易一點。我們現在成立太空港團隊，就好像挑選星巴克設點位置一樣，有種種因素要考量。費用多少？附近有沒有可以降落 C-130 運輸機的機場？監管部分如何？我們會努力爭取許可，多設幾座。我們的計畫是先在美國設立，然後擴展到全球。太空港不過就是四周有圍欄的混凝土平臺。」

　　這些都需要花很多錢，但是坎普說最近的發射已經把錢的問題解決了。火箭升上去後，他開始狂發簡訊給投資人，現金開始進來，「很多很多，」他說。

　　這場半成功發射還改變坎普談起艾斯特拉的說詞。他還是會提到量產火箭，但是增添了新的調味。同樣是借自軟體界，他說要把艾斯特拉打造成一個平臺的基礎，而且不是普通的平臺，是致力於改善地球生活的平臺。

　　「我現在把這一切的走向看得更清楚了，」他說，「不是殖民火星那種故事。馬斯克做的事是馬斯克這個人才會做的事，我要讓艾斯特拉有自己非常、非常獨特的故事可說，而那故事其實跟地球有關，就是要讓地球上的生活更好。」

　　艾斯特拉一直被認為是太空界的聯邦快遞，它也以此自居，它要天天把新衛星送上軌道，而且盡可能便宜。只是現在，坎普忽然找到精確的語言來表達：那些億萬富豪要把人和東西送到遙遠的地方，拋棄地球，但我們艾斯特拉不一樣，我們會擁抱地球！

　　「我們能夠把一個全新的領域、一群全新的先驅送到太空建造東西，」他說，「行星實驗室花了十年、十億美元、三十代的鴿子，才讓他們的系統運作起來。而現在呢，自從行星實驗室之後，已經有四百家太空公司成立，他們募集了幾百億美元，這筆錢多到不可思議。他們都把目光放在地球，他們都想連接地球上的東西，他們都在觀察地球上的事物，他們都有一個共同的論

述，那就是改善地球上的生活。[1]重點是要讓他們的種種想法成真，要讓一個在宿舍想出某個點子的人，能把東西送上太空。就讓我們來降低這當中的所有成本，我們能讓他們成功。」

很明顯地，坎普拿我測試一些新說法。他覺得這次的火箭發射彷彿啟動艾斯特拉的下個階段，不僅僅是大量生產火箭那麼簡單，未來需要更宏偉的話語。為了讓公司進化，他在追尋某種東西，並加以準備。「有大事要發生了，」他說，「而且背後會有真正的大咖在支持。」

---

[1]　艾斯特拉甚至把「從太空改善地球生活」（Improve Life on Earth from Space）這句話拿去註冊為商標。

27

很合理啊，不是嗎？

　　2021 年 1 月底一個週六下午，坎普打電話給我，有大新聞：艾斯特拉將於 2 月 2 日股票上市，開始在納斯達克掛牌交易。如果是平常時期，「艾斯特拉股票上市」的想法毫無道理，但現在不是平常時期。

　　早在新冠疫情之前，向來奸巧的華爾街天才就已經愛上一種金融工具，可以讓投資人收購那種獲利不行、但宣傳和許諾未來很行的公司，這種工具稱為特殊目的收購公司（special purpose acquisition company），簡稱 SPAC。

　　要創立一個 SPAC，得先有幾個有錢人集合起來籌資，然後承諾日後會用這筆資金去收購公司。也就是說，SPAC 本身完全沒有製造什麼東西，就只是一池子現金，通常是幾億美元。這幾個籌資人會到世界上去找公司來收購，併入他們的 SPAC，合而為一。瘋狂的部分是，SPAC 甚至連公司都還沒收購就可以公開交易，投資人可以看看籌資人是誰，要是喜歡這些籌資人的背景或是覺得他們好像很聰明、好像嗅覺敏銳，就可以購買他們的

SPAC 股票，然後寄望這一池子的錢最後買到有意思的公司。

　　另一個瘋狂的部分是，SPAC 過去是會被斜眼看的東西。這個東西已經存在幾十年，是公認名聲最臭的金融工具之一，在過去，鋌而走險的人會利用 SPAC 收購有問題的公司，一番擦脂抹粉後，再當成了不得的東西推銷給不知情的投資人，常常導致投資人血本無歸。

　　可是到了 2019 年左右，矽谷和華爾街有人自認能提出新說詞來洗刷 SPAC 的臭名。他們的主張是，很多不賺錢的科技公司日後有可能變成龐大帝國，應該要給投資人盡早買進這些公司的機會，才能從這些公司的成長當中獲利，而這些公司也應該要有募集大量資金的機會，才能更快速成長。

　　正常情況下，一家公司會花至少兩年時間轉虧為盈、提高成長率，然後才股票上市。一個原因是，美國法規禁止上市公司對其財務表現做投機推測，投資人應該根據公司過去的財務數字去做判斷，再自己推測可能的走向。過去兩年、三年、四年表現愈好的公司，上市之後愈容易受到投資人青睞。

　　但是因為華爾街時不時就會把合理這回事拋在腦後，SPAC 以及 SPAC 收購的公司等於對未來的表現有話語權，想怎麼說都可以，可以把投資人搔得心癢癢。你們的藥物可以在五年內治癒癌症嗎？要這麼說也是可以啦，對。你們可以解決全球暖化嗎？我們相當有把握可以說「是」。你們的營收會翻兩倍、三倍、四倍？當然啊，為什麼不會呢？

　　SPAC 等於讓不管哪一種投資人都扮演創投角色，投資人做

高風險押注，寄望某家公司中大獎。但是這並不是經營公開市場最穩當的方式，因為有充分理由相信，很多投資人並不了解自己涉入的風險，但是管他的。有錢人想賺更多錢，而在這場疫情造成金融市場忽上忽下、常常瘋狂亂漲的時刻，SPAC 這場班師回朝的戲碼似乎來得剛剛好。

艾斯特拉的追求者就是一家名為 Holicity 的 SPAC，是一年前由億萬富豪、電信傳奇克雷格‧麥考（Craig McCaw）所創立。他向比爾‧蓋茲在內的幾個好朋友募了三億美元，再加上投資公司貝萊德（BlackRock）拿出來的兩億美元，把艾斯特拉帶到納斯達克上市。

根據安排，艾斯特拉會先併入 Holicity，等接下來幾個月解決一些監管的小問題，就能開始以 ASTR 代碼在納斯達克交易。不過因為 Holicity 本身已經是上市公司，所以投資人等於馬上就能買進艾斯特拉股票，不必等紙上作業完成。坎普在 2 月 2 日宣布這筆交易，Holicity 的股價在當天就從 10.34 美元大漲到 15.00 美元，到週五收盤已經是 19.37 美元。短短幾天，艾斯特拉就從瀕臨破產變成價值二十億到四十億美元的公司。

對外宣布前，坎普在那次與我的談話中，把 SPAC 的優勢發揮到極致，把艾斯特拉的未來說得一片光明。潛在的投資人會聽到這些說法：艾斯特拉的火箭雖然沒有進入軌道，就差那麼一點，但是他們已經搞清楚問題出在哪裡，年中會再發射一次火箭，成功後，2021 年下半年會開始每個月發射，然後會努力天天產出一枚火箭、天天從他們在全世界各地打造的發射臺發射一

枚火箭。在他這次最新、改良過的訊息當中，他說艾斯特拉還會跨入衛星生意，會把最常見的衛星零件直接安裝在他們的火箭裡面。「這樣客戶就能專心做他們想送上太空的相機、軟體、獨特的無線電等等，」他說，「我們要建立一個以火箭發射為基礎的平臺。」

坎普顯然逮到機會，不忘嘲笑一下火箭實驗室。「我不知道火箭實驗室在幹嘛，」他告訴我，「他們還在敲敲打打他們那個高性能、但發射頻率很低的法拉利火箭，他們幾年前就進入軌道了，結果現在每年還只發射幾枚火箭。我們現在是上市公司了，已經有能力開展業務，天天發射火箭。」

一得知艾斯特拉募資上市的消息，火箭實驗室的貝克幾乎血壓飆升，他寫信跟我說：用創投的錢是一回事，創投對他們承擔的風險很清楚，但是用老爸老媽的退休金就完全是另一回事了，「說我守舊老派也好，難道現在真的不講正直了嗎？」

貝克早就懷疑艾斯特拉的技術能力，對坎普那種業務員推銷術不屑一顧，他不懂，為什麼會有人認為只能攜帶四十五公斤上軌道的火箭有市場？更重要的是，為什麼會有人相信坎普？「他們的數字根本說不通，」貝克寫道，「我相信坎普最後會得到教訓的。」

對我來說，這整個宣告最難以置信的地方在於，竟然是克雷格‧麥考和比爾‧蓋茲在支持艾斯特拉。這兩個人早在1990年代就資助過一家衛星新創公司，叫做泰萊德西克（Teledesic），要用幾百顆低成本衛星在低軌道建立一套通訊網路系統，資本僅

僅九十億美元。最後就像之前的銥星公司和其他同類公司一樣，
泰萊德西克也不順利，到 2002 年什麼成果都沒達成就停止運作。

　　不知道為什麼，這兩個人竟然決定在 2021 年重返太空競
賽，但是這次他們不追逐利潤豐厚的衛星服務，反而大膽進入低
利潤的火箭發射世界。

　　「搞半天，我們在泰萊德西克追求的那整套系統是錯的，」
麥考告訴我，「讓穿著實驗室白袍的人做衛星沒有意義，而且你
聘雇愈多國防部和老太空的人，他們就愈會卡住你的公司。你如
果要用那些大型太空公司和國防部包商控制不了的火箭，他們就
會說：『如果你不用我們的火箭，我們就把你的公司毀掉。』就
連當時的保險費都多到可以讓現在的艾斯特拉發射三十次。」

　　看來他是把艾斯特拉這筆投資視為復仇，或者至少是一種
贖罪。「我們回到一個最令人沮喪的地方，也是最沒有什麼改
變的地方，那就是火箭發射，」他說，「國防部包商死命要擊退
SpaceX 這些公司，但是馬斯克顯然給他們強行灌下一套新的做
生意理念。這些老傢伙現在注定成為太空產業的汙點。他們會被
丟到一旁，因為商業化的太空計畫一定會做得更出色。」

　　新冠疫情剛開始吞沒全世界的時候，彷彿整個新太空幫（除
了 SpaceX、行星實驗室和火箭實驗室）都可能消失不見。火箭新
創公司在苦撐，衛星新創公司在一面燒錢，一面等機會上太空。
情況愈來愈絕望，而且好像只會愈來愈慘，因為全球經濟完全停
止，投資一夕消失。在這個末日降臨之際，沒有哪個腦袋正常的
投資人會把幾億或幾十億美元丟進風險最大的事業。

　　然而，我們都知道，最驚人的事情發生了：各國政府開始印鈔票發錢，全球股市上漲，大量現金開始流向科技公司。火箭和衛星製造商突然站在有利的位置，可以用他們那些富有理想、超越地球凡塵俗世的商業計畫，在這片投資熱潮中獲益。艾斯特拉透過 SPAC 上市後不久，火箭實驗室也跟進，還有行星實驗室以及其他十幾家太空公司也是；其中沒有任何一家有獲利，但是每一家都突然就價值幾十億美元，好像變魔術。

　　艾斯特拉馬上開始利用這筆新財富。首先，他們從矽谷赫赫有名的大公司挖來一批高階主管，最奇怪的是任命班傑明・里昂（Benjamin Lyon）為首席工程師。里昂來自蘋果，蘋果並沒有製造火箭，至少到我寫這本書為止沒有，他的經驗主要是開發筆電和 iPhone 的觸控板，據說還有蘋果難產的自駕車祕密計畫。坎普的說法是，里昂可以帶進新視角、製造工業級產品的知識。不過在其他談話中有人告訴我，里昂是被請去讓艾斯特拉的投資人心安的，他在矽谷有好名聲，董事會認為他可以牽制坎普一些比較冒進的衝動。雖然里昂以前沒接觸過火箭製造，但是他基本上就是火箭長，湯普森和倫登被推到一邊。

　　由於上一枚火箭在快要進入軌道前耗盡燃料，所以艾斯特拉也決定把錢花在製作新的、更大的火箭。火箭長度增加 1.5 公尺，也增胖一點，以便裝進更多液態氧和煤油。他們再次依據新設計更改每趟發射的價格，現在每趟要價三百五十萬美元，只能載運五十公斤的貨物進入軌道。他們在網站上還宣傳說有能力載運五百公斤以上的貨物上太空，卻又神神祕祕的，沒有任何細節

說明他們那臺小機器要如何辦到，也沒有人去追問他們這件事。

　　2021 年 7 月 1 日，SPAC 的文書作業全部完成，艾斯特拉正式開始以 ASTR 代碼在納斯達克交易，成為第一家股票上市的純火箭公司，是太空商業產業一個重大時刻。坎普和許多員工飛去紐約，敲響納斯達克上市鐘。

　　在納斯達克的簡短演說中，還是招牌一身黑打扮的坎普，向潛在投資人介紹艾斯特拉一路走來的歷程。「四年前，我和倫登靜悄悄成立艾斯特拉，懷抱從太空改善地球生活的大膽使命，」他說，「我們的願景是打造一個更健康、更緊密連結的地球，激發一支全球最有才幹的團隊去打造火箭，並且以史上最短時間和極低成本發射出去。現在我們有資源可以執行我們的百年大計。……讓我們一起來創造一個人人共享的太空。」他還誓言那年夏天就會進行艾斯特拉首趟商業發射，在 2025 年實現天天發射的目標。

　　演說結束後，艾斯特拉團隊聚集在坎普周圍，一起在敲鐘臺上慶祝。剛從蘋果聘來的里昂就站在坎普和倫登旁邊，其他幾位新聘高階主管站在最前排，霍夫曼和少數幾位老員工也在，只是大多站在邊邊。觀看這一幕的人不知道的是，過去四年建立起艾斯特拉的人有好幾位已經在最近幾週離開，馬汀走了，雷曼走了，法蘭特走了，卡爾森、布羅克特、基特、吉斯、凱利、喬納萊絲、弗拉納根也都走了。有的被解雇，有的是累壞轉行去了。很多人不喜歡新的管理階層，覺得這家公司已經被投資人推往錯誤的方向。不管還在不在這家公司，現職與離職員工都在想，是

不是該繼續持有這家公司的股票，還是該趁著外界投資人把股價愈推愈高，談起投資火箭業興奮到嘴角全是唾沫的時候趕緊賣掉。

有別以往的發射

　　8 月底，改組後的團隊首次有機會證明他們的帶領是往正確的方向前進。艾斯特拉這趟並不像坎普所說的是商業發射，因為還沒有客戶願意把真正的酬載交給他們。不過美國太空軍（US Space Force）答應給予支持，測試一下艾斯特拉的能耐，他們會在火箭上放幾個感測器，看看搭便車的衛星會如何。照例，一些人前往阿拉斯加準備火箭 3.3 號，其餘員工齊聚天鷹街的建築物，在任務控制中心各就崗位（也有人只是去觀看）。

　　跟過去幾次不一樣，艾斯特拉這次的火箭很快就發射出去，而且是以火箭產業史上最奇特壯觀的方式發射。火箭一升起，五部引擎其中一部就失靈，引發小爆炸。少了一部引擎的推力，火箭偏向一側，但是並沒有翻覆，而是繼續離地幾公尺緩慢向一側移動，飄離發射臺，朝向發射區周圍的金屬柵欄，就像一個喝太多酒的人從椅子上站起，開始朝一個方向搖搖擺擺移動。古怪又好笑的是，火箭繼續盤旋在地面上方，接著就往柵欄一個大約 3.6 公尺寬的開口穿出去，彷彿有人早就知道會有這種事發生，預先開了一道門。飄移了一段長到有點尷尬的時間後，火箭竟然做了出乎眾人意料的事，開始往天上飛。它燒掉的燃料夠

多，足以讓其他四部引擎做該做的工作，把火箭推向太空。艾斯特拉的員工和觀看線上直播的人都張大了嘴巴，看著火箭一路穿過 Max Q，達到超音速的速度，飛了兩分半才開始偏離航道，被太空港官員結束生命。[1]

一連幾天，這枚火箭成了網路上的小名人。不管是頭髮花白的航太老兵，還是在線上花了幾個小時觀看發射的太空迷，都沒見過火箭以這麼離奇的方式失敗，也沒看過這種「敗部復活」時刻。大家又再一次不知道該怎麼看待這臺機器。一發射就有一部引擎失守實在很匪夷所思，但是軟體部分顯然是做對了什麼，才有辦法堅守不退，然後搞清楚情況，自我修正過來。

不過，最近距離觀察艾斯特拉的人都知道，這次發射從某些方面來看是最糟的一次。火箭計畫通常是穩步前進的：第一枚火箭爆炸，第二枚飛了一會兒之後爆炸，第三枚差點成功，第四枚成功，然後再一次成功，再一次成功。但是艾斯特拉卻相反，它 2020 年 12 月碰到軌道邊緣，八個月後卻淪為喜感滿滿的混亂。最糟的是，禍首是這臺機器上面測試最多次、分析最多次的設備，艾斯特拉顯然沒有學到重要教訓。「太空或許很難，但是就像這枚火箭一樣，我們不會放棄，」坎普在推特上發文。

過去，民營火箭公司能關起門來做自己的實驗，沒有義務讓外人看他們連連爆炸的過程，通常只有等到火箭成功才會把影像公開。艾斯特拉以前也是如此，但現在它已經是上市公司，改

1　影片在此：https://www.youtube.com/watch?v=kfjO7VCyjPM。

走大膽路線，直播火箭發射。這家長期以來保持神祕的公司，現在攤開在眾人目光下，願意接受審判，而審判也來得很快。

火箭發射後的週一股市開盤，艾斯特拉的股價大跌 25%，最有影響力的網路公共知識份子紛紛湧向 Reddit[2] 等論壇表達對艾斯特拉的失望，他們不少人投資這家年輕有潛力的火箭公司，卻很驚訝地發現原來火箭會橫飛、然後上升、然後爆炸。大多數公司都有幾個月或幾年的時間來證明自家產品成功與否，艾斯特拉所處的領域卻更為二元化，不是成功進入太空，就是失敗，產品真的會在一團火焰中燃燒殆盡。

還有一件火箭產業首見的事。這次發射馬上就讓艾斯特拉惹上官司，好幾家律師事務所的勇敢律師願意提供協助，調查艾斯特拉和其高階主管是否過度吹噓他們的能力、他們的火箭爆炸是否違反證交法。

這些訴訟雖然既可悲又偏激，卻也點出艾斯特拉做為一家上市公司的喜劇層面。在地球上，了解火箭建造有多麼艱辛、能不能成為一種行業的人實在太少。事實上，最了解的人通常認為跨入火箭領域是頭殼壞掉，而艾斯特拉卻自己站上公審的舞臺，這群公審群眾有的自認很懂太空，有的夢想用某種方式參與太空事業，有的只是想利用願景炒作和悲觀情緒之間的上下波動大賺一票。

股票上市是艾斯特拉和坎普做的現代版魔鬼交易。任何情

2　譯注：相當於臺灣的 PTT、Dcard 網路論壇。

況下，像這樣的組織不可能會有第七次發射機會，可是因為艾斯特拉已經募到這麼多錢，所以理論上未來幾年還是可以一直造火箭、一直炸毀火箭。這看起來完全不合理，至少在我看來是這樣，幾億美元竟然流向一個無法順利運作的產品，就算可以運作，產品是否有價值也讓人懷疑。

不過，換個角度看就很合理了。

坎普體現了矽谷精神。在他精實、靠斷食保養的身軀裡，蘊藏著無窮的樂觀、活力、競爭砲火、聰明才智等特質，以及一股總想要挑戰法規權威等等的欲望，他投注畢生心力來玩這場火箭發射遊戲，而且玩得很好。很多人不喜歡他，覺得他不老實，但也有人覺得他討人喜愛，更重要的是，他很有效率。從很多方面來看，坎普就是為了在瘋狂的新太空時代帶領一家公司而生的男人。

一個被解雇的艾斯特拉前員工說得最好，他不是坎普的粉絲，而是有幾分事實說幾分話的人。他看過很多有火箭製造經驗的人來艾斯特拉，卻遲遲製造不出飛得起來的火箭；他看過倫登這個可能是全公司最聰明的人，卻被迫放下最愛的火箭去處理預算問題和午餐吃什麼；他也看過從大公司來的人拿到好聽職銜和股票，只想從下一波大趨勢大撈一筆，管他是火箭還是廣告演算法。「但是唯一從頭到尾坦率、透明如一的人是坎普，」他說，「這棟建築物裡面只有他一直在做他說要做的事：去拿到一堆錢，讓大家有機會嘗試去完成自己的夢想。」

最瘋狂的麥斯 [1]

1　譯注：仿自賣座電影《瘋狂麥斯》(*Mad Max*)。

28

憑著熱情

　　麥斯‧波利科夫（Max Polyakov）人在德州，所以他想做德州人會做的事。那是 2018 年 10 月某個午後，他跟另外兩個人跳上一輛卡車，要開去布里格斯（Briggs）的「五路啤酒穀倉」（5-Way Beer Barn），距離奧斯汀（Austin）市中心以北八十公里。你可以直接把車開進去那裡、搖下車窗，會有個親切女子用德州口音問：「今天需要什麼？」然後把啤酒、烈酒或一大捆乾草，咚的一聲塞進你的車子裡。

　　波利科夫來自烏克蘭，對每件事物都表現出超乎尋常的熱情，比方說，一接近那間紅色大穀倉，他就會大喊：「啤酒穀倉！你看看！只能進入！你看看！你看看！你看看！我們來得正是時候！」他看到餵鹿的玉米飼料就開心不已，眼睛一下看口嚼菸草，一下看牛肉乾，聽到啤酒穀倉除了現金也收信用卡，他先是驚訝，接著又興奮起來。他樣樣來者不拒，細細品味各種體驗，看在我們多數人眼裡應該都會既羨慕又嫉妒。「文化就是文化！」他在回程車上這樣說，手上捧著二十四罐裝的綜合啤酒禮盒。

　　你很可能現在才聽說波利科夫這個名字，這是意外，但也不是意外。波利科夫是繼馬斯克和貝佐斯之後，在這場太空豪賭押上最多個人財富的人，他從自己的口袋掏出兩億美元投資火箭新創公司「螢火蟲航太」。所以，他來德州看看這筆錢是怎麼花的再合理不過。他來看螢火蟲航太超大的引擎測試場和製造設施（離啤酒穀倉約八百公尺），也順便到螢火蟲航太位於斯德伯克（Cedar Park）的總部辦公室刷一下存在感。

　　我第一次見到波利科夫是在一年前，當時我們兩個都住在矽谷。我常聽航太業的人說起這場火箭競賽裡有個烏克蘭神祕富豪，一直想知道是何方神聖。根據網路上的資料，波利科夫有一家叫做人類圈創投（Noosphere Ventures Partners）的公司，只是這個組織到底做了什麼並不清楚。此外他還參與幾家很成功的網路交友網站、遊戲網站、商業軟體公司，只是公開的簡歷上並沒有解釋他是如何賺到足以投資火箭公司的錢，也沒說他到底是什麼樣的人。

　　我第一次拜訪波利科夫位於門洛帕克（Menlo Park）的辦公室，看到的是一個四十歲出頭的男子，身材比一般人略高，有爸爸大肚腩，淺棕色頭髮修剪得極短，圓圓的臉龐有點可愛，又有點促狹。他親自在門口迎接我，帶我參觀辦公室。這個人顯然很喜歡科幻藝術，也有幽默感，入口處上方有十幾個小小監視攝影機組成的雕塑作品，會議室旁邊放了一隻金屬電腦豬，其他地方也處處可見太空工藝品，有火箭和衛星的模型，有大塊的機械裝

置。他似乎也喜歡宗教聖像，許多牆上都掛著聖人畫像。[1]

　　多樣化的裝飾與眼前這個對我講話的人十分相襯，話語和想法連珠砲般從他嘴巴吐出來，斯拉夫口音讓我花了一點時間才聽懂他在說什麼。

　　從連珠砲襲來的頭幾句話中，我得知波利科夫的低調是因為不相信媒體，尤其是西方媒體。他之所以答應見我，是因為有人推薦；他那位名叫阿提姆・阿尼西莫夫（Artiom Anisimov）的白俄羅斯首席副手為我的報導掛保證，認為我可能不是爛人。

　　閒聊了大約半小時後，波利科夫熱絡起來，開始表露自我。螢火蟲航太正在打造第一枚火箭，會比火箭實驗室、艾斯特拉這些新創公司的火箭大很多，但是比 SpaceX 的獵鷹九號還小。如果那些小新創公司是小轎車、SpaceX 是十八輪大卡車，螢火蟲航太就是太空上的小廂型車，可以載運大量貨物，而且價格合理。但是只做火箭是很蠢的事，波利科夫這麼告訴我，因為他的野心大很多，他要製造推進器、衛星、軟體，差不多就是要吃下航太產業一大塊。說到商業策略的時候，他的口頭禪是「全面進攻」和「懷抱熱情」，更自顧自滔滔不絕解釋起這兩個詞，還說以及他的活力和商業頭腦加起來可以怎麼殲滅競爭對手，把他們打到不省人事。

　　不用說，我從一開始就喜歡上他，程度有增無減。

　　波利科夫告訴我，他的父母曾經在蘇聯太空計畫服務。烏

1　這次拜訪在俄羅斯入侵烏克蘭之前幾年，這場戰爭對波利科夫以及後面提到的人和地方都有很大影響。

克蘭一直是洲際彈道飛彈和航太火箭的工程與製造中心，但在蘇聯解體後陷入經濟低迷，航太產業也跟著崩盤，只能任憑人才荒廢。波利科夫的宏大計畫是，他要做一件在冷戰時期無法想像的事：把老蘇聯最厲害的航太工程跟美國最厲害的新太空工程結合起來。他會在烏克蘭設立工廠和研究機構，請來蘇聯太空計畫的頂尖工程師，再找來聰明的年輕新秀，由這些人開發出技術，再送到德州。螢火蟲航太將會成為史上兩個最大太空強權的知識交會點，即使是馬斯克也無法與這樣的巨獸相抗衡。

這個計畫聽起來傻呼呼的，因為真的傻。美國對航太技術有嚴格控制，不管是政府還是軍方，都不可能樂見隨便一個烏克蘭人就這麼冒出來，在前蘇聯集團和德州中部之間建立一條智慧財產輸送帶。不過這個想法也有浪漫的成分：這個世界已經不一樣了，為什麼不找個方法利用幾十年的知識和精湛工程，而不是任其閒置或甚至更糟——落入美國的敵人手裡？也許波利科夫就是能促成這件事的人。

我那次在網路上搜尋時也看到，航太業聽過波利科夫的人早就在散播一種論點：他要麼不懷好意、要麼是間諜，不然就是不懷好意的間諜。他擁有交友網站，再加上他的烏克蘭背景，很容易就讓人聯想到他一定在做什麼不可告人的事。也許他要把美國的技術偷回烏克蘭，或更糟糕的情況是偷回俄羅斯；也許他是用我們不知道的不正當手段賺到錢，更何況，他講話怪怪的。

說真的，在我們見面的當下，我根本沒把那些評論放在心上。眼前這個男人言談是誇大其辭沒錯，但是顯然也很聰明，而

且對生活充滿歡喜，讓人會想跟他在一起。我從來沒聽過有誰會這麼熱情浪漫地談論太空、商業、祖國。他說他來美國是為了證明移民也能做了不得的事，他想做出很棒的火箭造福這個偉大國家，同時也希望能幫到他的家鄉同胞。我是滿相信他的啦。

德州很好

螢火蟲航太的過去和現在一言難盡，我們後面會講到，但是現在你需要知道的是，這家公司成立於 2014 年，創辦者有三人，其中一個叫做湯姆·馬庫希克（Tom Markusic）。馬庫希克經營了幾年，直到 2017 年公司破產，就在這時候，波利科夫幾乎就像變魔術一樣突然冒出來，拯救了這家公司，還讓馬庫希克回來擔任執行長。

馬庫希克的太空資歷可不是開玩笑的，NASA、SpaceX、藍色起源、維珍銀河他都待過，做的是火箭推進前瞻領域的先驅研究。雖然不是德州出生，但是他已經很融入德州人的角色，常常一身靴子、牛仔褲、短袖有領衫，嘴上留短髭、下巴有蓄鬍。他喜歡槍、啤酒、卡車，只要有機會，三種同時都會有。他總是充滿信心，豪氣地過每一天，這或許是想融入德州人角色時最重要的事。他會跟團隊說：「我每個禮拜都要跟你們強調的一件事是『用頭腦工作』，第二件事是『回去工作』。」

波利科夫和馬庫希克搭檔的神奇之處在於，創造了一個上演荒謬戲劇的舞臺。一個古怪的烏克蘭富豪擁有一家沒有人希望

他擁有的公司；波利科夫讓馬庫希克繼續擔任螢火蟲航太的老闆，一是寄望馬庫希克真的知道如何製造火箭，二是讓全世界對螢火蟲航太的存在比較放心。結果這兩個人其實根本沒那麼在意對方，他們的結合純粹是因為兩人都對新太空充滿幻想：也許我們能做到這個？是啊，一定很酷！

　　為了證明這兩個人的共演有多麼奇妙怪異，請容我倒帶回到那趟啤酒穀倉行之前。當時波利科夫正在勘察螢火蟲航太在德州鄉間的場址，馬庫希克則是努力要證明他是一代天才，不會讓他的火箭公司破產第二次。

波利科夫：德州很好！很好！不像加州，是真正的美國，真正的道地，很好！我來這裡可以感受到那股熱情、那股活力，每件事都協同一致，一起朝著星星前進。就好像找老婆一樣，一開始你只看到美貌，然後其他所有優點一一出現。你一覺醒來會有一股想做點什麼的能量，對吧？對，對，全面進攻。進攻！你有聽到嗎？對，這就是我們製造火箭的原因！

馬庫希克：這是我們的測試場。測試場最重要的一點是，必須有好天氣，因為你得常在戶外工作。德州通常一整年都很乾燥，夏天很熱，但是還可以忍受，冬天相當溫和。你還得要有很大的空間，因為會製造很大的噪音，你需要有個出錯或爆炸也不會影響土地或附近人員的空間。

　　德州有很多石油工業，而建造測試臺有很多部分牽涉到建築

結構、焊接、管道、水管、閥門、機械加工廠等等，所以這裡確實有很多相關的產業可以輔助我們。

我們找遍奧斯汀所有地方，這裡是最好的組合，成本低，法規限制少，我們在這裡想建造什麼都可以，不需要有任何許可什麼的，這對於降低成本、加快速度是很重要的條件。這裡沒有噪音相關的法條，我們要在這裡做任何事都沒有問題，沒有任何法規限制。

波利科夫：這是我們的土地！你看看多美啊！螢火蟲農場。

馬庫希克：是火箭農場。我們一年大概要付三百美元的地價稅，因為這裡是農場，所以波利科夫現在是農夫。

波利科夫：我看起來像農夫，但是我的嗜好是火箭。噢！你看那邊，我可愛的牛！

馬庫希克：是啊，這裡大概有上百頭，這些牛見過不少世面喔。

波利科夫：可愛的牛！你看看我可愛的牛！可愛的測試場！牛更多！你看看我們有這麼多牛！我們是太空大老闆，有很多牛！

馬庫希克：牛肉。

波利科夫：牛肉！

馬庫希克：牛肉和火箭。

　　好，我們等一下就去看一些硬體，但是我先讓你看看新的測試臺。我們正在這個測試臺上打造火箭的第二節。

波利科夫：全部都是從零開始！看看那頭牛，那是牠的雞雞嗎？

馬庫希克：不是，可能是乳房。哈哈，那頭牛有四根雞雞。我們到這邊來，可以看得更清楚一點。

　　就像波利科夫說的，這些都是我們從無到有打造出來的。這裡原本只是一塊養牛的地方，地底下是鈣質層，是他們用來做道路基底層的東西，我們挖了很多鈣質岩出來，鋪設這裡的道路。我們每樣東西都是自己做，我們在這棟小小建築物裡做出你眼前這些焊接出來的物品，以及每樣東西。我在 SpaceX 的時候，他們最早的測試場就是我弄的，我在那邊真的學到很多，我想這會是讓我們與眾不同的地方。

　　這裡是我們的合成材料工作間，做的工作很雜，有引擎組裝線和流體系統組裝線的無塵室。那裡有一個烤箱，用來處理所有合成材料零件。

波利科夫：都是重金屬，不是矽谷那種，你懂嗎？是重金屬。今天會做多少測試？還會有引擎燃燒測試嗎？

馬庫希克：我要他們一天做兩次。先做一次測試，然後把引擎拆下來，修好，再裝回去做一次，兩次測試之間大概要花五個小時準備。我們要在那些樹林那邊興建另一個設施，蓋一座牆圍起來，就像阿拉莫（Alamo）要塞之類的，讓你可以躲起來，波利科夫，一個堡壘要塞。

波利科夫：有幾個該死的俄羅斯間諜來了，要殺死我。

馬庫希克：是啊，所以如果有俄羅斯人來，你就可以進去，然後說：「去你媽的！」

波利科夫：我們要去啤酒穀倉嗎？

馬庫希克：辦公室有很多啤酒。

波利科夫：你嘛幫幫忙，那才不好玩。啤酒穀倉！

馬庫希克：好吧，我們去買一些啤酒。你覺得他們下午兩點還有開嗎？

波利科夫：下午兩點當然會開，不然他們還能幹嘛？啤酒穀倉！

29

上帝叫我做的

　　湯姆‧馬庫希克的故事很簡單：他在執行上帝交代的任務，要把人類智慧傳播到全宇宙。

　　馬庫希克成長於俄亥俄州曼圖亞（Mantua），那是俄亥俄州東北部一個藍領工人小鎮，人口只有一千人左右，鎮上只有一個紅綠燈。他的父親是通用汽車（GM）的裝配線工人，家裡在鄉下有塊地，馬庫希克會跟兩個兄弟在那裡嬉戲玩耍，設陷阱捕捉狐狸和麝鼠。[1] 馬庫希克雖然最後投身深奧的物理學領域，但是他發現小時候身邊的人重視勞動，體力勝過頭腦。「我在一個很普通的家庭長大，家裡工作勤奮，但是沒有學術淵源，」他說，「在美國那個角落，不一定需要學歷，那裡有很好的工業工作，大家都做那些工作。」

　　十三歲那年，馬庫希克在斯塔霍斯基農場（Stachowski Farm）找到一份工作，那座農場是家族經營的生意，以飼養訓練阿拉伯

1　馬庫希克沒有跟父母拿零用錢，而是殺動物剝皮出售來賺零用錢。

馬聞名。馬庫希克從照顧馬匹、捆草開始做起，一路做到修理機械設備，這給了這位青少年初嚐潤滑油和工具的機會，更重要的是，強迫他從頭開始了解這些機器的運作，或者用他的話說是學習「工程的精髓」。「如果你拆開過一臺捆草機，裡面就像一座奇妙花園，」他說，「就像一臺化簡為繁的魯布‧戈德堡機器（Rube Goldberg）²，有小小的金屬片和小小的結，會一起滑動。處理這個東西所需要的心理素質是，你要學會克服一個個困難，即使不想再做也要堅持下去。」

　　這份農場工作的意外收穫來自馬庫希克碰到的人。有些阿拉伯馬匹身價上百萬美元，有錢的買家和他們有錢的孩子會在夏天來這裡檢查馬、騎馬；另外，馬庫希克也會去參加全國各地的馬展。透過這些出遊，他發現一個令他這個中西部小鎮男孩印象深刻的社會階層，也讓他意識到曼圖亞之外的機遇。³

　　馬庫希克的父母很少關注他的課業，其實也不需要，這個小孩自然而然就會被學業吸引過去，甚至形容學校是「讓人覺得自由的」、「誘人的」，因為那是他能掌控的領域，而且沒有任何煩人的期待。他在必修課的表現出色，也會深入鑽研他有興趣的科目。

　　高中畢業時，他不知道下一步該做什麼。沒錯，他的學業

2　譯注：一種設計得過度複雜的機器，以過度迂迴的方式完成簡單的工作。美國漫畫家魯布‧戈德堡在漫畫中創作這種複雜機器，因而得名。

3　馬庫希克現在跟農場主人還有聯絡，他們來奧斯汀拜訪客戶麥可‧戴爾（Michael Dell，戴爾電腦創辦人）的時候，馬庫希克會陪他們一起去。

成績很好，但是家裡從來沒有人提過讓他上大學的想法。他當時正在跟一個名叫克莉絲塔・英格利希(Christa English)的同學交往，兩人從十歲開始就是朋友，英格利希家從事房地產，認為上大學有其必要。英格利希先生講白了，馬庫希克如果想繼續跟他的女兒交往，就得挑個領域去研究、選個學校去念。馬庫希克想了一下，想起自己從小就喜歡火箭和飛機，不如乾脆就去念相關科系。

奇怪的是，馬庫希克對自己的航太緣起竟然有第二個版本，跟追女生或是討好女友的父母完全無關。在這個神祕色彩多很多的版本裡，馬庫希克回到小學五年級，在耶誕節收到一套火箭模型禮物，他一把扯開包裝，把模型組裝好，就去自家附近那塊八百平方公尺的玉米田。天空很藍，一點風也沒有，這個急切的男孩舉目望去，盡是初雪覆蓋的廣闊田地，他將火箭滑下安裝在發射臺上的金屬杆上，點燃引信，然後事情一發不可收拾。

「那個聲音有點嚇到我，」他說，「我記得我抬頭仰望藍色天空，就這樣看著它急速上升，然後飄啊飄，分離，降落傘打開，開始降落。那時我已經聞到煙霧飄出來的味道，如果有相機對著我，一定會拍到我笑得合不攏嘴。

「這感覺……嗯，有點玄妙，我覺得好像與命運相會，就像『這就是活著的感覺，是我生來要做的事。』」

「我是基督徒，我相信天命，相信每個人天生必有用，上帝對我們每個人都有一個計畫。我當時並不知道，不過我想，你知道的，我好像跟宇宙產生共鳴，找到我的天命是什麼。所以我覺

得我是生來製造火箭的，這是我對這整件事的第一個情緒反應。小學五年級的我，雖然沒有任何引導，也不知道自己想做什麼，但是當時就已經確定了。那是深埋在我內心的熱情，那是我一生要做的事。」

　　不管你相信哪個原因，是克莉絲塔‧英格利希，還是神聖的火箭模型，或者兩個都相信，不管起因是什麼，馬庫希克都以極大決心在這個領域發展。他先是進入俄亥俄州立大學，取得航空太空工程學位，接著又拿到田納西大學航太工程與物理碩士，然後前往普林斯頓大學攻讀機械與航太工程博士。「最後我一路念書念到沒有更高的學位可拿了，」他說，「以我的出身來說，能拿到普林斯頓博士是相當特別的。」

　　這時候，如果你是在執行上帝交付的星際任務，那你肯定會把目標設得很高遠，這正是馬庫希克做的事。他一頭就栽進超級複雜的電漿物理領域，研究「物質第四態」。

　　物質有三態，氣態、液態、固態，然後還有第四態電漿，電漿可以想成是帶電的氣體。分子的溫度如果高到一個程度，它的原子就會開始解離，電子會開始離開原子核，形成離子，這個充滿能量的混沌體就進入電漿狀態。閃電、極光、恆星的核心、核武器都是電漿。在馬庫希克看來，電漿是新一代火箭燃料的希望。進入低軌道或月球還不夠看，他想製造的火箭是要飛越火星，甚至到達太陽系最遠處，而要做到這一點，就得換掉仰賴化學爆炸的傳統噴火火箭，改用潛能幾乎無限的電漿，也就是把電能輸入物質，讓它加速。

馬庫希克是這麼解釋的：「我們不是去加熱物質，而是跟物質的核結構進行互動。所以我們用靜電場和磁場去跟物質互動，透過這種電磁互動，你就可以推動物質和粒子，把它們加速到非常高的速度，會比你用加熱類型的裝置高很多。」

不論是用於軍事行動，還是用於太空深處的探索，空軍和 NASA 都對這種技術很感興趣。而馬庫希克的學費是這兩個組織付的，所以他先去愛德華空軍基地工作，從 1996 到 2001 年，做衛星的電漿推進器。軍方希望用這項技術來調整飛行中影像衛星的位置，比方說，如果發生軍事衝突或緊急情況，就可以把原本對準印度的衛星移到伊拉克上空的軌道上。之後，他來到阿拉巴馬州亨茨維爾的 NASA 馬修太空飛行中心，成為先進推進研究小組首批成員之一，在大型真空室和各種推進實驗中工作，測試反物質、核能等東西的特性，希望把這項技術用於探索木星那些冰凍的衛星，或許還能在破紀錄的時間內到達火星。

X 檔案

在他任職 NASA 那五年，NASA 開始把重點從基礎研究轉向載人的太空飛行。在 NASA 這種充滿書呆子的地方，馬庫希克是屬於超級書呆子那類，參與了許多計畫，但這些計畫的資金逐漸枯竭。NASA 為了安撫他，讓他繼續有興趣待在這裡，派他帶領一個類似影集《X 檔案》(X-Files)的單位，負責調查那些聲稱取得重大突破或發現神祕現象的來函，確認其真偽。「會有人打電話

來說『我的車庫有個東西會飄浮起來』或『我發明了永動機』，然後我就跳上 NASA 私人飛機去一探究竟，」馬庫希克說，「我是博士，很懂物理學，也很懂工程，所以我有辦法評估那些東西，回來報告到底是真是假。從來沒有一次是真的。」

有一次他收到一封信，寄件人是一家位於購物商場的公司。他飛過去拜訪，看到有個男子前面擺了一個三角形物體，好幾個老人沿著牆壁站著，是來旁觀的。那個物體每邊長 30 公分，上面勾著兩條金屬線，側邊有 1.8 公尺長的繩子連著。男子閒聊幾句後，打開電源開關，物體就突然飛起來，在離地幾公尺上方盤旋，這時繩子拉了開來，把物體固定在原地。「基本上就是在漂浮，」馬庫希克說，「我慢慢走近那個物體的時候，有閃電開始從我的腳趾射到地上，有點刺痛，讓人有點怕怕的。」表演結束後，馬庫希克開始跟那個發明人聊，得知那些老人把畢生積蓄都投入這個他們相信是反重力的裝置。

馬庫希克百思不得其解，當晚一回飯店房間就開始狂敲鍵盤上網，尋找可能的解釋。經過一番挖掘，他找到一種所謂的畢菲爾德–布朗效應（Biefeld-Brown effect），用高電壓（六萬伏特左右）通過一對金屬線，空氣就會分解出離子（電漿），然後產生足以把物體舉起的離子風。

第二天，馬庫希克回到那個發明人的辦公室，剛好那些投資人也在，焦急地等待這個從 NASA 來的人做出裁決。馬庫希克說這個裝置並不是劃時代的發明，只是複製一個已知的實驗，不是什麼反重力機器，對 NASA 也沒有用處，因為這個東西需要有

空氣才能產生有意思的現象，而太空中沒有空氣。馬庫希克還說
NASA 不會給這個人十萬美元去做進一步研究，他走出辦公室的
時候，那幾個投資人不約而同一陣反胃。

《X 檔案》的工作雖然可以做為奇怪的消遣活動，但是並不能
滿足馬庫希克，他閒暇時開始閱讀管理類書籍，研究薪資表，想
了解商業界跟政府單位的不同。這樣的自學課程還不錯，但是他
覺得這些管理書都是一些再明顯不過的內容，算不上高明的見
解。他愈來愈感到厭倦，覺得心如死灰。就在他萌生離開 NASA
的念頭時，奇異的事發生了。

2006 年年中，馬庫希克的《X 檔案》同事大衛・威克斯（David
Weeks）走進辦公室說，他接到一項有意思的任務。有個千萬富豪
還是億萬富豪什麼的，跑到南太平洋一個叢林小島說要發射火
箭，NASA 想觀察一下這個有錢人和他的團隊，看看他們的行動
有什麼值得學習之處，或是有沒有讓人擔心的地方，NASA 管理
階層要威克斯這位老手帶個年輕人過去，就這樣，馬庫希克成了
史卡利（Scully），跟著他的穆德（Mulder）一起出任務。[4]

馬庫希克沒聽過馬斯克或 SpaceX，並不覺得這項任務多有
趣。根據他聽到的訊息，SpaceX 有一枚叫做獵鷹一號的小火箭，
用的是典型的小火箭推進劑，也就是液態氧和高級煤油，是噴火
器，不是電漿發電機，實在沒意思。「我做的是先進技術，不是
那種所有問題都已經解決的普通東西，」他說。雖然如此，去南

4　譯注：穆德是《X 檔案》裡的男主角，加入 FBI 調查超自然的「X 檔案」，
　　女主角史卡利是醫生，被 FBI 派去跟穆德搭檔。

太平洋總比去購物商場的瘋子實驗室來得好。於是，馬庫希克跟威克斯從阿拉巴馬飛到夏威夷，再跳上另一架飛機，前往一個前不著村、後不著店的地方：馬紹爾群島（Marshall Islands）的瓜加林環礁。

瓜加林的主要旅館就像個軍營，馬庫希克就在這裡放下行李和一疊疊的管理書籍。周遭環境沒有一處像亨茨維爾，有雷根時代的軍事建築和最高機密的武器系統，有二戰時期的日本碉堡，有鯊魚，完全超乎馬庫希克的預期。「那裡就是個荒地，」他說，「我坐在海邊祈禱：『融入大自然，融入大自然。』」

每天，馬庫希克和威克斯登上一艘雙體船航向歐姆雷克島，就是 SpaceX 設立運作基地、興建發射臺的小島。SpaceX 有二十幾個人在那裡忙碌地對著獵鷹一號敲敲打打，有許多人只有二十幾歲，穿著 T 恤，汗流浹背，拍打著身上的小蟲子，一點也不像 NASA 那些火箭科學家和技術人員。到了太陽下山、夜幕低垂，他們就點燃巨大篝火，拿出偷藏的酒舉辦派對。

這樣的日子過了一個月，照理說馬庫希克和他的 NASA 鑑賞力應該會厭惡這個環境才對，結果他的興趣反而被激起。他每晚回到住處，看到書裡滿滿都是企業用語、行業術語、陳腔濫調，反觀那些年輕男女把手弄得髒兮兮，在做很棒的事。馬庫希克覺得自己在追求的東西好假、好虛偽，SpaceX 的工作才有實在的感覺，他突然覺得心靈受到衝擊，就像小時候那次在雪地一樣。

「我得說，那些人跟那臺機器融為一體，」馬庫希克說，「他們想發射火箭，事情很不順利，讓他們覺得氣餒。事情出了錯，

有人拿酒出來喝，大家互相『吊茶包』(teabagging)[5]，我的意思是，這些都是非常不專業的行為，但同時又是凝聚力很強的團隊合作和行為，似乎比我正在讀的管理知識還高一等。」

「突然有一刻我恍然大悟，天哪，有一個世界是假裝在做事，還有一個世界是真的在做事。於是，我開始跟他們一起做事，一天做得比一天多，拿起扳手，真正參與其中。到了晚上，我們一起去釣魚，在島上露營，升起篝火，椰子蟹在我們旁邊爬來爬去。」

馬庫希克意識到，沒錯，他對液體燃料火箭與火箭該如何運作已經了解很多，但是要讓它們真的飛起來卻很難。工程實務是挑戰，環境因素和壓力也是挑戰，蟲子、高溫、強風、無所不鏽蝕的鹹濕空氣等等都是。這種拚搏勾起他的興致。

而且，他逐漸看清楚，得先有真正的能量注入這個產業，才會有人開始追逐火星、追逐那些探索更深遠太空所需的新技術。把東西送上太空這件事必須成為常態、熟悉的經驗，而且是負擔得起的事。民營公司必須帶頭，需要有 SpaceX 和幾十家新太空公司才能把基礎打好，然後才能開出一條路，才能去追求馬庫希克已經投入十年人生的先進技術。「基本上我等於是完全融入那個叢林小島了，」他說。

5　給不熟悉這個詞的人說明一下，「吊茶包」在這裡是指把某人的睪丸放在一個不設防的受害者臉上，目的是給周圍的人帶來歡樂消遣。這種行為在 NASA 的規範之下是不允許的，但是 SpaceX 並沒有相關規定。

到民間企業歷練

　　回到美國後，他只花幾個禮拜就獲得馬斯克和 SpaceX 幾位重要成員的青睞，拿到工作邀約。這時的他早已跟高中戀人克莉絲塔結為連理，生了三個小孩，第四個即將出生。SpaceX 當時的薪水並不高，主要是提供未來公司上市可以發大財的認股選擇權，讓員工願意接受近乎不人道的工時。占多數的年輕員工還能接受這樣的薪資，但是馬庫希克有家要養、有房貸要繳，而且克莉絲塔不想離開阿拉巴馬漂亮的獨棟紅磚房，搬到 SpaceX 洛杉磯總部附近更小、更貴的地方，還得忍受壅塞到懷疑人生的交通。馬庫希克把這些顧慮告訴 SpaceX，公司給了他另一條路：去德州中部的荒野鄉下，替這家公司建造火箭引擎測試場。在沒人想住的地方，大房子就便宜了。

　　馬庫希克接下這份工作，等於是下了個大賭注。NASA 的官僚作風讓馬庫希克這樣的人幾乎不可能被開除，他大可在接下來三十年看看書、這裡改一點、那裡修一點，寄望 NASA 有一天會重拾電漿推進器的奧妙，一面過著舒適安逸的生活。[6] 結果他卻選擇跳上這班「全球風險最大公司的快車」，畢竟 SpaceX 在 2006 年 3 月發射的第一枚獵鷹一號才直接墜落發射臺，毀掉這家新創公司在島上的設施。沒有人知道馬斯克還有多少錢可以支撐這家公司，這種情況下，在德州貸款買個大房子幾乎沒有道理，因為

6　以 NASA 的用語來說，馬庫希克是所謂的「金獲」，意思是全職政府雇員，不是約聘。

這場冒險可能幾個月就會宣告結束。[7]

「在政府部門工作，你會看到一個又一個計畫因為政治什麼的被取消，」馬庫希克說，「這是很洩氣的事，因為你努力工作、被打下來、再努力工作、再被打下來。你可以選擇一輩子在這樣的循環裡面，一開始大張旗鼓卻從來沒有完成過，然後說：『哎呀，我會有很安穩的退休生活和一切，所以沒關係，我無所謂。』或者你也可以選擇加入一些賭上自己的身家、有大膽計畫和願景的狂人，你可以加入他們，試著實際去完成一些事，新太空就是一個可以讓你完成事情的機會。」

2006 年 6 月，馬庫希克出現在德州麥奎格的測試場，當時在那裡工作的 SpaceX 全職員工只有幾個。這個地點的歷史常常被提起，過去常被用於引爆東西。二戰期間，美軍在這裡生產 TNT 炸藥和炸彈，接下來幾十年，斷斷續續有化學軍火製造商和航太公司在這塊土地測試硬體。上一個承租人是比爾航太(Beal Aerospace)，這是一家由億萬富豪安德魯‧比爾(Andrew Beal)創辦的私人公司，2000 年年底倒閉前，曾在三年內賺進幾百萬美元。

環顧四周，眼前的環境無法激起太多信心。這裡有玉米田和牛隻，一棟黑色小屋前面停著一艘船，攝氏四十三度高溫的熱風呼呼吹過。現場一個名叫喬‧艾倫(Joe Allen)的員工已經在這裡好幾十年，從美軍時代、比爾時代，一直到 SpaceX 時代都在，他會受青睞，是因為活力以及對這片土地的熟悉(「不要挖

7　「那是年輕又瘋狂的人才會做的事，」克莉絲塔說。馬庫希克回說：「但問題是，我不年輕也很瘋狂。」

那裡，我們 1978 年挖過，結果很慘」)。可是他身上也反映出幾個殘酷的現實。艾倫的第一任太太送了驚喜給他，他在麥奎格工作這些年做過三次親子鑑定，「但只有一個孩子是我的種，」他會這麼說。

為了測試新硬體，SpaceX 員工往返於洛杉磯和麥奎格兩地，把麥奎格當成充滿棘手工程的度假勝地。大家都知道這裡必須興建起來，變成更正經、更永久的運作地點，這就是馬庫希克的工作，同時還要改善 SpaceX 的推進技術。接下這份工作才幾個禮拜，馬庫希克跟克莉絲塔就迎來第四個孩子。克莉絲塔意識到，在可預見的將來，帶小孩的工作大致會落到她身上，馬庫希克已經從輕鬆的政府公職換成辛苦的新創公司，經常在麥奎格工作到凌晨兩、三點。「我不要一路輕鬆到死，你知道的，」他說，「我想要有點冒險，但是人生很難說，因為有時候冒險就只是犯蠢，冒一個犯蠢的風險。」

馬庫希克很幸運，他是 SpaceX 編號 111 的員工，接下來五年各種計畫無役不與，首要任務當然還是獵鷹一號，以及為了飛進軌道而必須做的種種測試。2008 年 9 月，經過漫長艱苦的努力，SpaceX 的火箭終於飛進軌道，這一路走來總共花了大約一億美元。克莉絲塔在部落格為文紀念這一刻，還俏皮點出兩夫妻的基督教情懷：

2008 年 9 月 29 日——就這樣發生了……[8]

獵鷹翱翔於地球之上。四周一片欣喜、狂歡、如釋重負。西邊那個偉人[9]也激動到不能自已……成年男子互相擁抱，甚至流淚。好多親吻，好多喜悅。隨著成功的消息傳到遠方，讚賞與祝賀從四面八方傳來。

真好。

很多 SpaceX 員工對馬斯克愛恨交加。他們佩服馬斯克的魄力，讚賞他無人能及的願景和不懈精神，為他們帶來種種機會，但他們最終也會發現，他的要求和怒氣讓人心灰意冷，而且對長工時日益厭倦。不過，馬庫希克倒是很喜歡替馬斯克工作，很欣賞他的直接，以及對員工的信任。「他會說：『我要這個，現在就要，現在就去做到，』」馬庫希克說，「他這種苛刻要求會讓我成長。」

在 SpaceX 工作的後期，馬庫希克往返於德州和洛杉磯，公

8　譯注：這裡的原文是 And it came to pass…，是聖經上常用的文字。

9　克莉絲塔所說的「偉人」可以有兩種解讀：一是別人眼中的馬斯克，一是馬斯克眼中的自己。克莉絲塔從來就不喜歡看到丈夫屈從於另一個男人之下，有一次接受我訪談的時候，她說她最近在看我寫的馬斯克傳記，快看完了，結果家裡那隻公貓竟然決定在上面尿尿，她覺得好笑又很剛好。「小公貓真的很在意誰是這個屋子裡的老大，」她說，「好像馬斯克就在這個屋子裡似的，這就像睪丸素激發的領土主權宣告。牠被馬斯克這本書吸引過去，彷彿這本書散發出滿滿的大男人雄性激素，然後就直接蹲在上面尿尿，太扯了。我心裡想：『嗯，我還是得把書看完，』所以就拿吹風機吹乾。」

司在洛杉磯為他買了一戶公寓，他研究更大型火箭的市場前景，也做了「猛禽」(Raptor) 一部分早期工作 (猛禽是 SpaceX 後來用於超大火箭的引擎)。通勤生活造成他長時間不在老婆和小孩身邊，到了 2011 年，SpaceX 的員工人數成長到一千人，馬庫希克開始思考，或許該做個改變了。「已經看得很清楚，SpaceX 一定會成功的，」他說，「而且這場所謂的新太空運動也是真實存在的。這場運動如果要繼續走下去，就必須有更多 SpaceX，而我可以幫忙促成這部分。」

馬庫希克發了幾封信給朋友，示意他考慮換工作，不到幾分鐘，工作邀約的電子郵件就來了。馬庫希克和克莉絲塔不久後就坐在華盛頓州肯特市 (Kent) 的藍色起源辦公室，跟貝佐斯見面。

藍色起源辦公室的裝飾品讓這對夫妻眼花撩亂。貝佐斯有一堆太空文物收藏，譬如太空裝、《星際爭霸戰》的企業號 (Enterprise) 模型、被小行星撞凹的信箱，辦公室正中央還矗立著一個巨大的子彈形物體，會讓人想到凡爾納小說中的蒸氣龐克風格太空船。貝佐斯給馬庫希克的印象比他之前見過的科技富豪都還要聰明、和善。會談之後，馬庫希克答應接下資深系統工程師的工作。

但進展不是很順利。跟發狂的、衝衝衝的 SpaceX 不同，藍色起源動作緩慢。這家公司以一對後腳站立、前腳伸向天空的烏龜做為標誌，意在回溯龜兔賽跑的故事。貝佐斯用這個標誌來強調藍色起源會專注於穩步前進，在這場非常長期的太空工業化競

賽贏得最後勝利。不過，這種文化產生的結果並不是馬庫希克喜歡的。他一進辦公室，收到的電子郵件要不是通知那週稍晚有全公司騎車出遊活動，就是分享某個人最喜歡的燕麥餅乾食譜，不會要求你工作更努力、更快、更久。「我如果在別的公司發這樣的垃圾一定會被炒魷魚，」他說，「那裡很強調工作與生活的平衡，我很不習慣。這樣想不太好，但是我真的有點反感，感覺我好像博物館裡面的東西，一個收藏品，『在你的右手邊是湯姆‧馬庫希克，SpaceX 前員工』。」

馬庫希克在藍色起源只做了兩個禮拜。

埋伏在一旁的是布蘭森和他寄託於維珍銀河的太空野心。跟馬斯克、貝佐斯一樣，頭髮如雄獅般的布蘭森早在 2000 年代初就著手太空事業。擅長表演作秀的他，一開始鎖定的是太空旅遊，試圖打造可以載人的太空飛機，把人載到太空邊緣幾分鐘，體驗無重力的狀態，從難得的視角俯瞰地球，一趟收費二十五萬美元。維珍銀河成立於 2004 年，在接下來幾年有一些進展，但是到了 2011 年，距離擁有真正的太空飛機還有十年之遙，距離真正的太空飛機生意就更遙遠了。不過，這家公司仍然決定找更多人進來，製造更多東西。

布蘭森一直打電話給馬庫希克，跟他說維珍銀河正在重新集結原本獵鷹一號那幫人，希望他過來一起加入；他們想做火箭實驗室以及後來的艾斯特拉那種小火箭，載衛星，不載人；最大的不同是，維珍銀河會用飛機把火箭載到大氣層，然後放出火箭，點燃火箭引擎，由火箭走完後面的行程。這聽起來很瘋狂，

但是總好過在太空博物館當展覽文物，於是，馬庫希克帶著克莉絲塔和孩子動身前往莫哈維沙漠，維珍銀河的總部就在那裡。

　　莫哈維的中心點是當地機場，停機坪停放了幾百架商業航空公司的飛機，不管這些飛機是在等候修理、等候召回投入營運，還是等待最後報廢拆取零件，這裡乾燥的環境都可以把飛機劣化的速度降到最低。機場有一座控制塔臺，還有一條很長的跑道，所以這裡就成為測試原型機和不尋常飛行器的理想地點，最好的優點是地方夠大，稍微出點差錯也不怕撞到別的東西。

　　跑道周圍飛機庫林立，裡面住著特立獨行的頑固工匠，最顯眼的是那種只有三人、四人、五人的太空新創公司，在這片沙漠經營多年，就靠著偶爾拿到的政府標案或研究合約來付帳單，同時窩在角落慢慢打造他們夢想中的火箭。[10]

　　莫哈維只有少數幾家公司有亮晶晶的設施，維珍銀河是其中一家，他們有錢買一個超大飛機庫，距離那些緊挨著機場跑道的庶民遠遠的。維珍銀河廠房[11]的地板塗了環氧樹脂，晶晶亮亮，上面擺滿各種昂貴機器，走廊有真人大小的布蘭森剪影，可以讓人站在旁邊拍照留念，裡面還有真的辦公隔間，可以坐在專業電腦前工作。

　　從總部開一小段車就能到達維珍銀河的大型引擎測試臺，那是一個如迷宮般交錯複雜的結構，以水平和垂直的金屬構成，

10　馬斯騰太空系統就是一個典型例子。

11　這處廠房取名為 FAITH（信念），是 Final Assembly, Integration and Test Hangar（最後的組裝、整合、測試機庫）的縮寫。

漆成紅白相間。就像在德州一樣，馬庫希克也得在這裡起造，把一個混凝土平臺和一座塔臺建造成一座世界級設施，裡面有各式各樣的儀器設備，可以進行大量的測量工作、可以隨意點燃引擎、可以噴出十二公尺長的熊熊火焰。不過，他的首要任務還是確定維珍銀河名為發射者一號（LauncherOne）的火箭要長什麼樣子、要達到什麼樣的性能。公司設定的目標是：以每次不到一千萬美元的費用，把兩百公斤的貨物送上軌道。

當時，太空飛機和衛星發射兩項業務都由懷賽德負責，[12] 他也從普林斯頓畢業，只不過念的是公共與國際事務，不是工程相關；他最正統的經驗是擔任 2010 年 NASA 署長查爾斯・伯爾登（Charles Bolden）的幕僚長，做了一年，再來就是他跟馬修、坎普、辛格勒夫婦的深厚交情。懷賽德身材瘦高，熱情樂觀，有一陣子，他跟馬庫希克以及維珍銀河其他成員的關係還不錯。

但是到 2013 年，對於發射者一號的未來，馬庫希克開始跟懷賽德等人產生分歧，不停爭論關於這枚火箭該用哪一種推進器、該攜帶多少酬載、維珍銀河的太空旅遊計畫會造成哪些干擾等等。「我並不想做他們想做的事，」馬庫希克說，「不是說他們不對，而是我們的願景不一致。」

那幾個太空億萬富豪，馬庫希克全部合作過一輪了，已經沒有別的選擇，如果他想另闢蹊徑，就只剩最痛苦的一條路——自己做。彷彿上帝的安排一樣，馬庫希克的 SpaceX 股票在他走

12　維珍銀河後來把這兩項業務拆成兩家公司，懷賽德繼續負責維珍銀河，由新的領導人帶領後來的維珍軌道。

跳火箭業這幾年已經相當值錢，他透過未上市市場把大部分持股變現，發了一筆小財。另外，他還結識兩個從經商轉為投資人的朋友，P・J・金恩（P. J. King）和邁克・布盧姆（Michael Blum）。有一晚，三個人坐在布盧姆的熱水浴缸裡，幾瓶葡萄酒下肚，就做了酒後才會做的決定，懊悔一輩子。「我們一起出主意，然後說『就這麼做吧，』」馬庫希克說。

黑夜裡的點點火光

螢火蟲太空系統的旅程始於 2014 年 1 月，馬庫希克一家再次扮演火箭產業流浪者，打包行李，重回德州。[13] 這次不是麥奎格偏鄉，而是比較靠近文明的地方，地點在斯德伯克，那是一個充滿購物商場的郊區小鎮，從奧斯汀市中心往北，三十公里就能抵達。[14]

馬庫希克知道火箭實驗室已經存在多年，但是他認為這家公司更像是研發機構，算不上成熟的火箭製造商。這倒是真的，火箭實驗室都在替美軍開發新型推進劑，以及說發射就可發射的小火箭；它後來的主力火箭（電子號）要到 2014 年 8 月才會登

13　一開始有幾個月，螢火蟲太空系統的辦公室是設在加州霍桑（Hawthorne），緊鄰 SpaceX 總部，因為創辦人之一 P・J・金恩有個辦公室在那裡。

14　克莉絲塔和孩子們對這次搬家很開心，新家位於一塊一萬兩千平方公尺的土地上，毗鄰自然保護區，院子裡有成群的鹿休息睡覺，還會有野豬跑過那片土地。

場。另外，馬庫希克當然也知道維珍銀河打算進軍小火箭市場，而且認為維珍銀河的方法有缺陷。至於其他那些零星小公司，則被馬庫希克形容為「莫哈維業餘等級」，他指的是那些在莫哈維飛機庫敲敲打打的做夢工匠。「要讓火從某東西的尾端噴出來不是太難，但是那跟能上軌道的發射載具天差地遠，」他說。

總的來說，馬庫希克認為小型發射市場是個開放的競技場，是一場看誰能把真正的東西送上軌道的競賽，只要一有公司做到，天空很快就會布滿火箭，每年將幾百或甚至幾千顆衛星送上太空。馬庫希克之所以挑螢火蟲這個名字，就是因為看到螢火蟲在後院閃閃發光才興起這樣的念頭：誰說太空不會像這樣呢？太空布滿無數個燃燒的火箭引擎，就像黑夜裡的點點火光。

除了斯德伯克總部，螢火蟲太空系統還買下布里格斯一塊八十平方公尺的土地，布里格斯是德州中部一個比較小、比較偏遠的小鎮，在公司總部以北大約半小時車程，馬庫希克要在那裡興建另一座測試臺，以及製造引擎和箭身的設施。他會選擇德州，就是因為這裡有「你要做什麼都可以」的文化和便宜土地。螢火蟲太空系統需要讓東西爆炸的時候就能爆炸，也有足夠空間可以把主要作業都放在一起，不必像以前在 SpaceX 的時候，得在加州打造火箭引擎再搬到德州做測試；工程師和技術人員稍做調整就能拿去試，然後再馬上拿回生產設施再做調整，然後再做測試、調整。最棒的是，斯德伯克和布里格斯距離奧斯汀都夠近，可以吸引希望物價低於加州，但又有繁華多彩城市生活的工程師。

　　樂觀看待未來的同時，馬庫希克也做了最壞的打算，聽來像是一種預示。「我們知道，萬一沒做起來，這些員工在這裡也能找到其他工作，不像在莫哈維或麥奎格，」他說，「我們知道，萬一螢火蟲太空系統失敗了，他們把這裡的房子賣掉還能賺一筆，因為這裡是美國成長最快速的城市之一。」

　　有一段時間，螢火蟲太空系統事事順遂。馬庫希克從前公司拉了一些人過來，還從德州大學和附近學校找到許多年輕工程師，馬汀（以前替 SpaceX 和維珍建造測試站那位）[15] 這些可信賴的老手也出現在布里格斯，忙著鋪設水泥、彎曲金屬。馬庫希克則是愈來愈有大老闆的樣子，學習如何經營公司、如何把複雜的營運帶上軌道。

　　當時接受媒體採訪時，馬庫希克透露螢火蟲太空系統第一枚火箭將取名為「阿爾法」（Alpha），會是這類型火箭的新嘗試，箭身不用鋁或合金，而是採用碳纖維。[16] 碳纖維的成本較高，也需要嚴謹的專業知識才知道如何製作、用烤箱烘烤、成型，但同時也有很大優點，做出來的火箭會更輕、更堅固。另外在推進劑和引擎設計方面，他們也有一些獨門絕招。

　　如果一切順利，阿爾法火箭在 2017 年年底就能攜帶四百五十公斤的衛星或貨物進入低軌道，每趟八百萬美元。接著他們會打造更大的火箭，叫做「貝塔」（Beta），能攜帶一千一百公

15　後來他又去幫艾斯特拉。
16　火箭實驗室很顯然已經在用碳纖維，但是當時也被認為是反常的做法，不是很多人知道。

斤進入軌道。再來會打造……聽好了，一架可重複使用的太空飛機，叫做「伽瑪」（Gamma），由掛在飛機兩側的火箭把飛機升進太空、進入軌道，飛機執行完任務會滑翔返回地球。你可以看得出來，馬庫希克在螢火蟲太空系統早期真的信心爆棚，因為他就跟之前的火箭新創公司執行長一樣，對著媒體說著過度樂觀的承諾。2017 年的發射目標就已經很拚了，竟然還說 2018 年就要賺錢，根本就是馬斯克上身。

　　獵鷹一號花了六年才打造完成、飛進軌道。沒錯，馬庫希克這些人已經從中學到經驗，可以利用這些經驗，加速整個過程，但是，短短三年就從零走到太空，絕對會是史上最偉大的工程成就。科技業和新創公司總會做些不切實際的承諾，這是遊戲的一部分，就是要靠這些承諾來讓部隊前進、讓投資人感覺自己賭的是實實在在的東西，但是火箭新創公司執行長的自欺症頭似乎又比其他科技同儕更令人嘆為觀止。也許是因為火箭遊戲跟科技商業其他領域相比實在沒什麼道理，所以才必須加碼演出；與其保守，不如放手走荒謬路線，幾乎一定會血本無歸的投資人才能從巨大謊言汲取巨大的力量，才能壓下腦中聲聲呼喚要你保持理智的理性神經元。[17]

　　總之，馬庫希克就這樣開始津津有味地編織他的螢火蟲故

17　設在德州的缺點是，馬庫希克和螢火蟲太空系統不能像在加州一樣，輕易把吸睛的玩具展示給投資人看。「有錢人都很想開車載朋友過來，給朋友看他們正在開發的火箭，」馬庫希克說，「他們的投資就是他們的身分表徵，他們想拿出來展示。」根據我的經驗，確實就是這麼好笑。

事。在億萬富豪身邊做了多年的推進器專家之後，他開始享受執行長才有的鎂光燈滋味，而螢火蟲部隊也確實讓他們這位滿嘴大話的領導人意氣風發。2015 年 9 月，螢火蟲太空系統發布新聞稿，慶祝他們第一座 12 公尺長的測試臺完工，附近一千平方公尺大的製造與控制中心也興建完成；9 月底，全新閃亮的測試臺啟用，進行首次引擎測試，天哪，引擎真的噴火了。這家公司已經成長到六十名員工，馬庫希克承諾到 2019 年還要再雇用兩百個人，到時，他說，螢火蟲太空系統每年會生產五十枚[18] 阿爾法火箭，很可能會開始賺錢。

　　馬庫希克在論述上很有一套，成功從一位電漿引擎專家轉型為神氣活現的實業家。他說螢火蟲太空系統的使命是打造火箭界的「T 型車」（Model T）[19]，也就是可以廉價、穩定生產的產品，這家公司會轉型為運送公司，替快速成長的低軌道經濟提供服務。「我喜歡把 SpaceX 和藍色起源想成網景（Netscapes），也就是第一波浪潮，而我們會是 Google，」他說，「我很高興馬斯克和貝佐斯在搶著做人類探索火星的先鋒。我心裡是這麼想的：『你們都去火星吧，我就留在這裡賺個幾十億。』」

　　螢火蟲太空系統在 2016 年初成為新航太產業的話題。這時全世界已經有超過二十五家公司宣布要打造小火箭、要進入軌道。全世界各個角落的工程師已經被馬斯克喚起，他們相信只要

18　怎麼只有五十枚？

19　譯注：Model T 是福特汽車 1908 年推出的車輛，是第一輛用組裝線大量生產的汽車，汽車價格低廉，促成汽車的普及化。

夠努力，夥同區區幾個朋友就能征服太空，但這些人背後很少有真正的資金，真正的太空圈內人只把他們當笑話。火箭實驗室看起來是玩真的，因為有創投資金，也有幾枚非僅止於想像的火箭躺在他們的奧克蘭工廠；只不過經營者是個連大學都沒念的傢伙，航太經驗是零，沒在 SpaceX 或藍色起源做過，甚至連一家老牌航太大公司也沒待過。相較之下，螢火蟲太空系統或許是最好的賭注，它的創辦人和工程師系出名門，還有一點很重要，它的營運全都在美國，比較容易接觸到投資人和政府合約。

因此，錢就流入螢火蟲太空系統的金庫。這家新創公司從一小群投資人那邊募到幾百萬美元，包括共同創辦人、他們的朋友，還有其他幾個有錢人。2016 年年中，螢火蟲太空系統又募到兩千萬美元，公司帳面上的價值從最初的兩百萬美元躍升到一億一千萬美元。同時，他們還拿到 NASA 一份價值五百五十萬美元的合約，要替 NASA 把衛星送上太空，另外也跟其他政府機構和公司簽下合計兩千萬美元的合約。根據馬庫希克的估算，第一枚火箭飛入軌道大概要花大約八千五百萬美元，看起來螢火蟲太空系統正朝著這個目標順利前進。

可是，在背後，事事不順。2015 年，維珍銀河開始對馬庫希克和其他共同創辦人提起訴訟，指控馬庫希克離職時把維珍銀河的智慧財產一併掃走，拿去幫助螢火蟲太空系統。螢火蟲太空系統雖然才剛募到一大筆資金，但是還需要更多，而一位重要的歐洲投資人卻被英國可能脫歐嚇到，不願再繼續注資給這家火箭新創公司。雪上加霜的是，2016 年 9 月獵鷹九號在發射臺上

爆炸，這突來的一記現實耳光，把螢火蟲太空系統的另一個投資人打醒，猛然想起火箭生意的風險很高。這種種都意味著，馬庫希克必須另外尋找金主來資助他們這家官司纏身的火箭公司。「這起訴訟對之前的投資人來說不是問題，但是現在我們陷入困境，」他說，「我們都已經急著到處跟人見面找錢了，這起訴訟讓我們更難找到新的投資者，就像屋漏偏逢連夜雨。」

　　螢火蟲太空系統的麻煩惡化得很快。這家新創公司一個禮拜就燒掉一百萬美元，馬庫希克瘋狂四處奔走，逢人就想說服對方投資他的太空夢。在去見投資人的飛機上、在租來的車子上，他意識到自己這個執行長或許想得不夠遠。[20] 他應該更緊盯公司開支，裁掉一些人或撤掉一些非必要的工作，而不是任由公司全

20　馬庫希克曾經跟我講過一番很能帶來啟發的言論，是關於規劃未來以及美國世代怎麼看待規劃未來這件事：「我覺得從文化的角度來看整個美國，我們現在規劃太多了。我父母年輕的時候，他們的想法是『照著你的衝動走，當下想做什麼就做什麼。你找份工作，有很多性生活，生養小孩，反正船到橋頭自然直』。但是到了現在我的孩子這一代，現在的千禧世代，年紀輕輕就在列願望清單，早早排定計畫說：『我要上大學，然後我的收入要有這麼多，到那個時候才要找配偶、生小孩，』但是等他們到了三十幾歲，他們又會說：『噢，天哪，生物時鐘催人老，不趕快結婚就生不出小孩了。』我不覺得事情有你想得那麼美好，我不覺得你可以預先規劃那麼多，我覺得你只是在欺騙自己，反而會因為你想照著安排好的人生走而錯過眼前的機會。我覺得組織也是這樣。我在SpaceX 學到的一件事是，馬斯克每次都要我們全心全意做眼前這件事就好，他會說：『聽著，我們要抱著一個心態，只要眼前這件事做對了，就會有機會做下一件，』但是如果眼睛看著前面十步遠的地方，你就會失去重心，踏不穩眼前這一步。就是這樣，所以我鼓勵大家十八歲就去生小孩。」

速前進，一頭撞上空空如也的銀行帳戶。「我們的錢燒這麼快的原因之一是，我想把人帶到這裡，把投資人帶到這裡，感受我們的活力，」他說，「讓他們覺得『這些人是用飛的！』我希望他們感受到這種急迫感，覺得非趕快上車不行，因為這輛車前進太快。所以你就不得不花很多錢，這是雙面刃。我們這輛車原本衝得很快，然後就突然嘎的一聲停下來。」

2016 年底，螢火蟲太空系統強制大部分員工放無薪假。馬庫希克對員工說，還是有希望能找到新的投資人，很快就會把他們叫回來。有些員工還是繼續進公司，相信錢隨時會到位。結果沒有那麼走運。2017 年 4 月，螢火蟲太空系統申請破產，總共燒掉三千萬美元。

「我平常就睡不多，但那時一天只睡三小時，一醒來，現實世界的問題就壓得讓人喘不過氣，」馬庫希克說，「情緒能量的耗損大到不行，我只好雙膝跪地，祈禱上帝給我力量度過這一切。如果我們是因為做錯才失敗，或是因為不夠聰明，那沒話講，但是我們明明就超厲害的。」

看在外部觀察者眼裡，螢火蟲太空系統的破產沒什麼道理，明明全世界投資人現在都把錢拿去注入新太空，資金水位多到創紀錄。於是開始有人質疑起馬庫希克的領導能力，關係緊密的火箭圈開始有傳言說，螢火蟲太空系統組織鬆散，進度嚴重落後。馬庫希克眼中沒做錯事的公司，在別人眼裡只是又一家錯誤百出、亂花錢的火箭新創公司。

在最黑暗的時刻，馬庫希克一個人徘徊在螢火蟲太空系統

空蕩蕩的辦公室，回憶、流淚。他開始把公司資產列成電子表格，努力想想有誰可能在破產程序過程中購買這些資產。最重要的是，他還是不停禱告，祈求突然有人冒出來拯救這家公司，畢竟上帝創造他是要他來製造火箭的，現在上帝一定會以某種形式出手相助。

30
全面進攻

　　阿提姆‧阿尼西莫夫一直在關注螢火蟲太空系統的垮臺，他有個計畫。

　　阿尼西莫夫 1986 年出生於奧西波維奇（Osipovichi），那是一個深受蘇聯衰落所苦的白俄羅斯（Belarus）中部小鎮。小時候他隨家人搬到蒙古，父親入伍服役，加入蘇聯在阿富汗的戰爭，希望日後回家鄉能過上好生活。在蒙古服役四年後，阿尼西莫夫一家拿到獎賞，得到白俄羅斯一間一房公寓。

　　奧西波維奇小鎮能提供的機會不多，犯罪橫行，經濟崩潰，學校破敗。不過，阿尼西莫夫聰明又勤奮，十幾歲參加一項交換學生計畫，被送到美國田納西州一個家庭生活。這戶人家的爸爸是外科醫師，媽媽是代課老師，孩子們酷愛運動又討人喜愛。這趟交換機會讓阿尼西莫夫體驗到美國的舒適。「很難解釋，」他說，「你發現有些地方的人過的是不同的生活，而且這樣的生活可能比較好。」

　　阿尼西莫夫一開始先上白俄羅斯的大學，接著念立陶宛的

大學，然後又去內布拉斯加大學（University of Nebraska）念，一路
念下來拿了兩個法律學位。在內布拉斯加大學期間，他師事全
世界最頂尖的太空法專家之一弗朗斯・馮德唐克（Frans von der
Dunk）。馮德唐克教授讓阿尼西莫夫相信，隨著太空產業的改
變，太空法會愈來愈重要，於是阿尼希莫夫決定以此為業。[1]

畢業後，阿尼西莫夫去到華府，想找份航太業的工作，天
真又不知道該怎麼找這種工作的他，常常不請自來跑去某家公司
總部，要求見公司的人資。不只一次，他不得不用搭便車的方式
去維吉尼亞州某家公司，因為沒車又沒錢搭計程車。因為簽證問
題，以及一連串的問題與企業工作失之交臂，他不知不覺就在超
市做停車服務人員做了將近兩年；這段期間，他念書通過律師考
試，也建立一些太空業界的人脈。

阿尼西莫夫漸漸迷上太空。他會偷溜進去太空會議，盡可
能找人談，一直談一直談，這招竟然奏效，他找到兩份工作，先
是替一家新創公司做法律工作，接著又到另一家。2013年他搬
到矽谷，幾經轉折，最後成為波利科夫的得力助手，打理所有太
空事務。

阿尼西莫夫對於太空史、太空產業的政治、主要參與者，
有著近乎百科全書等級的了解。他持續不懈地廣結人脈，累積一
長串對波利科夫很有價值的人脈名單。另外，他對太空業界的起

1　他剛到內布拉斯加念書的時候，身上只有一百六十美元。田納西住宿家
　　庭很慷慨，簽下一筆七萬五千美元的貸款，供阿尼希莫夫住進學生宿
　　舍、買食物、付學費。幾年後他把這筆錢還給了那家人。

伏也嗅覺敏銳，誰起誰落，誰的弱點可以善加利用等等。

　　波利科夫對太空的熱情抱負早在 2016 年就開始，但是涉獵不多。他的財富是從網站和商業軟體賺來的，太空只是副業。他資助一家叫做 EOS 數據分析（EOS Data Analytics）的公司，專門分析衛星照片，有點像行星實驗室，另外他還資助烏克蘭幾個工程計畫，但是他的太空帝國也僅止於此。

　　螢火蟲太空系統的財務問題浮上檯面之後，阿尼西莫夫看到一個可以讓波利科夫坐大的機會，他開始向馬庫希克伸出觸角，連絡上之後，就問馬庫希克願不願意跟波利科夫見面談生意。阿尼西莫夫覺得脆弱的螢火蟲太空系統可以讓波利科夫一躍跨入火箭業，毋需從頭開始。馬庫希克開開心心在 2016 年跟波利科夫見了面，一路持續談到年底，到了隔年 1 月，馬庫希克已經坐上飛往烏克蘭的頭等艙，要拜訪波利科夫的故鄉，敲定更多細節。

　　接下來發生的事以及波利科夫如何拿到螢火蟲太空系統，有兩種版本。

　　一種說法是，波利科夫是救星，在螢火蟲太空系統最黑暗的時刻帶著一大筆錢出手相助，從必然的倒閉中拯救這家公司。馬庫希克已經盡全力尋找其他有意願的買家，但都沒有結果，跟波利科夫合作至少可以讓螢火蟲太空系統的技術存活下來，參與者也能拿回一些本錢，總好過血本無歸。就這麼簡單。

　　另一種版本的情節就負面、陰險多了。馬庫希克見了波利科夫，覺得有機會把其他創辦人和原有投資人趕出公司，以白紙

般的財務狀況重啟公司。馬庫希克在 2016 下半年並沒有盡全力
讓螢火蟲太空系統活下來，基本上是放手讓公司倒閉破產，造成
原有股東的持股價值大縮水，也讓波利科夫有機會趁虛而入，透
過一場內定只有波利科夫能得標的大拍賣，讓他低價買下螢火蟲
太空系統的資產。就這樣，螢火蟲太空系統沒了，原有股東的股
份也沒了，螢火蟲航太誕生，大股東是波利科夫和馬庫希克。

公司其他創辦人認定的故事是第二種版本，他們後來對馬庫
希克和波利科夫提出告訴，指控兩人使詐把他們趕出自己幫忙
創建的公司。波利科夫和馬庫希克對這類邪惡說法一律予以駁
斥，宣稱這只是生意人在危急之下的正常交易。[2]

不管是哪一種版本，反正波利科夫最後拿到一家火箭公
司，而且馬上就投入七千五百萬美元左右，螢火蟲航太也因此有
錢把員工重新聘回、重啟火箭製造、擴充設施。比較罕見的是，
馬庫希克在這種情況下竟然還能留任執行長。通常如果一家公司
倒閉，新老闆會引進新的經營階層，因為新的經營階層會忠於新
老闆，也會更善於經營。但是馬庫希克在說服新金主投資他神聖
的太空使命之後，仍然繼續擔任老闆。

沒有什麼比買下一家火箭公司更讓人熱血沸騰了，我在這
筆交易後見到的波利科夫也充滿樂觀。他是有一家分析衛星數據
的公司沒錯，但現在可以認真開始做硬體了，他想製造衛星，也
想製造可把衛星飛上天的火箭。其他公司都是只取市場一瓢飲，

2　至本書寫作為止，這起官司仍在進行中。

行星實驗室只造衛星，火箭實驗室只造火箭，但螢火蟲航太要提供一站式服務，以這種方式取得經濟優勢：一方面它可以用成本價把自己的衛星飛進軌道，不必付高價給其他火箭公司，一方面它也可以優先發射自己的衛星，讓其他客戶等待其他發射機會。

波利科夫認為第一輪太空商業公司都犯了大錯。火箭實驗室、維珍銀河、艾斯特拉製造的火箭都太小；那些衛星公司製造的衛星則是品質低劣，在軌道上很快就壞掉，又受制於火箭公司的發射時間表。那些公司的產品是領先螢火蟲航太沒錯，但是時間上的優勢無法彌補他們在策略和技術上的大錯。「你只要微笑坐看他們搞砸就可以了，」波利科夫說。

波利科夫估計他不必花到「一億美元」就能讓螢火蟲航太打造好第一枚火箭，還預測 2019 年年中就會升空，「我們第一枚火箭的花費會比火箭實驗室少很多，」他說。螢火蟲航太打算利用烏克蘭的航太專業來降低成本。波利科夫能為非常複雜的零組件取得設計，這些設計已經過幾十年的調校，可以轉移給德州。「我們會把烏克蘭的遺產拿到美國，就像 SpaceX 使用 NASA 的遺產一樣，」[3] 波利科夫說，「我們有很好的材料，有精準的彈道系統和導航系統。遺產應該要再利用。」還有，烏克蘭工程師很便宜，這也可以幫忙降低螢火蟲航太的勞工成本。「重點是紀律和流程，」波利科夫說。

另外，螢火蟲航太的火箭能攜帶的貨物重量也會是那些小

3　這話確實不假，SpaceX 從頭到尾都是跟 NASA 合作，使用 NASA 幾十年來開發的技術。

火箭的十倍。「維珍沒搞頭了，」波利科夫說，「貝克那個可以載一百五十公斤的火箭也不行。我們對這個產業目前為止的看法是比較犬儒的。全都是炒作，我們才不想去火星咧，誰理它，我們要留在這裡賺大錢。」

波利科夫對航太產業的信心似乎來自他的成長背景。他出身寒微，一路在蘇聯垮臺的混亂中拚搏，發達致富，他會利用他從其他生意獲得的智慧，把貝克和坎普這些人踩在腳下。「太空業那些人大部分都像小孩子，」他說，「他們不明白一塊錢的價值，他們沒有因為人生第一次賺到一百元而痛哭流涕的經驗。這是一場秀，一場馬戲團表演，我好愛太空市場。」

「目前這一切都是政府的龐大資金創造出來的泡沫，會出現許多公司，這些公司會倒閉。而因為我們掌控了衛星、數據和火箭，所以我們會把他們買下來，整合整個市場，然後再繼續下去，因為人類對太空充滿熱情，因為那裡是終極邊疆。」

抓住世界熱潮

波利科夫成長於札波羅熱（Zaporizhzhia），那裡是烏克蘭東南部一座人口七十五萬的城市。跟這個國家大部分地方一樣，札波羅熱的經濟和日常生活有幾百年之久都是以農業為主，不過，隨著蘇聯成立，逐漸把這裡改造為工業重鎮，先是鐵路來了，再來是水壩來了，然後工廠一間接著一間開。蘇聯熱愛打造樣板城市來彰顯各種能力，札波羅熱就被打造成工業實力的代表。年輕強

壯的男子從蘇聯帝國四面八方被拉來建設這座城市，進入鋼鐵工
廠、鋁業工廠、重機械工廠工作，他們被穩定的工資吸引而來，
卻發現日常生活艱苦；他們大多住在沒有廁所和自來水的軍營。
那段繁榮歲月的痕跡至今猶在，只是斑駁褪色，工廠鏽蝕斑斑、
搖搖欲墜，現在成為塗鴉藝術家的畫布。在顯眼的金屬工匠大道
旁邊一座公園裡，一個肌肉發達的工人雕像敞開上衣，手裡拿著
工具，矗立在雜草叢生的小路上。[4]

　　波利科夫的父母屬於另一群比較晚到札波羅熱的勞工階
級，他們是蘇聯航太計畫的科學家，這個計畫在烏克蘭占有重要
地位。波利科夫的父親瓦列里（Valeriy）負責編寫軟體串連火箭和
太空船各個系統，等於是編寫機器的作業系統；幾個最具野心
的航太系統都是採用這套程式碼，包括國際太空站（International
Space Station）與和平號太空站（Mir，俄羅斯太空站），以及可將百
噸貨物送進軌道的大型「能源號」火箭（Energia）和短命的「暴風雪」
太空梭（Buran）。波利科夫的母親盧蜜拉（Ludmila）也在同個單位
工作，幫忙打造硬體系統，讓蘇聯火箭的零組件能順利返回地球
再利用。

　　這一家人住在波利科夫奶奶的小房子。冷戰與太空競賽高
峰時期，波利科夫的父母過得很開心，覺得活力充沛，因為自己
屬於一個雄心勃勃的科學圈子，和一群思想相對自由的人往來，

4　如果對聶伯羅河的發展背景有興趣，我推薦羅曼・希布里斯基（Roman
　　Adrian Cybriwsky）寫的書：《沿著烏克蘭的河流：聶伯羅河的社會與環境史》
　　（*Along Ukraine's River: A Social and Environmental History of the Dnipro*）。

在莫斯科和基輔的官僚和管控之外，甚至偶爾會有額外福利，尤其是有科學家取得不凡成就時。譬如 1987 年能源號火箭首次發射升空，波利科夫一家就獲得較好地段一戶十八坪的公寓。

蘇聯的衰敗垮臺也帶走札波羅熱和它的太空中心。原本就不斷縮水的預算，這下又被俄羅斯完全抽掉，如果烏克蘭想要有火箭計畫、想要善加利用它的人才和資產，就只能想辦法靠自己撐下去。這對波利科夫一家造成毀滅式的衝擊。「蘇聯解體後，我父親一個月只能領到五美元，要養活一家四口，」波利科夫說，「他說：『如果我發現你在做太空這行，我就打死你。』」

父親瓦列里仍然緊抓著希望，盼著有人會找到方法重振能源號火箭或暴風雪太空梭，但是一年一年過去，不見任何有意義的改變。母親盧蜜拉則是緊咬著牙苦撐一家生計，從荷蘭批來大量玫瑰和鬱金香，在烏克蘭重大節日時拿出去販售。「她出身一個總是能找到機會的家庭，」波利科夫說。他們家在鄉下還有一間「達恰」（dacha）[5]，這成了救命繩，他們種植馬鈴薯、小黃瓜、番茄，儲藏在地窖過冬，「每個家庭至少需要四百公斤的馬鈴薯，不然就活不下去，」波利科夫說。到了 1994 年，母親的賣花生意一年可賺兩千美元。「我父親不得不離開太空業，離開這堆大便，也去多賺點錢，」波利科夫說，「非常痛苦，這是他做了一輩子的工作。」瓦列里後來每個月賺五十美元，在中東、烏茲別克、塔吉克到處跑，到老舊的蘇聯工廠做些工業控制系統的

5　譯注：俄羅斯與前蘇聯各國的鄉間小屋，用於避暑度假。

工程工作。

　　父母掙扎求生存的同時，波利科夫在學校表現優異。他贏得全國數理競賽，輕鬆通過課業要求，十八歲進入醫學院，接受六年婦產科醫師的訓練。接生幾個新生兒、知道醫生在國家醫療制度下的收入之後，他在 2000 年即將完成學業之際毅然休學。

　　那時正是網際網路熱潮一片蓬勃的年代，波利科夫發現烏克蘭竟然沒有人抓住這個機會。當時英特爾(Intel)和 IBM 這些美國科技大廠都在全世界尋找廉價寫程式碼的數學人才，常常在俄羅斯、印度等地雇用數以千計的軟體開發人員。還是學生的波利科夫就開始他的第一次創業，開了一家軟體外包公司，把勞動成本低廉的烏克蘭工程師外包給出價最高的公司。

　　放棄醫生這條路之後，波利科夫把全副精力投入擴大他的科技創業，學習如何創建有自己產品的軟體公司，同時也開始開發網路服務。他創辦 HitDynamics、Maxima Group 這些新創公司，替其他公司追蹤網路行銷與廣告宣傳，也跟人一起成立幾家網路交友網站，包括 Cupid(邱比特)，還經營一些聽起來比較暗黑的網站，像是 Flirt(調情)和 BeNaughty(小壞壞)。Cupid 成立於 2005 年，是成功從同類商品殺出重圍的網站，客戶人數在接下來幾年成長到五千四百萬人，2010 年股票上市。忙於這麼多事業的同時，波利科夫竟然還能進修，取得聶伯羅彼得羅夫斯克國立大學(Dnipropetrovsk National University)國際經濟博士。

　　聶伯羅彼得羅夫斯克(Dnipropetrovsk)簡稱聶伯羅(Dnipro)，是位於札波羅熱以北一百公里的城市，已經成為波利科夫的根據

地，他眾多事業的人才都是出自這裡的優秀學生，辦公室也設立在這座城市的市中心。2018 年 8 月，我大老遠到聶伯羅，親眼看看這座城市，也看看波利科夫的公司。

從前的航太重鎮

　　一抵達聶伯羅，感覺好像回到過去。我搭的飛機降落在一座好像直接從蘇聯最愛的長方形目錄拿出來的機場，長方形的主航廈是用長方形水泥磚砌成，有長方形窗戶、長方形屋頂；主色調是白色、灰色，還有一種認命感。不過，坐上車往市中心開去的路上，我發現聶伯羅其實具備機場沒有的魅力。沒錯，建築物大多是蘇聯時代粗礪的大塊石頭，而且因為幾十年疏於照管，已經破敗腐朽，但是有公園、市場、大廣場，還有聶伯河（Dnieper River）一路蜿蜒，穿過這座百萬人口的城市。

　　波利科夫說要替我付這趟旅費，我婉拒了，不過這並不能阻止他繼續動用一些方法掌控我的行程。他安排一組人伴遊，理由是聶伯羅靠近俄羅斯在克里米亞的戰事，我需要保護。我的旅伴是一對名叫譚雅（Tanya）和奧嘉（Olga）的美女，以及一位方下巴保鑣，我叫他狄米崔。整趟旅程中，譚雅和奧嘉都穿著緊身洋裝和十二公分高跟鞋，狄米崔則是一身黃褐色類軍裝，背著一個小槍袋，裡面放槍枝和其他必要的防護用品。作家、超模、肌肉男，我們四個就像東歐版的《天龍特攻隊》（A-Team）。

　　聶伯羅在工業和重工業製造上有悠久輝煌的歷史。俄羅斯

人在二戰後過來這裡，被這個工業基地激發出想像，於是這裡就被選為建造大型軍事機器、飛機、汽車的城市。德國戰俘被拉到這裡興建新工廠，接下來幾年進展非常順利，蘇聯總理史達林（Josef Stalin）甚至決定讓聶伯羅也做為祕密航太計畫的基地。於是在 1950 年左右，一間大型汽車廠改建成洲際彈道飛彈工廠，聶伯羅變成一座封閉城市。

波利科夫希望我知道這段歷史，所以第一個行程就把我和旅伴送到當地的航太博物館。你可能以為這樣的設施會有現代化的裝飾和精采的多媒體展示，頌揚蘇聯、烏克蘭的武器和太空計畫的往日榮光，其實並沒有。這棟兩層樓博物館的外觀還是運用得乏善可陳的長方形和灰色，內部則在探索黑暗、洞穴、灰塵的美感。展示品相當多，有衛星、噴嘴、燃料室，安放在大致空蕩蕩的房間裡，牆上掛著畫像，全都是面容嚴肅、著軍裝的前航太官員和工程師。

這座博物館最大的亮點其實是我的導覽人員，他是一位沉靜但知識淵博的白髮男士，年近八旬。他解釋說，二戰結束時，美國人把所有德國飛彈專家全抓走，帶去美國，俄羅斯人則是拿到那些科學家想打造的導彈設計圖和計畫，蘇聯因而得以提前起跑，交由聶伯羅人去做出來。聶伯羅的洲際彈道飛彈工廠在 1951 年啟用，到 1959 年就有一百枚飛彈的年產量，漸漸成為全世界最繁忙的洲際彈道飛彈工廠，生產各種會飛的致命管子，包括 SS-18，也就是美國軍官口中的「撒旦」。到後來，蘇聯 60%的地面飛彈都是產自聶伯羅，這麼龐大的產量甚至讓蘇聯總理

赫魯雪夫（Nikita Khrushchev）誇口說：「我們做火箭就像做香腸一樣。」接下來四十年，不斷有更致命、射程更遠的洲際彈道飛彈問世。「到最後，蘇聯和美國都走到可以多次摧毀對方的地步，」我的導覽人員說，「我們十八分鐘就能射到美國任何地方，把一座四百萬人的城市變成沙漠。」換句話說，就是成功。

從這裡開始，我的導覽人員進入聶伯羅的太空史。1962 年，第一顆由聶伯羅製造的衛星成功飛進軌道，三年後這個國家就做出二十四顆衛星，其中最有名的是一顆影像衛星，可以拍攝地球照片，把 4.8 公尺 × 4.8 公尺的物體拍得清清楚楚。在這些成就的基礎上，聶伯羅的工程師轉向火箭，做出蘇聯太空計畫的部分主力火箭，其中最有名的是「天頂號」（Zenit）火箭，它在 1980 年代問世，是高 60 公尺的美人。馬斯克稱讚天頂號火箭是史上最精巧的機器之一，聶伯羅人也會興高采烈地提醒你馬斯克這麼說過。我的導覽人員大力讚揚烏克蘭的火箭技術，其中有很多出自波利科夫的父母。

你如果想看看那些洲際彈道飛彈、火箭、引擎，只要走到博物館的停車場就行了，因為就放在停車場的柏油路上，草草隨意放置，彷彿是最無人聞問的航太物品。雖然如此，站在其中還是很酷。

參觀完博物館，我和伴遊坐進一輛廂型車，繼續我們的太空史蹟之旅。我們一路往聶伯羅郊外開去，城市變成樹林。開下高速公路後，我們開上一條崎嶇不平的小路，一路通到一個大門有通電鐵絲網的檢查站，兩個穿制服的人走過來查看我的護照。

他們草率的安檢讓我不禁懷疑，他們如果不是不喜歡這份工作，就是背後有人動用影響力，因為不一會兒我就通過那道大門，進入占地一百六十萬平方公尺的樹林，裡面隱藏著前蘇聯最高機密的火箭引擎測試場。

這場導覽的主角是一座測試臺，史上幾部最厲害的火箭引擎都在這裡測試。測試臺是一座幾層樓高、大約三十公尺寬的超大鷹架結構體，真的就像某個瘋狂科學家在樹林裡做火箭實驗會做的東西。巨大的金屬排氣管從主結構體延伸出來，通到一個用水泥砌成的儲槽，那是砍掉八千平方公尺的樹木清出來的儲槽。測試時，技術人員把引擎高高栓在測試臺上方，按下按鈕，火焰就從象鼻狀的排氣管爆出，把火焰和震耳欲聾的聲響導向樹林，[6] 住在林子裡的松鼠、狐狸、兔子四散奔逃。

這個航太堡壘在全盛時期想必很壯觀。這裡有生產推進劑的設施，有大型儲水箱，還有一條鐵路直通拜科努爾發射場（Baikonur Cosmodrome，俄羅斯首選發射場，位於哈薩克南部），有超過一千人住在這裡。如今，雖然規模和詭異程度仍然令人印象深刻，但是已經破敗不堪，彷彿來自另一個時代，金屬結構每一處都生鏽，內部（一個糾結難解、超級複雜的電線管道迷宮）好像五十年從未改變。距離測試臺九公尺有個碉堡，工程師就坐在裡面的電腦前進行測試，看起來好像一座被遺忘的二戰監獄，斑駁發黑的水泥外牆開了六扇小小的窗戶，完全是符合勞改營美學

6　這塊區域周邊每年會種植一百棵樹，彌補建造這座設施所砍伐的樹木。

的數據中心。

在這裡為我導覽的是一位矮壯的科學家，他已經在這些測試設備之間工作三十多年，很樂於撥出時間向我分享他的知識。他說，這裡的員工人數在全盛時期有一千兩百人，而現在只剩兩百五十人，以前每天要做三次測試，才能應付蘇聯運轉不停的飛彈和火箭產線；但是這類測試現在已經不多，只有在某個國家或公司想測試新引擎、想請教烏克蘭人的時候才做。「以前比較好玩，」那位導覽人員說，「以前這裡都是年輕人，後來很多都做生意去了。我們希望我們的經驗會再次有需求，新創也許可以來這裡，任何人都歡迎，我們都願意合作。」

蘇聯垮臺後，對烏克蘭火箭技術的需求也跟著垮了。俄羅斯轉向國內，不再關心、不再掌控烏克蘭，也不再使用烏克蘭製造的天頂號，而選擇採用自己的火箭，像是「聯盟號」(Soyuz)。為了把這個空缺補起來，美國官員馬上衝到烏克蘭，試圖阻止幾十年的航太知識落入敵人之手，他們發綠卡給頂尖航太奇才，安排他們到麻省理工學院或加州理工(Caltech)擔任教授，不然就是把他們藏在政府研究實驗室。過去烏克蘭有五萬人從事航太業，現在只剩下七千人，雖然美國已經替其中不少人找到工作，但是絕大多數人不是被迫轉行，就是把自己的才能輸出到其他國家，譬如印度、中國，以及另外兩個不好明講只能以眨眼點頭來表示的國家：伊朗和北韓。即使是還在烏克蘭從事航太業的工程師，也常常有人懷疑，他們偷偷販賣聶伯羅樹林裡的商業機密賺外

快，因為他們的薪資只有以前的一小部分。[7]

烏克蘭許多航太資產現在是由南方機械廠（Yuzhmash Machine-Building Plant）負責打理，包括樹林裡那處火箭測試場，還有一座位於聶伯羅邊緣的八百萬平方公尺製造設施，也就是過去幾十年製造核彈和火箭的地方。

只要你認識關鍵人物，譬如波利科夫就認識，即使是核彈設施，也會罕見讓記者一探究竟。同樣地，我、超模、肌肉男再次坐上廂型車，開往那座洲際彈道飛彈工廠，通過鐵絲網圍欄，向幾個警衛出示護照。這幾個警衛比測試場的警衛認真許多，拖長了整個安檢程序。因為幾乎從來沒有記者進入牆內過，而且警

7　振興烏克蘭航太產業一個最大動作的嘗試始於 1995 年，當時美國、俄羅斯、烏克蘭、挪威等國的企業組成一個海上發射聯盟（Sea Launch），目標是從海洋平臺發射火箭。聽起來很瘋狂，但是真的實現了。這個聯盟集資五億美元，買了一艘長 200 公尺的船隻，名為海上發射指揮官（Sea Launch Commander），上面裝載了設備、一個任務控制中心、兩百四十人。另外，這個聯盟還買來一座奧德賽行動鑽油平臺（Odyssey），長 133 公尺、寬 67 公尺，做為發射平臺。船隻加上鑽油平臺，合力把配備俄羅斯引擎的天頂號火箭運到赤道附近海域的發射地點。

　　海上發射的想法很高明，理由有兩個。首先，這給了俄羅斯和烏克蘭資金去把注航太產業，讓他們的工程師有事可忙、有工作可做、有錢可賺。波音公司也能在美國政府的允許下，以美方投資人的身分參與，持有這個聯盟的四成股份。其次，因為是行動發射，換句話說，可以移動到理想地點發射火箭。

　　海上發射平臺第一次發射是在 1999 年 10 月，天頂號火箭攜帶一顆 DirecTV 通訊衛星升空。接下來十五年陸續為各類商業客戶發射三十幾枚火箭，包括 EchoStar 和 XM Satellite。但是這項運作在 2014 年被打亂，因為俄羅斯進入克里米亞半島，等於跟烏克蘭開戰，結束兩國合作發射火箭的任何可能。

衛可以憑一己之念決定給不給參觀，所以我不得不下車站了大概
十分鐘，看著烏克蘭旅伴跟警衛手指著各項文件，你一言我一
語。我們的車子停在一片廣闊的柏油地面中間，一邊是幾棟廠
房，另一邊是一排樹木。就像前面提過的，這個地方大得離譜，
但是看起來幾乎空蕩蕩，我四處張望，只看到一輛貨車、一枚展
示用的 15 公尺飛彈橫躺著、兩個穿制服的人開著一輛 1960 年代
製造的小型拖拉機。就這樣。

對於成長於冷戰末期、接觸夠多反蘇聯宣傳的我來說，眼
前的景象教人敬畏，也讓人失望。一連串荒謬事件把我帶到這座
工廠，來到這個曾經以消滅我為目標的地方，我內心有點期待這
裡更邪惡一點、更嚇人一點。但是並沒有，這裡只是又一個空空
的、破敗的巨大結構體，少了死神的味道，更像是死神度過最後
日子的抑鬱老人院。

我無緣看到老舊的洲際彈道飛彈生產線，也不知道有沒
有超酷的「死亡與毀滅」雲霄飛車穿過整個廠區，因為我一進
正門就被帶往太空火箭生產區，然後介紹給另一個年紀更大的
導覽人員。他說南方機械廠製造（或者說「有能力」製造）天頂
號火箭、安塔瑞斯火箭的第一節（美國的軌道科學公司〔Orbital
Sciences Corporation〕所使用的火箭，這家公司後來被諾格收購）、
Cyclone-4 火箭（原本打算從巴西發射臺發射這枚火箭，將衛星送
入軌道，但後來交易告吹），以及各種火箭引擎。

南方機械廠原本樂觀預估每年生產二十枚火箭，「我們現在
沒有那麼多訂單，」導覽人員說。過去這幾年，南方機械廠大幅

裁撤火箭製造人力，為了省錢，或為了乾脆一連幾個月不發薪水，就連留下來的人，工時也常常縮水到一週只做兩、三天。為了彌補流失的航太營收，南方機械廠要員工什麼都做，拖拉機、電動刮鬍刀、飛機起落架和工具等等，難怪我會看到廠房一端躺著火箭箭身，另一端在製造巴士。

儘管經營困難，導覽人員對這座工廠還是有滿滿的驕傲。他向我展示一些氬弧焊接設備，以及用於檢查焊接精準度的 X 光機器，他很喜歡馬斯克對天頂號火箭的推崇。他還開了北韓把烏克蘭引擎技術弄到手的玩笑；這個玩笑要回溯到《紐約時報》一篇老文章以及後續的報導，那篇文章說北韓飛彈進步神速，還說北韓的火箭引擎很像烏克蘭這座工廠生產的 RD-250。「不要寫到北韓，」他笑著說，「網路上的訊息是錯的，稽查人員還因此跑來這裡。」

我們從一間大廠房走到另一間，到處都是火箭箭身、節間環（interstage ring）、整流罩，等著加工處理；在裡面巡視的人大多是五十幾、六十幾、七十幾歲；每個隔間旁邊都有身穿白色實驗袍的年長婦女，坐在木頭桌子前面，兩側各有一個金屬檔案櫃，眼睛看著我從一處漫步到另一處。這一切籠罩著一股悲傷氣息。沒錯，烏克蘭的工程師很優秀，[8] 這點毋庸置疑，其他國家和公

8　除了飛彈和火箭，烏克蘭人製造的飛機也令人讚嘆。在距離那裡不遠處的一座工廠，位於基輔，工程師和技工打造的是超大運輸機安托諾夫（Antonov），機翼展開足足有 90 公尺寬。2022 年 2 月俄羅斯入侵烏克蘭時，馬上就鎖定這座安托諾夫工廠攻擊。

司苦苦做不出的產品，在這座工廠卻是以驚人效率產出，但是這些知識和潛力卻因為政治、貪汙、工廠牆外持續前進的步伐而停頓不前。

時機到了就會感受到

2018 年我造訪聶伯羅的時候，俄羅斯已經併吞烏克蘭南部的克里米亞。普丁（Vladimir Putin）的軍隊多年來一直在蠶食烏克蘭東部地區，緊張局勢往聶伯羅步步逼近，距離衝突只有一百六十公里。聶伯羅人很擔心接下來的可能發展，因為普丁早就清楚表明要拿下聶伯羅和周邊地區，納為俄羅斯的一部分。很多聶伯羅當地人和烏克蘭人普遍覺得，他們已經做了西方要他們做的事，例如銷毀核武、追求民主、與歐洲建立更密切的關係，卻在最需要幫助的時候被美國拋棄；而自己國內的政客也沒對國家幹什麼好事，他們的貪汙和腐敗吸走了重振烏克蘭經濟亟需的資金。

俄羅斯軍隊入侵，再加上烏克蘭混亂失序，給了戰前的聶伯羅一些西部蠻荒氣息，近乎滑稽。舉個例子，我跟旅伴上餐廳吃飯，入口處有金屬探測器，也就是說，我的保鑣得在大廳等，他就跟其他保鑣坐在那裡，每一個保鑣都把槍袋放在腿上；我們這些客戶在吃飯，他們在保鑣區閒聊。又譬如，你想抽根大麻菸，暫時不去想普丁要來搶你的土地，這時你可以上一個叫做 Hydra 的黑暗網站（簡稱暗網），挑選你要的大麻，用比特幣付

款，你就會拿到幾個 GPS 坐標；接著你到那個指定地點，往地上開挖，然後……砰！違禁品出現了，還附上「下葬」日期。[9] 又或者，你想拿火箭筒射豬，[10] 這也是辦得到的，尤其如果你認識波利科夫的話。

　　不管是先天本能還是後天養成，反正波利科夫成功在這樣的環境發跡，而且看來他也很清楚如何駕馭這種環境。波利科夫的公司擁有聶伯羅兩棟最高的大樓，他的辦公室就位於頂樓，從他的座位望出去，可以眺望聶伯羅河、樹林、他大學母校的建築物。他常常工作喝酒到深夜，直接就睡在辦公室（裡面放了一張床）。辦公室每個角落都裝了監視錄影器，還有厚重的隔音門，以防有人偷聽。

　　來到波利科夫在聶伯羅的辦公室，我對他的公司才有了更多了解。他的交友網站和商業軟體做得有聲有色，好到一連開了七家公司，每年至少帶進一億美元的營收。他在線上遊戲、機器人、人工智慧軟體領域也舉足輕重。交友和遊戲的東西大部分看來合乎規範，但也有些行為在道德上有疑慮，「遊戲」有時就是「賭博」，而「交友網站」有時代表用美女假帳號引誘男性交出信用卡號碼，進行幾乎取消不了的訂閱。這些公司的股權結構很複雜，財務窩藏在境外帳戶。在我到訪時，波利科夫的公司有將近五千個員工，是印鈔機無誤。

　　有一晚，我們去了聶伯羅一家不錯的餐廳，在場有波利科

9　這種事我好像做過，又好像沒有。

10　請見上一個附注。

夫的十幾位高階主管，阿尼西莫夫也來了。有一位矮矮胖胖、很
愛打鬧的男子曾在烏克蘭軍隊服役，我進入前蘇聯各個地點似乎
就是他負責的；還有兩位女士，負責一些網路營運。我很難一一
記得每個人負責做什麼，都要怪服務生不斷往我們的杯子猛倒歐
本威士忌。賓客們聊到，波利科夫曾經把全烏克蘭的歐本威士忌
都包走，還差一點以一千九百萬美元買下整個酒廠，後來想想還
是打消主意。這些故事也許誇大了，但在當下聽來似乎不假，隔
天早上一想又覺得再真實不過。

　　三個小時吃吃喝喝下來，我清楚感受到這些人對波利科夫
的忠誠，這些人大多替他工作幾十年了，幫他把羽翼未豐的公司
變成大企業。他顯然會重賞表現出色的人，用餐席間，他點名表
揚業績最好的人，也點名應該加油替他多賺點錢的人。一輪又一
輪舉杯敬酒後，波利科夫提醒重要高階主管，從軟體、賭博、好
色男人身上賺來的錢現在正注入偉大光榮的事業，他們的努力是
讓螢火蟲航太的火箭飛起來的關鍵。

　　「有時候我非常相信，人的想法都是生下來就預設好的，」
波利科夫說，「時機到了，你自然會打開心胸，開始感受到這些
想法的存在。你應該會感受到那股熱情，你應該會感受到你對那
個想法的熱情。所以我來到美國，所以我不拿別人的錢，拿自己
的錢，才能好好去探索你的熱情。」

發揮人類文化的力量

　　小時候，波利科夫每天都能感受到烏克蘭工程的強大，長大後又體會到國家陷入混亂的痛苦，於是他給自己一個使命，要拯救烏克蘭僅存的航太知識，要激發新一代工程師相信他們能再次胸懷大志。為了完成這項使命，他在聶伯羅設立螢火蟲航太的分公司，配備生產研發設施，同時也挹注大量金錢給當地的教育系統。

　　有一天上午，我的旅伴把我帶到螢火蟲航太在烏克蘭的工廠，那裡有老手在檢查機器，是以前在南方機械廠工作的老經驗工程師，旁邊跟著剛出校門的年輕工程師。波利科夫斥資數百萬美元添購最先進的製造設備，從高級的 3D 列印機到雷射切割機、車床和銑床都有。這棟建築以前是窗戶工廠，裸露的金屬橡架屋頂和磚牆讓人想起聶伯羅的堅毅，不過波利科夫做了大改造，變成明亮整潔、洋溢青春活力的空間。在這裡工作的人有上百個人，理論上可以做出全世界最便宜的火箭零件，因為勞工和材料的成本都很低，更重要的是，有幾十年的航太專業能利用，可以開創出其他火箭製造商難以企及的技術。

　　波利科夫的策略有令人相信的理由。舉個例子，俄羅斯人長久以來一直是火箭引擎製造的翹楚，硬體上的先進程度是美國工程師難以複製的；以「聯合發射聯盟」（United Launch Alliance）為例，這是美國一家火箭公司，專門將最高機密的美軍衛星送上太空，可笑的是，他們多年來竟然一直仰賴俄羅斯製造的 RD-180

引擎。[11] 同樣地，烏克蘭工程師對渦輪泵浦的製造極具天分。渦輪泵浦是火箭系統重要的關鍵，用來控制推進劑流入燃燒室混合的速度，雖然理論上渦輪泵浦很容易製造，但製造出品質良好的渦輪泵浦是出了名的困難，因此拖慢很多火箭計畫，包括 SpaceX 的獵鷹一號。而螢火蟲航太烏克蘭廠已經把公司火箭要用的渦輪泵浦設計完成，也把製造方法傳授給美方工程師。這是老太空遇上新太空，或者如同波利科夫所說：「兩個世界最頂尖的部分都在我們手上。」

在附近一個研發實驗室，波利科夫有一組團隊正在研發衛星上使用的全新推進器。這是一種離子推進器，氣體被電擊之後會產生離子束，離子束可以推動衛星，幫助衛星更改軌道，避免碰撞，或是移動到更好的位置完成任務。烏克蘭這組團隊宣稱，他們最新一部推進器的原型機只花了一年打造，從無到有，最後成品大概要花二十萬美元，別的國家都要花上幾百萬美元，他們說。

這趟聶伯羅考察還有另一個部分，我們去了當地大學。同樣，建築物的外觀很難給人好印象，但是裡面晶晶亮亮。波利科夫捐了幾百萬美元給那間學校，升級設施，開設工程、網路安全、人工智慧、航太、機器人等等課程；當地天文館的修繕以及工程競賽的舉辦也是他出錢。他還用他的錢留住優秀教授，「那些教授領的薪水少得可憐，」他說，「所以我們給他們調薪，辦

11　因為俄羅斯占領克里米亞，這個尷尬情況慢慢結束了，聯合發射聯盟正逐步改用藍色起源打造的新引擎。

工程學校，努力改善整個生態。」

　　為了仿效矽谷，波利科夫鼓勵這所大學建立一套制度，讓教授和學生勇於拿他們開發的智慧財產去創業。他也引進創投資源，引導大家往更具創業精神的方向去思考。運氣好的話，會有幾個成功的例子，學校可以獲得金錢回報，學生也會更放膽夢想，整套制度就能自己不斷前進，不需要再仰賴波利科夫的協助。「我們想建立一個可以持續的模式，」他說，「只要整個環境建立起來，就會有熱情湧現，點子也會冒出來。熱情和行動缺一不可。」

　　波利科夫不只有滿口髒話、誇誇其談的一面，也有深度的智識層面。他看很多書，會思考、會反省，跟很多他那個世界的人一樣，他有辦法用詩意、近乎宗教的語言來談論科學。他那些慈善與教育事業，是他旗下一個以「人類圈」(Noosphere)為名的組織在打理，取這個名字是為了向科學家維爾納斯基(Vladimir Vernadsky)致敬，「人類圈」就是這位俄烏科學家在 1930、1940 年代提出的概念。

　　目睹二十世紀開頭幾十年的發展後，維爾納斯基領悟到，透過技術的發展，人類對地球的影響已經太大，幾乎等同地質等等自然力量的影響，他用人類圈來形容這種現象，並且給人類圈下了個定義：「人類文化的力量」。

　　在過世前兩年的 1943 年，這位科學家以狂熱的語氣寫了一篇論文，他興奮地想像，我們已經走到人類潛能就快要完全發揮的地步。他撇開二戰的種種恐怖，讚嘆二戰時的人類竟能如此大

規模地打造機器、創造精密通訊系統、開始解開原子和核能的祕密。他覺得人類可能不久就會達到類似開悟和無限可能的境界，「人類圈是地球上一種新的地質現象，」他寫道，「在這裡面，人類首次變成一種大規模的地質力量，創造力愈來愈大的可能性一定會出現人類眼前，我們的兒孫輩可能會躬逢其盛。」後面他又寫說：「童話般的夢想在未來可能成真。現在人類正在努力突破地球疆域的界線，進入宇宙空間，這件事未來應該會做到。」

很可惜，維爾納斯基在全世界的知名度不像他在俄羅斯和烏克蘭（他在基輔創辦了烏克蘭科學院，激發全國對科學的興趣）。他不只讚嘆人類的進步與技術，他還呼籲人類跟環境一起攜手前進，利用我們了不起的新工具去創造最純淨的水、最乾淨的空氣。他的願景是地球上所有人都同樣興旺，不管哪一洲的人都團結起來，一起追求一個完美的地球，然後再把人類物種擴展到整個宇宙。

維爾納斯基的想法給蘇聯太空計畫提供一些知識基礎，所以可想而知，波利科夫當然十分著迷維爾納斯基的著作，而且把自己看成是媒介，可以幫助人類把「人類文化的力量」推向地球之外。

不過，最讓波利科夫感到興奮的，其實是「擴大人類潛能」這個想法。他認為，聰明、熱情、心存善念的人達到一定的數量，聚在同一個地方追求同一個目標，這時候人的潛能會發揮到極致。文藝復興可能就是一個例子，早期的蘇聯可能也是，大家團結一致，有同樣的理念。矽谷以前也有這樣的特質，波利科夫

說，一直到矽谷走偏了，金錢至上、目光短淺，「我們都變得貪財了，」他說，「一旦開始搾取、搾取，到最後就是扼殺一切。」

波利科夫希望他的資金可以給烏克蘭注入新活力，可以培養出「有熱情、想做點改變、想做點事的人，」他說。所以，第一步就是找出有深厚航太知識的人，讓他們把智慧傳給下一代，不要任由辛苦幾十年學到的能力消失。「我們已經失去阿公那一代，還有爸爸那一代的一部分，」他說，「不想再失去第三個世代。要把知識傳承下來，要創造出一種不同的感受，要滋養這片土壤，如果失去像這樣的地方，通常是無法重建的。」

總的來說，他想成為所有年輕人的榜樣，讓他們知道熱情可以成就什麼。螢火蟲航太的火箭會是他這一路奮鬥的紀念碑，代表一個出身札波羅熱或任何其他小鎮的孩子也能做大事。「有時候你醒過來，會感受到一股想做點什麼的力量，對吧？」他說，「但是你應該把那股力量拿去做好事，做更好的事。」

31

這些火箭好貴

2018 年烏克蘭之行結束後，過了兩個月，波利科夫在他加州門洛帕克的家舉辦一場啤酒節派對。他公司裡的高階主管有許多都來了，一些太空圈的人也來了，還有一些是他的鄰居。這裡是矽谷最有錢的郊區，也就是全世界最有錢的郊區。

這棟豪宅是波利科夫幾年前一時興起買下的。當時他想把全家搬到加州，雇了一位房仲到矽谷物色幾個地點，房仲找了幾處適合的房子之後，波利科夫就跟太太飛過來看。房仲強力推薦南羅伯特大道（Robert S. Drive）這棟房子，還警告說矽谷的房子漲得很快，波利科夫只說了句，只要價格合理就買，說完便跟太太趕赴機場搭機回烏克蘭。兩天後，交易完成，然後《帕羅奧圖週報》（*Palo Alto Weekly*）就登了一則消息：門洛帕克房屋以七百六十萬美元售出，創新高。房仲沒告訴波利科夫的是，他會給整座城市的房市立下新基準。

這棟房子好像一座迷你城堡，後院超大，有游泳池和客房，不過波利科夫想要更多隱私，試圖說服隔壁老婦屋主把房子

賣給他。老婦在那裡已經住了幾十年，一開始拒絕他的多次出價，鍥而不捨的他，請人找到老婦的孩子，轉達他願意出的價格，孩子們說服老媽把房子賣掉，所以波利科夫一家這下就有豪宅群了。[1]

這樣一來，大後院更大了，波利科夫加裝三溫暖和戶外酒吧，晚上有派對的時候，空間足夠幾百個賓客漫步享用多到爆的美食美酒。波利科夫的太太卡佳（Katya）是最完美的主人，他的四個小孩活潑有禮，波利科夫穿著巴伐利亞啤酒短褲，邊唱邊慶祝，還堅持眾人一定要嚐嚐顯然是偷渡進來的鱘魚。賓主盡歡。

從 2018 年跨入 2019 年，波利科夫仍然熱愛從事火箭業，我們時不時會在他位於門洛帕克的辦公室聚聚，喝喝歐本威士忌，聊聊業界八卦。他對波音、洛克希德馬丁這些老牌公司從來沒有一句好話，認為這些公司腐敗、騙取美國納稅人的錢。對於俄羅斯人，他就更沒好話了。跟他聊天很緊湊，因為他話很多、霹哩啪拉速度很快，而且每個話題都充滿能量。說是這麼說，我還是從他的談話獲得很大的樂趣，你很難遇到不斷把熱情掛在嘴上的人，而且還身體力行。波利科夫是個與眾不同、極富魅力的人。

波利科夫還是堅信，只能攜帶九十公斤到兩百二十公斤的貨物上太空的火箭並沒有意義。螢火蟲航太在波利科夫入股投資

---

1   波利科夫一家搬進去不久，為了在當地建立一些宗教聯繫，波利科夫的太太請當地一位東正教牧師到家裡作客。波利科夫事先喝了幾杯，決定給牧師留下個好印象，於是按下游泳池蓋子的啟動鈕，等蓋子滑過整個游泳池蓋起來之後，波利科夫走上去說：「你看！我可以在水上走路！我是耶穌！」他這次表現造成的緊張關係八成是後來用捐款解決的。

之後，選擇加大阿爾法火箭，讓它可以攜帶一千公斤貨物。第二枚火箭會更大，叫做貝塔，已經開始打造，可以攜帶八千公斤，這樣的酬載可以讓客戶一趟就送幾十顆衛星進軌道，而不是只有少少幾顆。由於航太業的動作總是比預期慢，波利科夫估計火箭發射業還要幾年後才會出現龐大需求，到那時候，阿爾法已經在飛，然後貝塔也會到位，小火箭製造商就沒搞頭了。「我們知道這個市場三到五年後會是什麼樣子，」他說，「我們會在適當的時間、適當的地方，推出能吃下市場的產品。」

　　波利科夫原本以為，他可能先投入五千萬到七千五百萬美元就看得到螢火蟲航太第一枚火箭飛起來，而只要這枚火箭表現很好，他的投資馬上就價值幾十億。沒想到，他因為被創投公司和投資夥伴坑過而不願意接受外人投資，[2] 再加上阿爾法火箭的測試一延再延，他後來加碼到投入一億美元。他堅持這多掏出來的錢本來就是當初協議的一部分。「空氣動力學第一條就是：沒有錢，什麼都飛不起來，」他說，「沒有什麼比把你所有錢都投入一家公司更爽的了，這就是熱情。」

　　這筆錢買來數量驚人的設備。在德州，螢火蟲航太有任何火箭公司都會羨慕的最先進設施。它有一對超大測試臺，火箭引擎平放或直立都能測試；它有一座製造大型碳纖維箭身的工廠；它有一座監督測試的任務控制中心。幾百個人同時在整個龐大的綜合設施穿梭，一邊工作，一邊對著牛隻揮手。大多數日子，引

2　在他眼中，創投都是地球上的人渣。

擎表現很好，一次能燃燒個幾分鐘；其他日子就沒那麼順利了，一塊塊爆炸的金屬被丟成堆，形成爛工程的墳場。有些員工宣稱，螢火蟲航太的火箭 2019 年有可能會從南加州范登堡空軍基地（Vandenberg Air Force Base）發射，但是我不認為這個日期真的有人相信。

波利科夫在烏克蘭的營運也很順利。他斥資幾百萬美元的天文館升級工作已經在做最後的收尾，這是送給聶伯羅兒童的禮物；工程學校大步邁開腳步，朝著創辦更多新創公司前進；波利科夫的科技事業帝國也在擴張，尤其是大舉跨入金融科技。「這是我的時代，」他說，「我感受得到。這些生意只要賣掉任何一個，都能資助螢火蟲航太五年。」

烏克蘭的火箭科學家也在提供一流技術給螢火蟲航太。我很驚訝，波利科夫和阿尼西莫夫竟然成功跟美國政府達成特別協議，烏克蘭的航太智慧財產可以合法進入德州。這是單向的協議，烏克蘭工程師要教美國工程師任何東西都可以，但是在德州研發的技術只能留在美國。就算如此，也已經是朝波利科夫的目標「聯合兩個國家、重振烏克蘭航太產業」邁出一大步了。即使母國是美國最親密盟友的火箭實驗室，都沒辦法做得更好，因為美國政府窮盡一切方法，阻止美國航太技術落入外國人之手。

這份協議是螢火蟲航太花了幾個月，克服重重困難才爭取到的，這讓波利科夫有點不解。照理說烏克蘭是美國的盟友，他以為美國應該樂見跟烏克蘭建立深入廣泛的技術合作才對。已經有這麼多移民到美國開設軟體、網路服務、電腦硬體等等科技公

司，這些人都受到讚揚，而且募資對象通常是外國人，等於是把外國資金引進美國。不只這樣，現在俄羅斯人米爾納（Yuri Milner）已經是全矽谷最大的投資人之一，在臉書、推特、Airbnb 有龐大持股；[3] 他跟普丁的朋友交情匪淺，跟俄羅斯到底是什麼關係也曖昧不明，但是很少有人對此大驚小怪，他想投資什麼就投資什麼，也沒人管。

波利科夫的解釋是，航太生意有其他包袱。「太空這個領域是不歡迎外國人的，」他說，「這大概是最難進入的產業，希望我有機會告訴大家，有一個烏克蘭人很厲害。」

在螢火蟲航太的德州總部，馬庫希克總說波利科夫的降臨是「驚人的神蹟」。2018 年，距離最初的投資協議已經過了一年，這兩個人針對公司未來的發展發表一段熱情洋溢的談話。

馬庫希克：好，那我就直接開始。我來總結一下這個禮拜，我們很幸運，波利科夫也在這裡，很難得，所以我們應該花點時間……

波利科夫：我一直都在。

馬庫希克：我們快要完成了，真的要完成了，所以我希望你們也有同樣的感覺。說是這麼說，明年還有很多事要完成才能進入發

3　他也有投資行星實驗室。

射階段，會很有挑戰。

波利科夫：我們重新回到軌道了，因為我們沒有完蛋。這對被開除的人來說是很好的消息，你們回到這個家族了，現在你們會跟這個家族一起走下去。這個家族的風格是熱情、能量，滿滿的熱情和能量。

馬庫希克：我們對各位有很高的期待，波利科夫對各位有很高的期待，就像我每個禮拜跟各位說的，只要我們照著進度走，把我們說要做的事完成，我想我們就能獲得各個層面的支持。

波利科夫：對我來說，這是一種愛好，我很喜歡的愛好。如果你們沒成功，我也不會明天就死掉，對吧？但是我們有很多非成功不可的理由。外面的人痛恨我們，像布蘭森那些，還好啦，他是老派的傢伙，我其實不怎麼把他放在心上。但是還有俄羅斯、中國、烏克蘭那些說客，那些人好像都想看到螢火蟲航太失敗，你們一定要去感受他們這種情緒，然後翻轉它，因為任何一丁點負面能量都會對我們不利。螢火蟲家族有辦法把負面能量翻轉成正面能量。

我們也要去感受火箭實驗室現在的感覺，而且我們的火箭比他們大四倍。我們大家都是在爭奪金錢、成功、一定程度的榮耀，對吧？要讓美國再次偉大，對吧？現在就去感受。

不要害怕冒險。要去冒險，去把東西炸掉。測試、爆炸、測

試、爆炸、測試、爆炸。你們是在美國，在德州，對吧？不是加州，對吧？所以本來就應該炸掉的，各位。我們的進度表很緊湊，但是沒有別的辦法了。你們有犯錯的權利，不要怕犯錯。

我要跟大家說的是，網路很美好，投資的錢少很多，產品只做到七成就推出，然後這樣還是賺瘋了。但是科學也很美好，你們選擇科學是因為它很難，選擇科學是因為這是你想走的路，這會是你這輩子最難的工作，可是你的內心會有滿滿的熱情。沒有多少人能做到你做到的事，你要去尊敬它，不要失去熱情能量。如果公司情況不順利，而你的理智又多過熱情，那就寫電子郵件給我。

馬庫希克：請不要忘記，你們的電子郵件都在監控中。

這些初期的愉快氛圍，以及波利科夫夢想成為火箭大亨的樂觀期待，慢慢讓位給其他截然不同的氛圍，因為 2019 年連一次發射都沒有就過去了，一進入 2020 年，也看不出有任何發射的可能性。螢火蟲航太正在經歷每一家火箭公司都會碰到的工程痛苦：引擎可以了，但是箭身的打造，以及如何讓所有電子共同協調運作，需要時間。

烏克蘭團隊把一些最複雜的零組件設計傳過來，譬如渦輪泵浦，但是美國這邊的對口單位卻做不出來，也搞不懂怎麼正確使用。波利科夫覺得自己給了馬庫希克一份大禮，結果卻被馬庫希克浪費掉，平白失去該有的優勢。波利科夫不需要歐本威士忌

就能自顧自碎念起來，狂罵馬庫希克無能又遲緩。

　　波利科夫的沮喪可想而知，覺得煩躁也是必然會有的情緒。他錯在樂觀以為螢火蟲航太會如期完成，每個月他都得再撥五百萬或一千萬美元給螢火蟲航太，他原本希望五千萬美元能製造出第一枚火箭，結果現在已經花了他將近一億五千萬。

　　波利科夫到底有多少身家，只有他自己知道，但是鐵定沒有馬斯克或貝佐斯的幾百億，他開出的每張支票都會讓他心疼。漸漸地，我跟他的談話不再是科學家維爾納斯基、把全球各地有熱情的人們集合起來，而是聽他抱怨這些錢足以拿去買私人飛機或小島，甚至兩個都買。他說，他太太對於他跨入火箭這一個動作，當然是不看好的。

　　波利科夫尤其生氣美國政府完全不愛螢火蟲航太。NASA 和軍方的合約都跳過螢火蟲航太，把合約給做小火箭的火箭實驗室也就算了，莫哈維沙漠那些小不拉嘰的公司竟然也拿到幾千萬美元去製造登月器這些東西。波利科夫這一路都是掏自己的錢做大火箭，但是好像沒有人把他的付出當一回事。他說他要是在東歐國家花了這麼多錢，那邊的政府官員一定會感激到把他當成國王來伺候。

　　波利科夫也會有想開除馬庫希克的時候，但是當初的協議把他們兩個綁得緊緊的，馬庫希克負責給螢火蟲航太提供可信度和美國臉孔。另一方面，波利科夫已經投入太多錢了，他不想為了大舉更換管理階層而造成更多延宕，在他內心深處，他很確定馬庫希克只要一有機會，一定會毫不猶豫把他踢走。有時他也會

當著馬庫希克的面直接表達這樣的情緒，馬庫希克只能乖乖承受，因為他需要波利科夫的錢。波利科夫手上有螢火蟲航太八成的股份，換句話說，馬庫希克通往上帝旨意的關鍵握在波利科夫手上。

一億美元的旅程

新冠疫情拖慢很多人的腳步，但是不包括波利科夫，他過去都是搭商業航空的班機，現在決定用私人飛機來解決新冠疫情帶來的困擾。結果證明，他很喜歡搭私人飛機，更有效率的飛行讓他更方便去監督馬庫希克，原本一季才去一次螢火蟲航太總部的他，現在每兩個禮拜就去一趟德州，持續整個 2020 年年初。

8 月的時候，我跟著波利科夫和阿尼西莫夫，一起跑了一趟這樣的行程。過去這幾個月，螢火蟲航太已經派了幾十個人住到南加州，去范登堡空軍基地工作，負責翻修原本的發射臺，為阿爾法火箭的首次發射做準備。所以我們的行程是先去范登堡空軍基地，然後直飛德州，火箭正在那裡做最後的收尾，一完成就會用卡車運往加州。

我們清晨六點左右抵達加州奧克蘭機場，起飛，喝了一些啤酒。到范登堡空軍基地的航程很短，[4] 波利科夫整趟飛行都處

4　機上讀物包括《農場與牧場》(Farm and Ranch)，裡面都是出售土地的廣告，還有《執行管制席》(Executive Controller)，裡面都是出售私人飛機的廣告。

於準備要發火的狀態，在他看來，馬庫希克已經在發射場鬼混半年了。這會有多難？螢火蟲航太又不必自己從頭建造發射臺，只需要改裝而已。「該死的，」他說，「該死的馬庫希克。」

范登堡空軍基地如果不是軍方所有，一定會是度假勝地。占地四百平方公里，緊鄰加州令人屏息的海岸，桉樹林高聳於一片片矮灌木叢，襯著太平洋海浪拍打海岸的聲音。我們一路往這片仙境開去，翻滾的霧氣中突然出現一個標誌寫著「歡迎來到太空之鄉」，意思是：加州這個主要航太中心是過去幾十年飛彈和火箭發射的地點。

由於是軍事基地，所以我們得先到安檢中心登記，取得通行證。我是美國公民，所以我的登記很快就辦好了，安檢人員還超前部署，給了我效期一年的通行證。波利科夫就不是這樣了，他等了一個小時左右，最後只拿到一天的通行證——即使他花了超過一億美元才換來這趟旅程，而且之後還會以客戶身分每發射一次就付范登堡一百萬。[5] 他根本就被當成約聘油漆工或機工，並且還是可疑的外國油漆工或機工，我們一行有人開玩笑說：「要是在別的國家，啤酒和妓女可能早就準備好了。」

安檢手續辦完，我們坐上一輛休旅車，阿尼西莫夫開車，前往有兩個發射臺的「二號太空發射場」。一路上，波利科夫搖下車窗吸了幾口涼爽空氣，「哇，很棒，神清氣爽，」他說，「這裡一定有黃金。」我們一開到發射場，他就看到螢火蟲航太的標

5　發射如果取消或中斷，他還得付五十萬美元，每一次。

誌，「真心沒在開玩笑，我的朋友！」他說，「這都是我的！理論上是。」

　　一個狀似來導覽的人員現身迎接波利科夫，他在范登堡工作幾十年，算得上歷史學家了。他一一細數螢火蟲航太即將登上的發射臺發射過哪些厲害的飛彈和衛星，包括 1950 年代那些「日冕」間諜衛星。在那個年代，美國十八個月就能把一整個飛彈計畫和必要的發射設施都完成，「現在十八個月連環境影響評估都還沒做完，」導覽人員說。[6]

　　波利科夫很快就對往事回顧感到不耐，草草打發掉導覽人員，接著我們來到實地發射的地點和作業中心。螢火蟲航太把辦公室設在兩棟看來是冷戰產物的低矮米色建築裡，發射場位在開一小段車就可以到達的不遠處，是高聳於山丘與矮灌木叢的塔樓。波利科夫在辦公室附近徘徊，尋找發洩怒氣的犧牲品。一個前 SpaceX 工程師走過，波利科夫把他抓來問發射臺最新的機械作業狀況，工程師講了一個希望達成的時間表，說是焊工提供的，「焊工都亂講，」波利科夫說，「帶我去看發射臺。」

　　其中一座發射臺有個超大的藍綠色高塔，以前是拿來架設 NASA 火箭，後來除役，NASA 同意支付拆除高塔的費用，好讓新客戶可以使用這座發射臺，幾個基地的人正在進行拆除作業。另一座發射臺已經清理完畢，螢火蟲航太接收過來後正在混凝土

6　　他們說，運氣好的話，我們在參觀途中會看到鹿、美洲獅、黑熊；運氣不好的話會碰到「Slick-6 的詛咒」，因為這座發射場有一部分是蓋在原住民「丘馬什」印地安人的墓地上。

的臺子上建造自己的基礎設施。兩座發射臺中間有個數據中心，用於監看發射、接收火箭傳來的訊息，這也是冷戰時期的建築，「如果這裡有大便的味道，那是因為下水道剛剛堵塞了，」帶領波利科夫參觀的先生說。任務控制中心距離這裡十八公里遠，需要做背景調查才能進去，所以我們就不去了。

這時候馬庫希克已經加入波利科夫，一起勘查場地和作業。「馬庫希克，為什麼？火箭實驗室都已經蓋好一座新的發射臺了耶。」波利科夫問。

「他們是小火箭，」馬庫希克回答，「他們是小雞雞火箭，而且他們有紐西蘭整個國家的支持。」

一個螢火蟲航太員工想讓波利科夫知道他的錢有花在刀口上，就指著一個儲藏小屋說是折扣價買來的，因為有人騎摩托車撞上去，「那個人八成撞死了，」員工說，「我不確定。只要把那個角落重新粉刷一下，然後封起來，就能使用了。」

旁邊另一個儲藏小屋什麼都沒有，只有一個大約兩公尺高的紅色金屬櫃，櫃子一側寫著警告：「危險爆炸物，遠離火源」，櫃子裡面有炸彈，萬一螢火蟲航太的火箭在飛行途中出錯，就要用它來引爆。這顆炸彈大約是半個鞋盒大，彈藥分成兩個火藥包，一個放進煤油罐，一個放進液態氧罐。

波利科夫走到櫃子旁邊，擺了兩個「危險麥斯」的姿勢拍照，全程只有這個時候稍微開心一點。他一路不停取笑馬庫希克，甚至到了讓人不舒服的程度，至少我覺得不太舒服。每次一上車要轉移陣地，波利科夫就會喝一口歐本威士忌，好讓他的毒

舌更加放肆。馬庫希克試圖緩和氣氛，跟波利科夫說隔天在德州會特別為他辦個烤豬大會，「我可能不會去，」波利科夫說，「我太太可能不喜歡。她不喜歡螢火蟲航太的人把我寵壞，把我當成國王來伺候。」

我們前往機場之前，馬庫希克把所有員工聚集在飛機庫，他想講幾句話讓波利科夫感覺好一點。一開始他先說明隔天可能會在德州做個大測試，如果通過，火箭就會送來加州，范登堡這組人就要上緊發條，因為首次發射就只剩發射臺這道關卡。這是一場對抗，在場的各位對抗波利科夫的荷包與耐心。

馬庫希克：找大家來，只是想跟大家講一下這整個過程。你們知道，我大概五年前成立這家公司，斑斑血淚。波利科夫今天也在這裡，他已經投入天殺的超過一億五千萬該死的現金。

掌聲響起。

這就是真正所謂的說到做到。別的不說，光是為了還他這份恩情，我們就一定得完成這份工作，讓他的付出有豐厚回報，也證明他在我們身上下的賭注是對的。

接下來的情況是這樣的。我們會在今年秋天發射，或是今年冬天。我們會把這枚火箭發射出去，我們會拿下整個小火箭發射的市場。外面有些聰明人也都這麼說，但是他們落後太多，你們都很清楚這個東西有多難，我們現在有絕佳的機會搶先一步，而

要證明我們是最厲害的公司，就是把阿爾法火箭升上去。

　　這裡有多少人參與過火箭公司第一次發射火箭？沒有！你們知道嗎？我們有難以置信的機會。這不是一件普通的工作，你會有一段可以回味一輩子的經歷，我希望你們全心擁抱，把這當成每天的動力來源。你們正在參與一件超級特別的事物，你們是上帝或宇宙或隨便其他什麼神選中的人。

　　現在是 8 月，我們會在 11 月或 12 月左右發射，還有時間。

　　從范登堡空軍基地飛往德州奧斯汀伯格史東國際機場（Austin-Bergstrom International Airport）要三個小時，這是一趟真心話大公開的旅程。馬庫希克跟我們一起登上飛機，一箱裝滿啤酒的冷藏箱也上了機。起飛後不久，又一瓶歐本威士忌開始往杯子裡倒，波利科夫從一起飛就開始表達他的失望，說范登堡空軍基地的火箭發射準備工作根本毫無進度，「馬庫希克，我太太已經很厭煩丟那麼多錢給螢火蟲航太，」他說。原來馬庫希克和波利科夫正在為螢火蟲航太接下來幾年進行募資，根據馬庫希克的說法，就快談成一筆投資，會有幾億美元的資金注入。

　　你可能以為波利科夫很樂見有這麼一筆新投資加入，但其實不然。是啦，他已經很痛恨每個月要開支票給馬庫希克，但是這筆新投資是在螢火蟲航太第一次發射之前，換句話說這家公司眼前的風險還很大，新投資人一定會提出比較苛刻的條件。要是馬庫希克有把工作做好，有加快速度，現在螢火蟲航太早就發射了，波利科夫也可能早就坐擁幾十億美元了。結果，他現在卻落

得得用低價讓出一大塊股權。還不只如此，他在螢火蟲航太的至尊地位也會不保，新投資人可能不會買他的帳，也有可能馬庫希克會把他痛打一頓，找個方法把他趕走。

至於馬庫希克這邊呢，他當然是想讓公司活下去，還很得意自己找到這筆新投資，可以減輕波利科夫的財務負擔，所以他不懂波利科夫在不爽什麼。

歐本威士忌和高空的催化下，才飛到一半大家就很醉了。波利科夫和馬庫希克在吵架，阿尼西莫夫和我假裝沒看見，拚命給對方倒酒。他們倆的對話雖然激烈，倒也有一種治療效果，兩個人把內心真正的想法一股腦全倒了出來。波利科夫抱怨他燒了這麼多錢，馬庫希克抱怨波利科夫真的很討厭。波利科夫指責馬庫希克用一連串虛假承諾耍弄他，「我本來就很會做承諾，」馬庫希克回他，歐本威士忌把所有敬意沖得一乾二淨。

一降落德州，一行人就到飯店附近的餐廳（波利科夫訂了那家飯店最好的套房），大家繼續喝酒，波利科夫和馬庫希克繼續吵。馬庫希克的太太克莉絲塔來了，對我們幾個人的狀態好像不是很滿意，不過她的出現改變這頓飯的氛圍，緊張的氣氛緩和了，大家開始有說有笑，又都是同一隊了，對螢火蟲航太的未來充滿期待，我則是喝著我的蘇格蘭威士忌，不斷讚嘆火箭製造之精妙。

32

極限

新的一天，新的視角，至少計畫是這樣。

忍著頭痛欲裂，一早，我跟著波利科夫、阿尼西莫夫驅車前往螢火蟲航太所在的農場。我們已經接到消息，馬庫希克在范登堡提到的引擎大測試已經做完，很成功，大夥兒想慶祝，剛好波利科夫也在奧斯汀，所以就有了把慶祝搞大的理由。螢火蟲航太雇了一個外燴團隊在測試場外烤一整頭豬，為晚上的烤肉做準備。我們抵達測試場的時候，豬已經在那裡，耳朵裹上錫箔紙，一根長棒貫穿全身，員工全都在講豬和看豬，這隻豬儼然成為眾人的焦點。

波利科夫不像其他人那麼愛豬。我看過他心情不好、為某個已經發生或以為已經發生的過失耿耿於懷，但是那種發怒通常一下就過去。結果，波利科夫在范登堡空軍基地的暴躁原來只是溫和的前奏，他在德州農場的暴怒與喪氣才是主旋律。他開車進入農場大門，看到他的牛隻竟然沒有一絲欣喜，直接就開到廠房和員工那裡，他看到一個焊工，然後馬上就做他會做的事，把

焊工抓來問為什麼每次都不能如期做完，「噢，拜託，別問我這個，」焊工說。

螢火蟲航太的員工沒有想到會這樣。為了完成引擎測試，他們已經連續工作幾個禮拜，幾乎沒有休息，也把測試搞定了，所有相關人員都對自己的表現感到自豪，有個行銷人員給我看了一段螢火蟲航太的紀錄影片，裡面有一幕是馬庫希克幾年前流著眼淚告訴大家公司必須關掉。當時誰想得到，如今他們就快取得大成功了。

可是波利科夫看到的是，他的錢燒掉了，他對這家公司的完全掌控也可能即將畫下句點。一聽到馬庫希克說他抓狂的延宕問題是因為烏克蘭的渦輪泵浦，他就更抓狂了。波利科夫說這些美國人根本不知道如何正確地製作東西，技術也不夠純熟，沒辦法掌握技術上的細微差異。

開會時，兩個高階主管走進來要波利科夫簽一份文件，要他同意稽核人員審查他的財務狀況，這個步驟是潛在投資人的要求，認為這是投資前很正常的盡職調查（due diligence）。同時他還得簽另一份文件，承諾如果新資金沒到位，他明年還是會注資。波利科夫覺得被占便宜，螢火蟲航太一方面需要他的錢來確保公司的生存，另一方面又準備把他踢到一邊。然後大家還不斷提醒他，就是因為有他這個烏克蘭人，才會讓每件事都更加困難，因為不管是美國政府，還是其他投資人，都覺得一家美國火箭公司有個烏克蘭人不太好看。

我走出會議室，因為波利科夫和馬庫希克吵得很凶。兩人

全副心思都在吵架，沒有注意到我的存在，但是站在外面偷聽一對怨偶好像要分手似乎也不太好。最後他們兩個走出來。「去他媽的，」波利科夫說，「我們回家去。」他不看等一下的測試、不吃烤豬、不參加為他舉辦的派對。

「今天本來應該很高興的，」馬庫希克說，「今天本來應該很完美的。」

回家的飛機上，波利科夫和阿尼西莫夫睡著了，我打開冷藏箱翻找啤酒，不是因為想喝，而是因為坐私人飛機好像一定要做這件事。

我對波利科夫一直很有好感。他或許有點瘋狂，好啦，他確實有點瘋狂，但也常常讓我覺得他是這些太空大亨裡面最務實的人，他看穿了市場周遭的炒作，用比較務實、沒那麼幻想的方式看待這個行業。他這些錢要拿去做其他任何東西都不成問題，偏偏他獨鍾火箭，因為這是他的天職，這是為了他的家庭、他的國家，也為了科學。他冒著巨大風險，說服阿尼西莫夫這些人奉獻生命投入這趟旅程，他身邊的員工都對他忠心耿耿，他顯然也回以豐厚報酬，而員工也信任他這個人和他的人格。可惜的是，螢火蟲航太的團隊從來沒有機會好好了解這些事情。了解波利科夫這個人是需要時間的，也需要一定程度的腦力體操，才能把他混亂的英語重組出真正的意思，但是只要你有時間和有機會這麼做，你就能看出他是個深思熟慮、可靠、豁達的人。

基於這些原因，我對波利科夫有深深的同情。螢火蟲航太的工程師都在盡全力以最快的速度製造火箭沒錯，但是我也能從

波利科夫的角度來看，承擔所有風險的人是他，工程師什麼風險都沒有，他們只是在做一份工作，並且把他的付出視為理所當然。波利科夫大可把這麼龐大的錢財留給孩子，讓他的家族幾百年不愁吃穿，可是他卻選擇跟馬庫希克搞在一起，而馬庫希克終究還是只為馬庫希克著想。波利科夫頭洗下去的時候就知道這點，但是知道跟實際感受到是兩回事。波利科夫顯然已經厭倦了玩小心機的遊戲，他只想製造火箭，不想處理這些問題。

我們降落奧克蘭，走進私人飛機大廳。就那麼剛好，坎普就站在那裡，他為了達成私人飛行駕照要求的飛行時數，一直在飛。我介紹他們兩人認識，坎普好像不知道波利科夫是誰，已經飽受屈辱一整天的波利科夫再被踩一腳。波利科夫的行李袋裝了一臺烏克蘭的渦輪泵浦，他問坎普要不要看，坎普往袋子裡頭探了探，一臉興趣缺缺的樣子。兩人尷尬地道別後，我們開車啟程回矽谷。「該死的自大狂」是波利科夫給這次交流做的總結。

記者的大發現

2020 年 11 月，螢火蟲航太終於把它的大型「老」火箭從德州運到范登堡空軍基地。年底前發射眼看是不可能了，不過隔年 2月或 3 月倒是有機會。正常情況下，這個里程碑，再加上漫漫長路已經看到盡頭，應該能讓波利科夫心情好一點的，可惜這齣戲現在正走到完全不正常的部分。

2 月時，Snopes 網站登了一大篇報導，把波利科夫描述為

地球上的人渣。有個記者挖出大量疑似波利科夫資助的交友網站，查出這些網站是在掛羊頭賣狗肉，包括 plentyofhoes.com、iwantumilf.com、shagaholic.com。Snopes 的報導認為，波利科夫和他的合夥人透過一堆空殼公司，提供資金給這些網站，騙取毫無戒心網友的錢財。報導說，你只要到這些網站註冊，就會常常收到一堆假女性傳來的垃圾郵件，如果你想取消每個月的訂閱，網站要麼不回覆你，要麼就把你胡亂帶到網路上其他地方。

　　這並不是什麼大發現，螢火蟲太空系統最初的共同創辦人早在控告馬庫希克和波利科夫時，就提出類似說法。但是這時候的螢火蟲航太已經拿到 NASA 和聯邦政府的幾份大合約，包括一項登月任務，所以情況變得複雜起來。Snopes 的論點是，一個看來是在網路地下世界活動的人竟然拿得到政府標案，這不太說得過去。波利科夫斷然否認有任何詐欺行為，他說：「我所有生意和投資都是在法律允許範圍內，使用時一定會事先揭露使用條款。我的重點是太空。」

　　除了 Snopes 那篇報導，我也替《彭博商業周刊》寫了一篇文章，細數我在烏克蘭跟波利科夫相處的那幾天經歷，以及螢火蟲航太企圖整合美蘇技術的雄心。同樣地，我這篇報導對航太圈內人也不是什麼大發現，美國政府早已批准兩國之間的單向技術交流，想看這份協議內容的人隨隨便便都找得到資料。不過，疑慮還是甚囂塵上，舉個例子，在德州一場會議上，不止一個螢火蟲航太的員工當著全公司的面質問波利科夫，如何才能相信他不會把德州的工程突破拿回烏克蘭。

　　根據波利科夫的說法，拜這兩篇報導之賜，螢火蟲航太對外尋求資金的嘗試都泡湯了。協商許久的談判，就快要簽字了，然後在最後一刻，有人看到 Snopes 的報導，突然猶豫，認為波利科夫一定是烏克蘭或俄羅斯的雙面諜。

　　我不明白這有什麼好大驚小怪的。我覺得很奇怪，華爾街投資人怎麼突然同情起網路上那些精蟲衝腦的人。我的意思是，會到 nastymams.com 這種網站註冊的人不是早就知道會被詐騙？如果這樣也行，那貝佐斯不就更應該為亞馬遜員工遭受的待遇給出個說法，而馬斯克也老是在做那種有問題、只有馬斯克會做的事。太空大亨的道德標準還沒有建立起來。

　　再說，波利科夫在烏克蘭的努力其實是美國的大勝利。烏克蘭的技術已經流入美國幾個主要敵人手中，這點沒什麼好懷疑的，烏克蘭沒有其他人在投資自己國內的航太業、阻止技術外流，而明明就有一個人住在矽谷，還把他美滿健康的家庭搬過來，掏出兩億美元投入一家火箭公司，願意幫忙補上這個漏洞。在我看來，有這個人遠比沒有這個人好太多了。

　　談判告吹徹底把波利科夫激怒。換作是其他任何國家，早就把他奉為經濟英雄、科技名人，但是在美國，他卻成為眾人懷疑的對象，不受歡迎。他準備退出，也一吐為快。

波利科夫：這些東西正在流到中國和其他很壞的國家，沒有其他公司想做點什麼，只有我。我是把蘇聯的智慧財產帶到美國的最後希望，帶到美國做好事。就算是那個馬斯克，跟我比起來只是

俗辣一個。我這才叫他媽的愛國啦！

這已經不是什麼美蘇對抗的問題，而是人們把一生奉獻給知識，是人類圈，是知識，他們應該尊重這些知識。

我的信念已經快被磨光了。大家都認為我是間諜什麼的，這很傷人。我八年前跟家人來到美國，讓他們了解美國觀點、美國方法。我甚至按時繳稅給美國國稅局。

美國已經不是美國了。我們全都是移民，最近我跟我爸喝醉了，他說：「你到底在期待什麼？你超越普通美國人兩、三代，直接就跳進火箭業，他們當然不了解你、痛恨你，想毀掉全部。」很不幸，我就是個怪咖，不過到某個程度我還是會說：「去他的。」我的熱情也是有極限的。

33

熄火

2020 年 12 月 4 日，波利科夫打電話給我，連珠炮講了好幾個壞消息。他說，美國政府在阻擋螢火蟲航太取得發射許可，除非他退出公司，把大部分股票賣給另一個美國比較能接受的投資人。美國政府已經要求他退出螢火蟲航太的董事會，有好幾個政府機構向他施壓，暗示要調查他的公司，不然至少也要讓他日子難過。

波利科夫才剛去一趟范登堡空軍基地就發生這些事，感覺螢火蟲航太的火箭一上發射臺就突然有這些行動衝著他來。一開始沒人相信這家公司能走多遠，所以他們就讓這個烏克蘭人買單實驗費用，但是現在看起來是玩真的，火箭發射似乎就在眼前，該是介入宣示主權的時候了。也許是政府高層在搞鬼，也有可能是波音、洛克希德馬丁或諾格請求協助，因為不想再任由生意流到另一家以 SpaceX 為師的新創公司。不管是哪一個原因，波利科夫都完蛋了，他得讓出公司的掌控權，必須賣掉股票才可以讓火箭發射。

　　去范登堡空軍基地的時候，波利科夫的通行證被降級為「需有人員陪同」，意思是他要看他製造的火箭還得有人在旁邊監督，他不能再跟現場的火箭技術人員講話。「我甚至連自己去廁所都不行，一定要有人看著，」他說。

　　之所以有這些改變，依據波利科夫的說法，是因為財政部、空軍、NASA 等等單位接連發信給他，命令他交出公司的掌控權。信上說，不准他再做任何策略上或管理上的決策，董事會成員暫時只有馬庫希克一人，直到找到兩個可靠的美國人加入；螢火蟲航太的烏克蘭工廠也要關閉。波利科夫暴怒，理智線再次斷裂。

波利科夫：反正目的只有一個：把波利科夫給我攆出去！我只有一個決定可選，全部放棄，基本上就是犧牲我自己，離開這家公司。什麼氣魄、什麼烏克蘭熱情或蘇聯熱情都被狠狠摧毀了，美國就是不想讓波利科夫賺大錢。

　　這就是美國。只要你有這種等級的戰略資產，只要你開始取得一定程度的成功，他們就要奪走。這是政府、競爭對手公司說你壞話、情報單位三方聯手，他們想知道這個搬到美國投資兩億美元的烏克蘭人是誰。在他們眼中，這個來自烏克蘭、搞網路起家、跑來這裡發射火箭、沒被俄羅斯間諜幹掉的傢伙到底是什麼人？他一看就知道是那種邪惡公司、邪惡組織的人，一看就知道。身邊還有個白俄羅斯人替他工作，白俄羅斯不就是俄羅斯的老相好嗎？

我現在收到要買我股票的報價，甚至都低於我的投資成本。也許兩、三個禮拜後我就會打八折賣掉所有持股。也許我會乾脆就這麼做，省得麻煩。

馬庫希克才不在乎，他以前也幹過這種事。

他們要我賣股票的原因當然很簡單：如果讓我有掌控權，就沒人會投錢。他們已經跟我說，我只可以握有兩成的螢火蟲航太──如果幸運的話。現在我有八成五的股票。

你是要我學《華爾街之狼》（*The Wolf of Wall Street*），是吧？政府要跟他談個條件，他直接就跟他們說：「去你的！」你知道他的下場了吧？你要我也那樣做嗎？可是我會更殘暴喔！

所以我12月20日要跟家人去愛丁堡，搞定了，機票訂好了。我們12月21日會在愛丁堡買棵耶誕樹。我的孩子、我太太、我的貓都會在。我們買的是單程票，直飛，所以我找了一架大飛機。

每次的結果都是這樣。是我們不對，竟然天真地以為我們可以做這些事，因為我們很他媽的愛國。但其實我們不被允許。當你都準備要發射火箭了，你就會在十天內收到五封信，砰！砰！砰！打死你。

你知道嗎？我可能會把九成的股票捐給德州大學。去他的！另外一成捐給轟伯羅國立大學。德州大學會保護他們的持股，沒有人會去搞德州大學，那邊有共和黨人、泰德‧克魯茲（Ted

Cruz）[1] 等等。我寧願捐出去，也不要給那些避險基金或創投公司，我要免費捐出去。

你投資了兩億美元，付出人生四年的光陰，把技術帶來這裡，冒著被俄羅斯人幹掉的風險，卻沒得到美國政府任何支持，沒拿到美國政府任何合約。他們跟我說，我們永遠拿不到政府合約，因為我的關係。基本上我是被趕出美國的。去你的！波利科夫，滾回你的世界吧！

我們的火箭都準備要升空了，一定會嚇死整個市場，最後八成會被諾格之類的大廠或某個私募基金的人收購。結果他們卻在擋我的許可證，要我走才願意發。他們就讓你坐在那裡等，流著血等。

一旦你成功，他們就很難跟你吵了。這點馬斯克最清楚。火箭上了發射臺發射出去，所有鳥事就煙消雲散了。發射前，大家都覺得全是假的、是詐騙，要洗錢什麼的，但是只要上了發射臺，是真貨，大家就閉嘴了。所以他們要在發射前幹掉我，這招很狠。

別擔心，我的錢不會就這樣沒了。我要去蘇格蘭，我們會去做網路的東西、金融科技、廣告科技、更多遊戲、賭博。我的意思是，我是合法的英國公民，媽的！

就這樣，波利科夫還真的全家搬到蘇格蘭，他在那裡買了

1　譯注：德州參議員，共和黨鷹派。

一座豪華莊園，其實是兩座。不過他沒有把螢火蟲航太大部分股票捐給德州大學，那只是一時氣話；可是他也沒有立刻賣掉股票。他不打算仿效《華爾街之狼》，因為他已經心灰意懶，不再有那種戰鬥力。但是他倒是想賣個不錯的價錢，尤其科技公司正處於可以募到天價的時期。

2021 年 5 月，螢火蟲航太公布募到七千五百萬美元，投資人有好幾位，包括加密貨幣富豪傑德‧麥卡萊布（Jed McCaleb），他會進入董事會；另外還有兩個新董事，黛博拉‧李詹姆斯（Deborah Lee James）和羅伯特‧卡狄洛（Robert Cardillo）。李詹姆斯曾經擔任四年空軍部長，卡狄洛以前則是掌管國家地理空間情報局（National Geospatial-Intelligence Agency）。烏克蘭人換成一個軍方老兵、一個間諜頭子。「這純粹是商業考量，」馬庫希克告訴記者，「螢火蟲航太跟美國政府的合作會愈來愈密切，所以波利科夫和我決定，領導團隊最好由美國公民組成，波利科夫不是美國公民，但他是很精明的生意人。」

波利科夫被迫出讓他手上一半的螢火蟲航太股票，以一億美元賣給一個不具名投資人。他被禁止跟他一手拯救、促成的公司任何人講話。因為這幾筆交易，螢火蟲航太現在的價值已經超過十億美元。[2] 從帳面上看，波利科夫等於被騙走好幾億，不過至少螢火蟲航太往後的帳單掛在其他人頭上了。

做為感謝，NASA 給了螢火蟲航太一份九千三百萬美元的合

2　馬庫希克還告訴記者，螢火蟲航太打算年底前還要再多募個幾億美元。

約，請他們打造一臺登月器，用於 2023 年進行科學實驗。之所以會有這份合約，完全是著眼於波利科夫先前買下的以色列「創世紀」（Beresheet）登月器智慧財產權（這臺登月器 2019 年墜毀於月球）。波利科夫還在的時候，NASA 沒有看到以色列這項技術的價值，現在倒是將他的善意與明智利用得很高興。馬庫希克還硬拗，他跟記者說這臺登月器會由螢火蟲航太從零開始打造，「創世紀」只是很約略的參考，「百分之百是美國技術，」他說。

大約同一時間，另一家太空新創公司也有類似情形，它有一位俄羅斯創辦人，也是被迫交出公司掌控權，被美國硬漢取代。我寫了一篇報導把這兩件事串連起來，指出美國政府似乎在清理航太產業的門戶。我只不過把那個俄羅斯人和波利科夫寫進同一篇報導裡，我跟波利科夫、阿尼西莫夫的關係（阿尼西莫夫已經成為朋友）就形同結束，好一段時間都聯繫不上。波利科夫認為那個俄羅斯人是壞蛋，無法接受我竟然把他們兩人相提並論，不再回覆我的簡訊和電話。

波利科夫在 2021 年 6 月初短暫返回美國，而螢火蟲航太的火箭還躺在范登堡空軍基地，沒有發射。火箭已經躺在那裡好幾個月，馬庫希克把延宕怪給新冠疫情，說供應鏈很混亂，阻斷了一些關鍵零組件的取得。波利科夫其實已經不在乎，他回矽谷主要是為了參加女兒的高中畢業典禮，並且賣掉房子。距離我那篇報導刊出已經相隔幾個月，他終於勉強答應跟我見面。

星期二下午兩點左右，我來到他的辦公室，他指著一張椅子，示意我坐下，然後開始把我這幾個月冤枉他的地方一個個翻

出來。他說我好像把他寫得喝太多酒，他說美國大眾不信任喝太多酒的人；他說我還助長了一種說法，說他是經營不正當交友網站的不正當外國人，還讓人留下他傻傻笨笨的印象。一邊對我數落這些，他一邊把威士忌倒進形狀像顛倒的鹿頭的酒杯，一杯給我，一杯給他。

雖然他花了不少時間數落我的不是，但還是把他的辛辣留給其他人。他的家人比他更早搭私人飛機來美國，被海關盤問很久。海關遲遲不放人，一直到波利科夫十四歲的兒子表明他全心珍惜他的綠卡，因為日後這張綠卡可以幫助他進入麻省理工學院。根據波利科夫的說法，那短暫迸發的愛國心和壯志，再加上他們的私人飛機，終於說服海關相信，這家人不是回來占美國便宜的。不過，波利科夫自己兩天後飛過來也沒有好到哪裡去。海關把他扣留了大約兩個小時，不停盤問他為什麼還要回美國。

波利科夫告訴我，他內心某種程度已經跟螢火蟲航太和解。美國政府強迫他賣掉一大塊持股，但他還握有五成，他預期這些股票在發射成功後會有十億以上的價值，最後他也會賣掉，給可觀的財富再添一筆。除了這些，他的遊戲生意在疫情期間生意興隆，他預計賣掉其中一、兩家公司，再入袋十億到二十億美元。在蘇格蘭，他千萬平方公尺的土地上有超多動物，還有三座湖，另外他還終於要買酒廠了。做波利科夫真好。

不過和解只到這裡。波利科夫開始把矛頭指向競爭對手，一一列舉他們引進的可疑資金。美國其他火箭衛星公司也拿中國和俄羅斯投資人的錢，甚至為了讓那些金主看起來沒問題，還故

意混淆這些錢的來源。這讓波利科夫忿忿不平，為什麼那些公司就可以輕鬆過關，而他的好名聲卻得蒙上汙點？針對這些，他說的沒錯。為了讓公司能繼續存活，太空產業的人幾乎什麼事都願意做，在 2020 到 2021 年這段狂飆時期，各式各樣的資金都湧進這個產業，美國政府似乎只要符合自己的利益，就睜一隻眼閉一隻眼。

　　講到激動處，波利科夫說他剛剛取消原訂跟德州大學高層的通話，他原本打算繼續捐幾百萬美元給這所學校的工程計畫，因為他喜歡贊助工程，但是他受夠了，就讓德州大學自己去找別人要錢吧。噢，還有，也讓馬庫希克自己回去吃自己吧！他曾經當著波利科夫的面說他是俄羅斯間諜、色情販子。根據波利科夫的說法，馬庫希克是個忘恩負義的混蛋，先是榨取一組投資人的錢，接著又榨取波利科夫的錢，搞了這這麼多年還發射不了火箭。馬庫希克眼中只有自己，沒有別人，波利科夫說。

　　聊天末了，他要我不要再冤枉他了。他開玩笑說他的團隊有深偽技術(deepfake)專家，網路上可能會出現我做各種事情的影片。這是典型的波利科夫風格，我很確定他不會做這種事，但又不是完全確定。其實我很愛看波利科夫破口大罵，但我內心也知道，或許他的真實面貌我只知道其中一小部分。他是謎樣的男人無誤。

　　第四杯威士忌倒進杯子的時候，我想應該是真正的波利科夫出現了，至少出現了一下子。他又開始埋怨美國的不知感恩，這個國家終於成功扼殺他的熱情。「很悲哀，」他說，「不該這樣

結束的。」他雙眼噙滿淚水。接著他試圖讓氣氛輕鬆起來，舉杯向山姆大叔敬酒。

　　他正要把辦公室清空，所以堅持要我拿點東西，當成我們在這個國家最後一次見面的臨別禮物。他從辦公桌後面起身，走過各個房間，經過他所有的科幻藝術品、航太藝術品、宗教物品，我在門廊邊等了兩分鐘，他拿著一個維京人雕像回來。「你是芬蘭人對吧，」他說。「不是，」我說。「你是芬蘭人或斯堪地納維亞人，」他說。「不是，不算是，」我說。他一臉洩氣看著我。「是啦，我是啦，」我說。

　　雕像是一個維京人一隻手拿著一根長長的獸角，獸角的開口懸空在他另一隻手上，意思是這個維京人把酒喝完了，沒有假裝喝完來欺騙同伴。波利科夫解釋說，他就像這個維京人，是個戰士，是你可以信任的戰士。

　　螢火蟲航太一直到 2021 年 9 月才首次發射火箭，距離上次德州的烤豬宴會已經過了一年。以第一次發射來說，這枚火箭的表現非常出色，幾乎準時升空，飛了兩分鐘半，四部引擎有一部在途中故障，所以沒有足夠的動力進入軌道。沒關係，以火箭國度的標準來說，已經很成功了。

　　波利科夫也飛到范登堡太空軍基地 [3] 觀看火箭發射，他得跟其他一般民眾站在旁觀區。大部分人忙著祝賀螢火蟲航太，波利科夫卻只有更唱反調，他揚言要收回他的登月器技術，這會打擊

3　「范登堡空軍基地」在 2021 年 5 月改名為「范登堡太空軍基地」(Vandenberg Space Force Base)。

到美國重返月球的希望。他的熱情已經消磨殆盡，太空現在只是大家賺錢的計畫，他要弄死馬庫希克，弄死美國，把他的渦輪泵浦帶到別的地方。「要是他們早個兩、三年發射火箭，我們早就幹掉競爭對手了，」他說，「我現在要把我的錢全部花光，五十歲開開心心死去。」

後記

　　2022 年中，我去拜訪矽谷一家叫做李奧實驗室（LeoLabs）的公司。這家公司已經募到超過一億美元，要在全球各地廣設雷達站，目的是仰望太空，追蹤低軌道上面每個物體，包括衛星、老舊火箭箭身、碰撞和爆炸的殘骸碎片。大物體要看到不難，但是李奧實驗室的技術很好，足以辨認出只有幾公分大小的物體。

　　過去，監看低軌道活動是各國政府和軍方在做，他們想知道盟邦和敵國在太空做什麼，當然也想確保自己的火箭和衛星飛到不會跟原有衛星相撞的位置。為此，美國已經開發出自己的雷達系統，也公開分享大部分數據，但是到了 2022 年，他們的系統已經跟不上所有送上太空的物體。

　　李奧實驗室成立於 2015 年，他們著眼於低軌道需要做些管理才不至於釀災。他們已經在德州、哥斯大黎加、紐西蘭、阿拉斯加興建四座雷達站，才設了這四座，就已經能辨識多達幾十萬個在地球軌道運行的物體。雷達站能監看衛星路線，預測衛星何時可能相互撞上，或是撞上還卡在太空的老箭身。未來幾年，這家公司還打算興建更多更多雷達站，以便做到無時無刻監看所有物體。

　　李奧實驗室的追蹤系統和軟體所產生的圖像很驚人。你可

以看到幾千顆 SpaceX 星鏈衛星繞著地球，排列成數學網格的形狀，裡面還塞了幾百顆一網公司和行星實驗室的衛星，還有環繞整個地球的碎片區。近期最引人矚目的碎片大噴發發生於 2021年，俄羅斯選擇用飛彈擊毀自己的一顆衛星，只為了提醒其他國家它想銷毀衛星就能銷毀。那顆衛星一被摧毀，就碎成一千五百多塊。

為了確保自家衛星不會相撞，SpaceX 和行星實驗室付錢給李奧實驗室，請李奧實驗室找出他們的衛星在太空的位置，並追蹤動向。一旦李奧實驗室發現有發生碰撞的可能，就會通知SpaceX 和行星實驗室，這兩家公司會採取行動，利用衛星本身的推進系統將軌道微調一點點。這件事無法用人工處理，因為衛星和物體太多了，李奧實驗室 2022 年每個月發出的碰撞警報高達四億次，SpaceX 和行星實驗室的電腦系統一接到警報，就會自動下指令給衛星，讓衛星根據需要做移動。地球上的我們，大多開心過著自己的日子，渾然不知太空上正在發生這些事。

「現在的低軌道基本上是無人管理的狀態，」李奧實驗室執行長丹‧賽伯利（Dan Ceperley）說，「衛星公司在衛星發射前提交一份計畫，說明衛星會避開碰撞，然後還必須拿到與地面通訊的許可，但是計畫提交出去一獲得核可就能夠開始執行。衛星公司就自己去發射，不會有後續追蹤審查。這有點扯，因為這些衛星有長達幾十年的時間都在上面，會跑進各種不同的軌道，完全沒有組織可言。但其實只要稍加組織，我們可以放到太空的衛星會多更多。」

　　李奧實驗室的故事就是新太空競賽的縮影。我們已經走到一家五十人新創公司就可以成為低軌道交通管理系統的地步，有這樣一家公司在做這樣的工作令人安心，但也讓人不安，因為這種工作竟然已經由民營公司接手。我猜想，太空商業產業會有相當長一段時間處於這樣的狀態，介於興奮和可怕之間。

　　很明顯，SpaceX 已經成為太空商業產業的主導力量。它有最龐大的火箭艦隊，它打造、發射的衛星數量也勝過其他任何公司或國家。馬斯克或許迷戀於火星，但他也一直忙著證明低軌道的經濟價值，獵鷹一號開啟 SpaceX 的使命，這家公司也從未安於既有的成就。

　　對於書中主角以外的人，他們的未來繫於他們有沒有能力競爭，也繫於太空商業產業本身的發展演化。已經有幾十億又幾十億美元的資金流入幾百家太空新創公司，行星實驗室已經有十幾家對手，火箭實驗室、艾斯特拉、螢火蟲航太的對手更多，有二十幾家。SPAC 狂歡泡沫提高投資人對太空商業產業的興趣，但是隨著 2022 年年初全球經濟放緩，現實的耳光又一掌打向金融市場，資金再度緊張起來，在這樣一個對風險容忍度較低的環境，高度投機的火箭和衛星公司首當其衝。

　　寫這樣一本書是很危險的事。我帶大家探究如何開創一個全新的資本主義領域，而且我是以幾乎即時的方式追蹤這個故事，當你拿到這本書的時候，有可能書中介紹的公司有一家以上已經不復存在。

　　不過，在我看來顯而易見的是，這種新經濟會建立起某種

形式，而且會在我們的生活扮演重要角色。來自低軌道的太空網際網路、影像、科學，會成為一種新型運算基礎設施的基礎，而這背後的大風險是，就像我前面說的，會有我們現在還說不清楚、搞不懂的效應隨之而來。

有不少人質疑這場豪賭背後的種種假設，他們很確定這個太空商業泡沫最後一定會啪一聲破掉，所有興奮到頭來沒留下什麼。不過，儘管這一路上一定會有痛苦時刻，但我相信科技進化的下一章還是會繼續，並對這個世界的運作帶來深遠改變。這是科技的本質，也是人類心靈面對新奇遊戲場出現時的本性。就像本書前言所引述的：「抬頭看吧：我們已經推翻萬有引力定律，已經扯掉這個世界原本很低的天花板。」

現在回來談談我們幾位主角。

螢火蟲航太

你可能已經猜到，波利科夫的情況並不樂觀。螢火蟲航太首次發射後不久，美國政府繼續發信給他，指控他遲早會變成俄羅斯的資產。聯邦政府的理由是，波利科夫有可能選擇把美國航太科技輸送給俄羅斯，說他對美國國家安全構成嚴重威脅。根據我取得的一份文件，政府是這麼說的：「國安層級屬於非機密，涉及的問題包括波利克夫對螢火蟲航太的影響力、可能將獨家非公共智慧財產以及敏感的美國政府客戶資料相關技術轉移給俄羅斯。」

　　美國政府的不滿欠缺具體的細節。事實上是完全沒有具體的指控，完全沒有提到那些交友網站或所謂邪惡的商業關係，政府只是用一頁又一頁的篇幅，說俄羅斯是美國在太空領域的對手，說波利科夫出身烏克蘭，說烏克蘭以前跟俄羅斯聯手打造太空船。非但沒有提出確鑿證據，證明瞧不起俄羅斯的波利科夫會幫俄羅斯，竟還要求他處理掉「全部的」螢火蟲航太股票，愈快愈好。

　　為了證明自己不是在開玩笑，政府擋下螢火蟲航太下一次的火箭發射。美國政府切斷螢火蟲航太進入范登堡太空軍基地的所有管道，阻止螢火蟲航太取得火箭發射許可，還把波利科夫的其他事業列入聯邦黑名單，讓他沒辦法進行金融交易。

　　某天晚上，盛怒之下，波利科夫在社群媒體發文，說他要把螢火蟲航太所有股票以一美元賣給馬庫希克。波利科夫在貼文中狂罵，一一點名二十幾個聯邦機構辜負他，「你們現在高興了吧，」他寫道，「歷史會審判你們這些人。」

　　他並沒有以一塊錢賣掉股票，不過確實把螢火蟲航太的股票處理掉了。2022 年 2 月 24 日，他透露有一家私募基金買下他的持股，金額不公開。那筆買賣前幾個禮拜他曾向我抱怨，美國政府把他搞得進退兩難。在美國政府全面施壓下，他得趕快賣股票，卻又沒有什麼人願意碰這筆交易。最後波利科夫也許有拿回他當初投資的錢，小賺一點，但是也不會多到哪裡去，要以螢火蟲航太市值的價格賣出，當然是不可能的事。

　　波利科夫是俄羅斯的資產嗎？如果是，我會很震驚，而美

國政府當然也拿不出任何相關證據。

我的猜測是這樣，隨著螢火蟲航太愈來愈具競爭威脅，它的對手和詆毀者決定出手。華府說客接到電話，拿到好處。波利科夫是最容易扳倒的目標。

波利科夫賣股票的消息傳到媒體時，正值普丁開始對烏克蘭發動攻擊。攻擊第一天，俄羅斯人就往聶伯羅附近的火箭工廠投擲一枚炸彈。接下來幾天，那幾位導覽人員丟下公關工作，跑去製作汽油彈、學習如何開機關槍；烏克蘭狙擊手進駐波利科夫辦公室頂樓，原本替螢火蟲航太工作的工程師不是從軍，就是逃出國。任何重振烏克蘭航太產業的希望都在被摧毀中，就像這個國家大部分地區。「他媽的該死！！！！」波利科夫寫訊息給我，「他媽的俄羅斯！」

這段期間唯一讓波利科夫稍感安慰的是，買下他螢火蟲航太股份的人沒多久，就把馬庫希克趕下執行長的位子，[1]這幾個專業投資人對於進度延宕和預算超支很計較，可不像他這個烏克蘭太空狂那麼好講話。就這樣，螢火蟲航太這對貌合神離的怨偶都走了。

2022 年 10 月，螢火蟲航太進行第二次火箭發射嘗試，大獲成功，不僅進入軌道，還投放了幾顆衛星。因為有這次成功發射，螢火蟲航太的市值飆到幾十億美元，這家公司是因為有波利科夫的冒險、投資、領導，才能在這麼短的時間讓火箭進入軌

1　馬庫希克仍然是董事，並且繼續擔任首席技術顧問。

道，但是歡呼收割的人卻是才剛上任的執行長，波利科夫只能遠遠透過網路觀看這一切。

這時候的波利科夫，擔心的是別的事。

從烏克蘭遭到攻擊那一刻開始，波利科夫就展開行動。他起身帶頭，想辦法弄到一大批商業衛星影像，再轉給烏克蘭軍方，大部分影像都是波利科夫自掏腰包，由他的工程師進行分析，把俄羅斯軍隊的動向等等活動告訴軍方。烏克蘭軍方認為，波利科夫的快速行動發揮重要的作用，首都基輔才得以避免一開始就遭到圍攻，烏克蘭也才得以意外地抵擋住俄羅斯的長驅直入。波利科夫開始接受烏克蘭政府最高層不斷的嘉獎和表揚。波利科夫利用太空商業技術暗中削弱敵人，讓俄軍大為驚訝，太空強權被新創公司和靈活思維擺了一道。

不過，早在波利科夫趕到現場相助之前，衛星影像的巨大威力就已經顯現，我們其他幾個主角已經不知不覺成為地緣政治舞臺上的要角。戰爭前幾週，俄羅斯不斷否認有入侵烏克蘭的計畫，然而，他們的大外宣和政治手段在行星實驗室每天拍到的照片面前，顯得蒼白無力，全世界都看得清清楚楚，俄軍在烏克蘭邊界集結，全世界都知道接下來會發生什麼事。

隨著戰事持續，行星實驗室的照片不斷出現在電視、報紙、社群媒體，全世界都看著長達六十公里的俄羅斯車隊陷在基輔郊外的泥濘中，看到醫院學校被摧毀前後的照片對比。俄羅斯試圖硬拗，宣稱他們轟炸的是軍事設施，但是照片不會說謊。其他轟炸和攻擊發生時，公開情報分析人員開始拿衛星照片和地面

照片或報告來比對，努力勾勒更多戰事的真相。從來沒有哪一場戰爭衝突是用這種方式記錄的。

俄羅斯試圖摧毀烏克蘭的通訊設施時，SpaceX 送烏克蘭幾千座星鏈天線。這套太空網際網路讓烏克蘭軍隊得以繼續運作，這在幾年前是不可能發生的事。軍事單位仍然可以安全通話，因為俄羅斯無法突破星鏈的加密技術。也是拜這套星鏈系統之賜，烏克蘭無人機操作員從全國各角落協調指揮幾千次轟炸任務。烏克蘭總統澤倫斯基（Volodymyr Zelenskyy）致電感謝馬斯克，烏克蘭將領也上網表達同樣的感謝。

過去的戰事衝突雖然也使用衛星技術，但這是第一場真正的太空戰爭。太空商業公司開發的工具給了烏克蘭優勢，讓俄羅斯軍隊吃癟，改變了這場衝突的走向。

行星實驗室

行星實驗室在 2021 年 12 月股票上市，當時正值 SPAC 熱潮達到最高點，他們募集了幾億美元，市值將近三十億美元，客戶有八百家，年營收有大約一億三千萬美元。馬修和辛格勒夫妻身價上千萬美元，仍然一起過著集居生活。書裡提到的早期關鍵人物大多還在行星實驗室。

不過，博曉森在 2015 年離開行星實驗室，結束他跟馬修、辛格勒長期的不合。「我常常覺得我在他們兩個之間扮演的角色是，從他們的理想當中找出現實，」他說，「為他們想做的事找

出務實的方法。我們都倦了，是馬修和辛格勒決定他們要自己做。我們聊過，我跟他們說，我支持他們的決定。我看得出來，他們很難對我開口。談完後，我們給彼此一個大擁抱。」

「這大概是我選擇自己住、不跟他們一起過集體生活的代價。我現在已經坦然接受，我還是覺得創辦行星實驗室是我做過最棒的事之一，我引以為豪。不過我每次都跟人家說：『千萬不要有三個創辦人。』」

博曉森後來去做創投，第一筆投資就是紐西蘭一家叫做火箭實驗室的火箭新創公司。2021 年底，他以觀光客身分登上藍色起源的火箭，飛上了太空。

除了行星實驗室的工作，馬修、辛格勒、柯文夏普過去幾年也展開在月球建立人類移居地的計畫。他們帶領一個叫做「開放月球基金會」（Open Lunar Foundation）的組織，試圖建立第一個私人資助的月球移居地。這個團體（成員還包括坎普、沃登、萊維特、裘文森）認為，火箭成本已經降到足以讓個人（而不是國家）考慮進行自己的登月任務；他們希望在月球開啟一個新文明，任何國籍的人都能加入，會有新的治理規則，有別於地球傳統的規則。

我參加過兩年開放月球基金會的會議。他們最初的想法是送兩顆鴿子衛星到月球軌道，找出最適合定居的地點，接著進行兩次登月任務，把機器人探測器送上月球表面，然後再興建居留地。這個計畫的財務總管是布林，以及俄羅斯科技投資人、行星實驗室早期的金主米爾納，開放月球基金會的會議常常在米爾納

的上億矽谷豪宅舉行。

　　開放月球基金會最後把希望和夢想縮小了，現在比較像是一個政策計畫。柯文夏普仍然是帶頭的人之一，她也還在試圖影響當前各種月球移居點的政策與策略。

　　這幫太空好友每到新年還是會辦他們的 4D 活動──Dream（夢想）、Drive（動力）、Develop（開發）、Deliver（實現）── 馬修、柯文夏普、辛格勒、坎普和其他好友會聚在一起，大聲討論他們的希望和抱負，盤點自己的人生。這項活動是對這幫朋友特殊情誼一年一度的提醒，很少看到可以維持這麼多年、這麼緊密的友誼，而且還費心予以儀式化。「在我心中，柯文夏普是這個團體的精神領袖，」一位參加過 4D 的彩虹大院朋友說，「她的話不多，但是我覺得是她在推動事情往某些方向走。你會看到他們一直都是這樣，一起走過人生的點點滴滴。」

　　沃登在 2015 年離開艾姆斯研究中心，那裡就再也不一樣了。沃登離開後，NASA 進行了重組，各中心的高階主管必須直接向 NASA 總部匯報，而不是向中心負責人報告。其實那是個陽謀，目的是避免 NASA 各中心負責人不受控，避免出現另一個沃登。你大概猜到了，現在的艾姆斯研究中心相當無趣。

　　沃登和艾姆斯研究中心／彩虹大院的校友帕金一直在替俄羅斯富豪米爾納工作，做一些探索外太空的計畫。「擴大到太陽系和更遠的宇宙，這就是我現在在做的事，」沃登說，「最後我們應該會移居到鄰近星系的行星上。」

　　威斯頓還在艾姆斯研究中心，但不是替 NASA 工作，他搬

進 Google 接手的機庫之一，忙著替布林打造一支飛船艦隊。

　　如果我要把這個故事寫成間諜小說或虛構版本，沃登會是驅動情節走向的幕後主腦。沃登花了幾十年，夢想著隨時用便宜的火箭發射一顆衛星，軍方就能刺探任何想刺探的事物，要是沒有他，可能就不會有行星實驗室或艾斯特拉；雖然牽扯得有點遠，不過也有可能連 SpaceX 和火箭實驗室都不會有。畢竟，是沃登說服政府在獵鷹一號時代就支持馬斯克，也是沃登在紐西蘭的密使威斯頓說服大家投資貝克；現在的狀態幾乎可以說是沃登一手變出來的。「祕密行動將領結交了一群聰明年輕的朋友，讓他們不知不覺甘心賣命」，這會是相當精采的故事。

火箭實驗室

　　貝克始終是那個貝克，也始終領先對手一步或好幾步。

　　火箭實驗室在 2021 年中股票上市，募到幾億美元，市值一路飆到幾十億美元。股票上市使貝克成為紐西蘭最重要的創業家之一，以及全紐西蘭最富有的公民之一，但另一方面，也讓人看到火箭仍然是一門艱困的生意。雖然是僅次於 SpaceX 的火箭公司，但是截至 2022 年為止，火箭實驗室的發射生意依舊還沒有轉虧為盈。

　　這家公司會把新取得的資金大半用於打造可重複使用的大型火箭「中子號」（Neutron），直接跟 SpaceX 的獵鷹九號競爭。同時，他們也一直在完善技術，要讓電子號火箭可重複使用，一方

面降低成本，一方面也加快發射速度。除了這些動作，火箭實驗室在紐西蘭的發射場又多了一處，在美國則是蓋了一處，火箭已經飛進太空數十次，投放的衛星有數百顆。

火箭實驗室也不再只是火箭公司，他們已經開始在自家工廠製造衛星的常用零件，客戶只需要為他們的酬載添加獨有的技術和科學，再放入火箭實驗室的衛星平臺即可。跨入利潤較高的衛星生意，不僅提高這家公司的營收和獲利，也有助於這家公司成為一站式太空服務商。

火箭實驗室還沒有如貝克所願每三天發射一次，新冠疫情拖慢這家公司的腳步，因為紐西蘭是實施最嚴格封城的國家之一，再加上，要發射大量火箭真的很困難。不過，火箭實驗室是唯一緊跟在 SpaceX 後頭的公司，發射成功的紀錄軌跡也類似。

2022 年 7 月，火箭實驗室替 NASA 把一個酬載送上月球，這是這個小火箭商有史以來最具雄心的一趟任務，而火箭實驗室的火箭也表現完美。事實證明貝克有先見之明，紐西蘭早該把月球考慮進太空法案裡的。火箭實驗室現在拿到更多的月球任務合約，還有一些是火星和金星的任務。

紐西蘭做了一件讓我非常高興的事，他們還立法規定，確保紐西蘭海岸發射出去的衛星一輩子都有受到照料，也就是說，這個國家要求太空裡的衛星好好受到監控，最後的棄置也有好好處理。就我所知，紐西蘭是唯一有這種規定的國家。

艾斯特拉

　　艾斯特拉的旅程就很狂野了。2022 年 3 月，這家公司成功替付費客戶把衛星送進軌道。雖然之前爆炸連連、戲劇性十足，他們還是以破紀錄的速度成功飛進太空，擠進 SpaceX 和火箭實驗室所在的一流菁英俱樂部。

　　為了慶祝這個好消息，艾斯特拉 2022 年 5 月在自家工廠辦了一場活動，看到阿拉米達市長現身大力讚揚這家公司、歡迎賓客，我的眼鏡碎了一地。「我在想，坎普和艾斯特拉之於阿拉米達，就像馬斯克之於佛利蒙（Fremont），」市長說，這裡指的是特斯拉在附近小鎮的車廠，「但是艾斯特拉沒有爭議，對吧，坎普？」

　　事實上，阿拉米達幾個月前還在想辦法把艾斯特拉趕出工廠，但是現在已經無法否定這家公司所打造的一切。工廠不僅又擴大，等著上太空的火箭也有好幾枚，艾斯特拉還提交文件申請，打算開始建造自己的太空網路衛星星座，由 13,600 顆衛星組成，這些衛星會在附近一座新工廠設計和打造。

　　坎普一上臺就指出太空商業產業在烏克蘭戰事的表現，他提到所有股票上市的太空公司，預言太空經濟到 2040 年會有一兆美元規模。他也不忘開酸火箭實驗室還沒做到貝克預測的發射頻率。

　　活動最後，他讚賞同仁的表現：在成功將衛星送上軌道的公司裡，艾斯特拉是最小的團隊，「比歷史上任何公司都快了四

年」；他們的便宜小火箭論點或許是錯的，但是無論如何都會堅持下去。

才幾個禮拜後，2022 年 6 月，艾斯特拉的計畫就發生變化。這家公司進行另一次火箭發射，要替 NASA 把幾顆氣象追蹤衛星送上太空，但是火箭沒有完全進入軌道，這幾顆衛星就這樣沒了。艾斯特拉每個人都希望可以一次又一次成功發射，可惜事與願違。

一開始坎普還是正面解讀這次發射，說他們會好好專心校準火箭，但是到了 8 月就改口說要把小火箭整個打掉，改做大火箭，新火箭可以運載近六百公斤進入軌道，開始試射「會在 2023 年，」坎普說。

坎普沒有把艾斯特拉能這麼快就造出大火箭的關鍵技術講出來。這枚大火箭的引擎並不是由艾斯特拉設計，而是螢火蟲航太，而且動力來源是一臺烏克蘭製的渦輪泵浦。[2]

坎普揭露公司新計畫的時候，剛好艾斯特拉才公布第二季業績：淨損八千兩百萬美元，但是手上還有兩億美元現金。他說，這筆錢足夠他們造出一枚大火箭，還夠他們在阿拉米達工廠大量生產。「我們從火箭 3 號學到該學的教訓，」他給我發的簡

2　還有另一個轉折，軍方包商諾格 2022 年宣布，他們的老安塔瑞斯火箭不再使用俄羅斯製的引擎，要改用螢火蟲航太的引擎。如果波利科夫是為了幫助俄羅斯，那他未免做得太爛了，他付錢開發的技術現在非但沒幫到俄羅斯，反而幫到兩家美國公司。

訊說，「火箭 4 號就是我們股票上市的原因。」

　　坎普依舊一身黑。

致謝

　　用五年的時間寫一本書，需要具備很多很多條件才行：需要受訪者很多耐心和善意，需要朋友很多支持，需要家人很多寬容。

　　我太太梅琳達（Melinda）和兩個兒子鮑伊（Bowie）、塔克（Tucker），目睹這整個過程最好與最壞的時刻。我模仿波利科夫的聲音朗讀牛有好幾根雞雞的段落，把兒子逗得哈哈笑，我教他們航太知識，給他們看一、兩枚火箭，但是我也關在我的作家洞穴好多個月，太久了，錯過很多可以跟他們在一起、卻永遠回不去的時光。雖然如此，他們還是用笑容和鼓勵讓我得以繼續前進，我是幸運的爸爸。

　　順利的時候，梅琳達會看到我滿臉興奮衝進家裡，不是我目睹驚奇大事，就是做了一次精采訪談；不順利的時候，她會看到我被壓力壓得喘不過氣，瀕臨崩潰。這一路上，她對我只有鼓勵，並維持家庭的運作。這話聽起來可能有點肉麻，不過我是百分之百確定，要不是有梅琳達，我是寫不出什麼成績的。她把我從崩潰邊緣救回來，還為我付出一切，她既是我的繆思女神，也是我的守護天使。我愛她。

　　這一路上，有許多人一再被我糾纏打探消息，還是不厭其

煩願意跟我聊，包括克里斯・坎普、麥斯・波利科夫、威爾・馬修、辛格勒夫婦、亞當・倫登、阿提姆・阿尼西莫夫、彼特・沃登、彼得・貝克、摩根・貝利（Morgan Bailey）、崔佛・哈蒙德（Trevor Hammond）。萬分感謝他們付出的時間，我無以為報。還要感謝每家公司的員工們，尤其是艾斯特拉團隊，他們容忍我周而復始出現，一再打擾他們的工作。

我害我的經紀人派特森（David Patterson）陷入某種非常尷尬的處境。他一如既往專業地打理一切，不僅是出版界的王牌領航員，還是一位優秀的心理學家。派特森，謝謝你一直都在，謝謝你幫助我安心放鬆。

山德斯（Howie Sanders），我在好萊塢的朋友，總是給我滿滿的樂觀和鼓勵。每次從手機接到他的視訊電話，我就覺得開心，好像什麼事都會好起來。他從一開始就對這本書充滿信心，協助我探索各種可能的素材。山德斯，謝謝你的遠見，謝謝你為我著想，始終把我的利益放在心上。

我在折磨編輯墨菲（Sarah Murphy）這件事做得很成功，而她總是回以善意與支持。編輯過程中，常常會出現我們心靈相通的感覺。墨菲，謝謝妳忍受我，謝謝妳為這本書投注這麼多關愛和感情。

我人生最幸運的事情之一就是遇到布萊德・史東（Brad Stone），我們共事好長一段時間了，一直是好朋友。他是那種正派、會鼓勵人、充滿智慧的人。雖然我們各忙各的，但是在我心中，我們是一起在新聞與寫作的道路上前進的團隊。

最後能落腳彭博社工作也是我的幸運，我不知道還有哪家公司給記者的支持會勝過這裡。首先要向麥克‧彭博（Mike Bloomberg）致敬，他允許我踏遍世界各個角落取材，給我各種能把長才發揮到極致的機會。這話聽起來或許像是拍馬屁，不過我想他根本連看都不會看到，更何況，這是事實。在彭博社工作也意味著有無與倫比的同事、編輯、朋友，艾里（Jim Aley）、鮑爾斯（Kristin Powers）、馬斯葛斯（Jeff Muskus）、查芬（Max Chafkin）、傑佛瑞斯（Alan Jeffries）、丹妮兒（Victoria Daniell）都很好心，願意包容我的怪癖，還盡力幫我把這本掛在我名下的書做得更好。大家都是我崇拜的人。

另外，我的崇拜名單還包括梅根‧雪兒（Meghan Schale）、法蘭雀斯卡‧庫斯特拉（Francesca Kustra）、席雷爾，科扎克（Shirel Kozak），在我摸索學習如何紀錄書中人物的過程中，這幾位優秀的電影人一直站在我身邊。若說這段學習曲線很陡峭都嫌輕描淡寫了，我的文筆難以表達我對這三位女士的感激，她們的才華教我敬畏，她們的慷慨無私也教我永遠忘不了。

尼克森（David Nicholson）和蘇里亞庫蘇瑪（Diana Suryakusuma）最慘了，他們陪著我一起困在遙遠的地方好久，酒吧裡的蘇格蘭威士忌都倒第三杯了，我還不斷在重複新太空競賽的奇聞軼事。他們的厄運是我的幸運。他們對我來說已經不是朋友，更像是親人，如果沒有遇到他們，我不會有現在的人生，我願意為他們兩肋插刀。如果一定要在智利沙漠被巫師下毒，他們就是你希望在你左右的人。

　　我把每本新書的草稿第一個寄給凱思（Keith Lee），我們在網球場偶然相識，從此兩家人就密不可分。我很高興兩個兒子也認識凱思，從這位好爸爸、好丈夫身上看到典範。總是慷慨無私的凱思，評論起我的作品總是聰明又體貼周到，他給了我繼續前進的勇氣。

　　我還想感謝愛達荷州的好人，尤其是皮特（Pete）和瑪麗安娜（Marianne），他們提供了一個地方，讓我能在美麗的環境中寫作。也要感謝紐西蘭和那裡好心的住民，我去過很多國家，找不到比奧特亞羅瓦更好的了，那是一個神奇國度。

　　最後，我要謝謝我媽瑪格（Margot）、我爸約翰（John），他們培養我身上每一個創作細胞，永遠給我滿滿的驚喜。也要謝謝布雷斯（Blasé）和茱蒂（Judy），讓我有幸進入這麼溫暖有愛的家庭。

　　我父母不久前搬到墨西哥，看起來是一時興起，在一群奇妙人類中間安頓下來，其中兩個人類——我的朋友朱利安（Julián）和安德斯（Andrés），現在是網球球友、鄰居、一輩子的朋友。這本書絕大部分是在墨西哥寫的，那裡的美食和人們讓我得以從書頁抽離，身體和心靈都重新開機。新冠疫情當然是爛透了，但要是沒有這場疫情，我可能不會意外有這段時光陪伴父母（以及我的寫作夥伴烏諾〔Uno〕、多斯〔Dos〕、特雷斯〔Tres〕），也不會有機會愛上墨西哥。

　　如果我漏了誰，一定是你沒那麼教人難忘。開玩笑的啦，我也愛你們。

財經企管 826

太空商業時代：馬斯克引發的太空經濟革命
When the Heavens Went on Sale: The Misfits and Geniuses Racing to Put Space Within Reach

原　　著 —— 艾胥黎・范思（Ashlee Vance）
譯　　者 —— 林錦慧

總 編 輯 —— 吳佩穎
編輯顧問 —— 林榮崧
副總編輯 —— 陳雅茜
責任編輯 —— 吳育燐
美術設計 —— 蕭志文
封面設計 —— bianco

出 版 者 —— 遠見天下文化出版股份有限公司
創 辦 人 —— 高希均、王力行
遠見・天下文化 事業群榮譽董事長 —— 高希均
遠見・天下文化 事業群董事長 —— 王力行
天下文化社長 —— 王力行
天下文化總經理 —— 鄧瑋羚
國際事務開發部兼版權中心總監 —— 潘欣
法律顧問 —— 理律法律事務所陳長文律師　　著作權顧問 —— 魏啟翔律師
社　　址 —— 台北市 104 松江路 93 巷 1 號 2 樓
讀者服務專線 —— 02-2662-0012　　傳真 —— 02-2662-0007；02-2662-0009
電子郵件信箱 —— cwpc@cwgv.com.tw
直接郵撥帳號 —— 1326703-6 號 遠見天下文化出版股份有限公司

電腦排版 —— 蕭志文
製 版 廠 —— 東豪印刷事業有限公司
印 刷 廠 —— 祥峰印刷事業有限公司
裝 訂 廠 —— 聿成裝訂股份有限公司
登 記 證 —— 局版台業字第 2517 號
總 經 銷 —— 大和書報圖書股份有限公司 電話／ 02-8990-2588
出版日期 —— 2024 年 02 月 05 日第一版第 1 次印行

國家圖書館出版品預行編目 (CIP) 資料

太空商業時代 : 馬斯克引發的太空經濟革命 / 艾
胥黎 . 范思 (Ashlee Vance) 著 ; 林錦慧譯 . --
第一版 . -- 臺北市 : 遠見天下文化出版股份有
限公司 , 2024.02
　面 ;　　公分 . -- (財經企管 ; 826)
譯自 : When the heavens went on sale : the
misfits and geniuses racing to put space within
reach
ISBN 978-626-355-633-1(平裝)

1.CST: 航太業 2.CST: 火箭 3.CST: 衛星通訊
4.CST: 產業發展

484.4　　　　　　　　　　　　　　113000090

定價 —— NTD 600 元
書號 —— BCB826
ISBN —— 978-626-355-633-1 ｜ EISBN 9786263556324（EPUB）；9786263556348（PDF）

天下文化官網 —— bookzone.cwgv.com.tw

天下·文化
BELIEVE IN READING